"十三五"江苏省高等学校重点教材(项目编号：2018-2-151)
应用型本科机电类专业"十四五"系列精品教材

机械设计

JIXIE SHEJI

主　编　杨　敏　杨建锋
副主编　邹　旻　俞　萍　冯　鲜　邓　斌
主　审　袁惠新　曹自洋

华中科技大学出版社
http://www.hustp.com
中国·武汉

内 容 简 介

本书的基本内容包括五大部分：第一部分为绪论和项目导入，主要介绍机器及零件设计的基本原则、理论计算、材料选择、结构要求，以及摩擦、磨损、润滑等方面的知识，同时引入综合项目；第二部分为传动，主要介绍传动装置总体设计、带传动、链传动、齿轮传动、蜗杆传动等；第三部分为轴系，主要介绍轴、滚动轴承、滑动轴承、联轴器和离合器等；第四部分为连接，主要介绍螺纹连接，键、花键、销及无键连接；第五部分为其他零部件。

本书适用于高等院校，特别是应用型本科院校机械类及近机械类专业机械设计课程的教学，还可供相关工程技术人员参考。

图书在版编目(CIP)数据

机械设计/杨敏，杨建锋主编．—武汉：华中科技大学出版社，2020.6
ISBN 978-7-5680-5984-8

Ⅰ.①机… Ⅱ.①杨… ②杨… Ⅲ.①机械设计-教材 Ⅳ.①TH122

中国版本图书馆 CIP 数据核字(2020)第 013172 号

机械设计
Jixie Sheji

杨 敏 杨建锋 主编

策划编辑：聂亚文
责任编辑：舒 慧
封面设计：孢 子
责任监印：朱 玢
出版发行：华中科技大学出版社(中国·武汉) 电话：(027)81321913
武汉市东湖新技术开发区华工科技园 邮编：430223
录 排：武汉正风天下文化发展有限公司
印 刷：武汉科源印刷设计有限公司
开 本：787mm×1092mm 1/16
印 张：17.5
字 数：437 千字
版 次：2020 年 6 月第 1 版第 1 次印刷
定 价：49.00 元

前言 QIANYAN

本书根据教育部高等学校机械基础课程教学指导分委员会最新制定的机械设计课程教学基本要求，融入“卓越工程师教育培养计划”及《华盛顿协议》的相关理念，吸收了教学团队在机械设计课程上的多年教学经验和成果。本书适用于高等院校，特别是应用型本科院校机械类及近机械类专业机械设计课程的教学，还可供相关工程技术人员参考。

本书的基本内容包括五大部分：第一部分为绪论和项目导入，主要介绍机器及零件设计的基本原则、理论计算、材料选择、结构要求，以及摩擦、磨损、润滑等方面的知识，同时引入综合项目；第二部分为传动，主要介绍传动装置总体设计、带传动、链传动、齿轮传动、蜗杆传动等；第三部分为轴系，主要介绍轴、滚动轴承、滑动轴承、联轴器和离合器等；第四部分为连接，主要介绍螺纹连接，键、花键、销及无键连接；第五部分为其他零部件。

本书的编写具有以下特点：

(1) 采用项目一贯制的教学方法，将实际项目分解成多个子任务，融入各章节中，前后数据统一、结构关联。在每章教学开始前，先明确子任务要求；在教学结束后，教师给出各子任务的实施建议，指导学生完成各子任务的相关要求。学完本书，即完成项目设计。由于课程本身能完成综合项目设计任务，因此“机械设计课程设计”可同步提升难度，考虑增加创造性设计内容，提高学生机械设计水平。

(2) 将理论知识与实际项目相结合，以工程需要为原则，提炼基本知识、基本理论和基本方法，突出各零部件在实际项目中的应用。对设计计算公式一般不进行过多的演绎推导，旨在讲清其含义和使用方法；着重介绍如何根据不同的工作条件合理地分析和选择各种参数，以及应用基本知识、基本理论和基本方法设计零件的过程。本书针对性强，提高了学生的学习兴趣，符合学生的认知规律和课程的教学规律。

(3) 大部分章节均在章前配有知识技能目标，在章后配有小结和习题，方便教与学；章后的拓展阅读增加了学生的学习兴趣，拓展了相关知识；章节中插入的文本框以提问的形式激发学生思考问题的积极性和主动性。

本书由无锡太湖学院杨敏、苏州科技大学杨建锋担任主编，由常州大学袁惠新、苏州科技大学曹自洋担任主审。具体分工如下：无锡太湖学院杨敏编写了第 2 章至第 4 章、第 6 章、第 14 章，苏州科技大学杨建锋编写了第 9 章、第 13 章，常州大学邹旻编写了第 1 章、第 7 章，无锡太湖学院俞萍编写了第 10 章、第 12 章、第 15 章，无锡太湖学院冯鲜编写了第 8 章，无锡太湖学院邓斌编写了第 5 章、第 11 章。

本书在编写过程中参考和引用了一些教材中的部分内容和插图，所参考的文献均已列于书后，在此对有关作者表示衷心的感谢。

上海晋拓金属制品有限公司、速波机器人无锡有限公司、罗斯(无锡)设备有限公司等为本书提供了部分素材和支持,在此一并感谢。

由于编者水平和时间有限,不足之处在所难免,衷心希望广大同仁和读者批评指正。

编　者

2019 年 8 月

目录 MULU

第 1 章　绪论 …… 1

1.1　本课程的内容、性质、任务及学习方法 …… 2

1.2　机械设计概述 …… 3

1.3　现代机械设计方法简介 …… 6

第 2 章　项目导入 …… 9

2.1　项目Ⅰ　带式运输机传动装置设计 …… 10

2.2　项目Ⅱ　螺旋输送机传动装置设计 …… 11

2.3　项目Ⅲ　斗式提升机传动装置设计 …… 13

第 3 章　传动装置总体设计 …… 15

3.1　传动方案的拟定 …… 16

3.2　电动机的选择 …… 16

3.3　传动比的分配 …… 18

3.4　设计实例 …… 21

第 4 章　带传动 …… 25

4.1　概述 …… 26

4.2　带传动的类型及其工作原理 …… 27

4.3　带传动工作情况分析 …… 28

4.4　普通 V 带传动的设计计算 …… 32

4.5　带传动的张紧装置 …… 42

4.6　设计实例 …… 43

4.7　其他带传动简介 …… 46

第 5 章　链传动 …… 50

5.1　概述 …… 51

5.2　滚子链、齿形链及链轮 …… 52

5.3　链传动的运动情况分析 …… 57

5.4　滚子链传动的设计 …… 59

5.5　链传动的布置、张紧和润滑 …… 64

5.6　工程应用案例——输送机链传动设计 …… 65

第 6 章　齿轮传动 …… 69

6.1　概述 …… 70

6.2　齿轮传动的失效形式及设计准则 …… 70

6.3　齿轮材料 …… 72

6.4 齿轮传动的计算载荷 …… 74

6.5 齿轮传动的受力分析 …… 77

6.6 标准直齿圆柱齿轮传动的强度计算 …… 80

6.7 标准斜齿圆柱齿轮传动的强度计算 …… 84

6.8 标准直齿圆锥齿轮传动的强度计算 …… 85

6.9 齿轮传动的精度、设计参数与许用应力 …… 86

6.10 齿轮的结构设计 …… 88

6.11 齿轮传动的润滑 …… 92

6.12 设计实例 …… 94

第 7 章 蜗杆传动 …… 107

7.1 蜗杆传动的类型和特点 …… 108

7.2 普通圆柱蜗杆传动的主要参数及几何尺寸计算 …… 110

7.3 普通圆柱蜗杆传动承载能力计算 …… 116

7.4 普通圆柱蜗杆传动的效率、润滑及热平衡计算 …… 121

7.5 圆柱蜗杆和蜗轮的结构设计 …… 124

7.6 设计实例 …… 126

第 8 章 轴 …… 131

8.1 概述 …… 132

8.2 轴的分类 …… 132

8.3 轴的材料 …… 134

8.4 轴的结构设计 …… 135

8.5 轴的计算 …… 139

8.6 轴的振动 …… 147

第 9 章 滚动轴承 …… 150

9.1 概述 …… 151

9.2 滚动轴承的类型和代号 …… 152

9.3 滚动轴承的类型选择 …… 157

9.4 滚动轴承的工作情况分析、失效形式与计算准则 …… 158

9.5 滚动轴承的寿命计算 …… 160

9.6 滚动轴承的静强度计算 …… 165

9.7 滚动轴承的组合设计 …… 166

第 10 章 滑动轴承 …… 180

10.1 概述 …… 181

10.2 滑动轴承的主要结构形式与材料 …… 182

10.3 轴瓦结构与润滑剂的选用 …… 185

10.4 不完全液体润滑滑动轴承设计计算 …… 188

10.5 流体动力润滑径向滑动轴承设计计算 …… 190

第 11 章 联轴器和离合器 …… 193

11.1 概述 …… 194

11.2　联轴器的种类及特性 …… 195
11.3　离合器 …… 203
11.4　安全联轴器及安全离合器 …… 207
11.5　特殊功用及特殊结构的联轴器和离合器 …… 208
第 12 章　螺纹连接 …… 211
12.1　概述 …… 212
12.2　螺纹连接的类型与结构 …… 212
12.3　螺纹连接的预紧和防松 …… 216
12.4　螺栓组连接受力分析和强度计算 …… 217
12.5　提高螺栓连接强度的措施 …… 227
第 13 章　键、花键、销及无键连接 …… 232
13.1　键连接 …… 233
13.2　花键连接 …… 237
13.3　销连接 …… 239
13.4　无键连接 …… 240
第 14 章　弹簧 …… 245
14.1　概述 …… 246
14.2　圆柱螺旋弹簧的结构、制造、材料及许用应力 …… 247
14.3　圆柱螺旋弹簧的工作情况分析 …… 251
14.4　圆柱螺旋拉伸(压缩)弹簧的设计计算 …… 256
14.5　设计实例 …… 258
第 15 章　机座和箱体 …… 262
15.1　概述 …… 263
15.2　机座和箱体的一般类型、材料选择及制造方法 …… 263
15.3　机座和箱体设计概要 …… 265
15.4　机座和箱体的截面形状及肋板布置 …… 266
15.5　减速器箱体设计 …… 268
参考文献 …… 271

第1章
绪论

1

知识技能目标

了解本课程的内容、性质、任务及学习方法，清楚机械设计的基本要求，了解机械设计的一般方法与步骤，知道机械零件的主要失效形式和设计准则、机械零件的常用材料及选用原则，了解标准化的含义，了解现代机械设计方法。

1.1 本课程的内容、性质、任务及学习方法

机械是机器和机构的总称，可以这样描述机械：①利用力学原理组成的可动装置；②可用来传递运动、力、信息；③可减轻人类劳动，或提高生产率。机械广泛应用在国防、军事、交通运输、工业、农业、日常生活等领域，如图 1-1 所示。

(a) 收割机　(b) 挖掘机　(c) 机器人

图 1-1　机械应用举例

机器是由若干机构组合而成的，而每个机构又是由若干零件连接而成。因此，机器的基本组成要素是机械零件，本课程的研究内容就是机械零件的设计方法。

通过机械设计这门课程的学习，学生能够了解机械设计的基本要求、基本内容和一般设计过程，掌握通用零部件的工作原理、结构特点、材料选用、设计计算等基本知识，并初步具有设计简单机械与常用机械传动装置的能力。学习中，学生需要用到的前置课程知识主要有工程力学、机械制图、三维建模、金属工艺学等。教学中，除教材之外，教师还需要向学生介绍相关的设计技术资料，如标准、规范、手册、图册等，引导学生多联系实际；以项目为纽带，串联各个知识点，并说明正确使用和维护一般机械、分析处理常见机械故障的重要性。

如图 1-2 所示，机械设计在大学本科阶段的学习中属于专业基础课，它自身的知识不仅可以直接应用于实际工作中，解决常用机构、简单机械及其通用零部件的设计问题，而且对后续专业课的学习起着桥梁作用。

本课程采用项目导入方式进行教学。

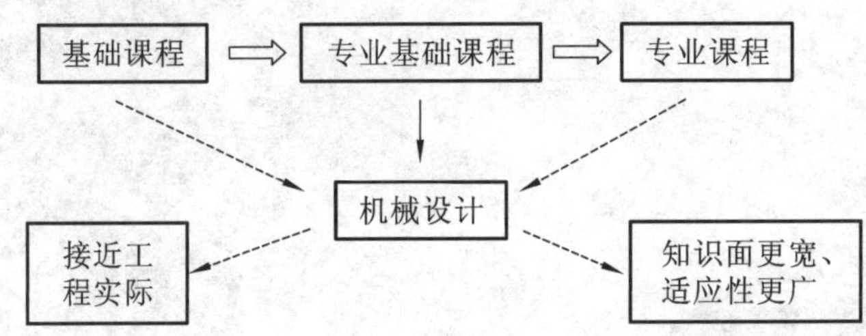

图 1-2　机械设计课程在教学中的性质和地位

1.2 机械设计概述

1.2.1 机械设计的基本要求

1. 使用功能的要求

显而易见,实现预定的功能是机械设计的基本要求。为满足此要求,设计者需要拟定机械传动方案,选择相关机构的类型或设计新的机构,以保证实现规定的运动规律,并满足工作平稳性、启动性、制动性等要求。

2. 可靠性要求

保证机械在规定的时间内和规定的条件下均能正常工作。

3. 操作安全、方便的要求

机器中需要设置完善的安全防护、报警和安全隐患提示装置,操作部分应该符合人的生理和心理习惯,外观应该符合工程美学原则等。

4. 经济性要求

经济性要求包括机械的制造、使用和维护成本,以及机械对环境的影响。

5. 其他专用要求

不同机器有不同的特殊要求,如大型机器的便于运输的要求、医疗机械的便于消毒的要求等。

1.2.2 机械设计方法与步骤

机械设计总体上可以归纳为下列 4 个步骤。

1. 提出设计任务,拟订设计计划

根据市场需求或生产、生活的需要,提出设计任务,经过调查、研究、分析,明确机器应具有的功能、制造要求、成本估算、生产批量、工作环境(条件)等,然后拟订设计计划,制订机器的设计任务书,包括设计进度。

2. 确定机械传动方案

根据机器设计任务书提出的功能要求,确定机械的工作原理,拟定机械传动方案,并用机构运动简图表示。

3. 技术设计

根据机器的机构运动简图,通过设计计算确定机器各部分零件的结构和主要参数,以及相配合零件的配合关系,画出机器的装配图和相关零件的工作图。在现代设计手段越来越丰富的当下,也可以采用 top-down 设计理念,自上而下地进行设计。

4. 编制技术文件

根据上述内容编写设计计算说明书、用户手册、维护手册等,要求技术文件内容正确、语

言简明、条理清楚、符号规范、数据准确，重要的引用数据需注明出处，主要结果需有简短的结论，计算过程应有必要的结构简图或计算草图，格式应统一规范。

1.2.3 机械零件的主要失效形式

机械零件的主要失效形式有以下四类。

1. 断裂

作用于零件上的应力，如果超过了材料的强度极限，零件在危险截面会发生分离、解体的现象，例如螺栓的断裂、齿轮的断齿。

2. 过量的塑性变形

作用于零件上的应力，如果超过了材料的屈服极限，零件会发生过量的塑性变形，例如高速机械中细长轴的残余挠曲变形。

3. 过量的弹性变形

如果材料的刚度不够，零件会发生过量的弹性变形，例如重载机械中细长轴的挠曲变形。

4. 零件的表面破坏

常见的是因零件表面硬度不够而造成零件表面产生裂纹或微粒剥落的现象，也有因腐蚀或磨损造成零件表面物质丧失或转移的现象，例如轴承表面的点蚀现象、开式齿轮传动中齿面的磨损。

所有零件的正常工作都离不开适合的工作条件，如果处于非正常工作条件下，可能引发上述各类失效。例如，轴承均需要配置相应的润滑措施，没有润滑，轴承就会发生过热、磨损甚至胶合等形式的失效。

1.2.4 机械零件的设计准则

机械零件的设计准则必须针对其失效形式而制定。根据上述失效形式，机械零件设计中最重要的四个准则如下：

1. 强度准则

简单地说，强度准则就是零件实际上承受的应力应小于或等于零件材料的许用应力。

强度分为拉伸强度和剪切强度。拉伸强度的计算准则为

$$\sigma \leqslant [\sigma] \tag{1-1}$$

剪切强度的计算准则为

$$\tau \leqslant [\tau] \tag{1-2}$$

式中，σ 和 τ 分别为零件工作时的拉伸应力和剪切应力，$[\sigma]$和$[\tau]$分别为零件材料的许用拉伸应力和许用剪切应力。

理论上，零件承受的工作应力只要小于或等于零件材料的极限应力即为安全，但考虑到存在偶然因素和未知因素，实际应用中需要留有一定的安全系数，许用应力即零件材料经过安全系数修正后的极限应力为

$$[\sigma] = \frac{\sigma_{\lim}}{S} \tag{1-3}$$

$$[\tau]=\frac{\tau_{\lim}}{S} \tag{1-4}$$

式中：$\sigma_{\lim}$ 和 $\tau_{\lim}$ 分别为机械零件材料的极限正应力和极限切应力，它们通过试验得出，其数值可以根据材料性质及受载情况查阅《机械设计手册》；S 为安全系数，它的数值可以由《机械设计手册》查取，或根据经验取定。需要提醒的是：安全系数 S 不易过大，否则将使零件尺寸过大；S 也不宜过小，否则起不到安全保护的作用。

2. 刚度准则

刚度准则是指零件在载荷作用下产生的弹性变形量应小于或等于零件工作性能所允许的极限变形量，即

$$y\leqslant[y],\quad \theta\leqslant[\theta],\quad \varphi\leqslant[\varphi] \tag{1-5}$$

式中：y,θ,φ 分别为零件工作时的挠度、偏转角和扭转角；$[y]$，$[\theta]$，$[\varphi]$分别为零件的许用挠度、许用偏转角和许用扭转角。

3. 耐磨性准则

耐磨性是指零件抵抗磨损的能力。如果零件之间作用有载荷并存在相对运动，其工作表面都会出现磨损，此时耐磨性是表示零件工作能力的主要指标。通常通过控制单位面积上的压力来控制磨损量的大小。耐磨性的计算公式为

$$p\leqslant[p] \tag{1-6}$$

式中：p 为零件工作表面上的压强，即单位面积上的压力；$[p]$为零件的许用压强。

4. 振动稳定性准则

零件发生周期性弹性变形的现象称为振动。机器中存在许多周期性变化的激振源，如齿轮的啮合、轴的偏心转动、滑动轴承的油膜振荡等。当激振源的振动频率（也称工作频率）等于或接近零件自身的固有频率时，零件会发生共振，共振会使零件的振幅急剧增大，从而使零件失去振动稳定性，其结果不仅会影响机械的正常工作，而且还可能发生破坏性事故。因此，对于高速机械或对振动、噪声有限制的机械，设计时都应使零件的工作频率避开零件的固有频率，即符合振动稳定性准则。通常应保证

$$f_{\mathrm{p}}<0.85f \quad 或 \quad f_{\mathrm{p}}>1.15f \tag{1-7}$$

式中，f_{p} 和 f 分别为受激振作用的零件的激振频率与固有频率。

此外，根据不同的情况，还应考虑寿命准则、可靠性准则等。

1.2.5 机械零件设计中的标准化

标准化是对零件的尺寸、结构要素、材料性能、检验方法、设计方法、图形表达等制定出统一的标准，从而方便机械工程技术人员之间交流，简化设计工作，节省设计时间。对于用途特别广泛的零件，可以进行集中制造，例如螺栓、螺母、垫圈等标准件，就是由专门的标准件厂设计、制造的。因标准件厂拥有专用设备，所以易实现高质量、大批量、低成本的生产。同时，标准化也方便机器的维修。

在国家标准中，有强制性和推荐性两大类标准。GB 表示强制性的标准，是必须执行的；GB/T 表示推荐性的标准，是建议优先选用的。机械设计中，能采用标准件时一定要选用标准件。

1.3 现代机械设计方法简介

现代机械设计方法是随着计算机技术的发展而发展和普及起来的，主要包括计算机辅助设计、有限元法设计、优化设计、可靠性设计、动态设计、并行设计等。

1.3.1 计算机辅助设计

计算机辅助设计即利用计算机辅助设计人员完成产品的全部设计过程，最后输出满意的设计结果和产品图形；也即在设计人员的构思、判断和决策下，计算机不断地从数据信息库中检索设计资料，调用设计程序库中的设计计算程序，确定设计方案和主要参数，利用图形程序库处理和构造设计图形，并将设计方案和设计图形转化为数据信息存储到数据库中，最后输出包括图样和技术文件等确定的设计方案信息。计算机辅助设计可显著地提高设计效率和设计质量，有利于产品的标准化、系列化和通用化。

计算机辅助设计系统包括硬件系统和软件系统：硬件系统主要有计算机、数字化仪、图形扫描仪和绘图仪等，软件系统分为系统软件、应用软件和支撑软件三个层次。其中：系统软件用于对系统资源的管理、对输入输出设备的控制等；应用软件是以支撑软件为基础，面向各种工程设计和分析的专用软件；支撑软件是指各种计算机辅助设计工具软件和系统，常见的有美国 Autodesk 公司开发的 AutoCAD、美国 PTC 公司开发的 Pro/Engineer、美国 Unigraphics Solutions 公司开发的 UG、美国 SolidWorks 公司推出的 SolidWorks、北京航空航天大学开发的 CAXA、华中科技大学下属的武汉开目信息技术有限责任公司推出的开目 CAD。

1.3.2 有限元法设计

有限元法的基本思想是：将一个连续的求解域离散化，得到彼此用节点相连接的有限个单元，在单元体内部假设解的模式，用有限个节点上的未知参数表征单元的特性，然后用适当的方法将各个单元的关系式组合成包含这些未知数的方程组，求解这个方程组，得出各节点的未知参数，利用插值法求出近似解。

在机械设计过程中，很多零部件的结构形状和受力情况都很复杂，无法采用一般的力学计算方法计算出零件或部件上的危险工作应力，此时采用有限元法是一种快速高效的设计方法。

1.3.3 优化设计

采用传统的设计方法时，需经过多次反复设计、分析、修改、再设计，才能获得有限个可行的方案，然后凭借设计者个人的经验或实验，从中人为地筛选出一个较好的可行方案作为最终结果，通常该结果不一定是最佳方案。优化设计是以最优化理论为基础，以计算机技术为工具，从众多的可行方案中寻找最优设计方案的一种现代设计方法，它是从 20 世纪 60 年代开始，随着计算机技术和计算数学的发展与应用而逐渐发展起来的一门新学科，近几十年来在机械、交通、建筑、石油、电子和管理等各行各业中得到了广泛应用。

机械优化设计是优化设计理论与传统机械设计的结合，但其设计过程与传统机械设计过程不同，其流程示意图如图 1-3 所示。

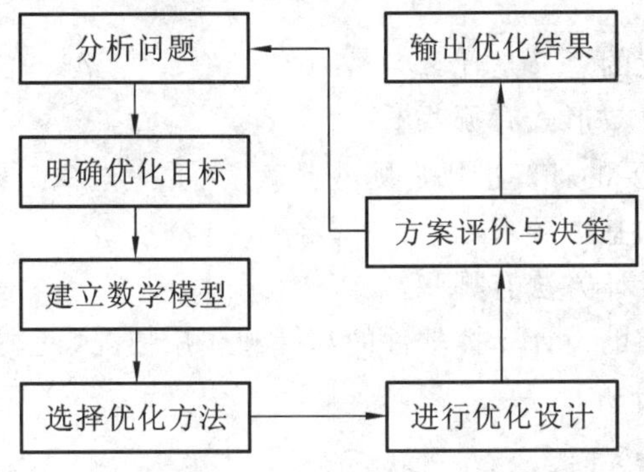

图 1-3 机械优化设计流程示意图

1.3.4 可靠性设计

可靠性是指产品在规定条件下和规定时间内完成规定功能的能力；可靠性设计是将常规设计中的载荷、材料性能、极限应力及零部件尺寸都视为服从某种概率分布的统计量，应用概率统计理论和强度理论，求出在给定设计条件下零部件不产生破坏的概率公式。应用这些公式，可以求得在给定可靠度条件下零部件的尺寸，或在给定零部件尺寸的情况下确定其安全寿命。所以，可靠性设计又称概率设计。

可靠性是衡量产品质量的一个重要指标，机械产品的可靠性与其设计、制造、运输、使用及维修等各个环节紧密相关，其中设计是保证产品可靠性的最重要环节。

可靠性应用于工程实际时，需要有定量的可靠性指标。可靠性的数值指标就是可靠性的尺度，常用的可靠性尺度有可靠度、失效率、平均寿命、可靠寿命、有效寿命、维修度、有效度和重要度等。

1. 可靠度

可靠度是指产品在规定的工作条件下和规定的工作时间内完成规定功能的概率，用 R 表示。

与可靠度相对应的是不可靠度，也称为失效概率，用 F 表示，它是指产品在规定的工作条件下和规定的工作时间内不能完成规定功能的概率。显然，在相同的工作条件下，R 和 F 都是时间 t 的函数，分别记为 $R(t)$、$F(t)$，且 $R(t)+F(t)=1$。

2. 失效率

失效率又称为故障率，是指工作到某一时刻 t 时尚未失效的产品，在该时刻以后的下一个单位时间内发生失效的概率，用 λ 来表示。失效率的单位多用每千小时百分率（%kh）表示。

3. 平均寿命

在产品的寿命指标中，最常用的是平均寿命。失效后无法修复或经济上不值得修复，只能进行更换的产品称为不可修复产品；失效后经过修复可以继续使用的产品称为可修复产品。对于不可修复产品,平均寿命是这批产品发生失效前的平均工作时间,称为失效前平均时间;对于可修复产品,平均寿命是指相邻两次故障间隔的平均时间,称为平均故障间隔。

练习与提高

1. 机械零部件标准化的意义是什么?

2. 机械零件常见的失效形式有哪些?

3. 在机械设计中,主要的计算准则有哪些?

4. 机械设计应满足的基本要求是什么?

5. 常见的现代机械设计方法有哪些?

6. 根据你对计算机辅助设计支撑软件的掌握和应用情况,列举出其中的1～2种,对其主要功能、特点进行简要分析。

第2章 项目导入

知识技能目标

通过项目案例的引入、分析与分解，使学生初步了解工厂实际设计要求，明确设计任务，为本课程的学习树立目标，将实际项目分解成各子任务融入教材的各章节中，便于项目一贯制教学方法的开展。

2.1 项目Ⅰ 带式运输机传动装置设计

2.1.1 设计要求

设计某工厂带式输送机的传动装置，双班制工作，单向运转，传动平稳，输送带速度允许误差为±5%。

2.1.2 传动简图

带式运输机传动装置简图如图 2-1 所示。

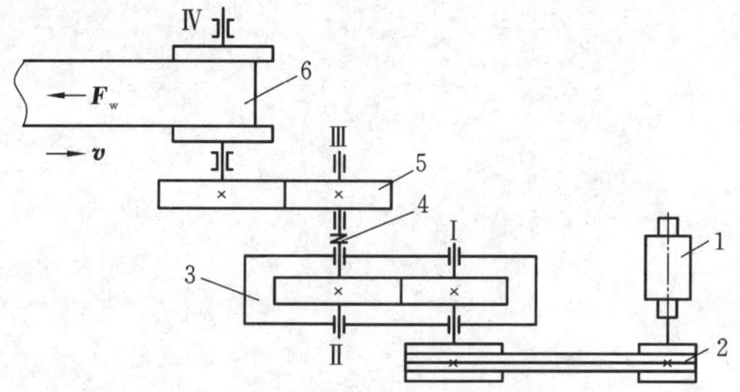

图 2-1 带式运输机传动装置简图

1—电动机；2—V 型带传动；3—单级斜齿轮减速器；4—联轴器；5—开式直齿轮传动；6—输送带(工作机)

2.1.3 原始数据

带式运输机传动装置原始数据如表 2-1 所示。

表 2-1 带式运输机传动装置原始数据

选用数据	□	□	□	□	□	□	□	□	□	□	□	□	□
序号	1	2	3	4	5	6	7	8	9	10	11	12	13
输送带所需牵引力 F_w/N	2500	2600	2800	3000	3200	3500	4000	4200	4500	4800	5000	5500	5800
输送带传送速度 v/(m/s)	0.6	0.6	0.6	0.6	0.5	0.5	0.5	0.5	0.4	0.4	0.4	0.4	0.4
卷筒直径 D/mm	400	400	400	400	400	500	500	500	500	500	500	550	550
工作年限/年	5	5	5	5	5	5	5	5	5	5	5	5	5
工作班制	2	2	2	2	2	2	2	2	2	2	2	2	2

2.1.4　设计工作量

(1) 减速器设计装配图 1 张。
(2) 零件设计图 2～3 张。
(3) 设计计算说明书 1 份。

2.1.5　项目分解

带式运输机传动装置设计分解图如图 2-2 所示。

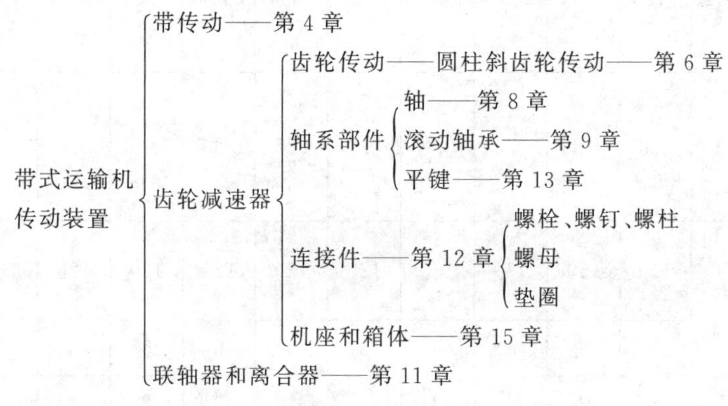

图 2-2　带式运输机传动装置设计分解图

2.2　项目Ⅱ　螺旋输送机传动装置设计

2.2.1　设计要求

设计某厂螺旋输送机传动装置，单向转动，有轻微振动，传送带速度允许误差为±5%。

2.2.2　传动简图

螺旋输送机传动装置简图如图 2-3 所示。

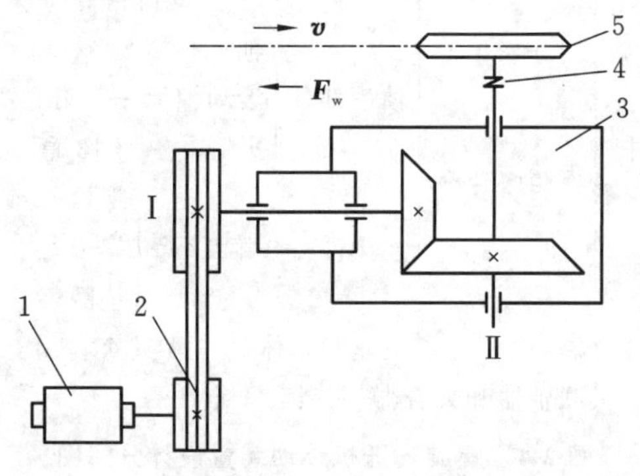

图 2-3　螺旋输送机传动装置简图

1—电动机；2—V 带传动；3—圆锥齿轮减速器；4—联轴器；5—输送链(工作机)

2.2.3 原始数据

螺旋输送机传动装置原始数据如表 2-2 所示。

表 2-2 螺旋输送机传动装置原始数据

选用数据	□	□	□	□	□	□	□	□	□	□	□	□	□
序号	1	2	3	4	5	6	7	8	9	10	11	12	13
工作机所需牵引力 F_w/N	2000	2100	2200	2300	2400	2500	2600	2700	2800	2900	3000	3500	3800
工作机传送速度 v/(m/s)	0.9	0.85	0.85	0.8	0.8	0.7	0.7	0.65	0.65	0.6	0.6	0.5	0.5
链轮直径 D/mm	150	150	150	130	130	125	125	120	120	120	100	100	100
工作年限/年	5	5	5	5	5	5	5	5	5	5	5	5	5
工作班制	2	2	2	2	2	2	2	2	2	2	2	2	2

2.2.4 设计工作量

(1) 减速器设计装配图 1 张。

(2) 零件设计图 2～3 张。

(3) 设计计算说明书 1 份。

2.2.5 项目分解

螺旋输送机传动装置设计分解图如图 2-4 所示。

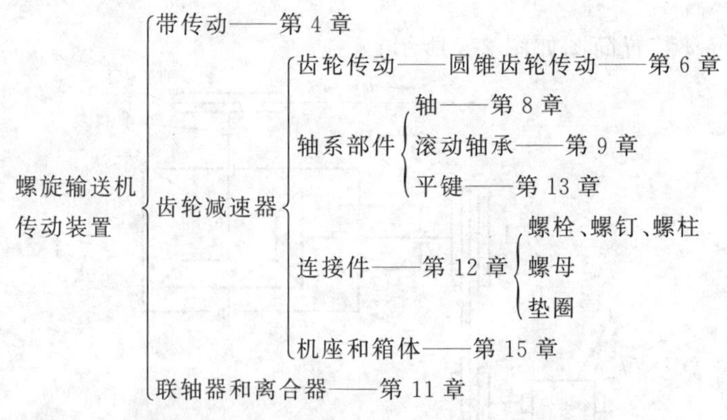

图 2-4 螺旋输送机传动装置设计分解图

2.3 项目Ⅲ 斗式提升机传动装置设计

2.3.1 设计要求

设计某厂斗式提升机传动装置，可用于化工厂输送化工原料及产品、纺织厂输送原棉及成品，单向运转，传送带速度允许误差为±5%，有轻微振动。

2.3.2 传动简图

斗式提升机传动装置简图如图2-5所示。

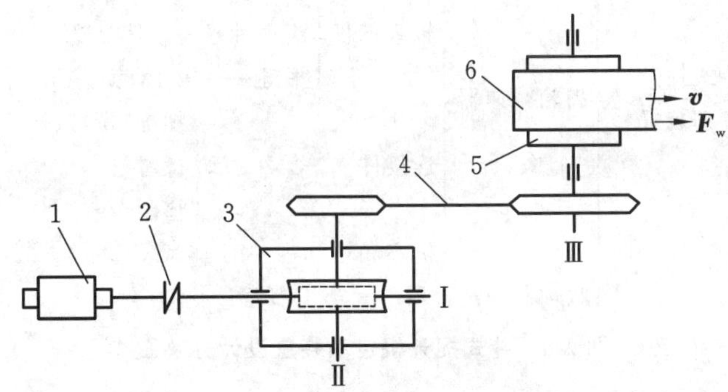

图2-5 斗式提升机传动装置简图

1—电动机；2—联轴器；3—蜗轮蜗杆减速器；4—传动链；5—卷筒；6—输送带(工作机)

2.3.3 原始数据

斗式提升机传动装置原始数据如表2-3所示。

表2-3 斗式提升机传动装置原始数据

选用数据	□	□	□	□	□	□	□	□	□	□	□	□	□
序号	1	2	3	4	5	6	7	8	9	10	11	12	13
输送带所需牵引力 F_w/N	2500	2600	3000	3200	3500	3800	4000	4200	4500	4800	5000	5500	5800
输送带传送速度 v/(m/s)	0.5	0.5	0.45	0.45	0.45	0.45	0.4	0.4	0.4	0.35	0.35	0.3	0.3
卷筒直径 D/mm	350	350	350	350	350	350	300	300	300	300	300	250	250
工作年限/年	5	5	5	5	5	5	5	5	5	5	5	5	5
工作班制	2	2	2	2	2	2	2	2	2	2	2	2	2

2.3.4 设计工作量

(1) 减速器设计装配图 1 张。

(2) 零件设计图 2～3 张。

(3) 设计计算说明书 1 份。

2.3.5 项目分解

斗式提升机传动装置设计分解图如图 2-6 所示。

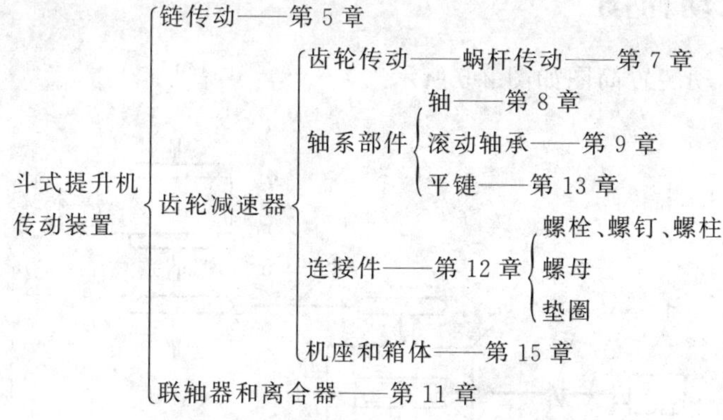

图 2-6 斗式提升机传动装置设计分解图

第3章 传动装置总体设计

知识技能目标

熟悉常用机器的传动方案及各种传动装置的优缺点，掌握拟定传动方案、选择电动机、确定总传动比并合理分配各级传动比的方法，能正确计算传动装置的运动参数和动力参数，为各级传动零件的设计计算做好准备。

项目子任务分解

结合第2章中各项目的传动方案及设计任务、参数要求，完成传动装置总体设计。

子任务实施建议

1. 任务分析

根据给定的传动方案及已知参数，选择合适的电动机，确定总传动比，合理分配各级传动比，并计算各级传动装置的运动参数和动力参数。

2. 实施过程

(1) 对给定的传动方案进行方案合理性论述(说明其优缺点)，并可根据需要提出改进意见，做出适当修改。

(2) 计算工作机转速及功率，分析确定传动总效率，从而合理选择电动机。

(3) 根据电动机输出转速和工作机转速，计算总传动比，并根据各级传动装置的特点合理分配传动比。

(4) 计算各轴转速、输入功率及转矩。

(5) 整理汇总各级传动装置的相关计算数据，为后面各级传动零件设计计算提供已知条件。

(6) 在各传动零件设计完成后，传动系统的实际传动比与原数值($i=n_m/n_w$)会有误差，需要对传动比再做核查，将误差控制在容许的范围内。

理论解读

3.1 传动方案的拟定

机器通常由原动机、传动装置和工作机三个部分组成。传动装置位于原动机和工作机之间，用来传递运动和动力，并可改变转速、转矩或运动形式，以适应工作机的功能要求。传动装置的设计对整台机器的性能、尺寸、质量和成本有很大影响，因此应当合理地拟定传动方案。

传动方案一般用运动简图表示。拟定传动方案就是根据工作机的功能要求和工作条件，选择合适的传动机构类型，确定各类传动机构的布置顺序以及各组成部分的连接方式，绘出传动装置的运动简图。

若设计任务中已给定了传动方案，应论述该方案的合理性（说明其优缺点）或提出改进意见，做适当修改。

在拟定传动简图时，往往一个传动方案由数级传动机构组成，通常靠近电动机的传动机构为高速级，靠近执行机构的传动机构为低速级。哪些机构宜放在高速级，哪些机构宜放在低速级，应按下述原则处理：

(1) 带传动承载能力较低，传递相同转矩时比其他机构的尺寸大，故应将其放在传动系统的高速级，以便获得较为紧凑的结构，而且还能发挥其传动平稳、噪声小、能缓冲吸振的特点。

(2) 斜齿轮传动的平稳性比直齿轮传动的平稳性好，因此在二级圆柱齿轮减速器中，如果既有斜齿轮传动又有直齿轮传动，则斜齿轮传动应位于高速级。

(3) 大模数的锥齿轮加工较为困难，锥齿轮传动应布置在齿轮传动系统的高速级，以减小锥齿轮的尺寸。

(4) 开式齿轮传动工作环境较差，润滑条件不良，磨损较严重，使用寿命较短，因此宜布置在传动系统的低速级。

(5) 蜗杆传动多用于传动比很大、传递功率不太大的情况下，因其承载能力比齿轮传动的低，故应布置在传动系统的高速级，以获得较小的结构尺寸。蜗杆传动的速度高一些，啮合齿面间易形成油膜，有利于提高承载能力及效率。而在对传动精度要求高的装置中，蜗杆传动常布置在低速级，这样高速级的传动误差能被低速级的蜗杆传动的大传动比微小化。

(6) 链传动的瞬时传动比是变化的，会引起速度波动和动载荷，故应布置在传动系统的低速级。

3.2 电动机的选择

选择电动机是一项技术工作。要想合理地选取电动机，就必须对电动机的特性做分析，对电动机的发热、启动力矩、最大力矩等进行核算。在本教材的项目设计中，只要求根据工作机的输出功率和转速选择电动机。

3.2.1 类型和结构形式的选择

三相交流异步电动机结构简单、价格低廉、维护方便，可直接接于三相交流电网中，因此在工业上的应用最为广泛，设计时应优先选用。

Y系列电动机具有效率高、性能好、噪声低、振动小等优点，适用于不易燃、不易爆、无腐蚀性气体和无特殊要求的机械上，如金属切削机床、风机输送机、搅拌机、农业机械和食品机械等。

在经常启动、制动和反转的工作场合，要求电动机的转动惯量小和过载能力大，应选用起重及冶金用的YZR和YZ系列电动机。

3.2.2 功率的确定

电动机的容量(功率)选择是否合适，对电动机的工作和经济性都有影响。当功率小于工作要求时，电动机不能保证工作机正常工作，或使电动机因长期过载而过早损坏；若功率过大，则电动机的价格高，而且因为经常不在满载下运行，其效率和功率因数较低，能力不能充分利用，造成浪费。

电动机的功率主要由电动机运行时的发热条件决定，而发热又与其工作情况有关。对于长期连续运转、载荷不变或变化很小、常温下工作的机械，选择电动机时只要使电动机的负载不超过其额定值，电动机便不会过热。也就是说，可按电动机的额定功率 P_m 等于或略大于所需电动机的功率 P_d，在手册中选取相应的电动机型号。这类电动机的功率按下述步骤确定：

1. 工作机所需功率 P_w(kW)

$$P_w=\frac{F_w v_w}{1000\eta_w} \tag{3-1}$$

或

$$P_w=\frac{T_w n_w}{9550\eta_w} \tag{3-2}$$

式(3-1)和式(3-2)中：F_w 为工作机的阻力(N)；v_w 为工作机的线速度(m/s)；T_w 为工作机的阻力矩(N·mm)；n_w 为工作机轴的转速(r/min)；η_w 为工作机的效率，带式输送机可取0.96，链板式输送机可取0.95。

2. 电动机至工作机的总效率 η(串联时)

$$\eta=\eta_1\eta_2\eta_3\cdots\eta_n \tag{3-3}$$

式中，$\eta_1,\eta_2,\eta_3,\cdots,\eta_n$ 为传动系统中各级传动机构、轴承以及联轴器的效率。各类机械传动的效率如表3-1所示。

表3-1 各类机械传动的效率

传动类别	精度、结构、润滑	效率	传动类别	精度、结构、润滑	效率
圆柱齿轮传动	7级精度(油润滑)	0.98	滑动轴承	润滑不良	0.94(一对)
	8级精度(油润滑)	0.97		正常润滑	0.97(一对)
	开式传动(脂润滑)	0.94～0.96		液体摩擦	0.99(一对)

续表

传动类别	精度、结构、润滑	效率	传动类别	精度、结构、润滑	效率
圆锥齿轮传动	7级精度(油润滑)	0.97	滚动轴承	球轴承	0.99(一对)
	8级精度(油润滑)	0.95～0.97		滚子轴承	0.98(一对)
	开式传动(脂润滑)	0.92～0.95	V带传动		0.96
蜗杆传动	自锁(油润滑)	0.40～0.45	滚子链传动		0.96
	单头(油润滑)	0.70～0.75	螺旋传动	滑动	0.30～0.60
	双头(油润滑)	0.75～0.82		滚动	0.85～0.95
	四头(油润滑)	0.82～0.92	联轴器	弹性齿式	0.99

3. 所需电动机的功率 P_d(kW)

所需电动机的功率由工作机所需功率和传动装置的总效率按下式计算

$$P_d = P_w/\eta \tag{3-4}$$

4. 电动机的额定功率 P_m(kW)

按 $P_m \geqslant P_d$ 来选取电动机的型号。电动机功率裕度的大小应视工作机构的负载变化状况而定。

3.2.3 转速的确定

额定功率相同的同类型电动机，有几种不同的同步转速。例如三相异步电动机有四种常用的同步转速，即 3000 r/min、1500 r/min、1000 r/min 和 750 r/min。同步转速低的电动机磁极多、外形尺寸大、质量大、价格高，但可使传动系统的传动比和结构尺寸减小，从而降低传动装置的制造成本。因此，确定电动机的转速时，应同时考虑电动机及传动系统的尺寸、质量和价格，使整个设计既合理又较经济。

一般最常用、市场上供应最多的是同步转速为 1500 r/min 和 1000 r/min 的电动机，设计时应优先选用。如无特殊需要，一般不选用同步转速为 3000 r/min 和 750 r/min 的电动机。

根据选定的电动机类型、结构、功率和转速，从标准中查出电动机的型号后，应将电动机的型号、额定功率 P_m(kW)、满载转速 n_m(r/min)等记下，以便后续设计计算参数时使用；同时也应将电动机的安装尺寸、外廓尺寸和轴承连接尺寸等记下，以便设计结构及绘制装配图时使用。

需要注意的是，在后续设计传动装置时，常以电动机的额定功率 P_m 作为计算功率，以电动机的满载转速 n_m 作为计算转速。

3.3 传动比的分配

电动机选定后，根据电动机的满载转速 n_m 和工作机的转速 n_w，即可确定传动系统的总传动比 i，即

$$i = \frac{n_m}{n_w} \tag{3-5}$$

传动系统的总传动比 i 是各串联机构传动比的乘积，即

$$i=i_1 i_2 i_3 \cdots i_n \tag{3-6}$$

式中，$i_1, i_2, i_3, \cdots, i_n$ 为传动系统中各级传动机构的传动比。

合理分配传动比是传动系统设计中的一个重要问题，它将直接影响到传动系统的外廓尺寸、质量、润滑及传动机构的中心距等方面，因此必须认真对待。图 3-1 所示的二级圆柱齿轮减速器，在中心距和总传动比相同的情况下，由于传动比的分配不同，其外廓尺寸也不同。在图 3-1(a)所示的方案中，两级大齿轮的浸油深度相差不大，外廓尺寸也较为紧凑；而在图 3-1(b)所示的方案中，若要保证高速级大齿轮浸到油，则低速级大齿轮的浸油深度将过大，而且外廓尺寸也较大。

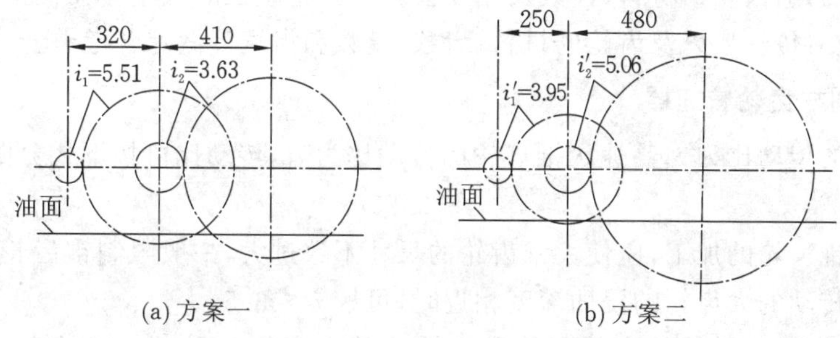

(a) 方案一　　(b) 方案二

图 3-1　两种传动比分配方案的对比

3.3.1　传动比分配的一般原则

(1) 各级传动机构的传动比可在各自推荐值范围内选取。各类机械传动的传动比推荐值和最大值如表 3-2 所示。

表 3-2　各类机械传动的传动比

传动类型	平带传动	V 带传动	链传动	圆柱齿轮传动	圆锥齿轮传动	蜗杆传动
推荐值	2～4	2～4	2～5	3～6	2～3	10～40
最大值	5	7	6	8	6	80

(2) 分配传动比时应注意使各传动件的尺寸协调、结构匀称及利于安装。例如带传动的传动比不宜过大，以免大带轮的半径大于减速器箱体的中心高，使带轮与底座平面相碰，造成安装不便。

(3) 传动零件之间应不造成互相干涉。例如高速级传动比过大，容易造成高速级大齿轮的齿顶圆与低速级大齿轮的轴发生干涉。

(4) 使减速器各级大齿轮的直径相近，以便浸油深度大致相等，从而利于实现油池润滑。

(5) 使所设计的传动系统具有较小的外廓尺寸。

3.3.2　传动比分配的参考数据

1. 带传动与一级齿轮减速器

设带传动的传动比为 i_d，一级齿轮减速器的传动比为 i，应使 $i<i_d$，以便使整个传动系统的尺寸较小，结构紧凑。

2. 二级圆柱齿轮减速器

为了使两个大齿轮具有相近的浸油深度，应使两个大齿轮具有相近的直径(低速级大齿轮的直径应略大一些，使高速级大齿轮的齿顶圆与低速轴之间有适量的间隙)。设高速级的传动比为 i_1，低速级的传动比为 i_2，减速器的传动比为 i，对于二级展开式圆柱齿轮减速器，传动比可按下式分配

$$i_1=\sqrt{(1.3\sim1.4)i} \tag{3-7}$$

对于同轴式圆柱齿轮减速器，传动比可按下式分配

$$i_1=i_2=\sqrt{i} \tag{3-8}$$

但应指出的是，齿轮的材料、齿数及宽度会影响齿轮直径的大小。欲使两级传动的大齿轮直径相近，应对传动比以及齿轮的材料、齿数、模数和齿宽等做综合考虑。

3. 圆锥-圆柱齿轮减速器

设减速器的传动比为 i，高速级锥齿轮的传动比为 i_1，传动比可按下式分配

$$i_1\approx0.25i \tag{3-9}$$

为便于大锥齿轮的加工，应使大锥齿轮的尺寸不致过大，一般限制锥齿轮的传动比 $i_1\leqslant3$，当希望两级传动的大齿轮的浸油深度相近时，可取 $i_1\leqslant3.5$。

需要注意的是，V 带轮的直径要符合带轮的基准直径系列，齿轮和链轮的齿数需要圆整。同时，为了调整高、低速级大齿轮的浸油深度，也可适当增减齿轮的齿数。因此，传动系统的实际传动比与原数值($i=n_m/n_w$)之间会有误差，设计时应将误差限制在容许的范围内。当所设计的机器对传动比的误差未做明确规定时，通常机器总传动比的误差应限制在±3%～±5%以内。

3.3.3 传动参数的计算

传动装置的传动参数主要包括各轴的转速、功率和转矩，这些参数是后续进行传动零件设计计算的重要已知条件。现以图 3-2 所示的二级圆柱齿轮减速器为例，说明传动系统中各轴的转速、功率及转矩的计算。

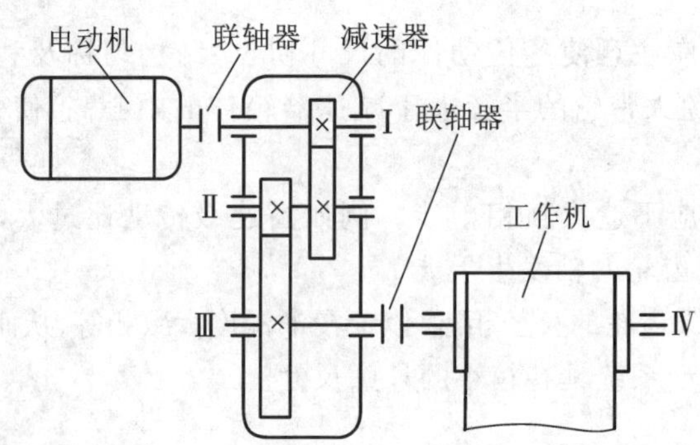

图 3-2　二级圆柱齿轮减速器简图

1. 各轴的转速 n(r/min)

高速轴Ⅰ的转速　　$n_{\mathrm{I}}=n_m$

中间轴Ⅱ的转速　　　$n_{\mathrm{II}}=n_{\mathrm{I}}/i_1$

低速轴Ⅲ的转速　　　$n_{\mathrm{III}}=n_{\mathrm{II}}/i_2=n_{\mathrm{m}}/(i_1 i_2)$

卷筒轴Ⅳ的转速　　　$n_{\mathrm{IV}}=n_{\mathrm{III}}$

式中，n_{m}为电动机的满载转速，i_1为高速级传动比，i_2为低速级传动比。

2. 各轴的输入功率 P(kW)

高速轴Ⅰ的输入功率　　　$P_{\mathrm{I}}=P_{\mathrm{m}}\eta_{\mathrm{c}}$

中间轴Ⅱ的输入功率　　　$P_{\mathrm{II}}=P_{\mathrm{I}}\eta_1\eta_{\mathrm{g}}$

低速轴Ⅲ的输入功率　　　$P_{\mathrm{III}}=P_{\mathrm{II}}\eta_2\eta_{\mathrm{g}}$

卷筒轴Ⅳ的输入功率　　　$P_{\mathrm{IV}}=P_{\mathrm{III}}\eta_{\mathrm{c}}\eta_{\mathrm{g}}$

式中，P_{m}为电动机的额定功率(kW)，η_{c}为联轴器的效率，η_1为高速级齿轮的传动效率，η_{g}为一对滚动轴承的传动效率，η_2为低速级齿轮的传动效率。

3. 各轴的输入转矩 T(N·m)

高速轴Ⅰ的输入转矩　　　$T_{\mathrm{I}}=9550\,P_{\mathrm{I}}/n_{\mathrm{I}}$

中间轴Ⅱ的输入转矩　　　$T_{\mathrm{II}}=9550\,P_{\mathrm{II}}/n_{\mathrm{II}}$

低速轴Ⅲ的输入转矩　　　$T_{\mathrm{III}}=9550\,P_{\mathrm{III}}/n_{\mathrm{III}}$

卷筒轴Ⅳ的输入转矩　　　$T_{\mathrm{IV}}=9550\,P_{\mathrm{IV}}/n_{\mathrm{IV}}$

将以上计算数据汇总整理，以供后续设计计算使用。

3.4 设计实例

欲对一带式输送机的传动装置(见图 3-3)做总体设计，已知输送机所需牵引力 $F=2000$ N，带速 $v=1.2$ m/s，卷筒直径 $D=260$ mm。输送机在常温下两班制单向工作，载荷较平稳，结构尺寸无特殊要求和限制。

回忆一下，你的项目任务中的这些总体设计的已知条件是什么？参见第2章。

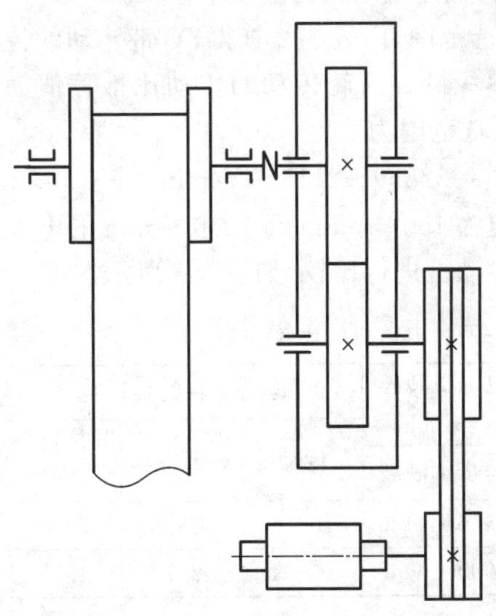

图 3-3　带式输送机的传动装置

设计步骤如下：

计算项目及说明	结　果
1. 分析传动方案 由已知条件计算出输送机卷筒转速 n_w 为 $n_w=\frac{60\times1000v}{\pi D}=\frac{60\times1000\times1.2}{\pi\times260}$ r/min＝88.15 r/min	n_w＝88.15 r/min
一般常选用同步转速为 1500 r/min 和 1000 r/min 的电动机作为原动机,因此总传动比约为 11 或 17,可初步拟定以二级传动为主的传动方案。图 3-3 所示的方案符合要求,且结构简单,制造成本较低,因此该传动方案合理。	
2. 选择电动机类型 按工作要求和工作条件,选用一般用途的 Y(IP44)系列三相异步电动机。	Y(IP44)系列三相异步电动机
3. 计算电动机功率 卷筒轴输出功率为 $P_w=\frac{Fv}{1000}=\frac{2000\times1.2}{1000}$ kW＝2.4 kW 传动装置的总效率为 $\eta=\eta_c\cdot\eta_g^4\cdot\eta_v\cdot\eta_1$ 由表 3-1 查得,联轴器 η_c＝0.99,滚动轴承 η_g＝0.99,V 带传动 η_v＝0.96,圆柱齿轮传动 η_1＝0.97,则 $\eta=0.99\times0.99^4\times0.96\times0.97=0.89$ 电动机的输出功率为 $P_d=\frac{P_w}{\eta}=\frac{2.4}{0.89}$ kW＝2.7 kW 选取电动机的额定功率 P_m＝3 kW。	P_m＝3 kW
4. 计算电动机的转速,确定电动机的类型 先估算电动机转速可选范围,由表 3-2 查得,V 带传动的传动比推荐值为 $i_1'=2\sim4$,单级圆柱齿轮传动的传动比推荐值为 $i_2'=3\sim6$,则电动机转速可选范围为 $n_d'=n_w\cdot i_1'\cdot i_2'=528.9\sim2115.6$ r/min 可见,常用的同步转速为 1500 r/min 和 1000 r/min 的电动机符合要求,现对这两种电动机进行比较,如表 3-3 所示。	

表 3-3　两种电动机的比较

方案	电动机型号	额定功率/kW	电动机转速/(r/min)		传动装置的传动比		
			同步	满载	总传动比	V 带传动	圆柱齿轮传动
1	Y100L2-4	3	1500	1420	16.14	3	5.38
2	Y132S-6	3	1000	960	10.89	2.7	4.03

提问：
(1) 如果项目对成本控制有较高要求，则宜采用哪种方案？
(2) 如果项目对空间尺寸有限制，则宜采用哪种方案？

计算项目及说明	结　　果
数据表明，这两种方案均可行。考虑到方案 2 的传动比较小，传动装置的结构尺寸较小，因此采用方案 2，选定电动机型号为 Y132S-6。	Y132S-6
5. 计算总传动比，分配各级传动比	$n_m=960\ r/min$
传动装置的总传动比为 $i=\frac{n_m}{n_w}=\frac{960}{88.15}=10.89$	
取 V 带传动的传动比$i_1=2.7$，则圆柱齿轮传动的传动比为 $i_2=\frac{i}{i_1}=\frac{10.89}{2.7}=4.03$	$i_1=2.7$ $i_2=4.03$
6. 计算各轴转速 设电动机轴为 0 轴，减速器高速轴为Ⅰ轴，低速轴为Ⅱ轴，则各轴的转速为 $n_0=n_m=960\ r/min$ $n_Ⅰ=\frac{n_0}{i_1}=\frac{960}{2.7}\ r/min=356\ r/min$ $n_Ⅱ=\frac{n_Ⅰ}{i_2}=\frac{356}{4.03}\ r/min=88\ r/min$	$n_0=960\ r/min$ $n_Ⅰ=356\ r/min$ $n_Ⅱ=88\ r/min$
7. 计算各轴输入功率 $P_0=P_m=3\ kW$ $P_Ⅰ=P_0\eta_v=3\times0.96\ kW=2.88\ kW$ $P_Ⅱ=P_Ⅰ\eta_1\eta_g=2.88\times0.99\times0.97\ kW=2.77\ kW$	$P_0=3\ kW$ $P_Ⅰ=2.88\ kW$ $P_Ⅱ=2.77\ kW$
8. 计算各轴输入转矩 $T_0=9550\frac{P_0}{n_0}=9550\times\frac{3}{960}\ N\cdot m=29.84\ N\cdot m$ $T_Ⅰ=9550\frac{P_Ⅰ}{n_Ⅰ}=9550\times\frac{2.88}{356}\ N\cdot m=77.26\ N\cdot m$ $T_Ⅱ=9550\frac{P_Ⅱ}{n_Ⅱ}=9550\times\frac{2.77}{88}\ N\cdot m=300.6\ N\cdot m$	$T_0=29.84\ N\cdot m$ $T_Ⅰ=77.26\ N\cdot m$ $T_Ⅱ=300.6\ N\cdot m$

提问：
各级传动比、各轴输入功率和输入转矩在后续哪些地方会用到？

拓展阅读

本章小结

(1) 传动装置总体设计的内容包括：拟定或分析传动方案，选择电动机型号，确定总传动比并合理分配传动比，计算传动装置中各轴的转速、输入功率及输入转矩。

(2) 在设计传动装置时，注意与项目实际情况相结合，不能一味照搬例题，应掌握设计分析的原则和方法。

练习与提高

1. 常用的机械传动形式有哪些特点？其适用范围怎样？

2. 为什么一般带传动布置在高速级，链传动布置在低速级？

3. 圆锥齿轮传动为什么布置在高速级？

4. 蜗杆传动在多级传动中怎样布置较好？

5. 电动机的选择包括哪些内容？高转速电动机与低转速电动机各有什么优缺点？传动装置设计中所需的电动机参数有哪些？

6. 设计传动装置的总效率时要注意哪些问题？

7. 合理分配传动比有什么意义？分配的原则是什么？

8. 传动装置中各相邻轴间的功率、转矩、转速关系如何确定？同一轴的输入功率与输出功率是否相同？设计计算时用哪个功率？

第 4 章
带传动

知识技能目标

熟知带传动的组成、类型以及工作特点，掌握 V 带、同步带的基本知识以及选择方法，知晓带传动的工作性能并掌握打滑、弹性滑动的概念和区别，掌握 V 带传动和同步带传动的设计思路和步骤，熟悉带传动安装、张紧和维护的实施方法及过程。

在熟知带传动基本知识的基础上，能够根据实际工况正确、合理地设计 V 带传动。

项目子任务分解

结合第 2 章中的项目Ⅰ、Ⅱ，根据图 4-1、图 4-2 所示的传动简图，按照第 3 章设计实例中的传动比分配、功率等计算结果，设计带传动。

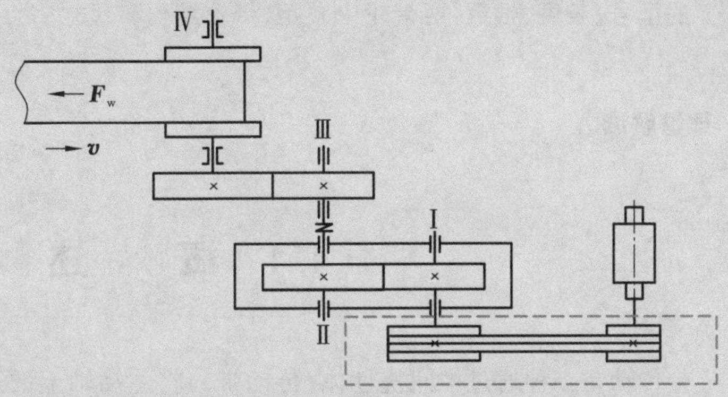

图 4-1　一级圆柱斜齿轮减速器传动设计简图(虚线框内为带传动)

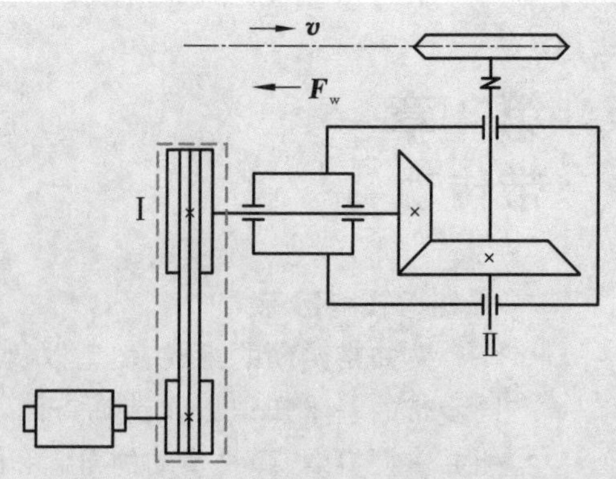

图 4-2 一级圆锥齿轮减速器传动设计简图(虚线框内为带传动)

子任务实施建议

1. 任务分析

针对带传动的主要失效形式,按照工作中不打滑,并且具有一定的疲劳寿命的设计准则,确定普通 V 带的型号、长度、根数,两带轮中心距,带轮结构和尺寸等。

2. 实施过程

根据前面章节设计实例的计算结果 n_0、P_0、T_0进行带传动设计,确定普通 V 带的型号、长度、根数,两带轮中心距,带轮结构和尺寸。

理论解读

4.1 概　　述

带传动是一种通过中间挠性体(传动带),将主动轴上的运动和动力传递给从动轴的机械传动形式。带传动一般由主动轮 1、从动轮 2、紧套在两带轮上的传动带 3 组成,如图 4-3 所示。当主动轮转动时,通过带和带轮工作表面之间的摩擦力或啮合作用使传动带运动,再通过传动带驱动从动轮转动并传递动力。

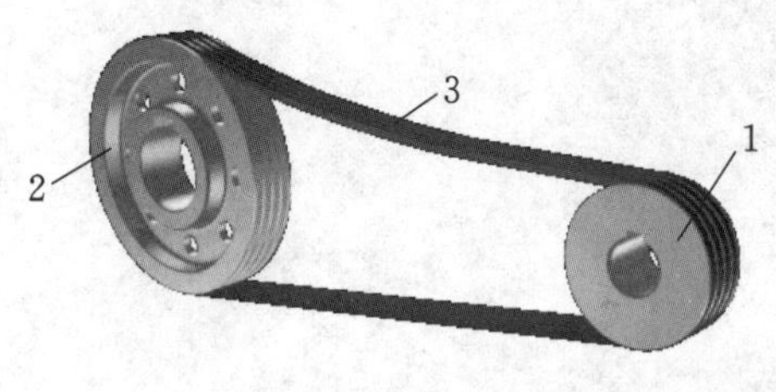

(a) 摩擦型带传动

(b) 啮合型带传动

图 4-3 带传动的类型

1—主动轮;2—从动轮;3—传动带

由于采用挠性带作为中间元件来传递运动和动力，带传动具有如下特点：具有缓冲和吸振作用，传动平稳，无噪声；能够实现较大距离间两轴的传动；通过改变带长，能满足不同的中心距要求。

工程实际中，带传动通常应用于传动功率不大（<50 kW）、速度适中（带速一般为5～30 m/s）、传动距离较大的场合。在多级传动系统中，通常将摩擦型带传动置于第一级（直接与原动机相连），起到过载保护并减小结构尺寸和质量的作用。

4.2 带传动的类型及其工作原理

根据工作原理的不同，带传动分为摩擦型和啮合型两种类型。

4.2.1 摩擦型带传动

摩擦型带传动如图4-3(a)所示，传动带张紧在主、从动轮上，带与两轮的接触面间产生正压力。当主动轮旋转时，由正压力产生的摩擦力拖拽带运动，同样，带又拖拽从动轮旋转，如此依靠挠性带与带轮接触面间的摩擦力来传递运动和动力。

摩擦型带传动根据挠性带截面形状的不同，可划分为平带传动、V带传动、多楔带传动、圆带传动等形式，如图4-4所示。

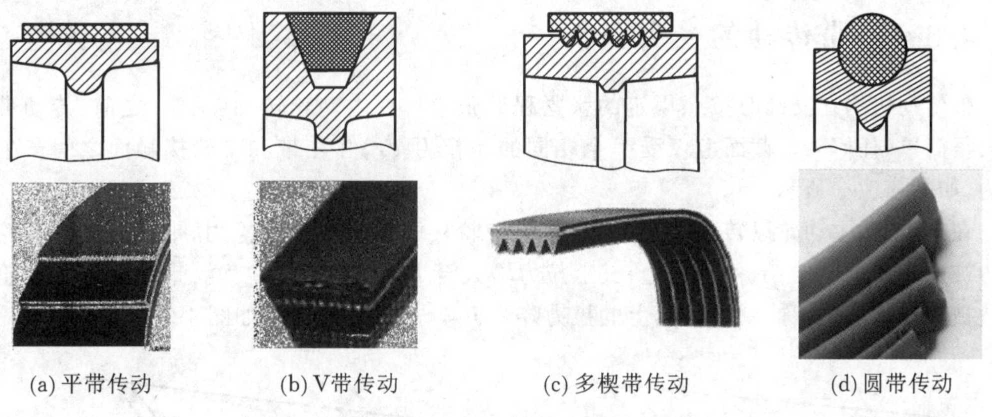

(a) 平带传动　(b) V带传动　(c) 多楔带传动　(d) 圆带传动

图4-4　摩擦型带传动的类型

平带的截面形状为矩形，与带轮轮面相接触的内表面为工作面。平带的挠性较好，制造方便，适用于两轴平行、转向相同的较远距离传动。尤其是轻质薄型的各式高速平带，较为广泛地应用于高速传动、中心距较大、两轴交叉或半交叉传动等场合。

V带的截面形状为等腰梯形，与带轮轮槽相接触的两侧面为工作面。在相同的初拉力和摩擦系数的情况下，V带传动产生的摩擦力比平带传动产生的摩擦力更大，因而V带传动能力强，结构更加紧凑，广泛应用于机械传动中。

多楔带相当于平带与多根V带的组合，兼有两者的优点，多用于结构要求紧凑的大功率传动中。与V带传动一样，多楔带传动也具有带的厚度较大、挠性较差、带轮制造比较复杂等不足。

圆带的截面形状为圆形，仅用于载荷很小、速度较低的小功率场合，如缝纫机、仪器、牙科医疗器械中。

摩擦型带传动除了具备带传动的一般特点以外，过载时带将沿着带轮工作表面打滑，能够对其他传动零件起到安全保护的作用，并且其结构简单，制造成本低，装拆方便。但是，由于带与带轮之间存在弹性滑动现象，摩擦型带传动存在传动效率较低、传动比不准确、带的寿命较短等缺点。

4.2.2 啮合型带传动

啮合型带传动依靠同步带上的齿与带轮齿槽之间的啮合来传递运动和动力，通常称为同步带传动，如图 4-3(b)所示。

啮合型带传动兼有摩擦型带传动和啮合传动的优点，既可以保证准确的传动比和较高的传动效率(98%以上)，也可以满足较大的轴间传动距离和较大的传动比(可达 12～20)的要求，且传动平稳，允许较高的带速(可达 50 m/s)，冲击振动和噪声较小；其缺点是同步带及带轮制造工艺复杂，安装要求较高。

啮合型带传动主要用于中小功率、传动比要求精确的场合，如打印机、绘图仪、录音机、电影放映机等精密机械中。

4.3 带传动工作情况分析

4.3.1 带传动的受力分析

带传动机构在安装时按照规定的张紧程度张紧。在主动轮转动(工作)之前，传动带的受力很简单，任何一个截面上仅受一个相同的初拉力 $\boldsymbol{F}_0$，并在带和带轮接触面之间产生正压力，如图 4-5(a)所示。

在工作时，主动轮以转速 n_1 转动，在带与带轮接触面间产生摩擦力，带在进入主动轮的一边被进一步拉紧伸长，称为紧边；其上拉力增大至 F_1，称为紧边拉力。带在退出主动轮的一边被相对地放松，称为松边，其上的拉力降为 F_2，称为松边拉力，如图 4-5(b) 所示。

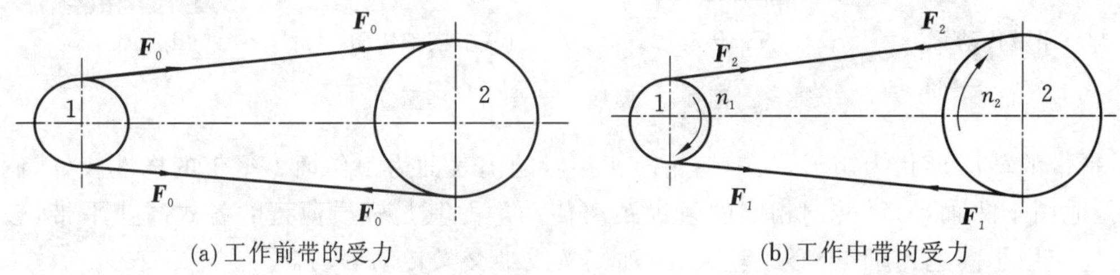

图 4-5 带传动的受力分析

在带与带轮的接触表面上产生了沿接触弧段分布的摩擦力 $\boldsymbol{F}_{f1}$。取主动轮一端的一段带，假设接触弧段上摩擦力的总和为 $F_f = \sum F_{f1}$，根据受力和力矩平衡条件得

$$F_f = F_1 - F_2 \tag{4-1}$$

即带与带轮工作面间的摩擦力等于紧边拉力和松边拉力之差。紧、松边拉力之差 $F = F_f$ 称为带传动的有效拉力。

可以认为工作前后带的总长度保持不变，则紧边的伸长量等于松边的收缩量。对于受力与变形成线性关系的传动带，紧边拉力增量等于松边拉力减量，即 $F_1 - F_0 = F_0 - F_2$，于是可得

$$F_1 + F_2 = 2F_0 \tag{4-2}$$

由式(4-1)和式(4-2)可进一步表示有效拉力 F 与初拉力 F_0。紧、松边拉力 F_1、F_2 分别为

$$\begin{cases} F_1 = F_0 + \dfrac{F}{2} \\ F_2 = F_0 - \dfrac{F}{2} \end{cases} \tag{4-3}$$

有效拉力 F(N)与带传动的功率 P(kW)、带速 v(m/s)之间的关系为

$$F = 1000P/v \tag{4-4}$$

当带速一定时，传递的功率越大，所需的有效拉力越大，则要求带与带轮之间的摩擦力也越大。但是带与带轮间的摩擦力终究存在一个极限值，因而所能传递的有效拉力存在一个最大值 F_{max}。对于一定结构的带传动，在安装张紧后，如果载荷所要求的有效拉力 F 超过这个有效拉力的最大值，将在带与带轮工作表面间产生显著的相对滑动，这种现象称为打滑，它是带传动的一种失效形式。

4.3.2 最大有效拉力 F_{max} 及其影响因素

最大有效拉力 F_{max} 随初拉力 F_0、摩擦系数 f、传动带与带轮接触面的包角 α_1 的增大而增大。当带与带轮接触面即将打滑，即摩擦力达到最大摩擦力时，紧边拉力 F_1、松边拉力 F_2 与 f 和 α_1 之间的关系可用欧拉公式来表示，即

$$F_1 = F_2 e^{f\alpha_1} \tag{4-5}$$

由上式可以看出，随着摩擦系数 f 和包角 α_1 的增大，紧边拉力与松边拉力的差值将随之增大，带传动的最大有效拉力增大，有利于传动能力的提高。

将式(4-5)代入式(4-3)中，可得一定结构的带传动在规定的传动条件下所能传递的最大有效拉力，即

$$F_{max} = 2F_0 \frac{e^{f\alpha_1} - 1}{e^{f\alpha_1} + 1} \tag{4-6}$$

式中，f 为带与带轮工作面间的摩擦系数(V带为当量摩擦系数 f_v)，α_1 为小带轮的包角(rad)。

分析式(4-6)可知，带传动的最大有效拉力 F_{max} 与下列因素有关：

(1) 增大初拉力 F_0，可以增大最大有效拉力。这是因为增大带与带轮之间的正压力，摩擦力随之增大，但是同时也增大了带的受拉应力，并加剧了带的磨损，导致传动带的寿命缩短。如果初拉力 F_0 过小，则容易产生打滑和传动带跳动等失效。因此，带的预紧程度应在合适的范围内。

(2) 增大小带轮的包角 α_1，可以增大最大有效拉力。因此，设计带传动时需要保证尽可能大的小带轮包角。对于平带传动，通常要求 $\alpha_1 \geqslant 150°$；对于V带传动，一般要求 $\alpha_1 \geqslant 120°$。

(3) 摩擦系数 f 越大，越有助于增大最大有效拉力。V带传动中，工作面间的当量摩擦系数 $f_v = f/\sin(\varphi/2) \leqslant f/\sin20° \approx 3f$，因而较平带传动能够显著地提高传动能力。

4.3.3 带的应力分析

带传动过程中，带的任一截面运动到不同位置时，其上所受应力可能包括三种形式。

1. 由拉力产生的拉应力

假设带的截面面积为 A,则在紧边和松边上由拉力产生的拉应力分别为

$$\sigma_1 = F_1/A, \quad \sigma_2 = F_2/A \tag{4-7}$$

2. 由离心力产生的离心应力

由于带本身的质量,在带绕带轮作圆周运动时将产生离心力,此离心力使环形封闭带在全长上受到相同的离心应力 $\boldsymbol{\sigma}_c$ 作用。离心应力 σ_c 的计算公式为

$$\sigma_c = qv^2/A \tag{4-8}$$

式中:v 为带速(m/s);q 为带的单位长度质量(kg/m),如表 4-2 所示。

3. 由弯曲变形产生的弯曲应力

带绕过带轮时,由于带的弯曲变形,将产生弯曲应力,如图 4-4 所示。带的弯曲应力为

$$\sigma_b = E_h/\ d_d \tag{4-9}$$

式中,E 为带材料的弹性模量(MPa),h 为带的高度(mm),d_d为带轮的基准直径(mm)。

由式(4-9)可知,带越厚,或者带轮直径越小,带所受的弯曲应力就越大。显然,带绕过小带轮时产生的弯曲应力 σ_{b1} 大于带绕过大带轮时产生的弯曲应力 σ_{b2},因此设计时应当限制小带轮的最小直径 d_{d1min}。

上述三种应力沿带长的分布情况如图 4-6 所示,不同截面上的应力大小用该处引出的法线线段的长短来表示。

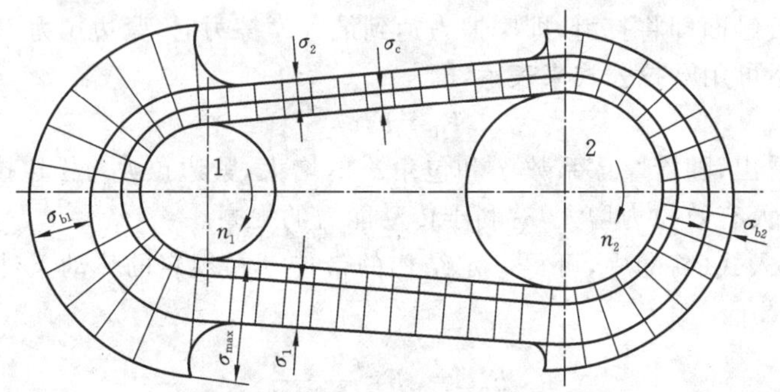

图 4-6 带上应力分布及变化情况

由图 4-6 可知,传动带任一截面上的应力是一种交变循环应力,应力最大值发生在带的紧边进入小带轮处,其值为

$$\sigma_{max} = \sigma_1 + \sigma_c + \sigma_{b1} \tag{4-10}$$

4.3.4 带传动的弹性滑动与打滑

1. 弹性滑动现象

作为弹性体的传动带,它在拉力作用下的伸长变形量随受力的不同而变化。带的拉伸变形规律基本遵循胡克定律,即变形量与受力成正比。

如图 4-7 所示,带传动工作时,主动轮将带带过起始段 $\overset{\frown}{AA'}$,这个过程中带所受拉力保持为紧边拉力 F_1不变,带速与主动轮圆周速度 v_1 相等;接下来在带由 A'点转至 B 点的过程中,带所受拉力由 F_1 逐渐减小至松边拉力 F_2,带的拉伸变形量逐渐减小,导致带沿着带轮表

面在$\overset{\frown}{BA'}$弧段上向 A'点回缩，产生微量的相对滑动，并使松边带速低于主动轮圆周速度 v_1；接着，带以降低了的速度将从动轮带过起始段$\overset{\frown}{CC'}$，带速与从动轮圆周速度 v_2 相等，带与轮面无相对滑动；带接着由 C'点转至紧边 D 点，带所受拉力由 F_2 逐渐增大至 F_1，其弹性伸长量也逐渐增大，导致带沿着从动轮表面在$\overset{\frown}{C'D}$弧段上向 D 点前伸，产生微量的相对滑动，并使带速高于从动轮的圆周速度 v_2。因此，从动轮的圆周速度 v_2 始终低于主动轮的圆周速度 v_1。

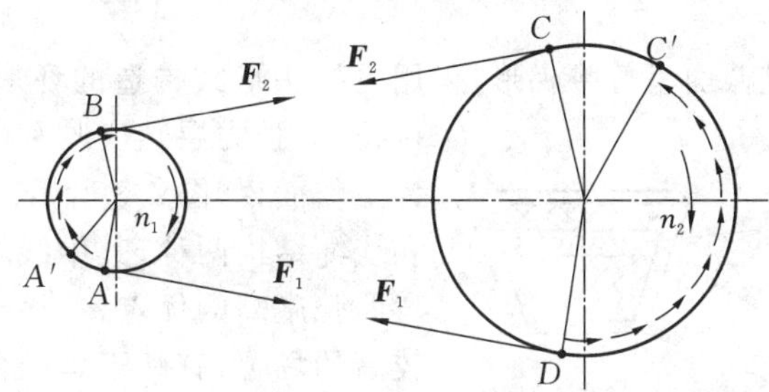

图 4-7　带的弹性滑动

上述由传动带弹性变形量的改变而引起的带与轮面在局部接触弧上发生微量的相对滑动的现象称为弹性滑动。在带传动中，带的紧、松边的拉力必然不相等，因而弹性滑动是摩擦型带传动不可避免的现象。

带传动的弹性滑动现象引起的后果包括从动轮的圆周速度低于主动轮的圆周速度，造成传动比误差，降低传动效率，加快带的磨损，工作面温度升高，带的工作寿命降低等。

从动轮的圆周速度 v_2 低于主动轮的圆周速度 v_1 的程度，可用滑动率 ε 来表示，即

$$\varepsilon=\frac{v_1-v_2}{v_1}\times 100\% \tag{4-11}$$

带传动的滑动率一般为 1%～2%，在一般计算中可以忽略不计。计入弹性滑动的影响时，带传动传动比的准确计算公式为

$$i=\frac{n_1}{n_2}=\frac{d_{d2}}{d_{d1}(1-\varepsilon)} \tag{4-12}$$

式中：n_1，n_2 为主、从动轮的转速(r/min)；d_{d1}，d_{d2} 为主、从动轮的基准直径(mm)。

2. 弹性滑动与打滑

打滑是指由于传递载荷的需要，当带传动所需的有效拉力超过带与带轮面间的摩擦力极限值时，带与带轮面在整个接触弧段发生显著的相对滑动。打滑会使带传动失效，并加剧带的磨损，因此在实际工作中应当避免出现打滑现象。

弹性滑动与打滑是两个截然不同的概念，不应混淆，它们的区别如表 4-1 所示。

表 4-1　弹性滑动与打滑的区别

对比	弹性滑动	打滑
现象	局部带在局部带轮面上发生微小滑动	整个带在整个带轮面上发生显著滑动
产生原因	带轮两边的拉力差，使带的变形量发生变化	所需的有效拉力超过摩擦力最大值
性质	不可避免	可以且应当避免
后果	从动轮的圆周速度 v_2 小于主动轮的圆周速度 v_1，效率下降，带磨损，工作面温度升高	传动失效，导致带严重磨损

4.4 普通 V 带传动的设计计算

4.4.1 普通 V 带与带轮的基本尺寸

标准的普通 V 带是截面呈等腰梯形、采用无接头形式构造的环形橡胶带，带体由顶胶、抗拉体（强力层）、底胶和包布组成，带的两侧面为工作面，如图 4-8 所示。抗拉体分为帘布结构和线绳结构两种，其中线绳结构具有柔韧性好、弯曲强度高的优点，适用于带轮直径较小、转速较高的场合，有利于延长使用寿命，帘布结构更便于制造。抗拉体是 V 带传动过程中承受工作载荷（拉力）的主体，其上下的顶胶和底胶分别承受弯曲变形的拉伸和压缩作用。

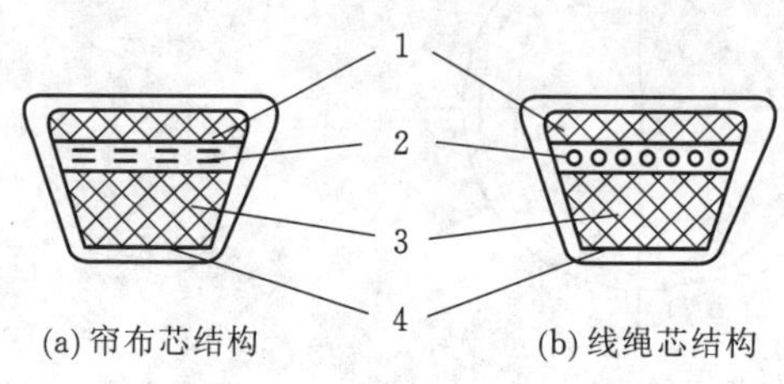

(a) 帘布芯结构　　(b) 线绳芯结构

图 4-8　普通 V 带的结构

1—顶胶；2—抗拉体；3—底胶；4—包布

1. 带型及其截面尺寸

V 带及其带轮槽是标准化结构。普通 V 带采用基准宽度制，基准宽度制采用带的基准线的位置和基准宽度 b_d 来定义带轮的轮槽尺寸以及带在轮槽中的位置。

普通 V 带按照截面尺寸的大小标准化为 7 种型号，由小到大分别命名为 Y、Z、A、B、C、D 和 E 型。普通 V 带截面基本尺寸如表 4-2 所示。

表 4-2　普通 V 带截面基本尺寸（摘自 GB/T 13575.1—2008）

带型	节宽 b_p/mm	顶宽 b/mm	高度 h/mm	楔角 φ/(°)	单位长度的质量 q/(kg/m)
Y	5.3	6.0	4.0		0.023
Z	8.5	10.0	6.0		0.060
A	11.0	13.0	8.0		0.105
B	14.0	17.0	11.0	40	0.170
C	19.0	22.0	14.0		0.300
D	27.0	32.0	19.0		0.630
E	32.0	38.0	23.0		0.970

2. 带的基准长度

V 带绕过带轮时发生弯曲变形，在带的高度方向上存在一个既不受拉也不受压的中性层，称为节面，节面宽度 b_p 称为节宽，如表 4-2 所示。带在带轮上发生弯曲时，其节宽保持不变。

在 V 带轮上，与 V 带节面处于同一圆周位置上的轮槽宽度称为轮槽的基准宽度，用 b_d 表示。基准宽度处的带轮直径，称为带轮的基准直径 d_d，它是 V 带轮的公称直径，通常情况下用 d_{d1}、d_{d2} 表示主、从动轮的公称直径（基准直径）。

V 带安装于带轮上并通过张紧形成工作状态时，在规定的初拉力下，位于带轮基准直径上的周线长度称为 V 带的基准长度,用 L_d 表示。d_{d1}、d_{d2} 和 L_d 用于带传动的几何计算。

普通 V 带的基准长度 L_d 系列及其带长修正系数 K_L 如表 4-3 所示。带长修正系数 K_L 是指当 V 带传动因安装参数(V 带基准长度)与单根 V 带基本额定功率的测定条件(特定基准长度)有所不同时对单根 V 带基本额定功率进行修正的系数。

表 4-3　普通 V 带的基准长度 L_d 系列及其带长修正系数 K_L

Y		Z		A		B		C		D		E	
L_d/mm	K_L	L_d/mm	K_L	L_d/mm	K_L	L_d/mm	K_L	L_d/mm	K_L	L_d/mm	K_L	L_d/mm	K_L
200	0.81	405	0.87	630	0.81	930	0.83	1565	0.82	2740	0.82	4660	0.91
224	0.82	475	0.90	700	0.83	1000	0.84	1760	0.85	3100	0.86	5040	0.92
250	0.84	530	0.93	790	0.85	1100	0.86	1950	0.87	3330	0.87	5420	0.94
280	0.87	625	0.96	890	0.87	1210	0.87	2195	0.90	3730	0.90	6100	0.96
315	0.89	700	0.99	990	0.89	1370	0.90	2420	0.92	4080	0.91	6850	0.99
355	0.92	780	1.00	1100	0.91	1560	0.92	2715	0.94	4620	0.94	7650	1.01
400	0.96	920	1.04	1250	0.93	1760	0.94	2880	0.95	5400	0.97	9150	1.05
450	1.00	1080	1.07	1430	0.96	1950	0.97	3080	0.97	6100	0.99	12 230	1.11
500	1.02	1330	1.13	1550	0.98	2180	0.99	3520	0.99	6840	1.02	13 750	1.15
		1420	1.14	1640	0.99	2300	1.01	4060	1.02	7620	1.05	15 280	1.17
		1540	1.54	1750	1.00	2500	1.03	4600	1.05	9140	1.08	16 800	1.19
				1940	1.02	2700	1.04	5380	1.08	10 700	1.13		
				2050	1.04	2870	1.05	6100	1.11	12 200	1.16		
				2200	1.06	3200	1.07	6815	1.14	13 700	1.19		
				2300	1.07	3600	1.09	7600	1.17	15 200	1.21		
				2480	1.09	4060	1.13	9100	1.21				
				2700	1.10	4430	1.15	10 700	1.24				
						4820	1.17						
						5370	1.20						
						6070	1.24						

V 带的型号由 V 带截面代号和基准长度组成,如 A1550 表示 A 型 V 带,基准长度为 1550 mm。V 带的型号印制在带的外表面上。

3. 带轮的基准直径

V 带轮的基准直径 d_{d1}、d_{d2} 也被标准化为系列尺寸。表 4-4 列出了带轮的基准直径系列。

为了防止 V 带绕过带轮时弯曲过大而影响 V 带的强度,设计时应限制小带轮的最小直径。大带轮的直径按传动比要求计算获得初值,一般情况下在传动比误差允许的范围内按基准直径系列选取 d_{d2} 值。V 带轮的基准直径系列与最小基准直径分别如表 4-4 和表 4-5 所示。

表 4-4　V 带轮的基准直径系列(摘自 GB/T 13575.1—2008)　　单位:mm

带型	基 准 直 径
Y	20,22.4,25,28,31.5,35.5,40,45,50,56,80,90,100,112,125
Z	50,56,63,71,75,80,90,100,112,125,132,140,150,160,180,200,224,250,280,315,355,400,500,630

续表

带型	基准直径
A	75,80,85,90,95,100,106,112,118,125,132,140,150,160,180,200,224,250,280,315,355,400,450,500,560,630,710,800
B	125,132,140,150,160,180,200,224,250,280,315,355,400,450,500,560,630,710,750,800,900,1000,1120
C	200,212,224,236,250,265,280,300,315,335,355,400,450,500,560,600,630,710,750,800,900,1000,1120,1250,1400,1600,2000
D	355,375,400,425,450,475,500,560,600,630,710,750,800,900,1000,1060,1120,1250,1400,1500,1600,1800,2000
E	500,530,560,600,630,670,710,800,900,1000,1120,1250,1400,1500,1600,1800,2000,2240,2500

表 4-5　V 带轮的最小基准直径

槽型	Y	Z	A	B	C	D	E
d_{min}/mm	20	50	75	125	200	355	500

4. 带轮的结构

V 带轮是典型的盘类零件，由轮缘、轮毂和轮辐（或腹板）三部分组成，如图 4-9 所示。

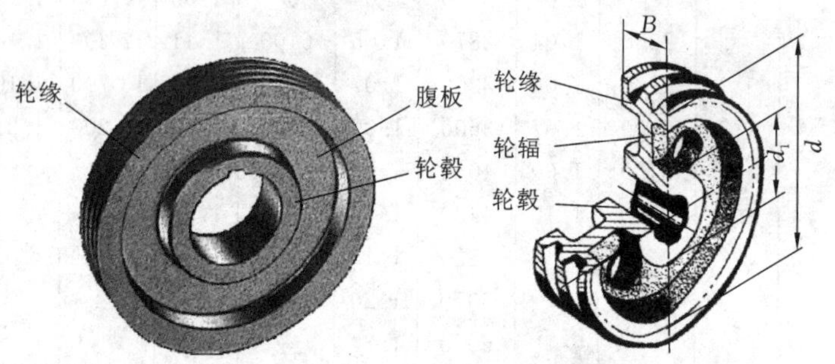

图 4-9　带轮的结构

轮缘是带轮的外缘部分，其上开有梯形槽，是传动带安装及带轮的工作部分。轮槽工作面需要精加工，以减小带的磨损，表面粗糙度 Ra 一般为 1.6 μm；轮槽底部与 V 带不接触，表面粗糙度 Ra 一般为 6.3 μm。普通 V 带轮槽截面尺寸如表 4-6 所示。

表 4-6　普通 V 带轮槽截面尺寸(摘自 GB/T 13575.1—2008)　　单位：mm

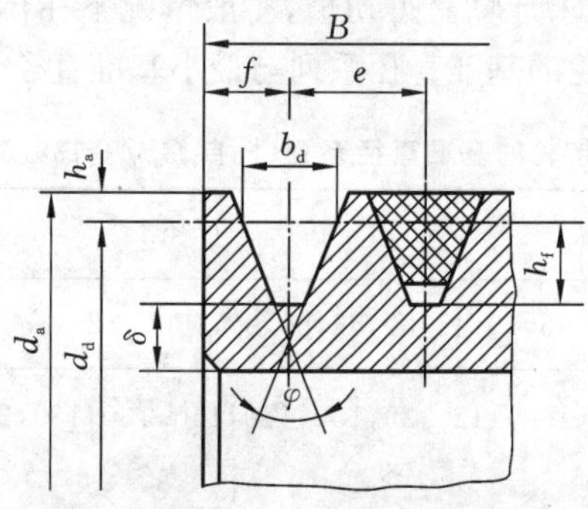

续表

槽型		Y	Z	A	B	C	D	E
节宽b_d		5.3	8.5	11.0	14.0	19.0	27.0	32.0
基准线上槽深h_{amin}		1.60	2.00	2.75	3.50	4.80	8.10	9.60
基准线下槽深h_{fmin}		4.7	7.0	8.7	10.8	14.3	19.9	23.4
槽间距 e		8±0.3	12±0.3	15±0.3	19±0.3	25.5±0.3	37±0.3	44.5±0.3
第一槽对称面到端面的距离f_{min}		6	7	9	11.5	16	23	28
轮缘厚δ_{min}		5	5.5	6	7.5	10	12	15
外径d_a		$d_a=d_d+2h_a$						
带轮宽 B		$B=(z-1)e+2f$,z 为轮槽数						
基准直径d_d	$\varphi=32°$	≤60						
	$\varphi=34°$		≤80	≤118	≤190	≤315		
	$\varphi=36°$	>60					≤475	≤600
	$\varphi=38°$		>80	>118	>190	>315	>475	>600

轮毂是带轮与轴的安装配合部分，轮辐则是连接轮缘和轮毂的中间部分。

V 带轮常用的材料包括铸铁、铸钢、铝合金或工程塑料，铸铁应用最广。当带速 $v<25$ m/s 时，常用灰口铸铁 HT150 或 HT200；当 $v\geqslant25$ m/s 时，宜用球墨铸铁、铸钢或冲压钢板焊接制造带轮；小功率传动带轮可采用铸铝或工程塑料。

当采用铸铁材料制造 V 带轮时，根据轮辐结构的不同，V 带轮有实心式、腹板式、孔板式和轮辐式四种典型结构形式。当带轮基准直径 $d_d\leqslant(2.5\sim3)d$(d 为带轮轴直径)时，采用实心式结构，如图 4-10(a)所示；当 $d_d\leqslant350$ mm，且 $d_2-d_1<100$ mm(d_1为轮毂外径，d_2为轮缘内径)时，采用腹板式结构，如图 4-10(b)所示，若 $d_2-d_1\geqslant100$ mm，则采用孔板式结构，如图 4-10(c)所示；当 $d_d>350$ mm 时，应采用轮辐式结构，如图 4-10(d)所示。

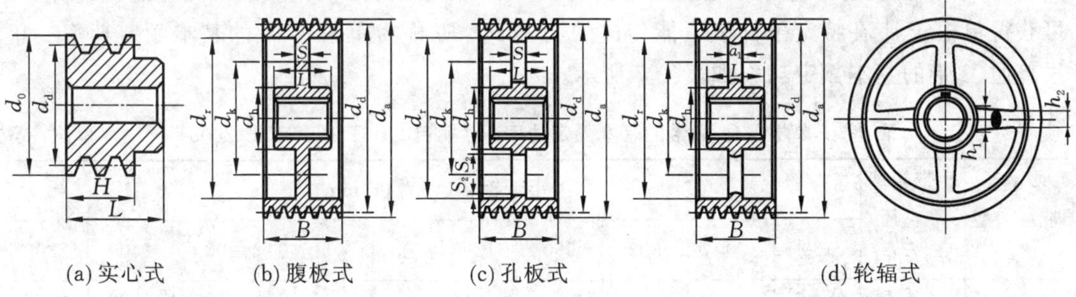

(a) 实心式　(b) 腹板式　(c) 孔板式　(d) 轮辐式

图 4-10　V 带轮的典型结构

图 4-10 所示的带轮有关结构尺寸，可考参经验公式取值，即

$$h_1=290\sqrt[3]{\frac{P}{nA}}$$

式中，P 为功率，n 为转速，A 为轮辐数。

$$d_h=(1.8\sim2)d_s,\quad d_0=(d_h+d_r)/2$$
$$S=(0.2\sim0.3)B$$
$$h_2=0.8h_1,\quad a_1=0.4h_1$$

根据你计算出来的数据，你的项目里的大、小带轮应该分别采用哪种结构？
带轮的各部分尺寸取好了吗？

4.4.2 V带传动的失效形式与计算准则

根据带传动的工作情况可知,V带传动的主要失效形式如下：

(1) V带疲劳断裂。V带在交变应力下工作,运行一定时间后,V带上局部出现疲劳裂纹或脱层,随之出现疏松状态甚至断裂。

(2) 打滑。当工作载荷超过V带传动的最大有效圆周拉力时,V带沿着带轮工作表面出现显著的相对滑动,导致传动失效。

因此,为了保证V带传动正常工作,V带传动的计算准则是在保证V带传动不打滑的条件下,使V带具有一定的疲劳强度和寿命。

4.4.3 单根V带的额定功率

按照V带传动的计算准则,根据前述V带传动的受力分析公式式(4-1)、式(4-4)、式(4-5)和式(4-7),可推导出在保证不打滑的条件下单根V带所能传递的最大功率,即

$$P_0=F_{\max}\cdot\frac{v}{1000}=F_1\left(1-\frac{1}{e^{f\alpha}}\right)\cdot\frac{v}{1000}=\sigma_1 A\left(1-\frac{1}{e^{f\alpha}}\right)\cdot\frac{v}{1000}\tag{4-13}$$

为了保证V带具有一定的疲劳寿命,应使 $\sigma_{\max}=\sigma_1+\sigma_{b1}+\sigma_c\leqslant[\sigma]$,取 $\sigma_{\max}=[\sigma]$,则

$$\sigma_1=[\sigma]-\sigma_b-\sigma_c\tag{4-14}$$

式中,$[\sigma]$为V带的许用应力。

将式(4-14)代入式(4-13)中,即可获得V带传动在既不打滑又保证V带具有一定疲劳寿命的条件下单根V带能够传递的功率,即

$$P_0=([\sigma]-\sigma_b-\sigma_c)(1-\frac{1}{e^{f\alpha}})\cdot\frac{Av}{1000}\tag{4-15}$$

对于一定材质和规格尺寸的V带,在特定的试验条件($i=1$,即 $\alpha_1=\alpha_2=180°$;疲劳寿命为 $10^8\sim10^9$ 次;载荷平稳)下,通过试验获得V带的许用应力$[\sigma]$,代入式(4-15)进行计算,即可获得单根V带在特定条件下所能传递的功率 P_0,P_0称为单根V带的基本额定功率。单根普通V带的基本额定功率如表4-7所示。

表 4-7 单根普通V带的基本额定功率 P_0(摘自 GB/T 13575.1—2008) 单位:kW

带型	小带轮基准直径 d_{d1}/mm	小带轮转速 n_1/(r/min)									
		400	700	800	950	1200	1450	1600	2000	2400	2800
Z	50	0.06	0.09	0.10	0.12	0.14	0.16	0.17	0.20	0.22	0.26
	56	0.06	0.11	0.12	0.14	0.17	0.19	0.20	0.25	0.30	0.33
	63	0.08	0.13	0.15	0.18	0.22	0.25	0.27	0.32	0.37	0.41
	71	0.09	0.17	0.20	0.23	0.27	0.30	0.33	0.39	0.46	0.50
	80	0.14	0.20	0.22	0.26	0.30	0.35	0.39	0.44	0.50	0.56
	90	0.14	0.22	0.24	0.28	0.33	0.36	0.40	0.48	0.54	0.60

续表

带型	小带轮基准直径 d_{d1}/mm	小带轮转速 n_1/(r/min)									
		400	700	800	950	1200	1450	1600	2000	2400	2800
A	75	0.26	0.40	0.45	0.51	0.60	0.68	0.73	0.84	0.92	1.00
	90	0.39	0.61	0.68	0.77	0.93	1.07	1.15	1.34	1.50	1.64
	100	0.47	0.74	0.83	0.95	1.14	1.32	1.42	1.66	1.87	2.05
	112	0.56	0.90	1.00	1.15	1.39	1.61	1.74	2.04	2.30	2.51
	125	0.67	1.07	1.19	1.37	1.66	1.92	2.07	2.44	2.74	2.98
	140	0.78	1.26	1.41	1.62	1.96	2.28	2.45	2.87	3.22	3.48
	160	0.94	1.51	1.69	1.95	2.36	2.73	2.94	3.42	3.80	4.06
	180	1.09	1.76	1.97	2.27	2.74	3.16	3.40	3.93	4.32	4.54
B	125	0.84	1.30	1.44	1.64	1.93	2.19	2.33	2.64	2.85	2.96
	140	1.05	1.64	1.82	2.08	2.47	2.82	3.00	3.42	3.70	3.85
	160	1.32	2.09	2.32	2.66	3.17	3.62	3.86	4.40	4.75	4.89
	180	1.59	2.53	2.81	3.22	3.85	4.39	4.68	5.30	5.67	5.76
	200	1.85	2.96	3.30	3.77	4.50	5.13	5.46	6.13	6.47	6.43
	224	2.17	3.47	3.86	4.42	5.26	5.97	6.33	7.02	7.25	6.95
	250	2.50	4.00	4.46	5.10	6.04	6.82	7.20	7.87	7.89	7.14
	280	2.89	4.61	5.13	5.85	6.90	7.76	8.13	8.60	8.22	6.80
C	200	2.41	3.69	4.07	4.58	5.29	5.84	6.07	6.34	6.02	5.01
	224	2.99	4.64	5.12	5.78	6.71	7.45	7.75	8.06	7.57	6.08
	250	3.62	5.64	6.23	7.04	8.21	9.04	9.38	9.62	8.75	6.56
	280	4.32	6.76	7.52	8.49	9.81	10.72	11.06	11.04	9.50	6.13
	315	4.14	8.09	8.92	10.05	11.53	12.46	12.72	12.14	9.43	4.16
	355	6.05	9.50	10.46	11.73	13.31	14.12	14.19	12.59	7.98	—
	400	7.06	11.02	12.10	13.48	15.04	15.53	15.24	11.95	4.34	—
	450	8.20	12.63	13.80	15.23	16.59	16.47	15.57	9.64	—	—
D	355	9.24	13.70	14.83	16.15	17.25	16.77	15.63	—	—	—
	400	11.45	17.07	18.46	20.06	21.20	20.15	18.31	—	—	—
	450	13.85	20.63	22.25	24.01	24.84	22.02	19.59	—	—	—
	500	16.20	23.99	25.76	27.50	26.71	23.59	18.88	—	—	—
	560	18.95	27.73	29.55	31.04	29.67	22.58	15.13	—	—	—
	630	22.05	31.68	33.38	34.19	30.15	18.06	6.25	—	—	—
	710	25.45	35.59	36.87	36.35	27.88	7.99	—	—	—	—
	800	29.08	39.14	39.55	36.76	21.32	—	—	—	—	—

当 V 带传动的实际工作条件与上述试验条件不同时，应对单根 V 带的基本额定功率加以修正，并由此计算实际工作条件下单根 V 带所能传递的功率，该功率称为单根 V 带的额定功率$[P_0]$，则

$$[P_0]=(P_0+\Delta P_0)K_\alpha K_L \tag{4-16}$$

式中：ΔP_0为功率增量，计入传动比 $i\neq1$ 时 V 带在大带轮上弯曲程度的减小对传动能力的提升程度，单根普通 V 带基本额定功率的增量 ΔP_0 如表 4-8 所示；K_α为包角系数，计入包角 $\alpha_1\neq180°$时对传动能力的影响，如表 4-9 所示；K_L为长度系数，计入带长不等于特定长度时对传动能力的影响，如表 4-3 所示。

表 4-8　单根普通 V 带基本额定功率的增量 ΔP_0（摘自 GB/T 13575.1—2008）　　单位：kW

<table>
<tr><th rowspan="2">带型</th><th rowspan="2">传动比
i</th><th colspan="10">小带轮转速 n_1/(r/min)</th></tr>
<tr><th>400</th><th>700</th><th>800</th><th>950</th><th>1200</th><th>1450</th><th>1600</th><th>2000</th><th>2400</th><th>2800</th></tr>
<tr><td rowspan="10">Z</td><td>1.00～1.01</td><td colspan="10">0.00</td></tr>
<tr><td>1.02～1.04</td><td colspan="6">0.00</td><td colspan="4">0.01</td></tr>
<tr><td>1.05～1.08</td><td colspan="4">0.00</td><td colspan="4">0.01</td><td colspan="2">0.02</td></tr>
<tr><td>1.09～1.12</td><td colspan="3">0.00</td><td colspan="4">0.01</td><td colspan="3">0.02</td></tr>
<tr><td>1.13～1.18</td><td colspan="2">0.00</td><td colspan="5">0.01</td><td colspan="2">0.02</td><td>0.03</td></tr>
<tr><td>1.19～1.24</td><td colspan="2">0.00</td><td colspan="3">0.01</td><td colspan="3">0.02</td><td colspan="2">0.03</td></tr>
<tr><td>1.25～1.34</td><td>0.00</td><td colspan="3">0.01</td><td colspan="4">0.02</td><td colspan="2">0.03</td></tr>
<tr><td>1.35～1.50</td><td>0.00</td><td colspan="2">0.01</td><td colspan="4">0.02</td><td colspan="2">0.03</td><td>0.04</td></tr>
<tr><td>1.51～1.99</td><td colspan="2">0.01</td><td colspan="4">0.02</td><td colspan="2">0.03</td><td colspan="2">0.04</td></tr>
<tr><td>≥2.00</td><td>0.01</td><td colspan="3">0.02</td><td colspan="3">0.03</td><td colspan="3">0.04</td></tr>
<tr><td rowspan="10">A</td><td>1.00～1.01</td><td colspan="10">0.00</td></tr>
<tr><td>1.02～1.04</td><td colspan="4">0.01</td><td colspan="3">0.02</td><td colspan="2">0.03</td><td>0.04</td></tr>
<tr><td>1.05～1.08</td><td>0.01</td><td>0.02</td><td>0.02</td><td>0.03</td><td>0.03</td><td>0.04</td><td>0.06</td><td>0.06</td><td>0.07</td><td>0.08</td></tr>
<tr><td>1.09～1.12</td><td>0.02</td><td>0.03</td><td>0.03</td><td>0.04</td><td>0.05</td><td>0.06</td><td>0.06</td><td>0.08</td><td>0.10</td><td>0.11</td></tr>
<tr><td>1.13～1.18</td><td>0.02</td><td>0.04</td><td>0.04</td><td>0.05</td><td>0.07</td><td>0.08</td><td>0.09</td><td>0.11</td><td>0.13</td><td>0.15</td></tr>
<tr><td>1.19～1.24</td><td>0.03</td><td>0.05</td><td>0.05</td><td>0.06</td><td>0.08</td><td>0.09</td><td>0.11</td><td>0.13</td><td>0.16</td><td>0.19</td></tr>
<tr><td>1.25～1.34</td><td>0.06</td><td>0.06</td><td>0.06</td><td>0.07</td><td>0.10</td><td>0.11</td><td>0.13</td><td>0.16</td><td>0.19</td><td>0.23</td></tr>
<tr><td>1.35～1.50</td><td>0.04</td><td>0.07</td><td>0.08</td><td>0.08</td><td>0.11</td><td>0.13</td><td>0.15</td><td>0.19</td><td>0.23</td><td>0.26</td></tr>
<tr><td>1.51～1.99</td><td>0.04</td><td>0.08</td><td>0.09</td><td>0.10</td><td>0.13</td><td>0.15</td><td>0.17</td><td>0.22</td><td>0.26</td><td>0.30</td></tr>
<tr><td>≥2.00</td><td>0.05</td><td>0.09</td><td>0.10</td><td>0.11</td><td>0.15</td><td>0.17</td><td>0.19</td><td>0.24</td><td>0.29</td><td>0.34</td></tr>
<tr><td rowspan="10">B</td><td>1.00～1.01</td><td colspan="10">0.00</td></tr>
<tr><td>1.02～1.04</td><td>0.01</td><td>0.02</td><td>0.03</td><td>0.03</td><td>0.04</td><td>0.05</td><td>0.06</td><td>0.07</td><td>0.08</td><td>0.10</td></tr>
<tr><td>1.05～1.08</td><td>0.03</td><td>0.05</td><td>0.06</td><td>0.07</td><td>0.08</td><td>0.10</td><td>0.11</td><td>0.14</td><td>0.17</td><td>0.20</td></tr>
<tr><td>1.09～1.12</td><td>0.04</td><td>0.07</td><td>0.08</td><td>0.10</td><td>0.13</td><td>0.15</td><td>0.17</td><td>0.21</td><td>0.25</td><td>0.29</td></tr>
<tr><td>1.13～1.18</td><td>0.06</td><td>0.10</td><td>0.11</td><td>0.13</td><td>0.17</td><td>0.20</td><td>0.23</td><td>0.28</td><td>0.34</td><td>0.39</td></tr>
<tr><td>1.19～1.24</td><td>0.07</td><td>0.12</td><td>0.14</td><td>0.17</td><td>0.21</td><td>0.25</td><td>0.28</td><td>0.35</td><td>0.42</td><td>0.49</td></tr>
<tr><td>1.25～1.34</td><td>0.08</td><td>0.15</td><td>0.17</td><td>0.20</td><td>0.25</td><td>0.31</td><td>0.34</td><td>0.42</td><td>0.51</td><td>0.59</td></tr>
<tr><td>1.35～1.50</td><td>0.10</td><td>0.17</td><td>0.20</td><td>0.23</td><td>0.30</td><td>0.36</td><td>0.39</td><td>0.49</td><td>0.59</td><td>0.69</td></tr>
<tr><td>1.51～1.99</td><td>0.11</td><td>0.20</td><td>0.23</td><td>0.26</td><td>0.34</td><td>0.40</td><td>0.45</td><td>0.56</td><td>0.68</td><td>0.79</td></tr>
<tr><td>≥2.00</td><td>0.13</td><td>0.22</td><td>0.25</td><td>0.30</td><td>0.38</td><td>0.46</td><td>0.51</td><td>0.63</td><td>0.76</td><td>0.89</td></tr>
</table>

续表

带型	传动比 i	小带轮转速 n_1/(r/min)									
		400	700	800	950	1200	1450	1600	2000	2400	2800
C	1.00～1.01	0.00									
	1.02～1.04	0.04	0.07	0.08	0.09	0.12	0.14	0.16	0.20	0.23	0.27
	1.05～1.08	0.08	0.14	0.16	0.19	0.24	0.28	0.31	0.39	0.47	0.55
	1.09～1.12	0.12	0.21	0.23	0.27	0.35	0.42	0.47	0.59	0.70	0.82
	1.13～1.18	0.16	0.27	0.31	0.37	0.47	0.58	0.63	0.78	0.94	1.10
	1.19～1.24	0.20	0.34	0.39	0.47	0.59	0.71	0.78	0.98	1.18	1.37
	1.25～1.34	0.23	0.41	0.47	0.56	0.70	0.85	0.94	1.17	1.41	1.64
	1.35～1.50	0.27	0.48	0.55	0.65	0.82	0.99	1.10	1.37	1.65	1.92
	1.51～1.99	0.31	0.55	0.63	0.74	0.94	1.14	1.25	1.57	1.88	2.19
	≥2.00	0.35	0.62	0.71	0.83	1.06	1.27	1.41	1.76	2.12	2.47
D	1.00～1.01	0.00							—	—	—
	1.02～1.04	0.14	0.24	0.28	0.33	0.42	0.51	0.56			
	1.05～1.08	0.28	0.49	0.56	0.66	0.84	1.10	1.11			
	1.09～1.12	0.42	0.73	0.83	0.99	1.25	1.51	1.67			
	1.13～1.18	0.56	0.97	1.11	1.32	1.67	2.02	2.23			
	1.19～1.24	0.70	1.22	1.39	1.60	2.09	2.52	2.78			
	1.25～1.34	0.83	1.46	1.67	1.91	2.50	3.02	3.33			
	1.35～1.50	0.97	1.71	1.95	2.31	2.92	3.52	3.89			
	1.51～1.99	1.11	1.95	2.22	2.64	3.34	4.03	4.45			
	≥2.00	1.25	2.19	2.50	2.97	3.75	4.53	5.00			

表 4-9 包角系数 K_α

小带轮包角/(°)	K_α	小带轮包角/(°)	K_α
180	1.00	145	0.91
175	0.99	140	0.89
170	0.98	135	0.88
165	0.96	130	0.86
160	0.95	125	0.84
155	0.93	120	0.82
150	0.92		

4.4.4 V 带传动的设计计算与参数选择

普通 V 带传动设计中，一般情况下给定的原始设计数据和要求包括使用条件，需传递的

功率 P，主、从动轮的转速 n_1、n_2（或传动比 i），安装或外廓尺寸要求等，设计内容包括确定 V 带的型号、长度、根数，V 带传动的中心距及其变化范围，V 带轮的结构形式及尺寸，V 带张紧的初拉力，V 带轮作用于轴上的力等传动参数，并以零件图的形式表示 V 带轮的结构及其尺寸。

普通 V 带传动设计计算步骤及传动参数的选择要点如下。

1. 确定计算功率 P_{ca}

计算功率 P_{ca} 是考虑 V 带传动的使用场合和工况条件的差异，引入工况系数 K_A 对名义传动功率 P 进行修正的值，即

$$P_{ca}=K_A P \tag{4-17}$$

式中，K_A 为工况系数，如表 4-10 所示。

表 4-10　工况系数 K_A

工作机的工作特性		原动机的工作特性					
		空载、轻载启动			重载启动		
		每天工作小时数/h					
工作机器	载荷状态	<10	10～16	>16	<10	10～16	>16
液体搅拌机、通风机和鼓风机(7.5 kW)、离心式水泵和压缩机、轻负载输送机	均匀平稳	1.0	1.1	1.2	1.1	1.2	1.3
带式输送机(不均匀负载)、通风机(>7.5 kW)、旋转式水泵和压缩机(非离心式)、发电机、金属切削机床、印刷机、旋转筛、锯木机和木工机械	轻微冲击	1.1	1.2	1.3	1.2	1.3	1.4
制砖机、斗式提升机、往复式水泵和压缩机、起重机、磨粉机、冲剪机床、橡胶机械、振动筛、纺织机械、重载输送机	中等冲击	1.2	1.3	1.4	1.4	1.5	1.6
破碎机(旋转式、颚式)、磨碎机(球磨、棒磨、管磨)	严重冲击	1.3	1.4	1.5	1.5	1.6	1.8

2. 选择 V 带截面型号

根据计算功率 P_{ca} 和小带轮转速 n_1，由图 4-11 选择普通 V 带的截面型号。当工况位于两种型号的分界线附近时，可分别选择两种型号进行计算，择优确定设计方案。

3. 确定带轮基准直径 d_{d1}、d_{d2}

带轮直径越小，传动结构越紧凑，但带承受的弯曲应力越大，带的使用寿命越短，同时带速较低，导致带的传动(功率)能力不足；相反，如果带轮直径过大，则传动尺寸增大，结构不紧凑，不符合机械设计的基本要求。因此，小带轮的基准直径应根据实际情况合理选用，要保证小带轮的基准直径 d_{d1} 不小于表 4-5 中所列最小基准直径，并按表 4-4 中所列基准直径系列值选用。

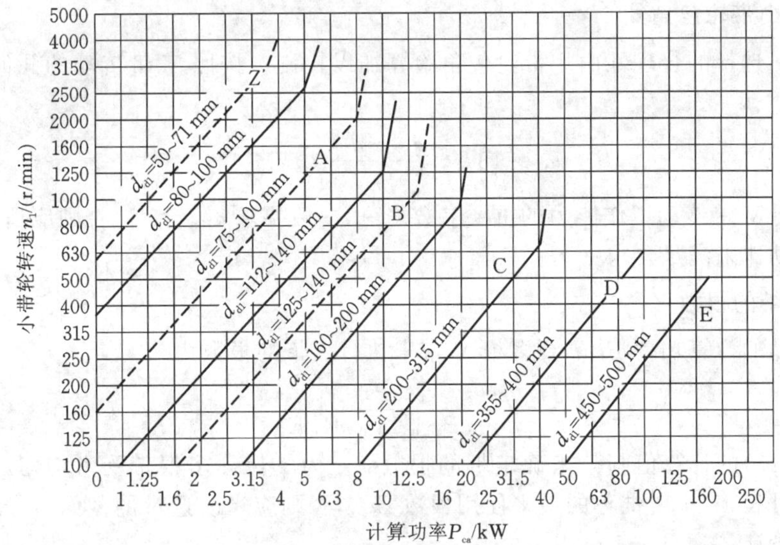

图 4-11　普通 V 带型号选择

按照 $d_{d2}=id_{d1}$ 计算大带轮直径，并按表 4-4 中最接近的基准直径值确定大带轮直径。

4. 验算带速 v_1

小带轮基准直径选用的合理性由带速验算来控制。带速的计算公式为

$$v_1=\frac{\pi d_{d1}n_1}{60\times 1000} \tag{4-18}$$

通常情况下，普通 V 带传动的带速应控制在 30 m/s 以内。为了充分发挥 V 带传动的能力，V 带传动的最佳带速范围为 10～20 m/s。若带速过高，会因离心力过大而降低带和带轮间的正压力，从而降低传动能力，而且单位时间内应力循环次数增加，将降低带的疲劳寿命；若带速过低，则所需有效拉力大，致使 V 带的根数增多，结构尺寸加大。带速不符合要求时，应重新选择 d_{d1}。

5. 确定中心距 a 和带的基准长度 L_d

V 带传动中心距的选择直接关系到带的基准长度 L_d 和小带轮包角 α_1 的大小，并影响传动性能。中心距较小，传动结构较为紧凑，但带长较短，单位时间内带绕过带轮的次数增多，从而降低带的疲劳寿命；而中心距过大，则 V 带传动的外廓尺寸大，容易引起带的颤振，影响 V 带传动正常工作。

当 V 带传动设计对结构无特别要求时，可按以下公式初步选择中心距 a_0，即

$$0.7(d_{d1}+d_{d2})\leqslant a_0\leqslant 2(d_{d1}+d_{d2}) \tag{4-19}$$

确定 a_0 后，由 V 带传动的几何关系可计算 V 带的基准长度初值 L_{d0}，即

$$L_{d0}=2a_0+\frac{\pi}{2}(d_{d1}+d_{d2})+\frac{(d_{d2}-d_{d1})^2}{4a_0} \tag{4-20}$$

由 L_{d0} 的计算值查表 4-3，选取相近值作为 V 带的基准长度 L_d，则 V 带传动的实际中心距 a 为

$$a\approx a_0+\frac{L_d-L_{d0}}{2} \tag{4-21}$$

实际中心距的调节范围应控制在 $a=(a-0.015L_d)\sim(a+0.03L_d)$ 之间。

6. 验算小带轮包角 α_1

中心距 a 选择的合理性由小带轮包角验算加以控制。按照 V 带传动的几何关系，小带轮包角为

$$\alpha_1=180°-\frac{d_{d2}-d_{d1}}{a}\times 57.3° \tag{4-22}$$

α_1是影响 V 带传动工作能力的重要参数之一，一般要求 $\alpha_1>120°$，否则应适当增大中心距或减小传动比来满足要求。

7. 确定带的根数 Z

V 带传动的计算功率 P_{ca}需要多根 V 带来执行。带的根数为

$$Z=\frac{P_{ca}}{(P_0+\Delta P_0)K_L K_\alpha} \tag{4-23}$$

按式(4-23)的计算值圆整来确定带的根数 Z。为了保证多根带受力均匀，所确定的 Z 值应当不超过表 4-11 所推荐的最多使用根数 Z_{max}，否则应当改选带的截面型号或加大带轮直径后重新设计。

表 4-11　V 带传动允许的最多使用根数

V 带型号	Y	Z	A	B	C	D	E
Z_{max}	1	2	5	6	8	8	9

8. 确定初拉力 F_0

初拉力 F_0是保证 V 带传动正常工作的重要因素。初拉力过小，摩擦力小，易打滑；初拉力过大，会增大 V 带所受的应力，降低 V 带的疲劳强度，同时增大作用在带轮轴上的压力。故初拉力 F_0大小应适当。推荐单根 V 带张紧的初拉力为

$$F_0=\frac{500P_{ca}}{Zv}\left(\frac{2.5}{K_\alpha}-1\right)+qv^2 \tag{4-24}$$

式中：P_{ca}为计算功率(kW)；v 为带速(m/s)；Z 为带的根数；K_α为包角系数，如表 4-9 所示；q 为 V 带单位长度的质量(kg/m)，如表 4-2 所示。

V 带传动在此初拉力的张紧下作用于带轮轴上的载荷称为压轴力 F_p，即

$$F_p\approx 2ZF_0\sin\frac{\alpha_1}{2} \tag{4-25}$$

9. 带轮结构设计

按照带轮结构设计要点确定带轮结构类型、材料、尺寸，绘制带轮工作图。

4.5　带传动的张紧装置

传动带安装在带轮上，通过调整中心距获得一定的初拉力，保证带传动的有效承载。但是，在工作一段时间后，由于带的塑性变形，会产生带松弛的现象，使得带的初拉力逐渐减小，承载能力随之降低。为了保证带传动正常工作，应当始终保持带在带轮上具有一定的初拉力，因此必须采用适当的张紧装置。常用的带传动张紧装置如图 4-12 所示，分为定期张紧、自动张紧和利用张紧轮张紧三种类型。

1. 定期张紧装置

在水平布置或与水平面倾斜不大的带传动中，可用图 4-12(a)所示的张紧装置，将装有带轮的电动机安装在滑轨上，通过调节螺钉来调整电动机的位置，加大中心距，以达到张紧的目的。

在垂直或接近垂直的带传动中，可用图 4-12(b)所示的张紧装置，通过调节螺杆来调整摆动架（电动机轴中心）的位置，加大中心距，从而达到张紧的目的。

2. 自动张紧装置

图 4-12(c)所示是一种自动张紧装置，它将装有带轮的电动机安装在浮动摆架上，利用电动机及摆架的自重使带轮随电动机绕固定支承轴摆动，自动调整中心距，从而达到张紧的目的。这种方法常用于带传动功率小且近似垂直布置的情况。

3. 利用张紧轮张紧装置

当带传动的中心距不能调节时，可以采用张紧轮将带张紧，如图 4-12(d)所示。张紧轮一般应布置在松边的内侧，从而使带只受单向弯曲。同时，为了保证小带轮包角不至于减小过多，张紧轮应尽量靠近大带轮安装。

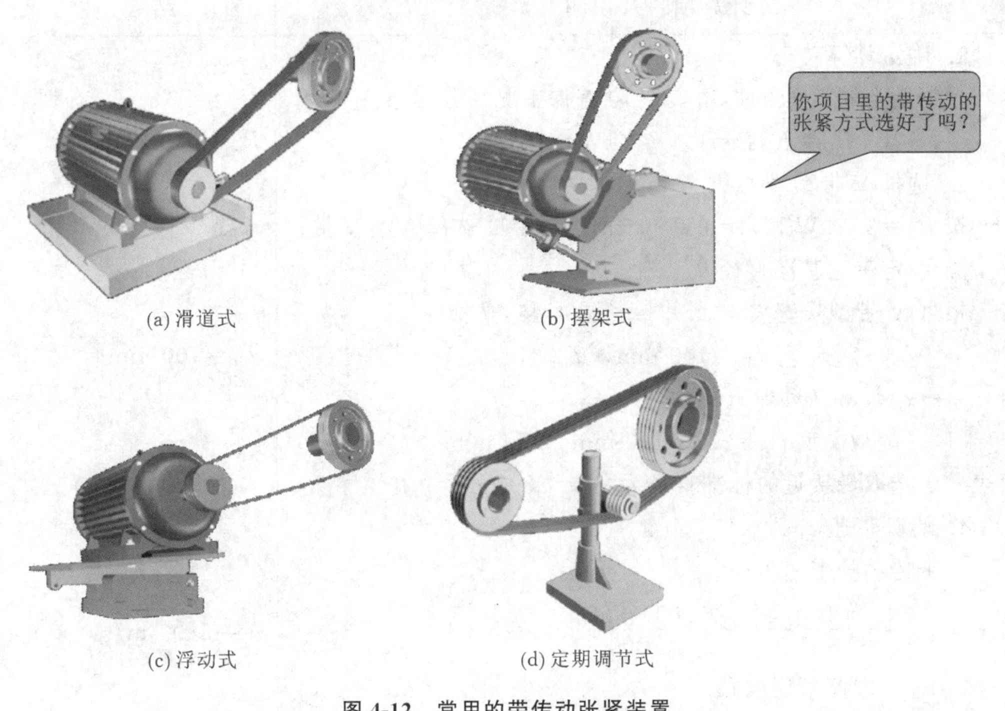

图 4-12 常用的带传动张紧装置

4.6 设计实例

欲设计一带式输送机传动装置中的 V 带传动装置（见图 4-13），已知电动机的输出功率 $P=3$ kW，转速 $n_1=960$ r/min，带传动的传动比 $i=2.7$，常温下两班制单向工作，载荷较平稳，现场安装要求中心距 $a \leqslant 1000$ mm。

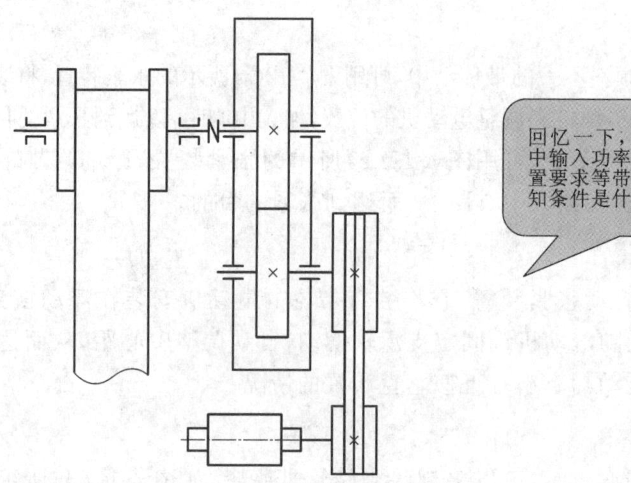

回忆一下，你的项目子任务中输入功率、转速、传动比、位置要求等带传动设计计算的已知条件是什么？

图 4-13　带式输送机的传动装置

设计步骤如下：

计算项目及说明	结　　果
1. 确定计算功率 P_{ca}	
根据给定的工作条件，由表 4-10 查得工况系数 $K_A=1.1$，故	
$P_{ca}=K_A P=1.1\times 3\ \text{kW}=3.3\ \text{kW}$	$P_{ca}=3.3\ \text{kW}$
2. 选择 V 带型号	
按 $P_{ca}=3.3\ \text{kW}$ 和 $n_1=960\ \text{r/min}$，由图 4-11 选择 A 型 V 带。	A 型
3. 确定带轮基准直径 d_{d1}、d_{d2}	
根据 V 带型号查表 4-4，并参考图 4-11，选择	
$d_{d1}=100\ \text{mm}>d_{min}$	$d_{d1}=100\ \text{mm}$
由 $d_{d2}=id_{d1}$ 计算从动轮直径为	
$d_{d2}=id_{d1}=2.7\times 100\ \text{mm}=270\ \text{mm}$	
由表 4-4 选取最接近的标准直径为 $d_{d2}=280\ \text{mm}$。	$d_{d2}=280\ \text{mm}$
4. 验算带速 v_1	
V 带传动的带速为	
$v_1=\dfrac{\pi d_{d1} n_1}{60\times 1000}=\dfrac{\pi\times 100\times 960}{60\times 1000}\ \text{m/s}=5.03\ \text{m/s}$	$v_1=5.03\ \text{m/s}$
$v_1<25\ \text{m/s}$，因此带速适宜。	
5. 确定中心距 a 和带的基准长度 L_d	
由式(4-19)初定中心距 a_0，即	
$0.7(d_{d1}+d_{d2})\leqslant a_0\leqslant 2(d_{d1}+d_{d2})$	
即	
$266\ \text{mm}\leqslant a_0\leqslant 760\ \text{mm}$	
初定中心距 $a_0=600\ \text{mm}$。	
由式(4-20)计算带的基准长度初值 L_{d0}，即	

计算项目及说明	结　果
$L_{d0}=2a_0+\frac{\pi}{2}(d_{d1}+d_{d2})+\frac{(d_{d2}-d_{d1})^2}{4a_0}$ $=\left[2\times600+\frac{\pi}{2}\times(100+280)+\frac{(280-100)^2}{4\times600}\right]$ mm $=1810.4$ mm	
由表 4-4 选取最接近的基准长度 $L_d=1750$ mm。	$L_d=1750$ mm
因此，由式(4-21)可得带传动的实际中心距为 $a\approx a_0+\frac{L_d-L_{d0}}{2}$ $=\left(600+\frac{1750-1810.4}{2}\right)$ mm $=570$ mm	$a=570$ mm
满足 $a\leqslant1000$ mm 的要求。	
安装时应保证的最小中心距 a_{min}、调整时应保证的最大中心距 a_{max} 分别为 $a_{min}=a-0.015L_d=(570-0.015\times1750)$ mm $=543.75$ mm；$a_{max}=a+0.03L_d=(570+0.03\times1750)$ mm $=622.5$ mm	544 mm $\leqslant a\leqslant$ 623 mm
6. 校核小带轮包角 α_1	
由式(4-22)可得 $\alpha_1=180°-\frac{d_{d2}-d_{d1}}{a}\times57.3°$ $=180°-\frac{280-100}{570}\times57.3°=161.9°$	$\alpha_1=161.9°$
$\alpha_1>120°$，合格。	
7. 计算所需 V 带根数 Z	
查表 4-7，选定 A 型 V 带的基本额定功率 $P_0=0.95$ kW；查表 4-8，得基本额定功率的增量 $\Delta P_0=0.1$ kW；查表 4-9，得包角系数 $K_\alpha=0.95$；查表 4-3，得带长修正系数 $K_L=1.00$。于是有 $Z=\frac{P_{ca}}{(P_0+\Delta P_0)K_LK_\alpha}=\frac{3.3}{(0.95+0.1)\times1\times0.95}=3.31$	
取 V 带根数 $Z=4$ 根，查表 4-11，合适。	$Z=4$ 根
8. 确定初拉力 F_0 和压轴力 F_p	
查表 4-2 得 A 型 V 带的单位长度的质量 $q=0.105$ kg/m，由式(4-24) 计算带传动的初拉力为 $F_0=\frac{500P_{ca}}{Zv}\left(\frac{2.5}{K_\alpha}-1\right)+qv^2$ $=\left[\frac{500\times3.3}{4\times5.03}\times\left(\frac{2.5}{0.95}-1\right)+0.105\times5.03^2\right]$ N $=136.5$ N	$F_0=136.5$ N

计算项目及说明	结　果
由式(4-25)计算作用于带轮轴上的压轴力,即 $F_p \approx 2ZF_0\sin\frac{\alpha_1}{2}$ $=2\times4\times136.5\times\sin\frac{161.9^\circ}{2}$ N$=1078.4$ N	$F_p=1078.4$ N
9. 大、小带轮的结构设计 小带轮、大带轮的基准直径均小于 300 mm,可选用实心式、腹板式或孔板式,具体在带轮轴强度设计后根据轴径与基准直径的关系来确定。	

参照例题,根据你的已知条件会计算了吗?
提问:
计算作用于带轮轴的压轴力有何用?

4.7 其他带传动简介

4.7.1 同步带传动

同步带传动的工作原理、特点和应用如前所述。同步带采用聚氨酯或氯丁橡胶为基体,以钢丝绳或玻璃纤维绳等作为强力层,制作成图 4-14 所示的结构形式。按照齿形的不同,同步带分为梯形齿同步带和曲线齿同步带两类。同步带在汽车发动机中的应用如图 4-15 所示。

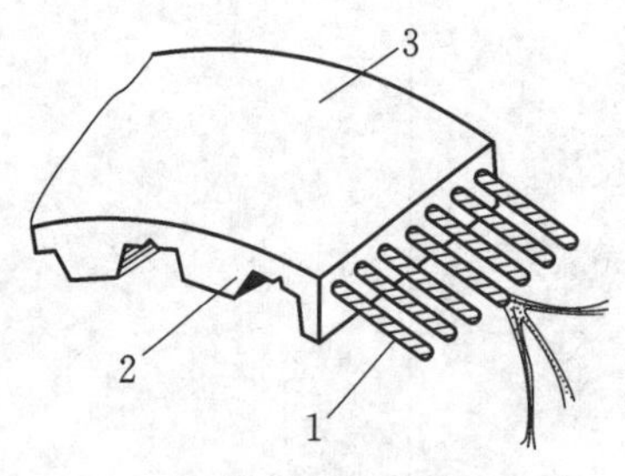

图 4-14　同步带

1—强力层;2—带齿;3—基体

图 4-15　同步带在汽车发动机中的应用

同步带传动的基本参数包括带齿节距、节线长和带宽。带齿节距是指在规定的张紧力下带的纵截面上相邻两齿对称中心线的直线距离。节线是当带垂直其底边弯曲时,在带中保持原长度不变的任意一条周线;节线长是指整条环形带的节线长度,是同步带的公称长度。带宽是指带背面的横向宽度。梯形齿同步带标准化为 MXL、XXL、XL、L、H、XH、XXH 七种型号,分别表示最轻型、超轻型、特轻型、轻型、重型、特重型和超重型。

4.7.2 窄 V 带传动

与普通 V 带相比，窄 V 带具有较大的相对高度(截面高与节宽之比，即 h/b_p)，其值 $h/b_p=0.9$(普通 V 带的 $h/b_p=0.7$)，带的顶部呈弓形，顶宽约为同高度普通 V 带的 3/4，如图 4-16 所示。

这种结构的窄 V 带用合成纤维作为抗拉体，且抗拉体位置比普通 V 带的高，带与带轮槽的有效接触面积增大；带的两侧面内凹，受力弯曲后能与带轮槽面保持良好的接触，且线绳仍保持平整，故受力均匀。因此，与普通 V 带相比，相同高度的窄 V 带的宽度减小了 1/3，而承载能力却可以提高 1.5～2.5 倍；在传递相同功率时，窄 V 带传动比普通 V 带传动在结构上能缩小尺寸达 50%左右。此外，窄 V 带传动允许较高的带速，可达 40～45 m/s；传动效率也更高，可达 90%～97%。窄 V 带传动日益广泛地得到更多的应用。窄 V 带有 SPZ、SPA、SPB 和 SPC 四种型号，其结构和有关尺寸也已标准化。

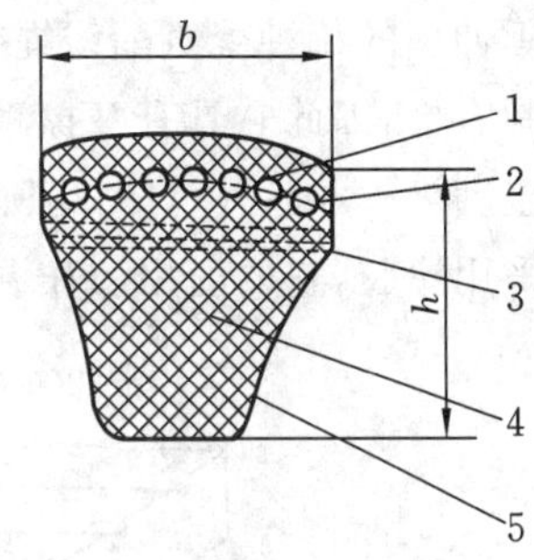

图 4-16 窄 V 带

1—伸张层；2—强力层；3—缓冲层；4—压缩层；5—包布层

4.7.3 高速带传动

带的线速度 $v>30$ m/s 或高速轴转速 $n_1=10\,000\sim50\,000$ r/min 的带传动属于高速带传动。

高速带传动需要采用质量小、厚度薄、挠性好、质地均匀的环形平带，这种带称为高速带。根据材质的不同，高速带分为麻织带、丝织带、锦纶编织带、薄形强力锦纶带及高速环形胶带等。近年来国内外普遍采用以尼龙薄片为骨架，用橡胶将其与合成纤维黏合而成的高速平带，也采用以合成纤维如涤纶绳作为强力层的液体浇注型聚氨酯高速平带。这些高速平带薄、轻、软，抗弯性能好，强度高，延伸率低，摩擦系数大，散热快，高速传动性能良好，应用十分广泛。

高速带轮要求质量轻、结构对称均匀、强度高，运转时空气阻力小，通常采用钢或铝合金制造，带轮的各个面均需要进行精加工，并进行动平衡处理。为了防止带从带轮上滑落，大、小带轮的轮缘表面都应制成中间凸出的鼓形面或双锥面形式，如图 4-17 所示。在轮缘表面常开设环形槽，这是为了在带和轮缘表面之间形成空气层而降低摩擦系数，保证其正常工作。

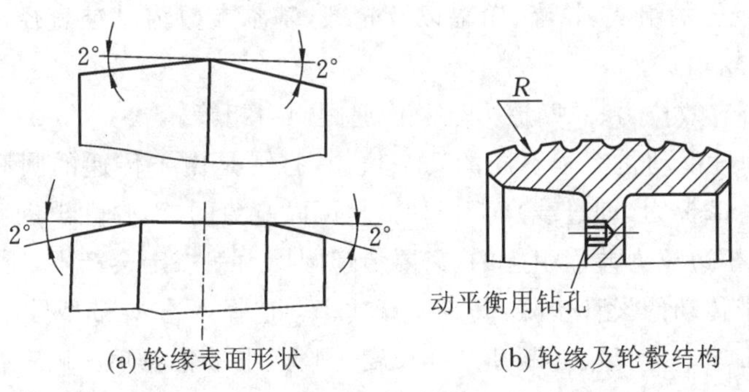

(a) 轮缘表面形状　　(b) 轮缘及轮毂结构

图 4-17 高速带轮

4.7.4 多楔带传动

多楔带的剖面结构如图 4-18 所示，它可以看作由平带和多根 V 带组合而成的结构，因而多楔带传动兼有平带传动挠性好和 V 带传动摩擦力大的优点。

多楔带有聚氨酯型和橡胶型两种类型，如图 4-18 所示。聚氨酯型多楔带采用高强度、低延伸率的特种聚氨酯线绳作为强力层，带体其余部分采用液体聚氨酯浇注而成，带的背面上制有槽，因此它具有摩擦系数大、耐磨、耐油、挠性大且弯曲性能好等特点，适用于工作环境温度为－20～80 ℃的场所；橡胶型多楔带的强力层也采用聚氨酯线绳，但带体的其余部分采用橡胶，它的适用工作温度范围为－40～100 ℃。

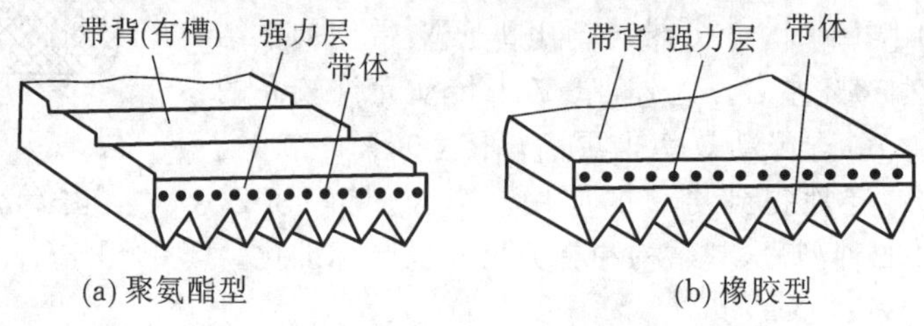

(a) 聚氨酯型　　(b) 橡胶型

图 4-18　多楔带的剖面结构

与普通 V 带传动相比，多楔带传动的能力更强。在相同的结构尺寸下，多楔带传动所能传递的功率比普通 V 带传动提高约 30%；在传递相同的功率时，多楔带传动的尺寸比普通 V 带传动的尺寸减小 25%左右。多楔带传动允许较高的带速，可达 40 m/s，工作时具有传动平稳、振动小、效率高、发热少等优点，被广泛地应用于高精度磨床、高速钻床、大功率机床、磨粉机等机械中。

本章小结

拓展阅读

(1) 带传动的组成部分：主动轮、从动轮和中间的传动带。

(2) 带传动的类型：根据传动原理，带传动可以分为啮合型带传动和摩擦型带传动两大类，其中摩擦型带传动又可以分为平带传动、V 带传动、多楔带传动以及圆带传动。

(3) 普通 V 带的组成：包布、抗拉体、顶胶和底胶。

(4) 普通 V 带的参数：节宽、带高以及基准长度。

(5) 普通 V 带轮的组成：轮缘、轮辐以及轮毂，基本参数为基准直径，结构有实心式、腹板式、孔板式以及轮辐式。

(6) 带传动时有效拉力、总摩擦力以及传递圆周力相等。

(7) 打滑和弹性滑动是完全不同的两个概念：打滑是由于传递的圆周力大于带和带轮所能提供的最大总摩擦力(即过载)而引起的，是可以避免的；而弹性滑动则是由于传动带本身的弹性和紧边、松边拉力差而引起的，只要传递圆周力就一定会产生，所以是不可避免的。

(8) 普通 V 带传动的设计步骤：确定计算功率—选择普通 V 带型号—确定主、从动轮的基准直径—验算带速—计算中心距和基准长度—验算小带轮包角—确定带的根数—计算单根普通 V 带的初拉力—计算作用在带轮轴上的压力—设计普通 V 带轮。

(9) 带传动的张紧装置。

练习与提高

一、思考分析题

1. 在 V 带传动中，为什么要限制带的速度在 5～25 m/s 范围内？

2. 什么是 V 带传动的弹性滑动？它影响 V 带传动的什么性能？是否可以避免？

3. 简要叙述在带拉力允许的范围内怎样提高带的传动能力。

4. 带传动的主要类型有哪些？各有何特点？试分析摩擦型带传动的工作原理。

5. 小带轮包角对带传动有何影响？为什么只给出小带轮包角 α_1 的计算公式？一般来说，带传动的打滑多发生在大带轮上还是小带轮上？为什么？

6. 带传动工作时，带截面上产生哪些应力？应力沿带全长是如何分布的？最大应力在何处？

7. 为什么常将带传动放在机器的高速级？

8. 带传动设计中，为什么要限制带轮的最小直径？

9. 带传动的设计准则是什么？

10. 带传动设计中，中心距 a 过大或过小对 V 带传动有何影响？一般按什么原则初选中心距？

11. 带传动张紧的目的是什么？张紧轮应安装在松边上还是紧边上？内张紧轮应靠近大带轮还是小带轮？外张紧轮又该怎样安装？并分析说明两种张紧方式的利弊。

12. 窄 V 带的强度比普通 V 带的高，这是为什么？窄 V 带与普通 V 带的高度相同时，哪种传动能力强？为什么？

二、综合设计计算题

1. V 带传动中，小带轮的转速 $n_1=1450$ r/min，小带轮的基准直径 $d_{d1}=100$ mm，带与带轮的当量摩擦系数 $f_v=0.51$，$\alpha_1=180°$，初拉力 $F_0=360$ N，试求：

(1) 该 V 带传动所能传递的最大有效拉力为多少？

(2) 该 V 带传动传递的最大转矩为多少？

(3) 若传动效率为 0.95，弹性滑动忽略不计，求从动轮的输出功率。

2. 已知某普通 V 带传动由电动机驱动，电动机转速 $n_1=1450$ r/min，小带轮的基准直径 $d_{d1}=100$ mm，大带轮的基准直径 $d_{d2}=280$ mm，中心距 $a\approx350$ mm，用两根 A 型 V 带传动，载荷平稳，两班制工作，试求此 V 带传动所能传递的最大功率。

3. 一普通 V 带传动传递的功率 $P=7.5$ kW，带速 $v=10$ m/s，紧边拉力是松边拉力的两倍，试求紧边拉力 F_1、松边拉力 F_2、初拉力 F_0。

4. 设计一搅拌机的普通 V 带传动，已知电动机的额定功率 $P=4$ kW，转速 $n_1=1440$ r/min，要求从动轮的转速 $n_2=575$ r/min，工况系数 $K_A=1.1$。

第5章
链传动

知识技能目标

了解链传动的组成、类型以及工作原理，了解链传动的特点及适用范围，了解链传动的标准、规格及链轮的结构特点，掌握链传动的运动不均匀性和动载荷的概念，掌握滚子链传动的设计计算方法及主要参数选择，了解齿形链的结构特点以及链传动的布置、张紧和润滑方法。

在熟知链传动基本知识的基础上，能够根据实际工况正确合理地设计滚子链传动。

项目子任务分解

根据第 2 章确定的传动方案，按照设计工作的先后顺序介绍链传动的设计方法。本章任务为链传动（见图 5-1）设计，要求确定链条型号、节数及链轮的结构参数等。

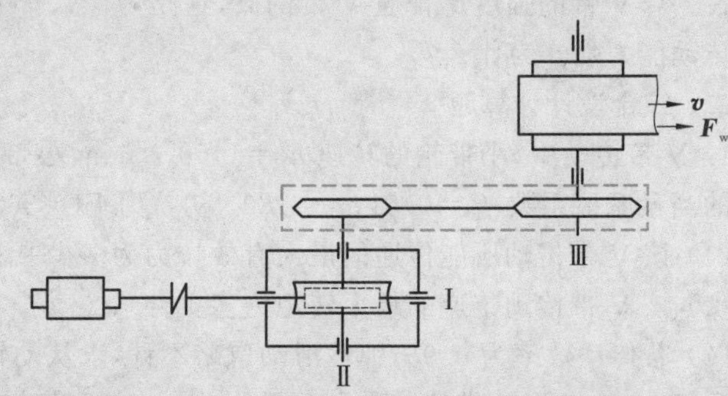

图 5-1　一级蜗轮蜗杆减速器传动设计简图

> 小思考
> CA6140车床的进给系统可以通过链传动实现吗?为什么自行车可以用链传动?

图 5-1 所示的链传动是机械传动装置的主要组成部分之一。链传动一般布置在齿轮传动和工作机之间，处于传动系的末端，属于减速器的外传动部件。链传动零部件的结构尺寸是减速器结构设计的重要依据。

子任务实施建议

1. 任务分析

链传动的设计步骤是根据所传递的功率 P、载荷性质、工作条件、链轮转速 n_1 和 n_2 等，先选定链轮的齿数 z_1、z_2，然后确定链节距 p 和链条排数 n、中心距 a 以及润滑方式，再选择链轮材料。链条是标准件，选定型号及节数后即可外购。

2. 实施过程

链传动的传动比（或主、从动轮链速）、传递功率等根据前面章节中的计算是已知的，按照前面章节的任务实施结果 n_0、P_0、T_0 进行链传动的设计，确定链轮的齿数，再确定链条的型号、链节距 p 和链条排数 n、中心距 a 以及润滑方式等。

理论解读

5.1 概　述

链传动是一种具有中间挠性件的啮合传动，它由链轮（小链轮 1、大链轮 2）和链条 3 组成，如图 5-2 所示。链传动通过链轮轮齿与链条链节的啮合来传递运动和动力，在机械制造中应用广泛。

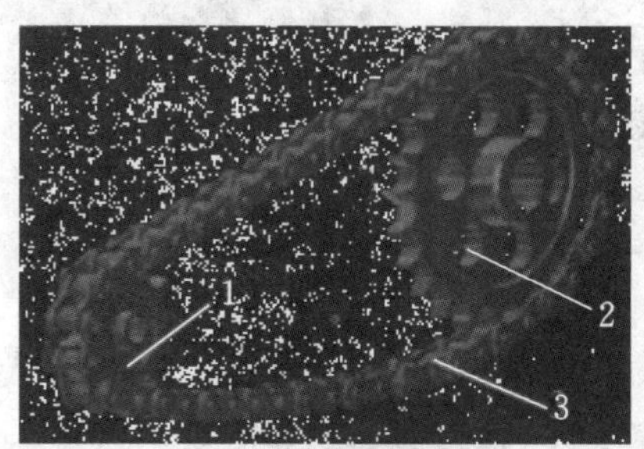

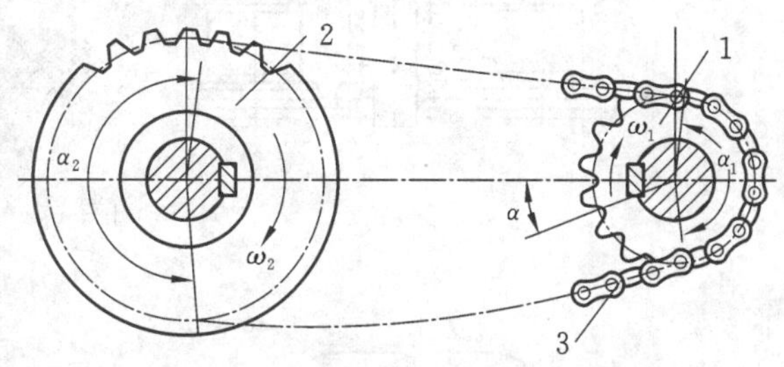

图 5-2　链传动的组成

> 小思考
> 自行车、摩托车为什么不使用带传动？

与摩擦型带传动相比，链传动的特点是无弹性滑动和整体打滑现象，因而能保证准确的平均传动比，传动效率较高；又因工作时链条不需要像带那样张得很紧，所以作用于轴上的径向压力较小；链条采用金属材料制造，在同样的使用条件下，链传动的整体尺寸较小，结构较为紧凑；同时，链传动对恶劣环境（如多尘、高温、高湿度及腐蚀性气体等）的适应能力较强。

与齿轮传动相比，链传动的制造与安装精度要求较低，成本也低。在远距离传动时，链传动比齿轮传动轻便得多，传动的中心距较大，这也是机械中常采用链传动的原因之一。

链传动的主要缺点是：只能实现平行轴间链轮的同向传动，运转时不能保持恒定的瞬时传动比，磨损后易发生跳齿，传动不平稳且工作时有噪声，不宜用在载荷变化很大、高速和急速反向的传动中，对安装精度、润滑条件要求较严。

链传动主要用在要求工作可靠、两轴相距较远、低速重载、工作环境恶劣以及其他不宜采用齿轮传动的场合。例如在摩托车上应用了链传动，其结构大为简化，而且使用方便可靠；掘土机的运行机构采用了链传动，它虽然经常受到土块、泥浆和瞬时过载等的影响，但依然能很好地工作。农业收割机中的链传动如图 5-3 所示。

小思考
农业收割机为什么采用链传动？

图 5-3　农业收割机中的链传动

通常链传动传递的功率在 100 kW 以下，传动效率 $\eta=0.92\sim0.96$，传动速度一般不超过 15 m/s，个别情况下可达 25～30 m/s，常用传动比 $i=2\sim5$，最大传动比 $i_{\max}$ 可达到 8。

链传动中使用的链条种类很多，按用途的不同可以分为传动链、输送链和起重链。输送链和起重链主要用在运输和起重机械中，在一般机械传动中常用的是传动链。

传动链又可以分为短节距精密滚子链（简称滚子链）（见图 5-4(a)）、齿形链（见图 5-4(b)）等类型，其中应用最广的是滚子链，它常用于传动系统的低速级。本章主要讨论滚子链，对齿形链仅做简要介绍。

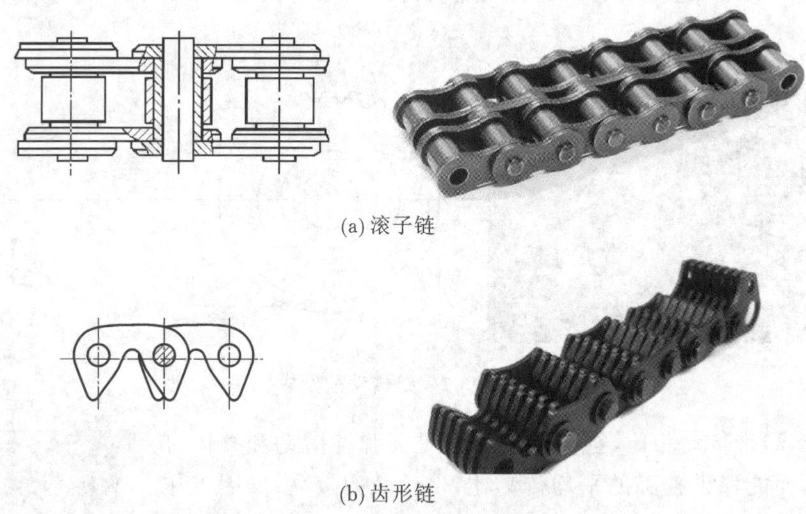

(a) 滚子链

(b) 齿形链

图 5-4　传动链的类型

5.2　滚子链、齿形链及链轮

5.2.1　滚子链

滚子链由外链板、销轴、内链板、套筒和滚子组成，内链板与套筒之间、外链板与销轴之间均为过盈配合，滚子与套筒之间、套筒与销轴之间均为间隙配合。当内、外链板相对挠曲时，套筒可在销轴上自由转动。

对于常规的套筒链来说，当套筒链的链轮进入啮合和脱离啮合时，套筒将沿链轮轮齿表面滑动，易引起轮齿磨损；滚子链则不同，滚子起着变滑动摩擦为滚动摩擦的作用，有利于减小摩擦和磨损。内、外链板制成“8”字形，主要是为了使链板各截面的强度大致相等，符合等强度设计准则，并减小链的质量和运动惯性。

套筒链结构较简单，质量较小，价格较便宜，常在低速传动中应用；滚子链较套筒链贵，但使用寿命长，且有降低噪声的作用，故应用很广。

节距 p 是链的基本特性参数。滚子链的节距是指滚子链在拉直的情况下相邻滚子两销轴中心之间的距离，节距越大，链条各零件的尺寸越大，所能传递的功率也越大。滚子链可制成单排滚子链（见图 5-5）和多排滚子链，如双排滚子链（见图 5-6，图中 P_t 为排距）或三排滚子链等。

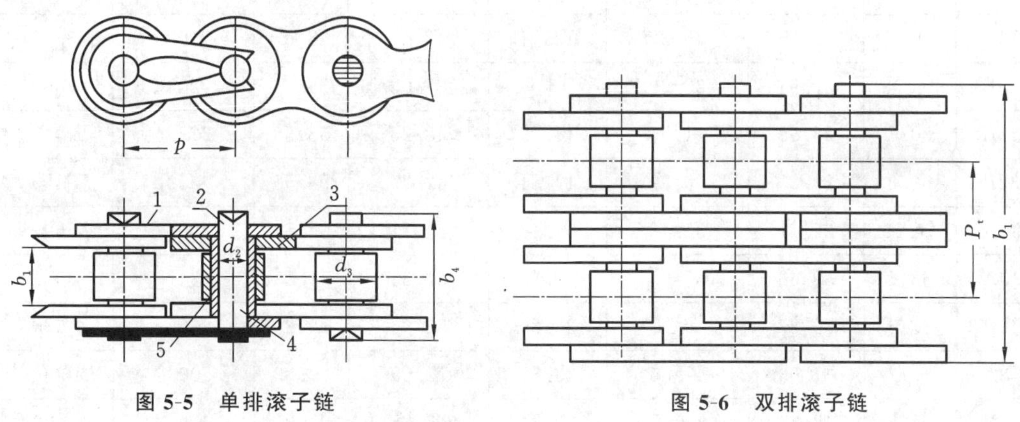

图 5-5 单排滚子链

1—外链板；2—销轴；3—内链板；4—套筒；5—滚子

图 5-6 双排滚子链

节距 p、滚子直径 d_1、内链节内宽 b_1、多排滚子链的排距 P_t 等都是链传动的重要参数。根据国家标准 GB/T 1243—2006，表 5-1 中列出了滚子链的规格和主要参数。

表 5-1 滚子链的规格和主要参数

ISO 链号	节距 p	滚子直径 d_{1max}	内链节内宽 b_{1mim}	销轴直径 d_{1max}	内链板高度 h_{1max}	排距 P_t	抗拉载荷	
							单排	双排
	mm						kN	
05B	8	5	3	2.31	7.11	5.64	4.4	7.8
06B	9.525	6.35	5.72	3.28	8.26	10.24	8.9	16.9
08A	12.7	7.92	7.85	3.98	12.07	14.38	13.8	27.6
08B	12.7	8.51	7.75	4.45	11.81	13.92	17.8	31.1
10A	15.875	10.16	9.4	5.09	15.09	18.11	21.8	43.6
10B	15.875	10.16	9.65	5.08	14.73	16.59	22.2	44.5
12A	19.05	11.91	12.57	5.96	18.08	22.78	31.1	62.3
12B	19.05	12.07	11.68	5.72	16.13	19.46	28.9	57.8

续表

ISO链号	节距 p	滚子直径 d_{1max}	内链节内宽 b_{1mim}	销轴直径 d_{1max}	内链板高度 h_{1max}	排距 P_t	抗拉载荷	
							单　排	双　排
	mm						kN	
16A	25.4	15.88	15.15	7.94	24.13	29.29	55.6	111.2
16B	25.4	15.88	17.02	8.28	21.08	31.88	60	106
20A	31.75	19.05	18.9	9.54	30.18	35.76	86.7	173.5
20B	31.75	19.05	19.56	10.19	26.42	36.45	95	170
24A	38.1	22.23	25.22	11.11	36.2	45.44	124.6	249.1
24B	38.1	25.4	25.4	14.63	33.4	48.36	160	280
28A	44.45	25.4	25.22	12.71	42.24	48.87	169	338.1
28B	44.45	27.94	30.99	15.9	37.08	59.56	200	360
32A	50.8	28.58	31.55	14.29	48.26	58.55	222.4	444.8
32B	50.8	29.21	30.99	17.81	42.29	58.55	250	450
36A	57.15	35.71	35.48	17.46	54.31	65.84	280.2	560.5
40A	63.5	39.68	37.85	19.85	60.33	71.55	347	693.9
40B	63.5	39.37	38.1	22.89	52.96	72.29	355	630
48A	76.2	47.63	47.35	23.81	72.39	87.83	500.4	1000.8
48B	76.2	48.26	45.72	29.24	63.88	91.21	560	1000
56B	88.9	53.98	53.34	34.32	77.85	106.6	850	1600
64B	101.6	63.5	60.96	39.4	90.17	119.89	1120	2000
72B	114.3	72.39	68.58	44.48	103.63	136.27	1400	2500

滚子链分为A、B两种系列。A系列用于重载、高速和重要的传动,B系列用于一般传动。根据国家标准GB/T 1243—2006的规定,滚子链的标记如图5-7所示。

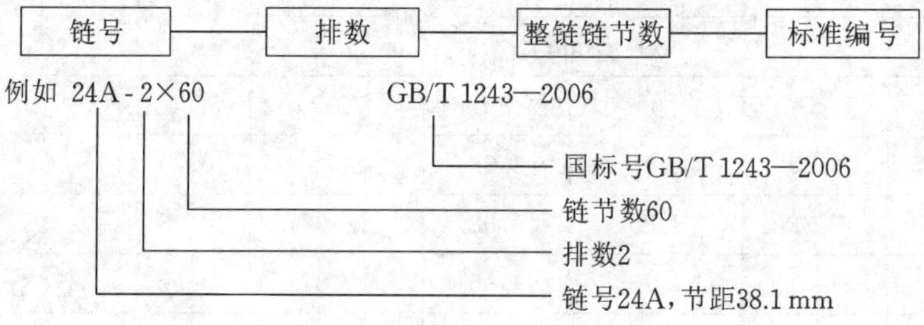

图5-7　滚子链的标记

滚子链接头的结构形式如图5-8所示。当链节数为偶数时,接头处可用开口销(见图5-8(a))或弹簧卡片(见图5-8(b))来固定,一般前者用于大节距,后者用于小节距;当链节数为奇数时,需采用图5-8(c)所示的过渡链节。由于过渡链节的链板要受附加弯矩的作用,所以在一般情况下最好避免使用过渡链节。

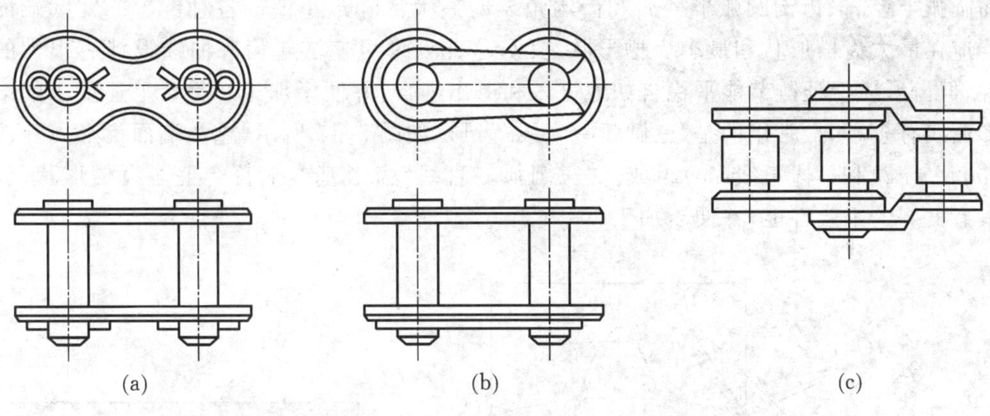

图 5-8　滚子链接头的结构形式

5.2.2　齿形链

齿形链由许多齿形链板用铰链连接而成，如图 5-9(a)所示。齿形链板的两侧是直边，工作时链板侧边与链轮齿廓相啮合，铰链可做成滑动副或滚动副。图 5-9(b)所示为棱柱式滚动副，链板的成形孔内装入棱柱，两组链板转动时，两棱柱相互滚动，可减小摩擦和磨损。与滚子链相比，齿形链运转平稳，噪声小，承受冲击载荷的能力强，但其结构复杂，价格较贵，所以它的应用没有滚子链那样广泛，多用于高速(链速可达 40 m/s)或运动精度要求较高的场合。

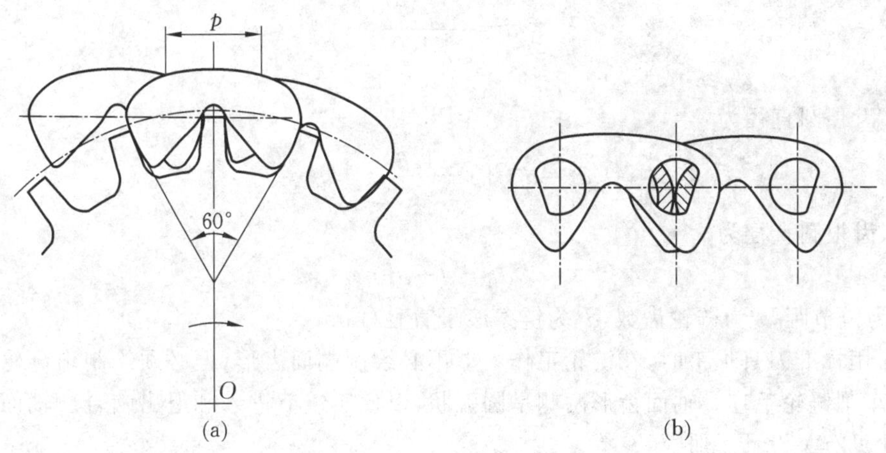

图 5-9　齿形链

5.2.3　链轮

链轮由轮齿、轮缘、轮辐和轮毂组成。链轮设计主要是确定其结构和尺寸，选择材料和热处理方法。

1. 链轮的结构

链轮是链传动的主要零件，其齿形已经标准化。国家标准仅规定了滚子链链轮齿槽的

齿面圆弧半径 r_3、齿沟圆弧半径 r_1 和齿沟角 α 的最大值和最小值。各种链轮的实际端面齿形均应在最大齿槽形状和最小齿槽形状之间，这样处理可使链轮齿廓曲线设计有很大的灵活性，但齿形应保证链节能平稳自如地进入和退出啮合，并便于加工。符合上述要求的端面齿形曲线有多种，最常用的是“三圆弧一直线”齿形，如图 5-10 所示，这类端面齿形由三段圆弧（$\overset{\frown}{aa}$、$\overset{\frown}{ab}$、$\overset{\frown}{cd}$）和一段直线（bc）组成。“三圆弧一直线”齿形基本上符合上述齿槽形状范围，且具有良好的啮合性能，并便于加工。

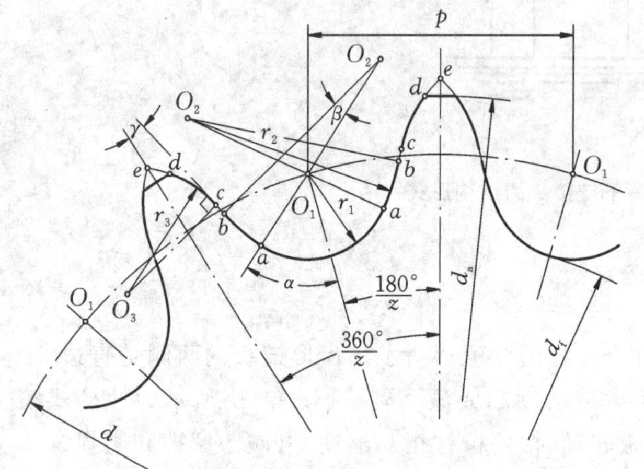

图 5-10 滚子链链轮齿形

小思考解析

链传动存在多边形效应，不适用于车床进给系统；普通自行车的市场定位决定其必须经济实用且维修方便，链传动的特点符合该要求。

（1）分度圆直径为

$$d=\frac{p}{\sin\dfrac{180^\circ}{z}} \tag{5-1}$$

（2）齿顶圆直径为

$$d_a=d+\left(1-\frac{1.6}{z}\right)p-d_1 \tag{5-2}$$

（3）齿根圆直径为

$$d_{f1}=d-d_1 \tag{5-3}$$

式中，p 为链节距，z 为链轮齿数，d_1 为链条滚子直径（mm）。

齿形用标准刀具加工时，在链轮工作图上不必绘制端面齿形，但必须绘制出链轮轴面齿形，以便车削链轮毛坯。轴面齿形两侧呈圆弧状，以便于链节进入和退出啮合。轴面齿形的具体尺寸见有关设计手册。

链轮的结构如图 5-11 所示。小直径链轮可制成实心式（见图 5-11(a)），中等直径的链轮可制成孔板式（见图 5-11(b)），直径较大（大于 200 mm）的链轮可设计成组合式（见图 5-11(c)、图 5-11(d)）。若轮齿因磨损而失效，可更换齿圈。链轮轮毂部分的尺寸可参考带轮。

2. 链轮的材料

链轮轮齿应有足够的接触强度和耐磨性，故齿面多需经过热处理。小链轮的啮合次数比大链轮的多，所受冲击力也大，故所用材料一般优于大链轮。常用的链轮材料有碳素钢（如 Q235、Q275、45、ZG310－570 等）、灰口铸铁（如 HT200）等。重要的链轮可采用合金钢。常用的链轮材料、齿面硬度及应用范围如表 5-2 所示。

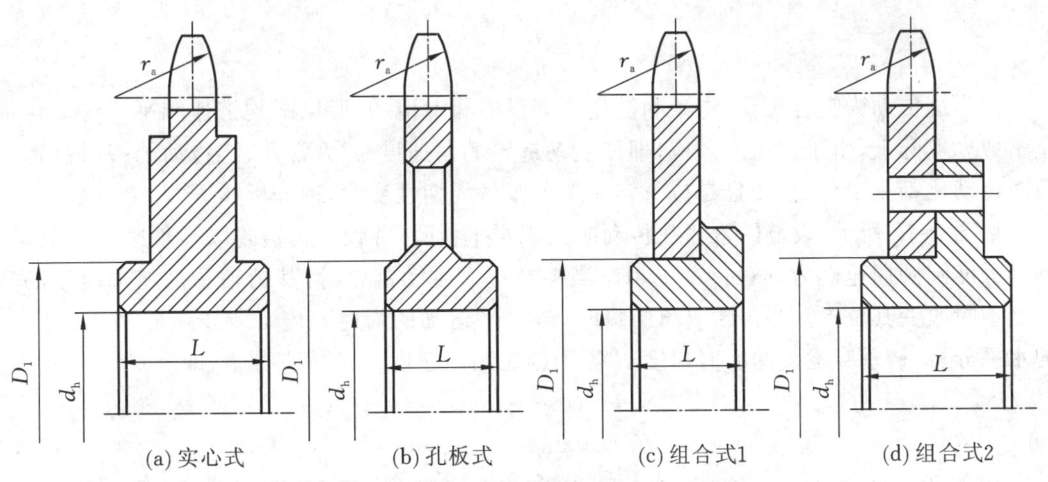

图 5-11 链轮的结构

表 5-2 常用的链轮材料、齿面硬度及应用范围

材 料	齿面硬度	应用范围
15,20	50～60 HRC	$z\ll25$,有冲击载荷的主、从动链轮
35	160～200 HBS	在正常工作条件下 $z>25$ 的链轮
40、50、ZG310－570	40～50 HRC	无剧烈冲击、振动、易磨损的主、从动链轮
15Cr、20Cr	50～60 HRC	有动载荷,传递功率大,$z<25$ 的主、从动链轮
35SiMn、40Cr、35CrMo	40～50 HRC	重要的、使用 A 级链传动的主动链轮
Q235、Q275	140 HBS	中速、中等功率、较大的链轮
不低于 HT150 的普通灰口铸铁	260～280 HBS	$z>50$ 的从动链轮,功率 $P<6$ kW,速度较高,要求传动平稳、噪声小的场合
夹布胶木	260～280 HBS	

5.3 链传动的运动情况分析

5.3.1 链传动的运动不均匀性

因为链是由刚性链节通过销轴铰接而成的,当链绕在链轮上时,其链节与相应的轮齿啮合后,这一段链条将曲折成正多边形的一部分,如图 5-12 所示。该正多边形的边长等于链条的节距 p,边数等于链轮齿数 z,链轮每转过一圈,链条走过 zp 长。若主、从动链轮的转速分别为 n_1 和 n_2,则链的平均速度 v(单位为 m/s)为

$$v=\frac{z_1pn_1}{60\times1000}=\frac{z_2pn_2}{60\times1000} \tag{5-4}$$

式中:z_1,z_2 分别为主、从动链轮的齿数;n_1,n_2 分别为主、从动链轮的转速(r/min)。

链传动的平均传动比为

$$i=\frac{n_1}{n_2}=\frac{z_2}{z_1} \tag{5-5}$$

因为链传动为啮合传动，链条和链轮之间没有相对滑动，所以平均链速和平均传动比都是常数。实际上，由于多边形效应，即使主动链轮的角速度 ω_1 为常数，链传动的瞬时链速和瞬时传动比都是变化的，而且是按每转一个节距做周期性变化，现分析如下。

如图 5-12 所示，设链的紧边在传动时处于水平位置，并设主动链轮以等角速度 ω_1 转动，则其分度圆圆周速度为 $v_1(v_1=r_1\omega_1)$。当链节进入主动链轮时，其销轴总是随着链轮的转动而不断改变其位置。当位于 β 角的瞬时，链水平运动的瞬时速度 v 等于链轮圆周速度 v_1 的水平分量，链垂直运动的瞬时速度 v_1' 等于链轮圆周速度 v_1 的垂直分量，即

$$v=v_1\cos\beta=r_1\omega_1\cos\beta$$

$$v_1'=v_1\sin\beta=r_1\omega_1\sin\beta \tag{5-6}$$

式中，β 的变化范围为 $-\varphi_1/2\sim\varphi_1/2$，$\varphi_1=360°/z_1$。因此，当主动链轮匀速转动时，链速 v 是变化的。每转过一个链节距，链速就周期变化一次。

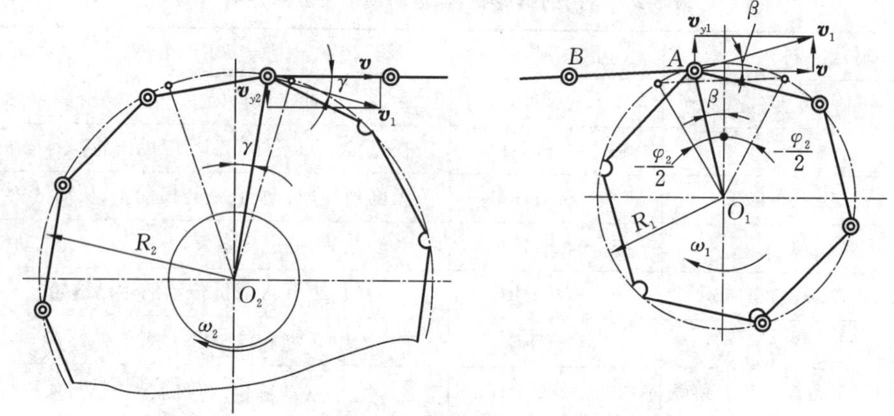

图 5-12　链传动的运动情况

同样，从动链轮的速度和主动链轮的速度通过链条的速度建立联系，满足下列公式，即

$$r_1\omega_1\cos\beta=r_2\omega_2\cos\gamma \tag{5-7}$$

可见，由于 β 角和 γ 角是瞬时变化的，所以从动链轮的角速度 ω_2 也是变化的，即 $\omega_2=\frac{r_1\omega_1\cos\beta}{r_2\cos\gamma}$。

所以，链传动的瞬时传动比 i 为

$$i=\frac{\omega_1}{\omega_2}=\frac{r_2\cos\gamma}{r_1\cos\beta} \tag{5-8}$$

由式(5-8)可知，尽管 ω_1 为常数，但 ω_2 随着 γ 和 β 的变化而变化，瞬时传动比 i 也随时间变化，所以链传动工作不平稳。只有当两链轮的齿数相等（$z_1=z_2$）及链紧边的长度恰好是节距的整数倍时，瞬时传动比才能是恒定值。链传动的传动比变化与链条绕在链轮上的多边形特征有关，故将以上现象称为链传动的多边形效应。

5.3.2　链传动的动载荷

链传动在工作时产生动载荷的主要原因是：

(1) 链速不均匀,从动链轮的角速度周期变化,从而在传动中必然产生动载荷。链的加速度愈大,动载荷就愈大。

(2) 链沿垂直方向的分速度做周期性变化,使链产生横向振动(上下抖动),也会使链传动产生动载荷。

(3) 链节进入链轮的瞬间,链节与链轮轮齿以一定的相对速度啮合,链与轮齿将受到冲击并产生动载荷。

链轮的转速越高,链节距 p 越大,啮合时冲击速度就越大。此外,链节在进入啮合和脱离啮合时,相邻链节均转过φ_1角,z_1越小,φ_1越大,则摩擦区域越大,磨损越严重。

通过以上分析可以得出以下结论:设计链传动时,为了减小动载荷和运动的不均匀性,应尽量采用较小的链节距和较多的链轮齿数。

5.3.3 链传动的受力分析

安装链传动时,只需要不大的张紧力,以便使链的松边垂度不至于过大,否则会产生显著的振动、跳齿、脱链现象。如果不考虑传动中的载荷,作用在链上的力有圆周力(即有效拉力)$\boldsymbol{F}_e$、离心拉力 $\boldsymbol{F}_c$ 和悬垂拉力 $\boldsymbol{F}_f$。链的紧边拉力为

$$F_1 = F_e + F_c + F_f \tag{5-9}$$

链的松边拉力为

$$F_2 = F_c + F_f \tag{5-10}$$

围绕在链轮上的链节在运动中产生的离心拉力为

$$F_c = qv^2 \tag{5-11}$$

式中,q 为链的单位长度的质量(kg/m),v 为链速(m/s)。

悬垂拉力可利用求悬索拉力的方法近似求得,即

$$F_f = K_f qga \tag{5-12}$$

式中:a 为链传动的中心距(m);g 为重力加速度,$g=9.81$ m/s;K_f为下垂量 $f=0.02a$ 时的垂度系数,其值与中心连线和水平线的夹角 β 有关,垂直布置时,$K_f=1$,水平布置时,$K_f=6$,倾斜布置时,当 $\beta=75°$时,$K_f=1.2$,$K_{fy}=2.8$,当 $\beta=60°$时,$K_f=5$。

5.4 滚子链传动的设计

5.4.1 链传动的失效形式

链传动的失效形式主要有链的疲劳破坏、链条铰链的磨损、链条铰链的胶合和链条的静力破坏。

1. 链的疲劳破坏

链在运动过程中,其上的各个元件都在变应力的作用下工作,经过一定的循环次数后,链板会因疲劳而断裂,套筒、滚子表面会因冲击而出现疲劳点蚀。因此,链条的疲劳强度成

为决定链传动承载能力的主要因素。

2. 链条铰链的磨损

链条在工作过程中，铰链中的销轴与套筒间不仅承受较大的压力，而且还有相对转动，导致铰链磨损，其结果是链节距增大，链条总长度增加，从而使链的松边垂度发生变化，同时增大了运动的不均匀性和动载荷，引起跳齿。

3. 链条铰链的胶合

当链速较高时，链节受到的冲击增大，铰链中的销轴和套筒在高压下直接接触，同时两者相对转动产生摩擦热，导致胶合。因此，胶合在一定程度上限制了链传动的极限转速。

4. 链条的静力破坏

当链速较低(v<0.6 m/s)时，如果链条的负载不增加而变形持续增加，即认为链条正在被破坏。导致链条的变形持续增加的最小负载将限制链条能够承受的最大载荷。

5.4.2 链传动的功率曲线及额定功率

1. 极限功率曲线

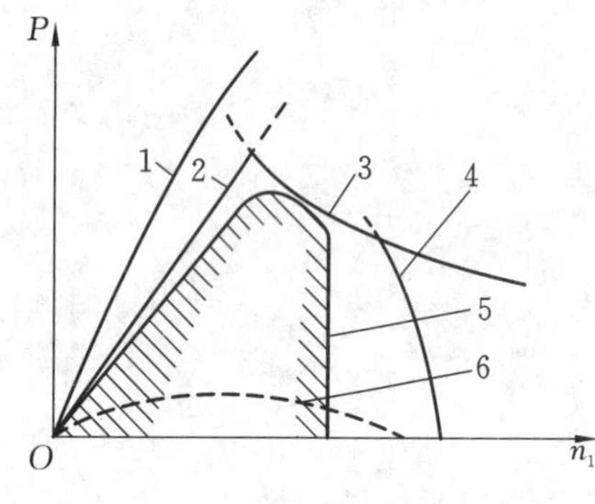

图 5-13 滚子链的极限功率曲线

链传动有多种失效形式，在一定的使用寿命下，从一种失效形式出发，可得出一个极限功率表达式。为了清楚地表达失效形式与功率及转速之间的关系，常用极限功率曲线图(见图 5-13)来表示。图 5-13 中，1 是在正常润滑条件下铰链磨损限定的极限功率，2 是链板疲劳强度限定的极限功率，3 是套筒、滚子冲击疲劳强度限定的极限功率，4 是铰链胶合限定的极限功率，图中阴影部分为实际使用的区域。若润滑、密封不良及工况恶劣，磨损将很严重，极限功率大幅度下降，如图中曲线 6 所示。

2. 额定功率曲线

图 5-14 所示为 A 系列滚子链的额定功率曲线，它是在特定的试验条件下得出的。试验条件为：①单排滚子链，两链轮安装在水平轴上，两链轮共面；②小链轮齿数 $z=19$；③链长 $L_p=100$ 节；④载荷平稳；⑤按合适的润滑方式润滑；⑥链的工作寿命为 15 000 h；⑦链条因磨损引起的相对伸长量不超过 3%。根据小链轮转速 n_1，从图 5-14 中可以得到各种链在链速 $v>0.6$ m/s 时允许传递的额定功率 P。如果所设计的链传动的实际工作条件和选用的参数与上述试验条件不一致，则需要引入一系列相应的修正系数对图中的额定功率进行修正，使传动满足要求。

需要指出的是，若不能按照图 5-15 推荐的方式润滑，则磨损将加剧，应根据链速 v 的不同将图 5-14 中的 P 值降低。当 $v\leqslant1.5$ m/s 时，降至(0.3～0.6)P；当 1.5 m/s<$v\leqslant$7 m/s 时，降至(0.15～0.3)P；当 v>7 m/s 而又润滑不良时，传动不可靠，应避免使用。

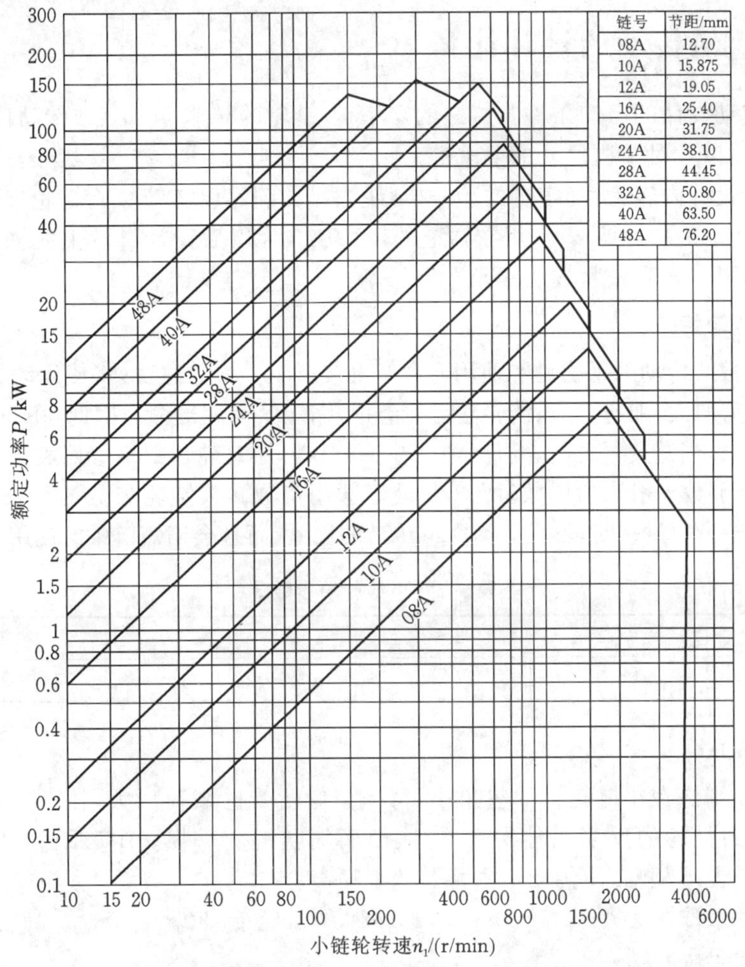

链号	节距/mm
08A	12.70
10A	15.875
12A	19.05
16A	25.40
20A	31.75
24A	38.10
28A	44.45
32A	50.80
40A	63.50
48A	76.20

图 5-14　A 系列滚子链的额定功率曲线

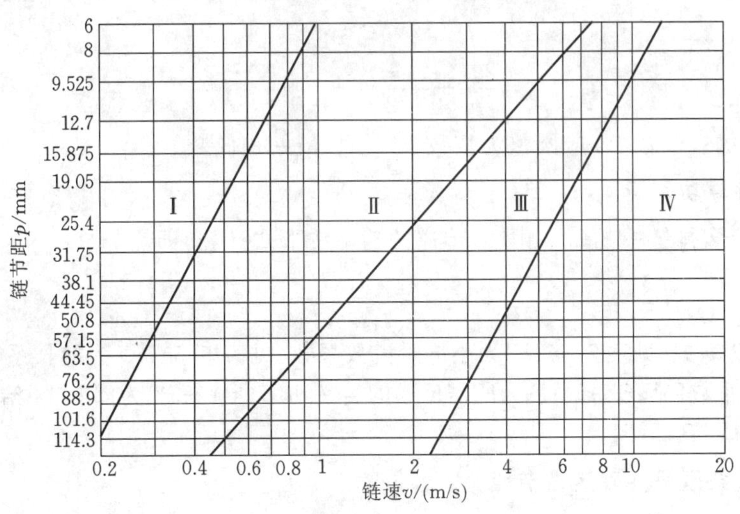

图 5-15　推荐使用的润滑方式

Ⅰ—人工定期润滑；Ⅱ—滴油润滑；Ⅲ—油浴或飞溅润滑；Ⅳ—压力喷油润滑

5.4.3 链传动的设计计算

一般链传动设计的已知条件为传递的功率 P，链轮的转速 n_1、n_2（或传动比 i），原动机的种类，载荷性质以及对结构尺寸的要求等。

链传动的设计内容为：确定链的型号（节距）、排数、长度（链节数）；链轮齿数 z_1、z_2，结构形式和材料；传动的中心距 a；作用在轴上的压力 F_p（为以后设计链轮上的轴及分析轴承受力做准备）；润滑方式和张紧方法等。

1. 选择链轮齿数

小链轮齿数对传动的平稳性和使用寿命有直接影响。齿数过少，将使运动的不均匀性、动载荷及冲击载荷增大，加速链条、链轮轮齿的磨损，缩短其使用寿命。因此，在一般情况下取小链轮齿数 $z_1 \geqslant 13$，当链速很低时，允许 $z_{\min}=9$。设计时，小链轮齿数 z_1 参照表5-3选取（先估算链速）。由于链节数一般取为偶数，所以 z_1 最好选用奇数。大链轮齿数 $z_2=iz_1$，通常取 $z_2 \leqslant 120$，因为大链轮齿数过多时，不仅会增大链传动的尺寸，而且会缩短链条的使用寿命。

表5-3　小链轮的齿数 z_1

传动比	1～2	2～3	3～4	4～6	＞6
小链轮的齿数 z_1	31～27	27～25	25～23	23～17	17

2. 初定中心距 a_0

中心距小，则链在小链轮上的包角小，每一个齿所受的载荷增大，在一定的链速下链在单位时间内绕过链轮的反复屈伸次数增加，因而加剧链的磨损。中心距大，则松边下垂量大，容易引起链上下颤动，使传动不平稳及产生噪声。

设计时，一般取中心距 $a_0=(30\sim50)p$，最大取 $a_{0\max}=80p$。

3. 确定链节数 L_p

链长常以链节数 L_{p0}（节距 p 的整数倍）来表示。与带传动的带长计算公式相似，链节数的计算公式为

$$L_{p0}=\frac{2a_0}{p}+\frac{z_1+z_2}{2}+\frac{p}{a_0}\left(\frac{z_2-z_1}{2\pi}\right)^2 \tag{5-13}$$

计算所得的链节数 L_{p0} 应圆整为整数 L_p，并且最好是偶数。

4. 确定计算功率 P_{ca}

单排链（或多排链中的每一排链）传递的功率按下式计算，即

$$P_{ca}=\frac{K_A P}{K_p K_L K_z} \tag{5-14}$$

式中：K_A 为载荷系数（见表5-4）；K_z 为小链轮齿数系数（见表5-5）；K_L 为链长系数（见表5-5）；K_p 为链的多排系数（见表5-6）；P 为所需传递的名义功率（kW）；P_{ca} 为图5-14给出的单排链的设计功率，应满足 $P_{ca} \leqslant P_0$。

5. 选定链条型号并确定链节距

链节距越大，承载能力就越强，但传动的多边形效应会越强，振动冲击和噪声越严重。为使结构紧凑、使用寿命长，应尽可能选用小节距单排链；功率大而速度高时，可选用小节距多排链。

根据单排链所能传递的功率 P_0 和小链轮的转速 n_1，由图5-14和图5-15查出合适的链

型号和润滑方式，再由链号查表可得链节距 p。

表 5-4　载荷系数 K_A

载荷种类	应用举例	原动机种类		
		电动机 汽轮机	内燃机	
			液力传动	机械传动
平稳载荷	载荷变动较小的带式输送机、链式运输机、离心泵、离心式鼓风机，以及载荷不变的机械	1.0	1.0	1.2
中等冲击载荷	离心式压缩机、载荷有变动的运输机、粉碎机、一般工作机、压气机、土建机械	1.3	1.2	1.4
较大冲击载荷	压力机、破碎机、矿山机械、石油机械、输送辊道、振动机械和受冲击的机械	1.5	1.4	1.7

表 5-5　小链轮齿数系数 K_z 和链长系数 K_L

链传动工作在功率曲线中的位置	位于功率曲线定点左侧时 （链板疲劳）	位于功率曲线定点右侧时 （滚子、套筒冲击疲劳）
小链轮齿数系数 K_z	$\left(\frac{z_1}{19}\right)^{1.08}$	$\left(\frac{z_1}{19}\right)^{1.5}$
链长系数 K_L	$\left(\frac{L_p}{100}\right)^{0.26}$	$\left(\frac{L_p}{100}\right)^{0.5}$

表 5-6　多排系数 K_p

排数	1	2	3	4	5	6	≥7
K_p	1.0	1.7	2.5	3.3	4.1	5.0	由生产厂商定

6. 验算链速 v

$$v=\frac{z_1 n_1 p}{60\times1000} \tag{5-15}$$

应使 $0.6\ \mathrm{m/s}\leqslant v\leqslant 15\ \mathrm{m/s}$。

7. 计算实际中心距 a

当链节数圆整为 L_p 以及链节距确定后，中心距也应做相应的改变，改变后的实际中心距 a 为

$$a=\frac{p}{4}\left[\left(L_p-\frac{z_1+z_2}{2}\right)+\sqrt{\left(\frac{z_1+z_2}{2}-L_p\right)^2-8\left(\frac{z_2-z_1}{2\pi}\right)^2}\right] \tag{5-16}$$

或者近似按下式计算，即

$$a=a_0+\frac{L_p-L_{p0}}{2}\cdot p \tag{5-17}$$

一般中心距应设计成可调节的，否则应有张紧装置。

为保证链条有一定的垂度，实际中心距应比计算值小 0.2%～0.4%。若中心距为可调的，其调节范围应大于或等于 $2p$。对于中心距固定而又无张紧装置的链传动，应注意中心距的准确性。

8. 计算作用在轴上的力 F_Q

为了计算轴和轴承，必须求出作用于轴上的力 F_Q。由于考虑链条质量及载荷性质，作用于轴上的力比链传动的工作拉力稍大一些，其计算公式为

$$F_Q = K_\gamma F \tag{5-18}$$

式中：K_γ 为轴上压力系数，当链传动水平布置或以 40°角向内倾斜布置时，$K_\gamma=1.15$（冲击载荷为 1.3），当链传动垂直布置或以大于 40°角倾斜布置时，$K_\gamma=1.05$（冲击载荷为 1.15）；F 为有效圆周力（N）。

9. 设计链轮，绘制链轮工作图

计算链轮的主要几何尺寸，进行链轮结构设计并绘制链轮工作图。本教材中该步骤省略。

拓展：低速链传动如何校核呢？

当 $v<0.6$ m/s 时，因链条的主要失效形式为静力拉断，所以应按静拉力强度进行校核。根据链传动的已知条件，可先按照图 5-14 初步选择链号（一般是在虚线部分），然后按式(5-19)进行校核，即

$$S=\frac{F_Q}{K_A F}\geqslant 4\sim 8 \tag{5-19}$$

式中：F_Q 为链条的最小破断载荷（N），如表 5-1 所示；K_A 为载荷系数，如表 5-4 所示；F 为圆周力（N）；S 为静力强度安全系数。

5.5 链传动的布置、张紧和润滑

5.5.1 链传动的布置

链传动的布置是否合理，对链传动的工作质量和使用寿命都有较大的影响。链传动合理布置的原则是：

(1) 为保证链条与链轮正确啮合，要保持两轮轴线平行及两轮的运动平面处在同一铅垂平面内，运动平面一般不允许布置在水平面或倾斜面内。

(2) 尽量使两轮中心连线水平或接近水平，中心连线与水平线的夹角最好不大于 45°，如图 5-16(a)所示。

(3) 当 $i<1.5$ 且 $a>60p$ 或 $i>2$ 且 $a<30p$ 时，应使紧边在上，松边在下，如图 5-16(b)所示，否则，若松边在上，当下垂量增加时，前者的松边会与紧边相碰，需经常调整中心距，而后者的松边链条易与链轮发生卡死现象。

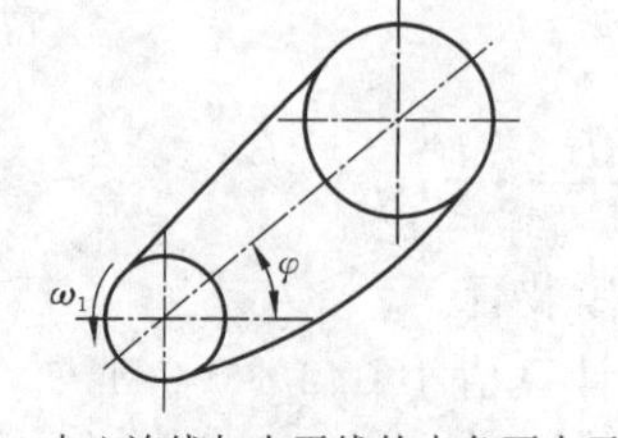

(a) 中心连线与水平线的夹角不大于45°

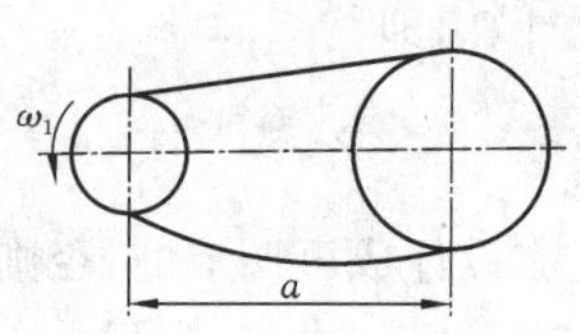

(b) 紧边在上，松边在下

图 5-16 链传动的布置

5.5.2 链传动的张紧

链条张紧的目的是避免垂度过大时产生啮合不良的现象和链条抖动，同时也是为了增大链条与链轮的啮合包角。常用的张紧方法有：

(1) 调整中心距，此法与带传动一样。

(2) 当中心距不可调时，采用张紧装置。如图 5-17 所示，当张紧轮的直径稍小于小链轮的直径，并置于松边靠近小链轮时，张紧轮采用链轮，也可采用滚轮。当链条双向传动时，应在两边设置张紧装置。

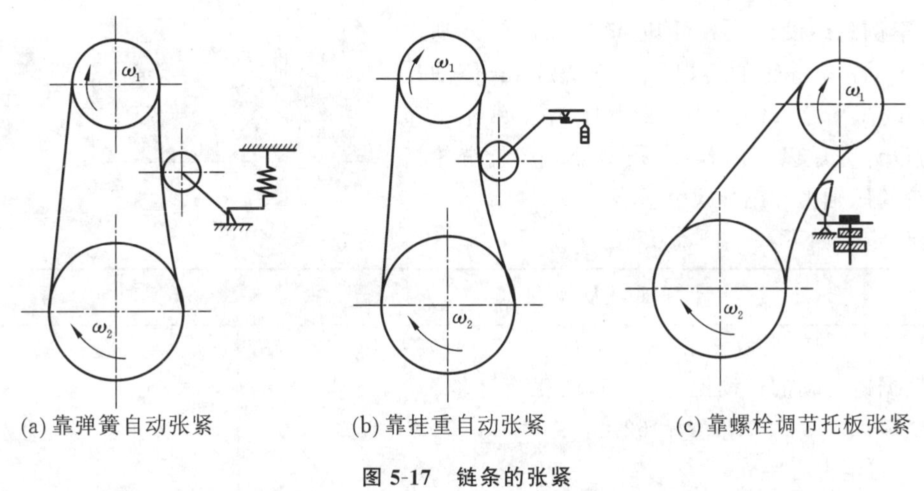

图 5-17 链条的张紧

5.5.3 链传动的润滑

润滑的作用是减小磨损，有利于缓和冲击。根据链速和传递功率的不同，推荐以下四种润滑方法。

(1)油壶或油刷供油，用于 $v<4$ m/s 及不重要处。

(2)滴油润滑，用于 $v<10$ m/s 处。用油杯将润滑油滴在链条上。

(3)油浴或飞油润滑，用于 $v<12$ m/s 处。

(4)压力循环润滑，用于 $v>12$ m/s 及重要传动处。

链传动常用的润滑油为 N46、N68、N100 号机械油，工作温度低时取前者。

5.6 工程应用案例——输送机链传动设计

图 5-18 所示为带式输送机，又称胶带输送机，它是一种靠摩擦驱动以连续方式运输物料的机械，广泛应用于家电、电子、电器、机械、烟草、注塑、邮电、印刷、食品等各行各业，以及物件的组装、检测、调试、包装和运输等，具有输送能力强、输送距离远、结构简单、维护方便、能方便地实行程序化控制和自动化操作的特点。

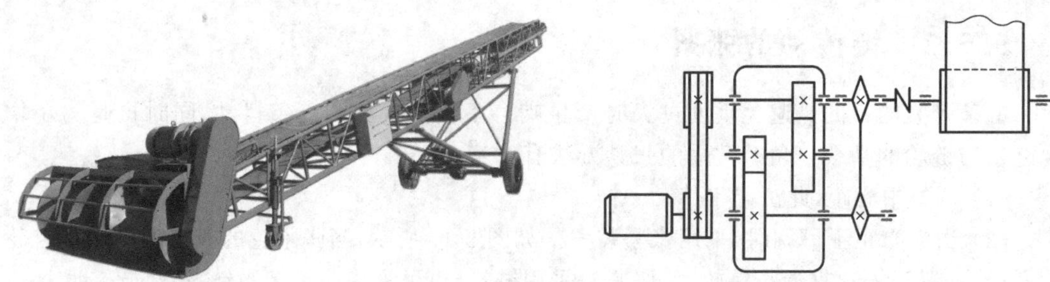

图 5-18 胶带输送机

由案例总体设计参数可知，链传动的输入功率 $P=4\ \text{kW}$，主动链轮的转速 $n_1=90\ \text{r/min}$，传动比 $i=2.5$，载荷平稳，每天工作 12 小时，中心线水平布置。需设计完成以下内容：链条型号、节数、链轮齿数、链轮的压轴力和结构尺寸。

此处链传动的输入功率为图5-1中的Ⅱ轴功率还是Ⅲ轴功率？转速为Ⅱ轴转速还是Ⅲ轴转速？

设计步骤如下：

计算项目及说明	结　　果
1. 选择链轮齿数 z_1 和 z_2	
根据链传动的传动比 $i=2.5$，由表 5-3 取 $z_1=25$，则 $z_2=iz_1=2.5\times25=62.5$，取 $z_2=62$。	$z_1=25$ $z_2=62$
2. 初定中心距 a_0	
$a_0=(30\sim50)p$，初定 $a_0=40p$。	
3. 确定链节数 L_p	
由式(5-13)得	
$L_{p0}=\dfrac{2a_0}{p}+\dfrac{z_1+z_2}{2}+\dfrac{p}{a_0}\left(\dfrac{z_2-z_1}{2\pi}\right)^2$	
$=\dfrac{2\times40p}{p}+\dfrac{25+62}{2}+\dfrac{p}{40p}\left(\dfrac{62-25}{2\pi}\right)^2=124.37$	
圆整后取 $L_p=124$。	$L_p=124$
4. 确定计算功率 P_{ca}	
按表 5-4 取 $K_A=1$。估计此链传动工作于图 5-14 所示的曲线顶点的左侧(即可能出现链板疲劳损坏)，按表 5-5 取 $K_z=1.34$。按表 5-5 取链长系数 $K_L=\left(\dfrac{L_p}{100}\right)^{0.26}=\left(\dfrac{124}{100}\right)^{0.26}\approx1.06$。按表 5-6 取多排系数 $K_p=1$。由式(5-14)计算单排链传动的设计功率，即	$K_A=1$ $K_z=1.34$ $K_L=1.06$ $K_p=1$
$P_{ca}=\dfrac{K_AP}{K_pK_LK_z}=\dfrac{1\times4}{1\times1.06\times1.34}\ \text{kW}=2.82\ \text{kW}$	$P_{ca}=2.82\ \text{kW}$
5. 选定链条型号并确定链节距 p	
由 $P_0\geqslant P_{ca}$ 和小链轮转速 $n_1=90\ \text{r/min}$，查图 5-14，选择链条型号为 16A；查表 5-1，选择节距 $p=25.4\ \text{mm}$ 的单排链。	$p=25.4\ \text{mm}$

计算项目及说明	结　果
6. 验算链速 v 由式(5-15)得 $v=\dfrac{z_1 n_1 p}{60\times 1000}=\dfrac{25\times 90\times 25.4}{60\ 000}\ \text{m/s}=0.953\ \text{m/s}<15\ \text{m/s}$ 故链速合适。	$v=0.953$ m/s
7. 计算实际中心距 由式(5-17)计算实际中心距，即 $a=a_0+\dfrac{L_p-L_{p0}}{2}p=\left(40\times 25.4+\dfrac{124-124.37}{2}\times 25.4\right)\ \text{mm}$ $=1011\ \text{mm}$	$a=1011$ mm
8. 计算作用在轴上的压轴力 F_Q $F=1000\dfrac{P}{v}=1000\times\dfrac{4}{0.953}\ \text{N}=4197.3\ \text{N}$ $F_Q=K_\gamma F=1.15\times 4197.3\ \text{N}=4826.9\ \text{N}$	$F=4197.3$ N $F_Q=4826.9$ N
9. 计算链轮的主要几何尺寸，进行链轮结构设计并绘制工作图 链轮的基准直径、齿数、齿形尺寸等参数均可在设计中确定，但链轮的轴孔直径需在后面章节轴的结构设计中确定，以保证齿轮和轴的正确配合。	参照案例，用你的已知条件会计算了吗？ 提问： 计算作用于链轮轴上的压轴力有何用？

本章小结

拓展阅读

(1) 链传动的组成部分：主动链轮、从动链轮和链条。

(2) 链传动是利用链轮轮齿和链条链节的啮合来传递动力和运动的。

(3) 链传动常用于高温等恶劣环境、轴间距较大的场合，传动较准确，传动力矩大，价格便宜。

(4) 常见的传动链有滚子链和齿形链。

(5) 节距 p 是链的基本特性参数，滚子链的标记由国家标准规定。

(6) 滚子链由外链板、销轴、内链板、套筒和滚子组成，内链板与套筒之间、外链板与销轴之间均为过盈配合，滚子与套筒之间、套筒与销轴之间均为间隙配合。

(7) 链轮由轮齿、轮缘、轮辐和轮毂组成。

(8) 链传动传动比的变化与链条绕在链轮上的多边形特征有关，故链传动存在多边形效应。

(9) 链传动的动载荷与链速、节距、齿数有关，链速越高、节距越大、齿数越少，冲击动载荷越大。

(10) 链传动的失效形式主要有链的疲劳破坏、链条铰链的磨损、链条铰链的胶合和链条的静力破坏。

(11) 根据小链轮的转速和链传动的额定功率可以选择链的基本型号。

(12) 链传动的设计内容为：确定链的型号（节距）、排数、长度（链节数）；链轮齿数 z_1、z_2，结构形式和材料；传动的中心距 a；作用在轴上的压力 F_p（为以后设计链轮上的轴及分析轴承受力做准备）；润滑方式和张紧方法等。

(13) 链传动的设计步骤为：选择链轮齿数 z_1 和 z_2—确定计算功率—选择链条型号和节距 p—验算链速—确定中心距 a 和链节数 L_p—计算作用在轴上的压轴力 F_p—计算链轮的主要几何尺寸。

(14) 链传动合理布置的原则是：要保持两轮轴线平行及两轮的运动平面处在同一铅垂平面内，运动平面一般不允许布置在水平面或倾斜面内；尽量使两轮中心连线水平或接近水平，中心连线与水平线的夹角最好不大于 45°。

(15) 链条张紧的目的是避免垂度过大时产生啮合不良的现象和链条抖动，同时也是为了增大链条与链轮的啮合包角。

练习与提高

一、思考分析题

1. 链传动和其他传动相比有哪些优缺点？

2. 为什么链传动的平均速度和平均传动比为常数，而瞬时速度和瞬时传动比却是周期性变化的？

3. 为什么说链传动的多边形效应是链传动的固有属性？设计时如何减小链传动速度不均匀性给链传动带来的影响？

4. 链传动的小链轮的齿数为什么不宜过多或过少？

5. 链传动为什么要适当张紧？常用哪些张紧方法？如何适当控制松边的下垂度？

6. 链传动的中心距一般取多少？中心距过大或过小对链传动有何不利？

7. 链节距的大小对链传动有何影响？在高速、重载工况下应如何选择滚子链？

8. 试说明链条节数一般要取偶数，链轮齿数一般取奇数的理由。

二、综合设计计算题

1. 链传动的布置形式如图 5-19 所示，中心距 $a=(30\sim50)p$，传动比 $i=2\sim3$，小链轮为主动链轮。在图 5-19(a)和图 5-19(b)中，小链轮应朝哪个方向转动较为合理？图 5-19(c)中，两链轮的中心连线垂直布置有什么缺点？应采取什么措施？

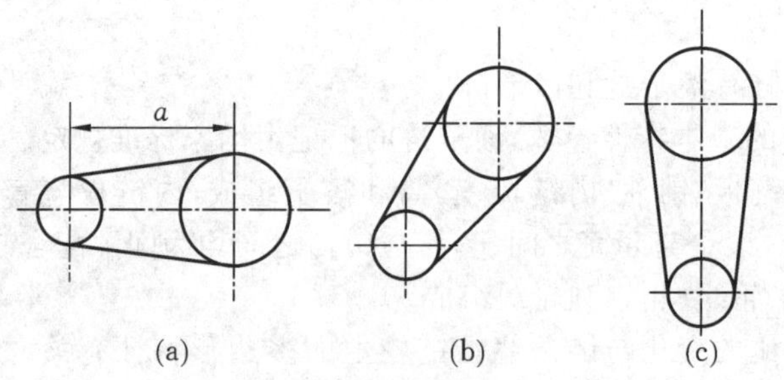

图 5-19　题 1 图

2. 一单排滚子链传动，主动链轮的转速 $n_1=600$ r/min，齿数 $z_1=21$，从动链轮的齿数 $z_2=105$，中心距 $a=910$ mm，链节距 $p=25.4$ mm，载荷系数 $K_A=1.2$，试求链传动所允许的传递功率。

3. 设计一输送装置的链传动。已知传递的功率 $P=16.8$ kW，主动链轮的转速 $n_1=960$ r/min，传动比 $i=3.5$，原动机为电动机，工作载荷冲击较大，中心距 $a\leqslant800$ mm，水平布置。

第 6 章
齿轮传动

知识技能目标

了解齿轮的特点、类型和主要参数，了解齿轮的失效形式、材料和热处理方法，熟知计算载荷的概念及齿轮的润滑、效率和设计准则，掌握直齿圆柱齿轮、斜齿圆柱齿轮、直齿圆锥齿轮传动的受力分析，并掌握给出承载能力计算的齿轮传动的设计方法，厘清设计思路和步骤，掌握相应的结构设计。

在熟知齿轮传动基本知识的基础上，能够根据实际项目需求正确、合理地设计齿轮传动。

项目子任务分解

结合图 6-1、图 6-2 所示的传动设计简图，根据第 3 章所计算的传动比、功率及转速等，设计该齿轮传动。

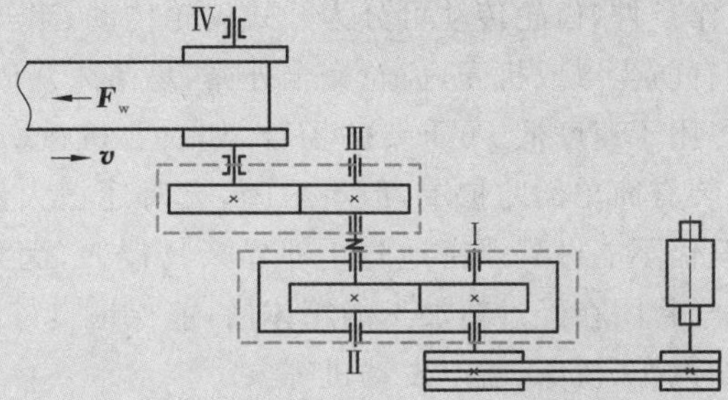

图 6-1　一级圆柱斜齿轮减速器传动设计简图（虚线框内为齿轮传动）

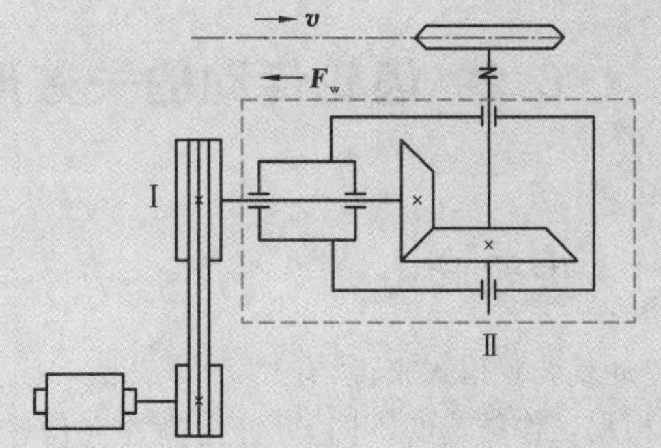

图 6-2　一级圆锥齿轮减速器传动设计简图（虚线框内为齿轮传动）

子任务实施建议

(1) 根据项目实际工况和传动数据要求,选择合适的齿轮类型、材料、热处理方法,按设计思路和步骤,确定符合强度要求的齿轮传动的齿数、模数、分度圆直径、螺旋角(分锥角)等基本参数,从而进一步设计齿轮的具体结构。

(2) 对齿轮进行受力分析,确定两啮合齿轮在啮合处的圆周力、径向力、轴向力的大小和方向,为后面轴、轴承的设计计算做好准备。

理论解读

6.1 概　述

齿轮传动是机械传动中应用最广泛的一种传动,其形式多样,功率可高达数十万千瓦,圆周速度可达 200 m/s,直径可达 30 m 以上,传动效率高达 0.98～0.995,承载能力强,效率高,传动比准确,结构紧凑,工作可靠,使用寿命长,但制造及安装精度要求高,价格较贵,且不宜用于传动距离过大的场合。

按工作条件,齿轮传动可分为开式齿轮传动、半开式齿轮传动和闭式齿轮传动。开式齿轮传动没有防尘罩或机壳,齿轮完全外露,易落入灰砂和杂物,不能保证良好的润滑,故轮齿易磨损,多用于速度低、不重要的场合,如农业机械、建筑机械以及简易的机械设备;半开式齿轮传动装有简单的防护罩,但不封闭,有时还把大齿轮部分地浸入油池中,工作条件虽有所改善,但仍不能做到严密地防止外界杂物侵入,润滑条件也不算好;闭式齿轮传动的齿轮和轴承完全封闭在经过精加工的箱体内,能保证良好的润滑和较好的啮合精度,多用于重要的场合,如汽车、机床、航空发动机等。

按齿面硬度,齿轮可分为软齿面(＜350 HBS)齿轮和硬齿面(＞350 HBS)齿轮。

6.2 齿轮传动的失效形式及设计准则

6.2.1 失效形式

齿轮传动就装置形式来说,有开式、半开式和闭式之分;就齿面硬度来说,有软齿面及硬齿面之别;根据工作转速的不同,可分为高速和低速;根据工作载荷的不同,又可分为轻载、中载和重载。所以在实际应用时,齿轮会由于不同结构、不同工况、不同材料而出现各种不同的失效形式。

齿轮传动是靠轮齿的依次啮合来传递运动和动力的,且齿轮的齿圈、轮毂和轮辐通常根据经验设计,实际工作中很少失效,因此齿轮的失效主要发生在轮齿上。总体来说,齿轮轮齿经常出现的失效形式主要是轮齿折断、齿面磨损、齿面点蚀、齿面胶合及塑性变形。其特征及防止失效的措施如表 6-1 所示。

表 6-1　常见的齿轮失效形式

失效形式	实　例	特　征	防止失效的措施
轮齿折断	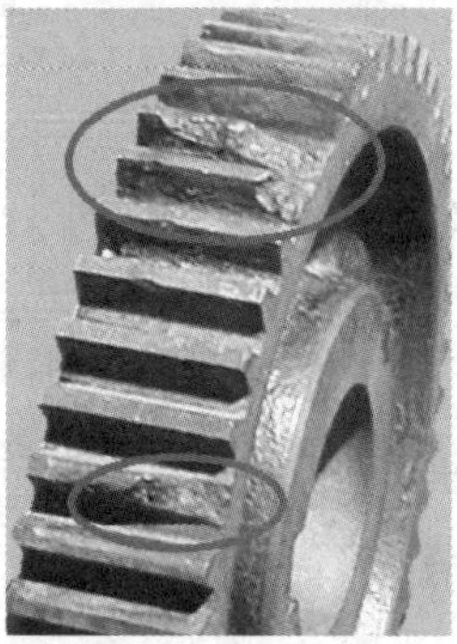	轮齿折断是指齿轮的一个或多个齿在齿根部位整体或局部断裂。 轮齿因受到短时过载或冲击载荷而引起轮齿突然断裂，叫过载折断。 轮齿在多次重复的弯曲应力和应力集中作用下折断，叫疲劳折断	(1) 采用正角度变位传动； (2) 增大齿根圆角半径或消除加工刀痕； (3) 降低齿面的粗糙度； (4) 对齿根进行强化等
齿面磨损		当外界的硬屑落入运动着的齿面间时，就有可能发生磨粒磨损。 另外，当表面粗糙的硬齿与较软的轮齿相啮合时，由于相对滑动，软齿表面易被划伤，也有可能发生齿面磨粒磨损	(1) 改善润滑、密封条件，保持润滑油清洁； (2) 在润滑油中加入减磨剂； (3) 提高齿面硬度等
齿面点蚀		在交变接触应力的多次反复作用下，在齿面节线附近会出现若干小裂纹，封闭在裂纹中的润滑油在压力的作用下产生楔挤作用而使裂纹扩大，最后导致表层小片状剥落而形成麻点状凹坑，形成齿面疲劳点蚀	(1) 增大齿面硬度； (2) 采用正角度变位传动； (3) 增大润滑油的黏度等
齿面胶合		在高速重载和低速重载传动时，相啮合的齿面发生黏焊现象，随着齿面的相对运动，黏焊处被撕脱后，轮齿表面沿滑动方向形成沟痕，沟痕一般出现在齿顶和齿根处	(1) 减小模数，降低齿高，以减小滑动系数； (2) 增大齿面硬度； (3) 采用抗胶合能力强的润滑油等

续表

失效形式	实　例	特　征	防止失效的措施
塑性变形	凹 凸	当齿轮材料较软而载荷及摩擦力又很大时，啮合过程中齿面表层材料会沿着摩擦力的方向产生塑性变形，从而破坏正确齿形。 主动轮在节线附近形成凹槽，从动轮在节线附近形成凸脊	(1) 适当增大齿面硬度； (2) 采用黏度较大的润滑油等

6.2.2　设计准则

严格来讲，齿轮传动在给定的工作条件下不应发生任何形式的失效，因此，针对上述各种工作情况及失效形式，均应建立相应的设计准则。但是对于齿面磨损、塑性变形等，因为尚未建立起广为工程实际使用而且行之有效的计算方法及设计数据，所以目前设计一般使用的齿轮传动时，通常只按保证齿根弯曲疲劳强度及保证齿面接触疲劳强度两项准则进行计算。

闭式齿轮传动的主要失效形式是疲劳点蚀、疲劳折断和齿面胶合，一般情况下只进行齿面接触疲劳强度计算和齿根弯曲疲劳强度计算。对于高速、大功率的齿轮传动，还应进行抗胶合计算。对于闭式软齿面的齿轮传动，主要以齿面接触疲劳强度计算为主；对于闭式硬齿面的齿轮传动，接触疲劳强度和弯曲疲劳强度计算一般不分主次，视具体情况而定。

开式齿轮传动的主要失效形式是疲劳折断和齿面磨损，目前只能进行弯曲疲劳强度计算，并将模数加大 10%～20%来考虑磨损的影响。

6.3　齿轮材料

6.3.1　常用的齿轮材料及热处理方法

齿轮材料对齿轮的承载能力和结构尺寸的影响很大，合理选择齿轮材料是齿轮设计的重要内容之一。由轮齿的失效形式可知，设计齿轮传动时，应使齿面具有足够的硬度，以保证齿面抗磨损、抗点蚀、抗胶合及抗塑性变形的能力；轮齿芯部应具有足够的强度和韧性，以保证齿根抗弯曲折断的能力。因此，对齿轮材料性能的基本要求为齿面要硬、齿芯要韧。同时，齿轮材料还应具有良好的机械加工性能和热处理工艺性、经济性等。

常用的齿轮材料有锻钢、铸钢、铸铁和非金属材料。

1. 锻钢

由于锻钢的力学综合性能好，因此它是最常用的齿轮材料，常用含碳量为 0.15%～0.6%的碳钢或者合金钢，适用于中小直径的齿轮。

一般场合的齿轮，可采用软齿面，以便于切齿，常用材料为 45、40Cr、35SiMn 等中碳钢和中碳合金钢。工艺上应将齿轮毛坯经过常化（正火）或调质处理后切齿，切齿后即为成品，其精度一般为 8 级或 7 级。这类齿轮制造简单，较经济，且生产率高。

对于高速、重载以及高精度要求的齿轮传动，一般选用硬齿面齿轮，同时进行精加工处理。一般先切齿，再做表面硬化处理，最后进行精加工，精度可达 5 级或 4 级。所采用的热处理方法有表面淬火、渗碳淬火、氮化等。这类齿轮精度高，价格较贵。

2. 铸钢

铸钢的耐磨性及强度均较好，一般应经退火及常化处理，必要时也可进行调质。铸钢常用于尺寸较大或结构复杂的齿轮。

3. 铸铁

灰口铸铁性质较脆，抗冲击及耐磨性都较差，但抗胶合及抗点蚀的能力较好。灰口铸铁齿轮常用于工作平稳、速度较低、功率不大的场合。

4. 非金属材料

对于高速、轻载及精度不高的齿轮传动，为了降低噪声，常用非金属材料（如夹布塑胶、尼龙等）做小齿轮，大齿轮仍用钢或铸铁制造。为使大齿轮具有足够的抗磨损及抗点蚀的能力，齿面的硬度应为 250～350 HBS。

常用的齿轮材料及其机械性能如表 6-2 所示。

齿轮毛坯一般采用锻造（适用于中、小尺寸的齿轮）或铸造（适用于结构复杂、尺寸大的齿轮）的方法进行制造。

表 6-2 常用的齿轮材料及其机械性能

材料牌号	热处理方式	强度极限 σ_b /MPa	屈服极限 σ_s /MPa	接触疲劳强度 σ_{Hlim} /MPa	弯曲疲劳强度 σ_{Flim} /MPa	硬度 芯部 /HBS	硬度 表面 /HRC	应用场合
45	常化（正火）	580	290	350～400	280～340	162～217		低速轻载
	调质	650	360	550～620	410～480	217～255		低速中载
	调质后表面淬火			1120～1150	680～700	217～255	40～50	高速中载/低速重载冲击小
20Cr	渗碳后淬火	650	400	1500	850	300	58～62	高速中载承受冲击
40Cr	调质	700	500	650～750	560～620	241～286		高速中载无剧烈冲击
	调质后表面淬火			1150～1210	700～740	241～286	48～55	

续表

材料牌号	热处理方式	强度极限 σ_b /MPa	屈服极限 σ_s /MPa	接触疲劳强度 σ_{Hlim} /MPa	弯曲疲劳强度 σ_{Flim} /MPa	硬度		应用场合
						芯部/HBS	表面/HRC	
35SiMn	调质	750	450	650～760	580～610	217～269		高速中载无剧烈冲击
	调质后表面淬火			1130～1150	690～700	217～269	45～55	
20CrMnTi	渗碳后淬火	1100	850	1500	850	300	58～62	高速中载承受冲击
ZG310～570	常化(正火)	580	320	280～330	210～250	156～217		中速中载大直径
ZG340～640	常化(正火)	650	350	310～340	240～270	169～229		中速中载大直径
	调质	700	380	590～610	420～450	241～269		
HT250	时效	250		320～380	90～140	170～241		低速轻载冲击很小
HT300	时效	300		330～390	100～150	187～255		
HT350	时效	350		340～405	110～160	197～269		
QT500-5	常化(正火)	500		410～560	230～320	147～241		低、中速轻载冲击较小
QT600-2	常化(正火)	600		540～650	305～380	229～302		
夹布塑胶		100		110	50	25～35		低速超轻载无冲击噪声低干净

注：表中的σ_{Hlim}和σ_{Flim}值根据齿轮材料和其齿面硬度查 GB/T 3480.5—2008 提供的线图所得，它适用于线图中的 MQ 线，即材料质量和热处理质量达到中等质量要求时的疲劳强度取值。

6.3.2 齿轮材料选用的基本原则

(1) 齿轮材料必须满足工作条件的要求，如强度、寿命、可靠性、经济性等。

(2) 应考虑齿轮的尺寸大小，毛坯成形方法及热处理和制造工艺。

(3) 钢制软齿面齿轮，小齿轮的齿面硬度比大齿轮的高 30～50 HBS。

(4) 硬齿面齿轮传动，两齿轮的齿面硬度大致相同，或小齿轮的硬度略高。

6.4 齿轮传动的计算载荷

根据齿轮传动输入轴的额定功率和转速，可以得到齿轮传递的名义扭矩和作用在轮齿上的名义载荷 F_n。在实际齿轮传动中，考虑到啮合的轮齿间附加的动载荷，应引入多个载荷系数，对名义载荷进行修正，以得到齿轮强度计算所需的计算载荷 F_{ca}，即

$$F_{ca}=KF_n=K_A K_v K_\alpha K_\beta F_n \tag{6-1}$$

式中，K 为载荷系数，K_A为使用系数，K_v为动载系数，K_α为齿间载荷分配系数，K_β为齿向载荷分布系数。

1. 使用系数 K_A

使用系数 K_A 是用以考虑原动机和工作机的工作特性等外部因素引起的附加动载荷而引入的系数，可按表6-3选取。

表6-3 使用系数 K_A

工作机的工作特性		原动机的工作特性			
		电动机、均匀运转的蒸汽机、燃气轮机	蒸汽机、燃气轮机	多缸内燃机	单缸内燃机
工作机器	载荷状态	均匀平稳	轻微冲击	中等冲击	严重冲击
发电机、均匀传送的带式输送机或板式输送机、螺旋输送机、轻型升降机、包装机、机床进给机构、通风机、均匀密度材料搅拌机等	均匀平稳	1.00	1.10	1.25	1.50
不均匀传送的带式输送机或板式输送机、机床的主传动机、重型升降机、工业与矿用风机、重型离心机、变密度材料搅拌机等	轻微冲击	1.25	1.35	1.50	1.75
橡胶挤压机、橡胶和塑料做间断工作的搅拌机、轻型球磨机、木工机械、钢坯初轧机、提升装置、单缸活塞泵等	中等冲击	1.50	1.60	1.75	2.00
挖掘机、重型球磨机、橡胶糅合机、破碎机、重型给水泵、旋转式钻探装置、压砖机、带材冷轧机、压坯机等	严重冲击	1.75	1.85	2.00	≥2.25

注：对于增速传动，建议取表中值的1.1倍；当外部机械与齿轮装置之间挠性连接时，K_A 值可适当减小，但不得小于1。

2. 动载系数 K_v

齿轮传动不可避免地会有制造及装配误差，轮齿受载后还要产生弹性变形，引入动载系数 K_v 就是用来考虑齿轮副在啮合过程中因基节误差、齿形误差和轮齿变形等啮合误差而引起的内部附加动载荷对轮齿受载的影响。

对于直齿圆柱齿轮传动，可取 $K_v=1.05\sim1.4$；对于斜齿圆柱齿轮传动，因其传动较平稳，可取 $K_v=1.02\sim1.2$，也可根据图6-3查取。

齿轮的制造精度及圆周速度对轮齿啮合过程中产生的动载荷的大小影响很大。提高制造精度，减小齿轮直径以降低圆周速度，均可减小动载荷。还可将轮齿进行齿顶修缘，即把齿顶的一小部分齿廓曲线（分度圆压力角 $\alpha=20°$ 的渐开线）修整成 $\alpha>20°$ 的渐开线。

3. 齿间载荷分配系数 K_α

为保证传动的连续性，齿轮传动的重合度一般都大于1，所以工作时单对齿啮合和双对齿啮合交替进行。当有双对齿工作时，由于制造误差和轮齿变形等原因，载荷在各啮合齿对

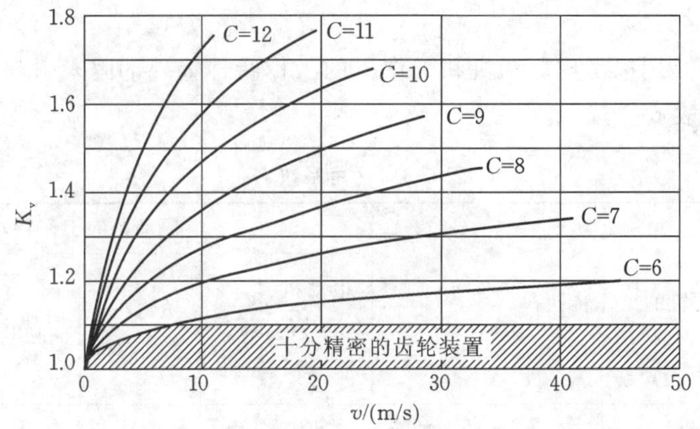

图 6-3 动载系数 K_v

注：①图中 C 为齿轮传动的精度系数，如将其看作齿轮精度来查取 K_v 值，则偏于安全。

②若为直齿锥齿轮传动，应按图中低一级的精度线及锥齿轮齿宽中点处的节线速度 v_m 查取 K_v 值。

之间的分配是不均匀的。齿间载荷分配系数就是考虑同时啮合的各对轮齿间载荷分配不均匀的系数，它受轮齿啮合刚度、基圆齿距误差、修缘量、跑合量等多方面因素的影响。

K_α 可查表 6-4 获取。一般来说，直齿圆柱齿轮传动取 $K_\alpha=1\sim1.2$，斜齿圆柱齿轮传动取 $K_\alpha=1\sim1.4$。当齿轮制造精度低、齿面硬度高时，K_α 值较大；反之，K_α 值较小。

对于直齿圆锥齿轮，考虑其精度较低，取 $K_\alpha=1$。

表 6-4 齿间载荷分配系数 K_α

$K_A F_t/b$		≥100 N/mm				<100 N/mm
精度等级Ⅱ组		5	6	7	8	5 级或更低
K_α	直齿轮	1.0		1.0～1.1	1.1～1.2	≥1.2
	斜齿轮	1.0	1.1	1.2	1.4	≥1.4

注：①当大、小齿轮的精度等级不同时，按精度等级较低者取值。

②对于精度等级为 7～8 级的直齿轮，硬齿面取较大值，软齿面取较小值。

③此表也可用于灰口铸铁和球墨铸铁齿轮。

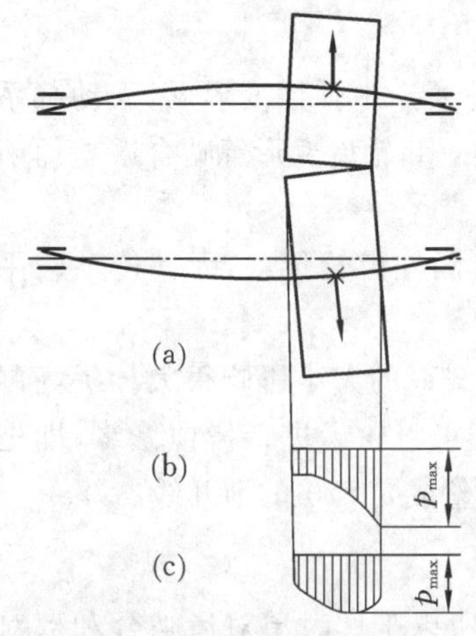

图 6-4 轮齿受载不均匀

4. 齿向载荷分布系数 K_β

引入齿向载荷分布系数 K_β 是考虑到轮齿沿接触线方向载荷分布不均匀的现象。在齿轮传动工作时，齿轮所在轴的弯曲和扭转变形、轴承的弹性位移以及传动装置的制造和安装误差等原因，都将导致齿轮副相互倾斜以及轮齿扭曲。如图 6-4 所示，当轴承相对于齿轮作不对称配置时，受载前，轴无弯曲变形，轮齿啮合正常；受载后，轴产生弯曲变形，轴上的齿轮也就随之偏斜，这就使作用在齿面上的载荷沿接触线分布不均匀。

为改善载荷沿接触线分布不均匀的现象，可以针对上述影响因素采取相应的措施，比如增大轴、轴承及支座的刚度，对称地配置轴承，适当限制轮齿的宽度，避免在悬臂轴上布置齿轮等，还可以沿齿宽方向将轮齿修磨成鼓形，当轴有弯曲变形而导致齿轮偏斜时，鼓形齿可大大改善载荷偏向轮齿一端的现象。

对于一般的工业用齿轮，可根据齿轮在轴上的支承情况、齿宽系数和齿面硬度从图6-5中查取齿向载荷分布系数 K_β。图中的数据针对8级精度的齿轮传动，若为高于8级精度的齿轮传动，K_β 应降低5%～10%，但不小于1；反之，则应增大5%～10%。

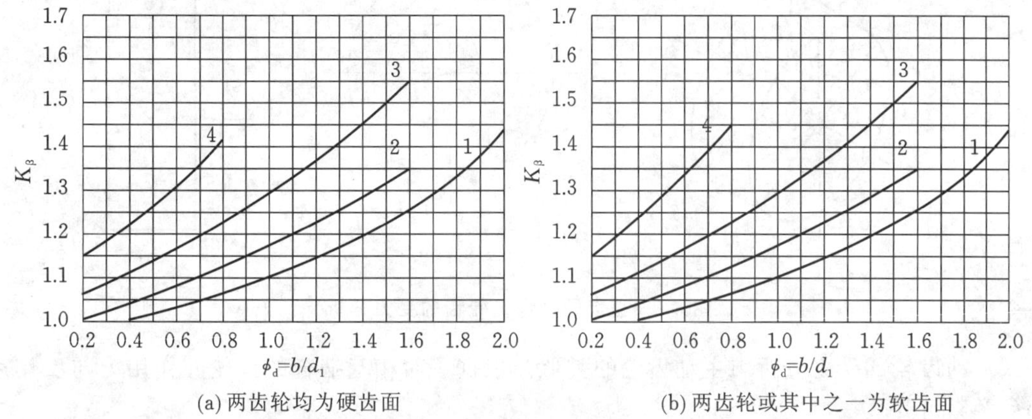

图6-5　齿向载荷分布系数 K_β

1—齿轮对称布置在两轴承中间；2—齿轮非对称布置在两轴承中间，且轴刚度较大；3—齿轮非对称布置在两轴承中间，且轴刚度较小；4—齿轮悬臂布置

6.5　齿轮传动的受力分析

为了计算齿轮强度及设计轴和轴承装置等，需要首先确定作用在轮齿上的力。由于齿坯和轮齿形式不同，在传动过程中，轮齿上的受力也不同。

6.5.1　直齿圆柱齿轮的受力分析

齿轮传动一般均加以润滑，啮合轮齿间的摩擦力通常很小，计算轮齿受力时，可不予考虑。

在理想情况下，作用于齿轮上的力是沿齿宽接触线方向均匀分布的，为了简化计算，常用集中力代替。以主动齿轮为例，法向力 $\boldsymbol{F}_n$ 沿啮合线方向垂直于齿面。$\boldsymbol{F}_n$ 在分度圆上可分解为两个互相垂直的分力：切于分度圆的圆周力 $\boldsymbol{F}_{t1}$ 和沿半径方向的径向力 $\boldsymbol{F}_{r1}$，如图6-6所示。根据力的平衡条件和各力之间的几何关系进行计算，即

$$\begin{aligned}&\text{圆周力}\quad F_{t1}=\frac{2T_1}{d_1}\\&\text{径向力}\quad F_{r1}=F_{t1}\tan\alpha\\&\text{法向力}\quad F_{n1}=\frac{F_{t1}}{\cos\alpha}=\frac{2T_1}{d_1\cos\alpha}\end{aligned}\qquad(6\text{-}2)$$

式中：T_1 为主动齿轮传递的功率(N·mm)；d_1 为主动齿轮的分度圆直径(mm)；α 为分度圆压力角，标准圆柱齿轮的分度圆压力角为20°。

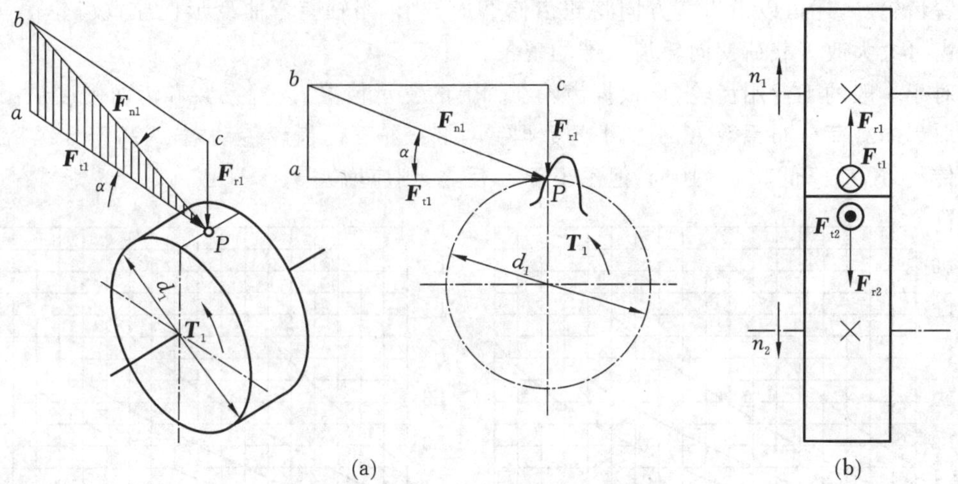

图 6-6　直齿圆柱齿轮轮齿的受力分析

从动齿轮的受力分析与主动齿轮的类似。根据一对相互啮合的齿轮间作用力与反作用力的关系可知

$$\boldsymbol{F}_{t1}=-\boldsymbol{F}_{t2},\quad \boldsymbol{F}_{r1}=-\boldsymbol{F}_{r2}$$

如图 6-6 所示,圆周力 $\boldsymbol{F}_t$ 的方向,在主动齿轮上与圆周速度的方向相反,在从动齿轮上与圆周速度的方向相同。径向力 $\boldsymbol{F}_r$ 的方向由作用点指向圆心。

6.5.2　斜齿圆柱齿轮的受力分析

斜齿圆柱齿轮的受力与直齿圆柱齿轮的受力类似,法向力 $\boldsymbol{F}_n$ 沿啮合线方向垂直于齿面,由于斜齿轮存在螺旋角 β,$\boldsymbol{F}_n$ 在主动齿轮的分度圆上分解为圆周力 $\boldsymbol{F}_{t1}$、径向力 $\boldsymbol{F}_{r1}$ 和轴向力 $\boldsymbol{F}_{a1}$ 三个互相垂直的分力,如图 6-7 所示。根据力的平衡条件和各力之间的几何关系进行计算,即

$$\left.\begin{aligned}
&\text{圆周力} && F_{t1}=\frac{2T_1}{d_1}\\
&\text{径向力} && F_{r1}=F_{t1}\tan\alpha_t=\frac{F_{t1}\tan\alpha_n}{\cos\beta}\\
&\text{轴向力} && F_{a1}=F_{t1}\tan\beta\\
&\text{法向力} && F_{n1}=\frac{F_{t1}}{\cos\alpha_n\cos\beta}=\frac{F_{t1}}{\cos\alpha_t\cos\beta_b}
\end{aligned}\right\}\tag{6-3}$$

式中:β 为分度圆螺旋角;β_b 为基圆螺旋角;α_n 为法面压力角,标准圆柱齿轮的法面压力角为 20°;α_t 为端面压力角。

从动齿轮的受力分析与主动齿轮的类似。根据一对相互啮合的齿轮间作用力与反作用力的关系可知

$$\boldsymbol{F}_{t1}=-\boldsymbol{F}_{t2},\quad \boldsymbol{F}_{r1}=-\boldsymbol{F}_{r2},\quad \boldsymbol{F}_{a1}=-\boldsymbol{F}_{a2}$$

如图 6-7(b)所示,圆周力 $\boldsymbol{F}_t$ 和径向力 $\boldsymbol{F}_r$ 的方向与直齿圆柱齿轮的相同:$\boldsymbol{F}_t$ 的方向,在主动齿轮上与圆周速度的方向相反,在从动齿轮上与圆周速度的方向相同;$\boldsymbol{F}_r$ 的方向由作用点指向圆心。

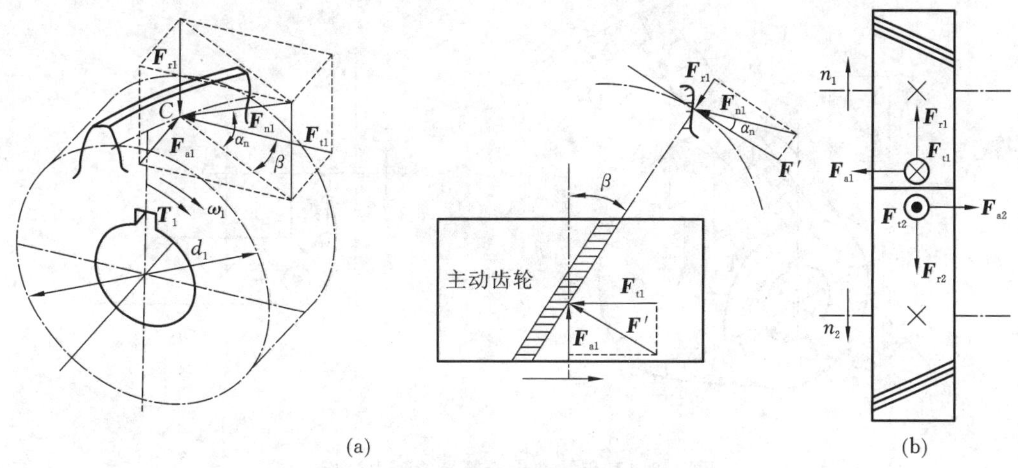

图 6-7　斜齿圆柱齿轮轮齿的受力分析

轴向力 $\boldsymbol{F}_a$ 的方向取决于轮齿螺旋线的方向和齿轮的转动方向。主动齿轮的轴向力方向可用左、右手定则来确定。对于主动右旋齿轮，用右手握住齿轮，四指的指向与转向 n 相同，则拇指的指向为轴向力 $\boldsymbol{F}_a$ 的方向；对于主动左旋齿轮，用左手进行判断，得到与以上类似的结论。对于从动齿轮，轴向力的方向与主动齿轮轴向力的方向相反。

由式(6-3)可知，轴向力 F_a 与 $\tan\beta$ 成正比。为了不使齿轮所在轴的轴承承受过大的轴向力，斜齿轮的螺旋角不能选得过大，一般控制在 8°～20°。

6.5.3　直齿圆锥齿轮的受力分析

圆锥齿轮用于传递相交轴或相错轴之间的运动，按齿向可分为直齿、斜齿和曲线齿。本教材仅以轴线相交且轴交角 $\Sigma=90°$ 的直齿锥齿轮为例进行介绍。

直齿圆锥齿轮的受力与直齿圆柱齿轮的受力类似，法向力 $\boldsymbol{F}_n$ 沿啮合线方向垂直于齿面，由于圆锥齿轮存在锥角 δ，$\boldsymbol{F}_n$ 在主动齿轮的分度圆上分解为圆周力 $\boldsymbol{F}_{t1}$、径向力 $\boldsymbol{F}_{r1}$ 和轴向力 $\boldsymbol{F}_{a1}$ 三个互相垂直的分力，如图 6-8 所示。根据力的平衡条件和各力之间的几何关系进行计算，即

$$
\begin{aligned}
&\text{圆周力} \quad & F_{t1}&=\frac{2T_1}{d_{m1}} \\
&\text{径向力} \quad & F_{r1}&=F_{t1}\tan\alpha\cos\delta_1 \\
&\text{轴向力} \quad & F_{a1}&=F_{t1}\sin\delta_1 \\
&\text{法向力} \quad & F_{n1}&=\frac{F_{t1}}{\cos\alpha}=\frac{2T_1}{d_{m1}\cos\alpha}
\end{aligned}
\qquad (6\text{-}4)
$$

式中，d_{m1} 为主动齿轮齿宽中点的分度圆直径，δ_1 为主动齿轮分度圆锥角。

从动齿轮的受力分析与主动齿轮的类似。对于一对轴线相交且轴交角 $\Sigma=90°$ 的直齿锥齿轮来说，根据啮合轮齿间作用力与反作用力的关系可知

$$\boldsymbol{F}_{t1}=-\boldsymbol{F}_{t2},\quad \boldsymbol{F}_{r1}=-\boldsymbol{F}_{a2},\quad \boldsymbol{F}_{a1}=-\boldsymbol{F}_{r2}$$

如图 6-8(b)所示，圆周力 $\boldsymbol{F}_t$ 和径向力 $\boldsymbol{F}_r$ 的方向与直齿圆柱齿轮的相同：$\boldsymbol{F}_t$ 的方向，在主动齿轮上与圆周速度的方向相反，在从动齿轮上与圆周速度的方向相同；$\boldsymbol{F}_r$ 的方向由作用点指向圆心。轴向力 $\boldsymbol{F}_a$ 的方向由作用点指向齿轮大端。

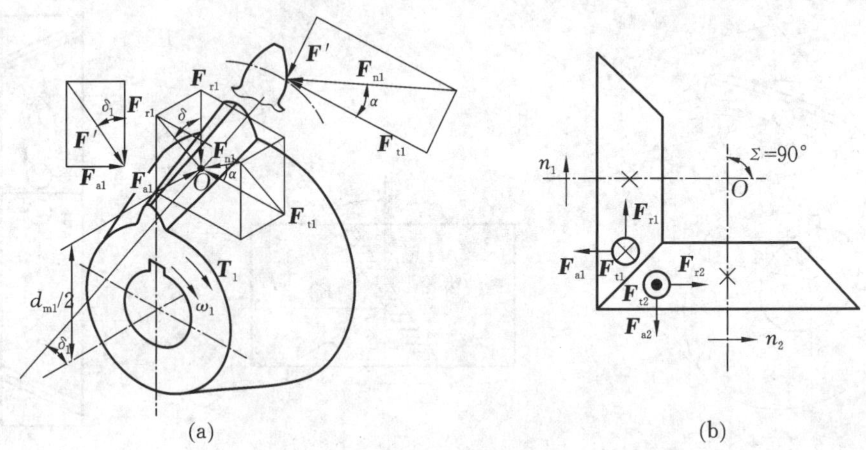

图 6-8　直齿圆锥齿轮轮齿的受力分析

6.6　标准直齿圆柱齿轮传动的强度计算

6.6.1　齿面接触疲劳强度计算

在啮合中受载时，两齿轮在接触线处发生弹性变形，产生接触应力。由于渐开线齿廓各点的曲率不同，所受载荷大小不同，故产生的接触应力是变化的。变化的接触应力首先使靠近节线的齿根部产生点蚀，故齿面接触疲劳强度是按节点啮合进行计算的。

在预定的工作寿命内，为了防止齿轮齿面产生疲劳点蚀，应限制齿面的最大接触应力。齿面接触状况可近似认为与两圆柱体的接触状况相当，故齿面接触应力可按弹性力学中的赫兹公式计算，即

$$\sigma_{\mathrm{H}}=\sqrt{\frac{F_{\mathrm{n}}}{\pi L}\cdot\frac{\dfrac{1}{\rho_1}\pm\dfrac{1}{\rho_2}}{\dfrac{1-\mu_1^2}{E_1}+\dfrac{1-\mu_2^2}{E_2}}}=\sqrt{\frac{F_{\mathrm{n}}}{\rho_{\Sigma}L}}Z_{\mathrm{E}} \tag{6-5}$$

式中：ρ_{Σ} 为综合曲率半径（mm），$\dfrac{1}{\rho_{\Sigma}}=\dfrac{1}{\rho_1}\pm\dfrac{1}{\rho_2}$；$Z_{\mathrm{E}}$ 为材料弹性系数（$\mathrm{MPa}^{1/2}$），$Z_{\mathrm{E}}=\sqrt{\dfrac{1}{\pi\left(\dfrac{1-\mu_1^2}{E_1}+\dfrac{1-\mu_2^2}{E_2}\right)}}$，数值如表 6-5 所示。

表 6-5　弹性系数 Z_{E}

弹性系数 $E/\mathrm{MPa}^{1/2}$ \ 齿轮材料	配对齿轮材料			
	锻　钢	铸　钢	球墨铸铁	灰口铸铁
	11.8×10⁴	17.3×10⁴	20.2×10⁴	20.6×10⁴
锻钢	162.0	181.4	188.9	189.8
铸钢	161.0	180.5	188	—
球墨铸铁	156.6	173.9	—	—
灰口铸铁	143.7	—	—	—

由于在轮齿啮合过程中，齿廓接触点是不断变化的，因此啮合点处的曲率半径也随着啮合位置而变化。对于直齿圆柱齿轮传动，节点 P 处的接触应力虽不是最大，但该点一般为单对齿啮合，润滑条件最不利，且点蚀一般先在节点附近的表面出现，为简化计算，通常按节点处来计算齿面接触应力，如图 6-9 所示。

节点 P 处齿廓综合曲率半径为

$$\rho_{\Sigma}=\frac{\rho_1\rho_2}{\rho_2\pm\rho_1}=\frac{d_1'\sin\alpha'}{2}\cdot\frac{u}{u\pm1}=\frac{d_1\cos\alpha\sin\alpha'}{2\cos\alpha'}\cdot\frac{u}{u\pm1}$$

式中，α'为啮合角。

接触线总长度 L 与重合度有关，即

$$L=\frac{b}{Z_{\varepsilon}^2}$$

式中：b 为齿宽；Z_{ε}为重合度系数，它是用以考虑因重合度、接触长度的增大而造成的接触应力降低的影响系数，一般取 $Z_{\varepsilon}=0.85\sim0.92$，齿多时，取小值，反之，取大值。

将各参数代入式(6-5)，化简后可得直齿圆柱齿轮的齿面接触疲劳强度校核公式为

$$\sigma_{H}=\sqrt{\frac{2K_{H}T_1}{\phi_{d}d_1^3}\cdot\frac{u\pm1}{u}}Z_{H}Z_{E}Z_{\varepsilon}\leqslant[\sigma_{H}] \tag{6-6}$$

式中：K_{H}为接触疲劳强度计算的载荷系数；ϕ_{d}为齿宽系数，$\phi_{d}=b/d_1$；Z_{H}为区域系数，用于考虑节点处齿廓形状对接触应力的影响，其计算公式为 $Z_{H}=\sqrt{\dfrac{2\cos\alpha'}{\cos^2\alpha\sin\alpha'}}$，可由图 6-10 查得。标准直齿圆柱齿轮无螺旋角，且变位系数为 0，因此 $Z_{H}=2.5$。

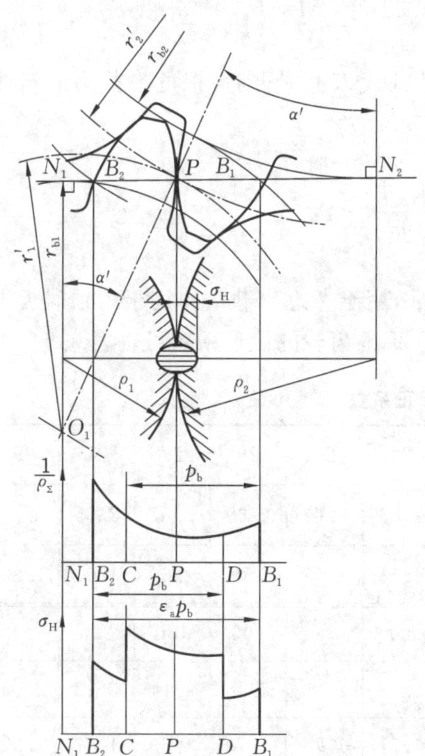

图 6-9 齿面接触应力

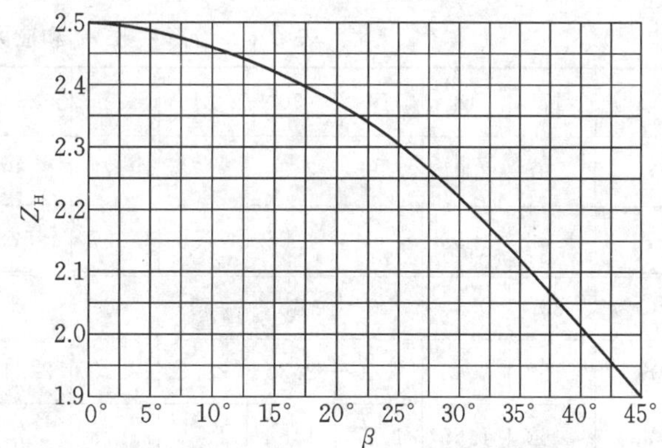

图 6-10 区域系数 Z_{H}($\alpha_n=20°$，无变位)

经变换可得齿面接触疲劳强度设计公式为

$$d_1 \geqslant \sqrt[3]{\frac{2K_H T_1}{\phi_d} \cdot \frac{u \pm 1}{u} \cdot \left(\frac{Z_H Z_E Z_\varepsilon}{[\sigma_H]}\right)^2} \tag{6-7}$$

6.6.2 齿根弯曲疲劳强度计算

直齿圆柱齿轮啮合传动时，两轮齿同时进入啮合同时退出啮合，啮合点的位置不断变化，主动轮是从齿根到齿顶，从动轮是从齿顶到齿根，即力的作用点在变化，且轮齿啮合时也是由单对齿到两对齿再到单对齿的循环变化，即作用于单个齿上的力的大小在变化。所以在齿轮传动中，齿根所受的弯矩最大，齿根部分的弯曲应力是变化的，最大的齿根弯曲应力产生在单对齿啮合区的最高点处。

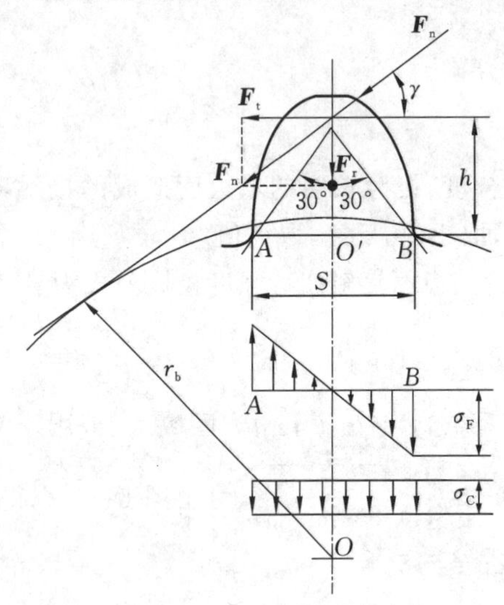

图 6-11 齿根弯曲应力

因此，在计算直齿轮齿根弯曲强度时，按照图 6-11设定力学模型，将轮齿看作宽度为 b 的悬臂梁，假定单对齿啮合，且载荷作用于齿顶，忽略摩擦力和压应力，只考虑弯曲应力，齿根危险截面用 30°切线法确定。

根据此模型，利用材料力学中的悬臂梁求弯曲应力计算公式，则齿根危险截面的弯曲应力为

$$\sigma_F = \frac{M}{W} = \frac{F_n \cos\gamma h}{bs^2/6}$$

引入载荷系数，并将式(6-2)中的法向力 F_{n1} 的表达式代入上式，则齿根危险截面的弯曲应力为

$$\sigma_F = \frac{K_F F_{t1}}{bm} \cdot \frac{6\frac{h}{m}\cos\gamma}{\left(\frac{s}{m}\right)^2 \cos\alpha} = \frac{2K_F T_1}{bm} \cdot Y_{Fa}$$

式中：K_F 为齿根弯曲强度计算的载荷系数；Y_{Fa} 为齿形系数，用于考虑当载荷作用于齿顶时齿形对弯曲应力的影响，与齿数、变位系数有关，与模数无关。标准齿轮的齿形系数可查表 6-6。

表 6-6 齿形系数 Y_{Fa} 和应力修正系数 Y_{sa}

$z(z_v)$	17	18	19	20	21	22	23	24	25	26	27	28	29
Y_{Fa}	2.97	2.91	2.85	2.80	2.76	2.72	2.69	2.65	2.62	2.60	2.57	2.55	2.53
Y_{sa}	1.52	1.53	1.54	1.55	1.56	1.57	1.575	1.58	1.59	1.595	1.60	1.61	1.62
$z(z_v)$	30	35	40	45	50	60	70	80	90	100	150	200	∞
Y_{Fa}	2.52	2.45	2.40	2.35	2.32	2.28	2.24	2.22	2.20	2.18	2.14	2.12	2.06
Y_{sa}	1.63	1.65	1.67	1.68	1.70	1.73	1.75	1.77	1.78	1.79	1.83	1.87	1.97

考虑齿根应力集中和重合度对齿根应力的影响，引入相应的修正系数进行修正，从而得到齿根弯曲疲劳强度校核公式为

$$\sigma_F=\frac{2K_F T_1}{bm}\cdot Y_{Fa}\cdot Y_{sa}\cdot Y_\varepsilon=\frac{2K_F T_1 Y_{Fa} Y_{sa} Y_\varepsilon}{\phi_d m^3 z_1^2}\leqslant[\sigma_F] \tag{6-8}$$

式中：Y_{sa}为应力修正系数，用于考虑齿根危险截面处的过渡曲线所引起的应力集中、弯曲应力以外的其他应力对齿根应力的影响，与齿数、变位系数有关，与模数无关，标准齿轮的应力修正系数可查表6-5；Y_ε为重合度系数，$Y_\varepsilon=0.25+0.75/\varepsilon_\alpha$，其中$\varepsilon_\alpha$为齿轮的重合度，可用下式近似计算

$$\varepsilon_\alpha=\left[1.88-3.2\left(\frac{1}{z_1}\pm\frac{1}{z_2}\right)\right]\cos\beta \tag{6-9}$$

式中，"+"用于外啮合，"−"用于内啮合。

经变换后可得齿根弯曲疲劳强度设计公式为

$$m\geqslant\sqrt[3]{\frac{2K_F T_1 Y_\varepsilon}{\phi_d z_1^2}\cdot\left(\frac{Y_{Fa}Y_{sa}}{[\sigma_F]}\right)} \tag{6-10}$$

6.6.3 齿轮传动强度计算的说明

(1) 在接触疲劳强度计算中，因为配对齿轮的接触应力相等，即$\sigma_{H1}=\sigma_{H2}$，所以只需要选择齿轮副中较弱的那个齿轮来校核就可以了，即在齿面接触疲劳强度计算中，取$[\sigma_H]_1$、$[\sigma_H]_2$中的较小者，代入设计和校核公式中进行计算，即$[\sigma_H]=\min\{[\sigma_H]_1,[\sigma_H]_2\}$。

(2) 在弯曲疲劳强度计算中，式(6-8)和式(6-10)对配对的两个齿轮都是适用的，但σ_F及$[\sigma_F]$数值大小却由于两个齿轮齿数、材料及热处理等因素的不同而各不相同，为了保证齿轮副的弯曲疲劳强度，在设计计算时，应取$\frac{Y_{Fa1}Y_{sa1}}{[\sigma_F]_1}$、$\frac{Y_{Fa2}Y_{sa2}}{[\sigma_F]_2}$中的较大者，即取一对齿轮副中较弱的那个齿轮的数据代入计算。

(3) 在其他参数相同的条件下，影响齿面接触疲劳强度的主要因素是小齿轮直径d_1，d_1越大，齿轮的齿面接触疲劳强度越大；影响齿根弯曲疲劳强度的主要因素是模数m，m越大，齿轮的弯曲疲劳强度越大。

(4) 计算所得的模数应按国家标准选取。对于动力齿轮，其模数宜不小于1.5 mm；对于开式齿轮传动，考虑齿面磨损的影响，可将计算所得的模数值加大5%～15%。

(5) 考虑圆柱齿轮的轴向安装误差和调整，为了保证设计齿宽，一般选择大齿轮齿宽b_2等于设计齿宽b，且取整，为了加工、测量方便，一般取5倍数的整数。小齿轮齿宽b_1略大于大齿轮齿宽b_2，即$b_1=b_2+(5\sim10)$。

(6) 当用设计公式初步计算齿轮的d_1或m时，因为齿轮的圆周速度和齿宽等条件未知，所以K_v、K_α、K_β等无法预先确定，计算过程中一般试取载荷系数K_t（一般在1.2～1.4之间试取一值），则算出来的分度圆直径或模数也是一个试算值d_{t1}或m_t，然后按d_{t1}值计算齿轮的圆周速度v，查取K_v、K_α、K_β，结合使用系数K_A得到计算载荷系数K。若算得的K值与试选的K_t值相差不多，就不必再修改原计算；若二者相差较大，应按下式修正试算所得的分度圆直径d_{t1}或模数m_t，即

$$\begin{cases} d_1 = d_{1t}\sqrt[3]{K/K_t} \\ m = m_t\sqrt[3]{K/K_t} \end{cases} \tag{6-11}$$

6.7 标准斜齿圆柱齿轮传动的强度计算

斜齿圆柱齿轮传动疲劳强度计算公式是它的当量直齿圆柱齿轮传动疲劳强度计算公式,因此公式中使用当量齿轮的参数和尺寸,并考虑到斜齿轮总重合度大、总接触线较长且变化的特点,引入与螺旋角 β 有关的系数。

6.7.1 齿面接触疲劳强度计算

以斜齿圆柱齿轮法向齿廓啮合点处的曲率半径为计算值,由直齿圆柱齿轮接触疲劳强度计算公式,并考虑斜齿圆柱齿轮传动的特点,可推导出斜齿圆柱齿轮传动的齿面接触疲劳强度校核公式和设计公式分别为

$$\sigma_H = \sqrt{\frac{2K_H T_1}{\phi_d d_1^3} \cdot \frac{u \pm 1}{u}} Z_H Z_E Z_\varepsilon Z_\beta \leqslant [\sigma_H] \tag{6-12}$$

$$d_1 \geqslant \sqrt[3]{\frac{2K_H T_1}{\phi_d} \cdot \frac{u \pm 1}{u} \cdot \left(\frac{Z_H Z_E Z_\varepsilon Z_\beta}{[\sigma_H]}\right)^2} \tag{6-13}$$

式中:Z_H为区域系数,可由图 6-10 查得;Z_E为材料弹性系数($MPa^{1/2}$),数值见表 6-5;Z_ε为重合度系数,一般取 $Z_\varepsilon = 0.75 \sim 0.88$,齿多时取小值,齿少时取大值;$Z_\beta$为螺旋角系数,是考虑接触线倾斜有利于提高接触疲劳强度的系数,$Z_\beta = \sqrt{\cos\beta}$;其他参数的含义和取值与直齿圆柱齿轮的相同。

6.7.2 齿根弯曲疲劳强度计算

由于斜齿轮轮齿的接触线是倾斜的,故其失效形式为局部折断。传动时,接触线和危险截面的位置都在不断变化,精确计算轮齿的齿根应力十分困难,只能近似按其当量直齿圆柱齿轮进行计算。

由于当量齿轮啮合时重合度总是大于 1,直齿轮传动中单齿承担全部载荷的假设不成立,所以引入端面重合度参数 ε_α;同时考虑螺旋角对轮齿弯曲疲劳强度的影响,引入螺旋角影响系数 Y_β。参考直齿轮的齿根弯曲疲劳强度校核公式和设计公式,可推导出斜齿圆柱齿轮传动的齿根弯曲疲劳强度校核公式和设计公式分别为

$$\sigma_F = \frac{2K_F T_1 Y_{Fa} Y_{sa} Y_\varepsilon Y_\beta \cos^2\beta}{\phi_d m_n^3 z_1^2} \leqslant [\sigma_F] \tag{6-14}$$

$$m_n \geqslant \sqrt[3]{\frac{2K_F T_1 Y_\varepsilon Y_\beta \cos^2\beta}{\phi_d z_1^2} \cdot \left(\frac{Y_{Fa} Y_{sa}}{[\sigma_F]}\right)} \tag{6-15}$$

式中:Y_{Fa}为齿形系数,按当量齿数 $z_v = z/\cos^3\beta$ 查表 6-6;Y_{sa}为应力修正系数,按当量齿数 $z_v = z/\cos^3\beta$ 查表 6-6;Y_ε为重合度系数,$Y_\varepsilon = 0.25 + 0.75/\varepsilon_\alpha$,其中 ε_α为齿轮的端面重合度,其

计算公式为 $\varepsilon_\alpha \approx \left[1.88-3.2\left(\frac{1}{z_1}\pm\frac{1}{z_2}\right)\right]\cos\beta$；$Y_\beta$ 为螺旋角系数，是考虑到斜齿圆柱齿轮倾斜的接触线对提高弯曲疲劳强度有利的系数，$Y_\beta \approx 1-\varepsilon_\beta \frac{\beta}{120°}$，其中 ε_β 为齿轮的轴向重合度，其计算公式为 $\varepsilon_\beta \approx 0.318\phi_d z_1 \tan\beta$，当 $Y_\beta < 0.75$ 时，取 $Y_\beta = 0.75$；其他参数的含义和取值与直齿圆柱齿轮的相同。

6.8 标准直齿圆锥齿轮传动的强度计算

直齿圆锥齿轮的强度计算原理同圆柱齿轮，但较为复杂，通常是把直齿圆锥齿轮转化为齿宽中点处的一对当量圆柱齿轮进行计算。

6.8.1 齿面接触疲劳强度计算

将直齿圆锥齿轮齿宽中点处的当量圆柱齿轮的几何参数代入直齿圆柱齿轮传动的齿面接触疲劳强度计算公式中，同时考虑到直齿圆锥齿轮的精度较低，取重合度系数 $Z_\varepsilon = 1$，经过适当整理后可得齿面接触疲劳强度校核公式为

$$\sigma_H = \sqrt{\frac{4K_H T_1}{\phi_R(1-0.5\phi_R)^2 d_1^3 u}} Z_H Z_E \leqslant [\sigma_H] \tag{6-16}$$

经变换后可得齿面接触疲劳强度设计公式为

$$d_1 \geqslant \sqrt[3]{\frac{4K_H T_1}{\phi_R(1-0.5\phi_R)^2 u} \cdot \left(\frac{Z_H Z_E}{[\sigma_H]}\right)^2} \tag{6-17}$$

式中：Z_H 为区域系数，可由图 6-10 查得，标准直齿圆锥齿轮无螺旋角且变位系数为 0，因此 $Z_H = 2.5$；Z_E 为材料弹性系数（$MPa^{1/2}$），数值见表 6-5；ϕ_R 为齿宽系数，$\phi_R = b/R$，一般取 $\phi_R = 0.25 \sim 0.35$，最常用的值为 $\phi_R = 1/3$，为了公差测量和圆锥齿轮安装的需要，通常使 $b_1 = b_2 = b$，R 为锥距；其他参数的含义和取值与直齿圆柱齿轮的相同。

6.8.2 齿根弯曲疲劳强度计算

将直齿圆锥齿轮齿宽中点处的当量圆柱齿轮的几何参数代入直齿圆柱齿轮传动的齿根弯曲疲劳强度计算公式中，同时考虑到直齿圆锥齿轮的精度较低，取重合度系数 $Y_\varepsilon = 1$，经过适当整理后可得齿根弯曲疲劳强度校核公式为

$$\sigma_F = \frac{K_F T_1 Y_{Fa} Y_{sa}}{\phi_R(1-0.5\phi_R)^2 m^3 z_1^2 \sqrt{u^2+1}} \leqslant [\sigma_F] \tag{6-18}$$

经变换后可得齿根弯曲疲劳强度设计公式为

$$m \geqslant \sqrt[3]{\frac{K_F T_1}{\phi_R(1-0.5\phi_R)^2 z_1^2 \sqrt{u^2+1}} \cdot \left(\frac{Y_{Fa} Y_{sa}}{[\sigma_F]}\right)} \tag{6-19}$$

式中：Y_{Fa} 为齿形系数，按当量齿数 $z_v = z/\cos\delta$ 查表 6-6；Y_{sa} 为应力修正系数，按当量齿数 $z_v = z/\cos\delta$ 查表 6-6；其他参数的含义和取值与直齿圆柱齿轮的相同。

6.9 齿轮传动的精度、设计参数与许用应力

6.9.1 齿轮的精度

国家标准规定，渐开线圆柱齿轮的精度分为13个等级，其中0级最高，12级最低。常用的精度等级为5～9，最常用的精度等级为7～8级。

齿轮精度的选择应当根据齿轮传动的用途、使用条件、轴系的布置方案、传递的功率、圆周速度、运动精度要求等条件来确定。一般认为：传递功率大、齿轮对称布置、齿轮圆周速度高、传动平稳、噪声小、运动精度高等条件下，应当选择较高的精度等级；反之，可以选择一般或较低的精度等级，以节省成本。

齿轮传动的精度指标分别用三种公差组来表示。

(1) 第Ⅰ公差组：用齿轮一转内的转角误差表示，决定齿轮运动的准确程度。

(2) 第Ⅱ公差组：用齿轮一齿内的转角误差表示，决定齿轮运动的平稳程度。

(3) 第Ⅲ公差组：用啮合区域的形状、位置和大小表示，决定齿轮载荷分布的均匀程度。

选择齿轮精度等级时，应从降低制造成本的角度出发，首先满足主要使用功能，然后兼顾其他要求。例如：仪表中的齿轮传动，以保证运动精度为主；航空动力传输装置中的齿轮传动，以保证平稳性精度为主；轧钢机中的齿轮传动，以保证接触精度为主。同一齿轮的三种精度指标，可以选择同一精度等级。

常用齿轮传动精度等级的选择及应用如表6-7所示。

表6-7　常用齿轮传动精度等级的选择及应用

精度等级	圆周速度 v/(m/s)			应　用
	直齿圆柱齿轮	斜齿圆柱齿轮	直齿圆锥齿轮	
6级	≤15	≤25	≤9	高速重载的齿轮传动，如飞机、汽车和机床中的重要齿轮传动，分度机构中的齿轮传动
7级	≤10	≤17	≤6	高速中载或中速重载的齿轮传动，如标准系列减速器中的齿轮传动、汽车和机床中的齿轮传动
8级	≤5	≤10	≤3	机械制造中对精度无特殊要求的齿轮传动
9级	≤3	≤3.5	≤2.5	低速及对精度要求低的齿轮传动

6.9.2 齿数

在保证接触强度的前提下，增加齿数 z，能增加重合度，可以提高传动的平稳性和减小噪声，使模数减小，降低齿高，减小滑动系数，减少磨损，提高齿轮的抗胶合能力；同时还可减少金属的切削量，节省制造费用。但模数减小后，齿厚随之减小，齿轮的弯曲强度有所下降。

标准齿轮的齿数应不小于17。对于闭式齿轮传动，可取较小的模数和较多的齿数，通常取 $z_1=20\sim40$（软齿面、过载不大时，宜取较大值；硬齿面、过载大时，宜取较小值；对于高速、发生胶合可能性大的齿轮传动，推荐 $z_1\geqslant27$）；对于开式齿轮传动，可取较少的齿数和较大的模数，一般可以取 $z_1\geqslant20$。

小齿轮齿数 z_1 确定后，按传动比确定大齿轮齿数 z_2。z_1、z_2 一般应满足通用齿数系列，且为了使轮齿磨损均匀，应互为质数。

6.9.3 齿宽系数ϕ_d

在保证齿轮接触强度和弯曲强度的前提下，增大齿宽系数，齿轮的轴向尺寸增大，而径向尺寸减小。当对径向尺寸有严格要求时，应选择较大的齿宽系数。但增大齿宽系数，将增大载荷沿接触线分布的不均匀程度，因此齿宽系数应取得适当。齿宽系数可参考表6-8选取。

表6-8 齿宽系数ϕ_d

齿轮相对于轴承的位置	软齿面齿轮	硬齿面齿轮
对称布置	0.8～1.4	0.4～0.9
非对称布置	0.6～1.2	0.3～0.6
悬臂布置	0.3～0.4	0.2～0.25

6.9.4 齿轮的许用应力

齿轮的许用应力是基于试验条件下的疲劳极限，再考虑设计齿轮和试验齿轮及使用环境条件的差别进行修正而得到的。对于一般齿轮传动，齿轮绝对尺寸、齿面粗糙度、圆周速度及润滑方式等对齿轮的疲劳极限影响不大，通常可不予考虑，而只需考虑应力循环次数对疲劳极限的影响。因此，齿轮的许用应力为

$$[\sigma]=\frac{K_N\sigma_{\lim}}{S} \tag{6-20}$$

式中：$\sigma_{\lim}$ 为齿轮的疲劳极限（MPa），可按表6-2查取，但齿轮承受对称循环应力时，应将所得数据乘以0.7；S 为疲劳强度安全系数，按一般可靠度的使用要求，接触疲劳强度最小安全系数$S=S_{\mathrm{Hmin}}=1\sim1.1$，圆柱齿轮弯曲疲劳强度最小安全系数 $S=S_{\mathrm{Fmin}}=1.25\sim1.5$，直齿圆锥齿轮弯曲疲劳强度最小安全系数 $S=S_{\mathrm{Fmin}}\geqslant1.5$；$K_N$ 为寿命系数，当实际齿轮的应力循环次数大于或小于试验齿轮的循环次数N_0时，用于将试验齿轮的疲劳极限折算为实际齿轮的疲劳极限，接触疲劳寿命系数 K_{HN} 查图6-12，弯曲疲劳寿命系数 K_{FN} 查图6-13。

图6-12、图6-13中的应力循环次数 N 的计算方法是：设 n 为齿轮的转速（单位为 r/min），j 为齿轮每转一圈时同一齿面的啮合次数，L_h 为齿轮的工作寿命（单位为 h），则有

$$N=60njL_h \tag{6-21}$$

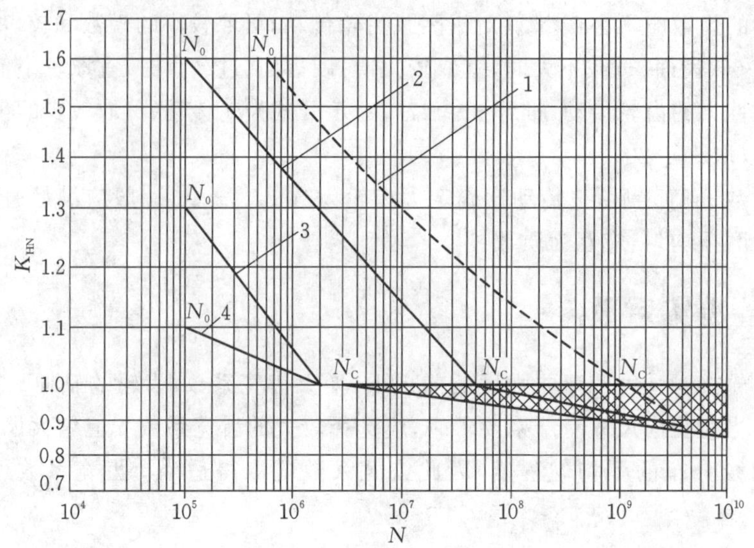

图 6-12　接触疲劳寿命系数 K_{HN}(当 $N>N_c$ 时,可根据经验在网纹区内取值)

1—允许一定点蚀时的结构钢、调质钢、球墨铸铁(珠光体、贝氏体)、珠光体可锻铸铁、渗碳淬火钢;2—结构钢、调质钢、渗碳淬火钢、火焰或感应淬火钢、球墨铸铁、球墨铸铁(珠光体、贝氏体)、珠光体可锻铸铁;3—灰口铸铁、球墨铸铁(铁素体)、渗氮钢、调质钢、渗碳钢;4—氮碳共渗的调质钢、渗碳钢

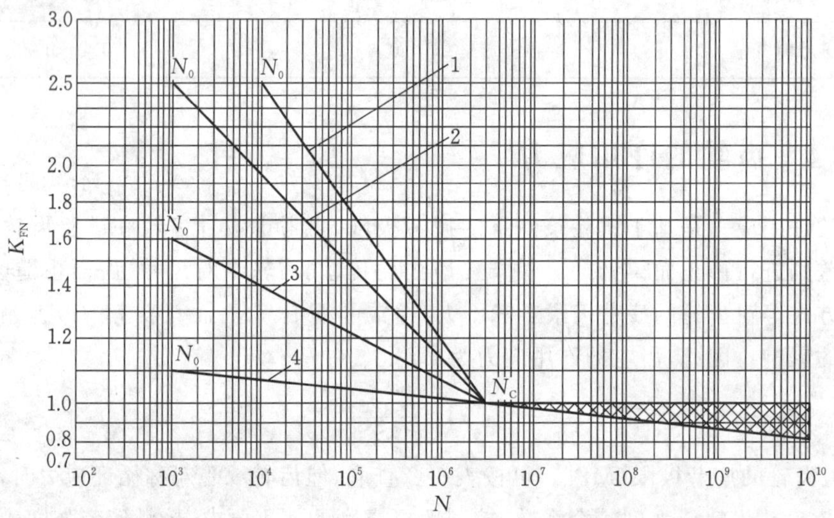

图 6-13　弯曲疲劳寿命系数 K_{FN}(当 $N>N_c$ 时,可根据经验在网纹区内取值)

1—调质钢、球墨铸铁(珠光体、贝氏体)、珠光体可锻铸铁;2—渗碳淬火钢、全齿廓火焰或感应淬火钢、球墨铸铁;3—渗氮钢、球墨铸铁(铁素体)、灰口铸铁、结构钢;4—氮碳共渗的调质钢、渗碳钢

6.10　齿轮的结构设计

前面章节中的齿轮强度计算仅仅确定了满足轮齿强度要求下的齿轮直径、齿宽等参数,而齿圈、轮辐、轮毂等的结构形式及尺寸大小还需由齿轮结构设计确定。

齿轮的结构设计通常是先根据齿轮直径的大小选择合理的结构形式，然后由经验公式确定有关尺寸，最后绘制齿轮零件工作图。齿轮的结构与齿轮的毛坯与直径、材料与热处理、制造工艺、使用条件和经济性等都有关，齿轮的结构形式应在综合考虑上述因素的基础上确定。

按照毛坯制造方法的不同，齿轮可分为锻造齿轮、铸造齿轮、镶圈齿轮和焊接齿轮等类型；按照直径的大小，齿轮可分为齿轮轴、实心式齿轮、腹板式齿轮、轮辐式齿轮、焊接式齿轮和组合式齿轮等。

6.10.1 齿轮轴

对于直径较小的钢制齿轮，当齿根圆直径与轴的直径相差不大时，若把齿轮和轴分开制造，那么齿轮上的键槽底部到齿根圆的距离 e（见图 6-14）就会很小，使得齿轮轮体的强度得不到保证。因此，对于圆柱齿轮，$e<2m_t$（m_t 为端面模数），对于锥齿轮，$e<1.6m$（m 为大端模数），应将齿轮和轴做成一体，即齿轮轴，如图 6-15 所示。如果 e 值超过上述尺寸，则无论是从方便制造的角度还是从节约贵重金属材料的角度来考虑，都应把齿轮和轴分开制造。

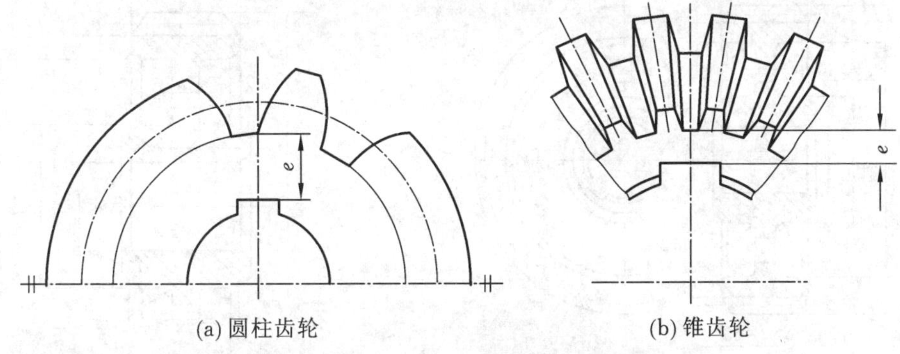

图 6-14 齿轮上的键槽底部到齿根圆的距离 e

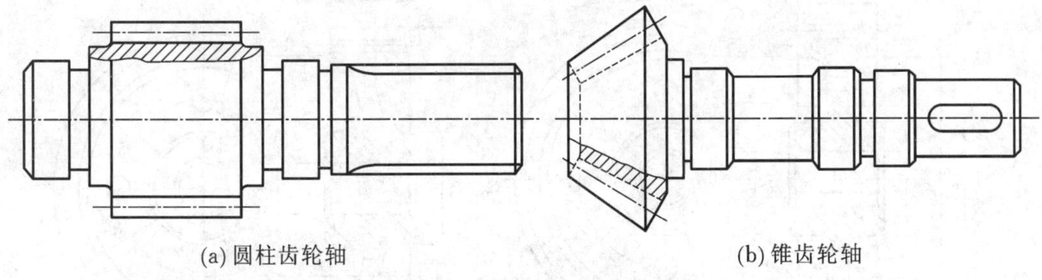

图 6-15 圆柱齿轮轴和锥齿轮轴

齿轮轴尺寸较小，一般可锻造而成。

6.10.2 实心式齿轮

当 e 值较大，不需要做成齿轮轴时，若齿顶圆直径 $d_a \leqslant 200$ mm，则可做成实心式齿轮，如图 6-16 所示。

实心式齿轮尺寸不大，一般锻造而成。

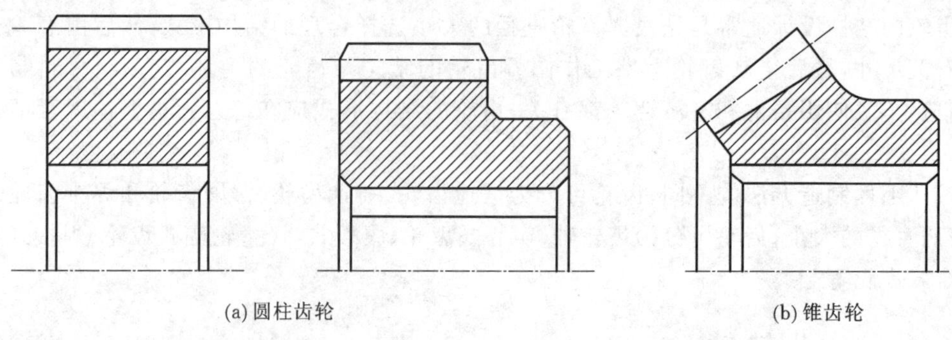

(a) 圆柱齿轮　　(b) 锥齿轮

图 6-16　实心式齿轮

6.10.3　腹板式齿轮

当齿顶圆直径 $d_a \leqslant 500$ mm 时，为减小质量和节省材料，一般做成腹板式齿轮。此类齿轮可采用锻造加工，如图 6-17(a)、图 6-17(b)所示；也可采用铸造加工，如图 6-17(c)、图 6-17(d)所示。

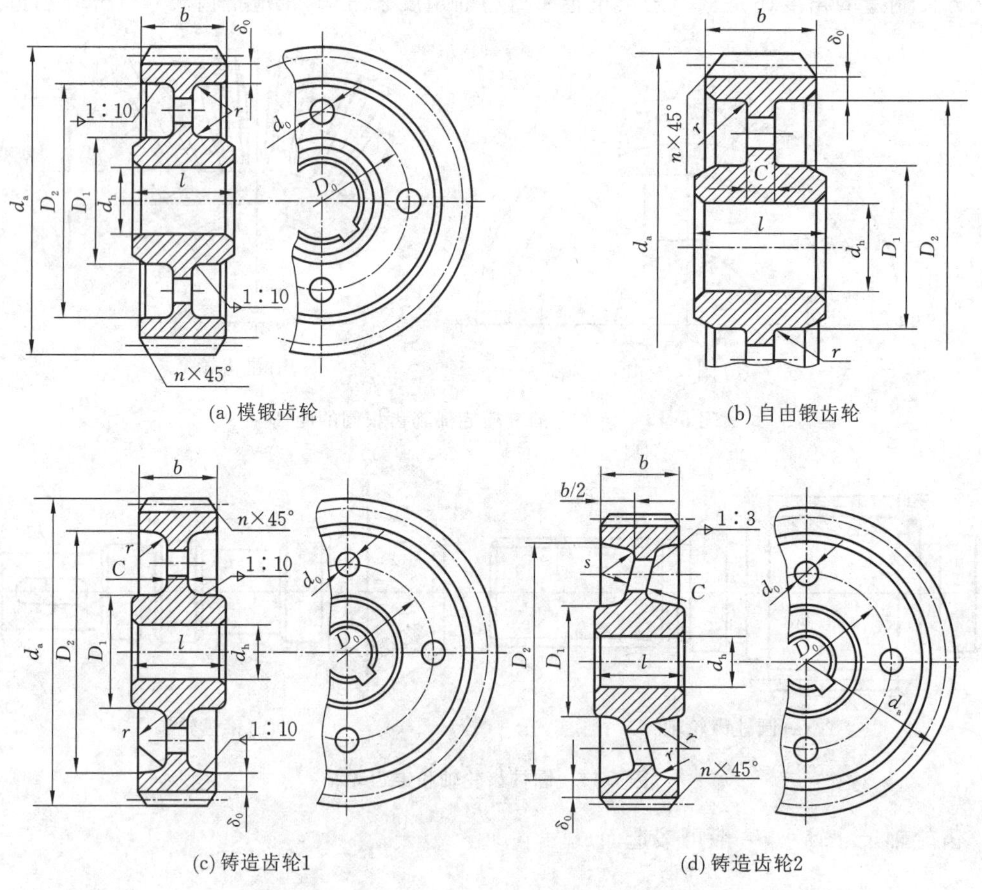

(a) 模锻齿轮　　(b) 自由锻齿轮

(c) 铸造齿轮1　　(d) 铸造齿轮2

图 6-17　腹板式齿轮

$D_1=1.6\,d_h$（锻钢、铸钢），$D_1=1.8\,d_h$（铸铁）；$D_0=0.5(D_1+D_2)$；

$l=(1.2\sim1.5)d_h$，$l\geqslant b$；$d_0=0.25(D_2-D_1)$；$n=0.5m_n$；

$\delta_0=(2.5\sim4)m_n$，不小于 10 mm；$S=r=0.5C$；

$C=(0.2\sim0.3)b$（模锻），$C=0.3b$（自由锻），$C=0.2b$（铸造），C 应不小于 10 mm

6.10.4 轮辐式齿轮

当齿顶圆直径为 400 mm$\leqslant d_a \leqslant$1000 mm 时，为减小质量和节省材料，一般做成轮辐式齿轮，轮辐截面可以为椭圆（用于轻载）、十字形（用于中载）或工字形（用于重载），如图 6-18 所示。此类齿轮可采用锻造或铸造加工。

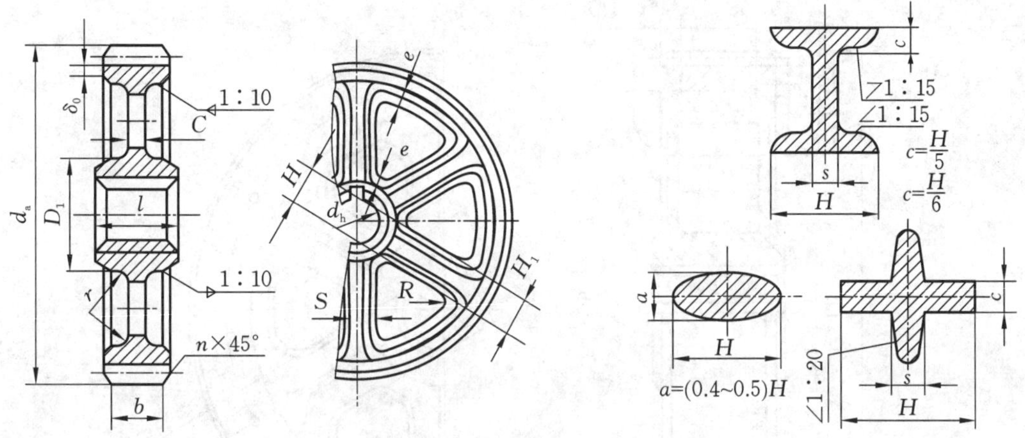

图 6-18 轮辐式齿轮

$D_1=1.6d_h$（锻钢、铸钢），$D_1=1.8d_h$（铸铁）；

$l=(1.2\sim1.5)d_h$，$l\geqslant b$；$n=0.5m_n$；$r=0.5C$；$S=H/6$，不小于 10 mm；

$\delta_0=(2.5\sim4)m_n$，不小于 10 mm；$e=0.8\delta_0$；

$C=(0.2\sim0.3)b$（模锻），$C=0.3b$（自由锻），$C=0.2b$（铸造），C 应不小于 10 mm；

$C=H/5$；$H=0.8d_h$；$H_1=0.8H$

6.10.5 焊接式齿轮

对于单件或小批量生产的齿轮，为缩短加工周期和减少加工费用，可以采用焊接结构，如图 6-19 所示。齿轮坯焊接后要经过回火处理以消除残余内应力，此后方能进行切齿加工。

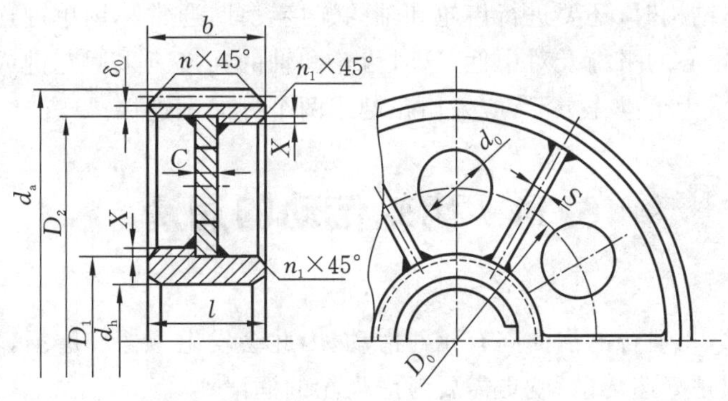

图 6-19 焊接式齿轮

$D_1=1.6d_h$；$D_0=0.5(D_1+D_2)$；$d_0=0.25(D_2-D_1)$；

$l=(1.2\sim1.5)d_h$，$l\geqslant b$；$n=0.5m_n$；$n_1=1\sim3$ mm；$S=0.8C$；$X=5$ mm；

$\delta_0=2.5m_n$，不小于 8 mm；$C=(0.1\sim0.15)b$，应不小于 8 mm

6.10.6 组合式齿轮

对于重型、大尺寸的齿轮，为了使齿轮既能满足强度要求，又能节省贵重金属，可做成组合式齿轮，如图 6-20 所示。齿圈采用性能较好的钢制造，轮芯用铸铁或铸钢制造。整个齿轮装配好后再进行切齿。

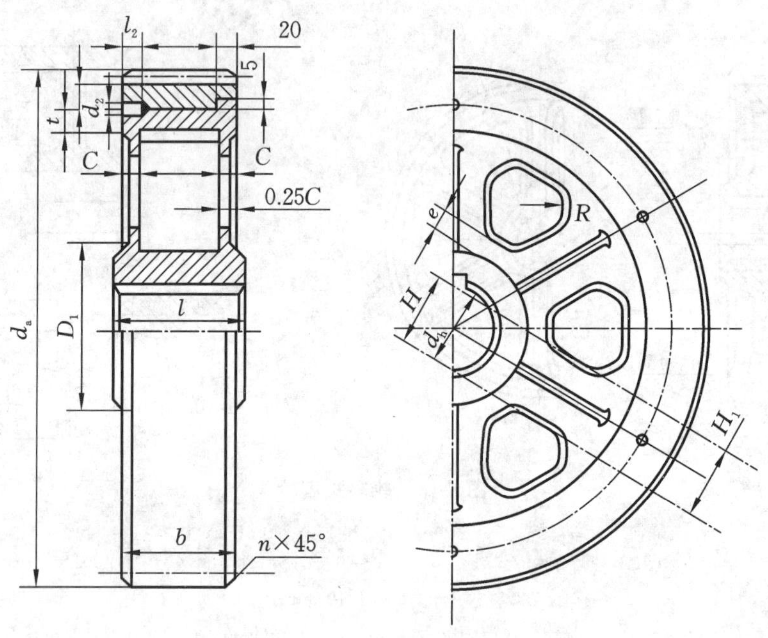

图 6-20 组合式齿轮

$D_1=1.6d_h$(铸钢)，$D_1=1.8d_h$(铸铁)；$d_0=10\sim29$ mm；

$l=(1.2\sim1.5)d_h$，$l\geqslant b$；$n=0.5m_n$；$S=r=0.5C$；$H=0.8d_h$；$H_1=0.8H$；

$\delta_0=4m_n$，不小于 15 mm；$e=0.8\delta_0$；

$C=0.15b$；$d_2=(0.05\sim0.1)d_h$

以上是常用的齿轮结构，根据使用要求，齿轮还可以采用一些特殊结构或特殊材料，以满足特殊要求，具体结构和尺寸可以参考相关设计手册和标准。

设计齿轮轮体结构时，还要进行齿轮和轴的连接设计，通常采用单键连接。但当齿轮转速较高时，要考虑轮心的平衡及对中性，这时齿轮和轴的连接应采用花键或双键连接。对于在轴上滑移的齿轮，为了操作灵活，应采用花键或两个导向键连接。

6.11 齿轮传动的润滑

齿轮在传动时，相啮合的齿面间有相对滑动，因此会发生摩擦和磨损，增加动力消耗，降低传动效率。特别是高速传动，就更需要考虑齿轮的润滑。

轮齿啮合面间加注润滑剂，可以避免金属直接接触，减少摩擦损失，还可以散热及防锈蚀。因此，对齿轮传动进行适当的润滑，可以大大改善轮齿的工作状况，确保齿轮传动运转正常及达到预期的寿命。

开式齿轮传动及半开式齿轮传动，或速度较低的闭式齿轮传动，通常采用人工周期性加油的方式润滑，所用润滑剂为润滑油或润滑脂；通用的闭式齿轮传动，其润滑方式一般根据齿轮的圆周速度大小而定。齿轮传动常用的润滑方式如表 6-9 所示。

表 6-9　齿轮传动常用的润滑方式

齿轮速度 $v/(\mathrm{m/s})$	润滑方式		说　明
<0.8	人工周期性加油(脂)润滑		用于开式齿轮传动及半开式齿轮传动，或速度较低的闭式齿轮传动
$\leqslant 12$	浸油润滑	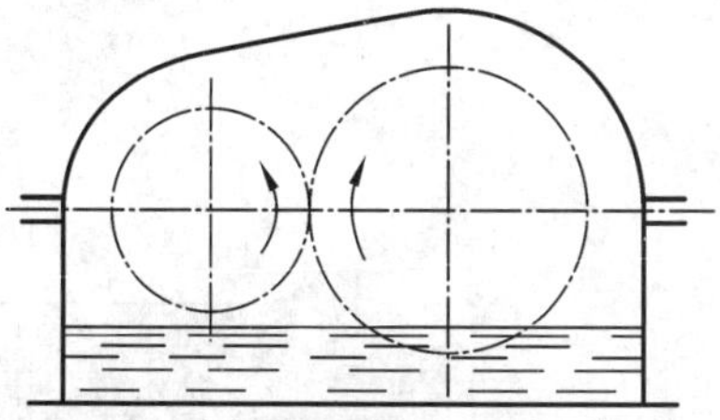 (a) 单级传动 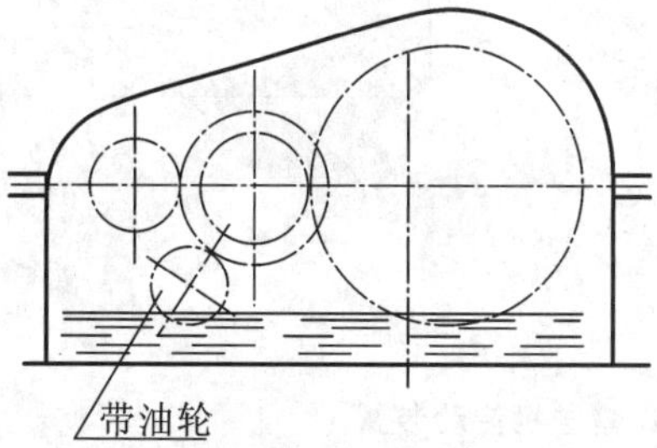 带油轮 (b) 多级传动	单级传动：将大齿轮的轮齿浸入油池中，齿轮在传动时把润滑油带到啮合的齿面上，同时也将油甩到箱壁上，借以散热。 浸油深度：圆柱齿轮为 1～2 个齿高，不低于 10 mm；圆锥齿轮为全齿高。 多级传动：应尽量使各级传动的齿轮的浸油深度相适宜；当低速级齿轮的浸油深度合适而高速级大齿轮未能浸入油中时，可采用带油轮为高速级大齿轮供油。 齿顶圆与油池底部的距离不小于 50 mm
>12	喷油润滑	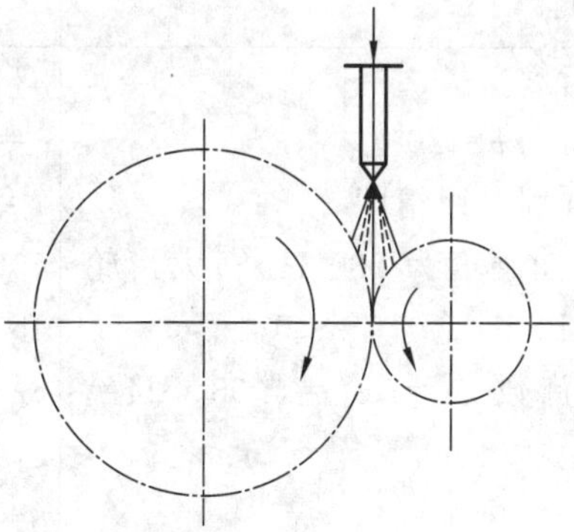	$v\leqslant 25$ m/s 时，喷嘴位于轮齿啮入或啮出一边均可；$v>25$ m/s 时，喷嘴应位于轮齿啮出一边，以便在润滑的同时冷却刚啮合的轮齿
	油雾润滑		一般用于高速轻载、润滑油黏度较低、喷油压力小于 0.6 $\mathrm{N/mm^2}$ 的场合

6.12 设计实例

6.12.1 标准斜齿圆柱齿轮传动设计实例

欲设计一带式输送机传动装置(见图 6-21)中的斜齿圆柱齿轮减速器,已知减速器的输入功率 $P=2.88$ kW,输入转速 $n_1=356$ r/min,输入转矩 $T_1=77.26$ N·m,传动比 $i=4.03$,输送机在常温下两班制单向工作,载荷较平稳,结构尺寸无特殊要求,预期寿命 10 年。

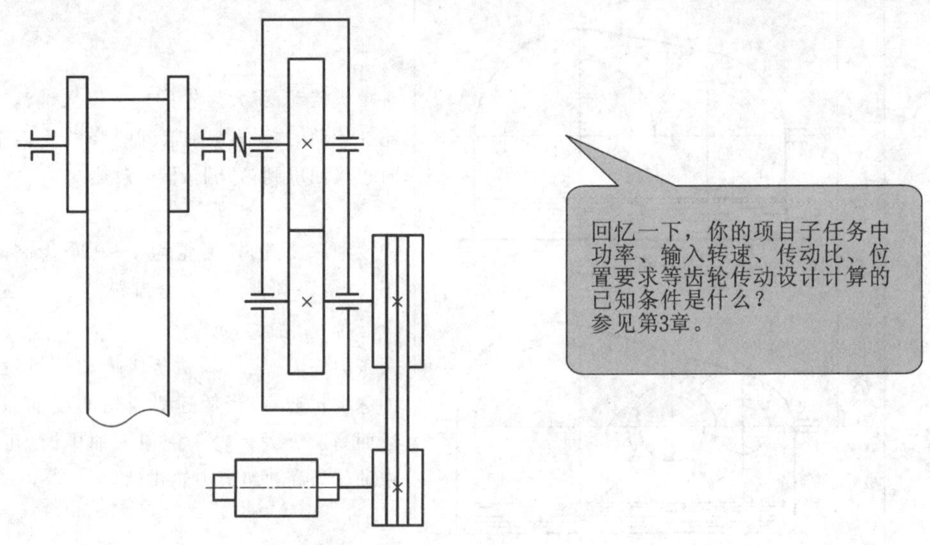

图 6-21 带式输送机传动装置 1

设计步骤如下:

计算项目及说明	结果
1. 选定齿轮类型、精度等级、材料及齿数	斜齿圆柱齿轮
(1) 选用标准斜齿圆柱齿轮传动,压力角 $\alpha=20°$。	$\alpha=20°$
(2) 带式输送机为一般机器,故齿轮选用 7 级精度。	7 级精度
(3) 小齿轮材料选择 40Cr(调质),齿面硬度为 280 HBS;大齿轮材料选择 45 钢(调质),齿面硬度为 240 HBS。	40Cr(调质) 45 钢(调质)
(4) 选择小齿轮齿数 $z_1=24$,大齿轮齿数 $z_2=i\,z_1=4.03\times24=96.72$,取 $z_2=97$。	$z_1=24$ $z_2=97$
(5) 初选螺旋角 $\beta=14°$。	$\beta=14°$
2. 按齿面接触疲劳强度设计	
(1) 由式(6-13)试算小齿轮分度圆直径,即 $d_1\geqslant\sqrt[3]{\dfrac{2K_H T_1}{\phi_d}\cdot\dfrac{u+1}{u}\cdot\left(\dfrac{Z_H Z_E Z_\varepsilon Z_\beta}{[\sigma_H]}\right)^2}$	

计算项目及说明	结　果
① 确定公式中各参数的值。	
A. 试选 $K_{Ht}=1.3$。	$K_{Ht}=1.3$
B. 由表6-8选取齿宽系数$\phi_d=1$。	$\phi_d=1$
C. 由表6-5查得材料的弹性系数 $Z_E=189.8\ MPa^{1/2}$。	$Z_E=189.8\ MPa^{1/2}$
D. 由图6-10查得区域系数 $Z_H=2.433$。	$Z_H=2.433$
E. 取重合度系数 $Z_\varepsilon=0.76$。	$Z_\varepsilon=0.76$
F. 螺旋角系数 $Z_\beta=\sqrt{\cos\beta}=\sqrt{\cos 14^\circ}=0.985$。	$Z_\beta=0.985$
G. 计算接触疲劳强度许用应力$[\sigma_H]$。 由表6-2查得大、小齿轮的接触疲劳极限分别为 $\sigma_{Hlim1}=700$ MPa，$\sigma_{Hlim2}=600$ MPa。 由式(6-21)计算应力循环次数，即	
$N_1=60n_1jL_h=60\times356\times1\times(2\times8\times300\times10)=1.025\times10^9$	$N_1=1.025\times10^9$
$$N_2=\frac{N_1}{i}=\frac{1.025\times10^9}{4.03}=0.254\times10^9$$	$N_2=0.254\times10^9$
由图6-12查得接触疲劳寿命系数 $K_{HN1}=0.95$，$K_{HN2}=1.06$。 按失效概率1%取接触疲劳强度安全系数 $S=1.1$。 由式(6-20)计算得 $$[\sigma_H]_1=\frac{K_{HN1}\sigma_{Hlim1}}{S}=\frac{0.95\times700}{1.1}\ \text{MPa}=604.5\ \text{MPa}$$ $$[\sigma_H]_2=\frac{K_{HN2}\sigma_{Hlim2}}{S}=\frac{1.06\times600}{1.1}\ \text{MPa}=578.2\ \text{MPa}$$	
即 $[\sigma_H]=\min\{[\sigma_H]_1,[\sigma_H]_2\}=[\sigma_H]_2=578.2$ MPa	$[\sigma_H]=578.2$ MPa
② 试算小齿轮分度圆直径。 $$d_{1t}\geqslant\sqrt[3]{\frac{2K_{Ht}T_1}{\phi_d}\cdot\frac{u+1}{u}\cdot\left(\frac{Z_HZ_EZ_\varepsilon Z_\beta}{[\sigma_H]}\right)^2}$$ $$=\sqrt[3]{\frac{2\times1.3\times7.726\times10^4}{1}\times\frac{4.03+1}{4.03}\times\left(\frac{2.433\times189.8\times0.76\times0.985}{578.2}\right)^2}\ \text{mm}$$	
$=44.75$ mm	$d_{1t}=44.75$ mm
(2) 调整小齿轮分度圆直径。 ① 计算实际载荷系数 K_H。 A. 圆周速度 v 为 $$v=\frac{\pi d_{1t}n_1}{60\times1000}=\frac{\pi\times44.75\times356}{60\times1000}\ \text{m/s}=0.83\ \text{m/s}$$ B. 齿宽 b 为 $$b=\phi_d d_{1t}=1\times44.75\ \text{mm}=44.75\ \text{mm}$$ C. 齿轮圆周力 F_{t1} 为 $$F_{t1}=\frac{2T_1}{d_{1t}}=\frac{2\times7.726\times10^4}{44.75}\ \text{N}=3.45\times10^3\ \text{N}$$	

计算项目及说明	结　果
D. 由表 6-3 查得使用系数 $K_A=1.0$。	$K_A=1.0$
E. 根据 $v=0.83$ m/s、7 级精度，由图 6-3 查得动载系数 $K_v=1.05$。	$K_v=1.05$
F. 根据 $K_AF_t/b=1\times3.45\times10^3/44.75$ N/mm$=77.09$ N/mm$<$100 N/mm，由表 6-4 查得齿间载荷分配系数 $K_\alpha=1.4$。	$K_\alpha=1.4$
G. 根据小齿轮对称布置、7 级精度、$\phi_d=1$，由图 6-5 查得齿向载荷分布系数 $K_\beta=1.1$，则实际载荷系数为	$K_\beta=1.1$
$K_H=K_AK_vK_\alpha K_\beta=1\times1.05\times1.4\times1.1=1.617$	$K_H=1.617$
② 由式(6-11)修正分度圆直径，即	
$d_1=d_{1t}\sqrt[3]{K/K_t}=44.75\times\sqrt[3]{1.617/1.3}\ \text{mm}=48.15\ \text{mm}$	$d_1=48.15$ mm
3. 按齿根弯曲疲劳强度设计	
(1) 由式(6-15)试算齿轮模数，即	
$m_n\geqslant\sqrt[3]{\dfrac{2K_FT_1Y_\varepsilon Y_\beta\cos^2\beta}{\phi_dz_1^2}\cdot\left(\dfrac{Y_{Fa}Y_{sa}}{[\sigma_F]}\right)}$	
① 确定公式中各参数的值。	
A. 试选 $K_{Ft}=1.3$。	$K_{Ft}=1.3$
B. 齿轮的端面重合度 ε_α 为	
$\varepsilon_\alpha\approx\left[1.88-3.2\left(\dfrac{1}{z_1}+\dfrac{1}{z_2}\right)\right]\cos\beta=\left[1.88-3.2\times\left(\dfrac{1}{24}+\dfrac{1}{97}\right)\right]\cos14^\circ=1.663$	$\varepsilon_\alpha=1.663$
C. 齿轮的轴向重合度 ε_β 为	
$\varepsilon_\beta\approx0.318\phi_dz_1\tan\beta=0.318\times1\times24\times\tan14^\circ=1.903$	$\varepsilon_\beta=1.903$
D. 重合度系数 Y_ε 为	
$Y_\varepsilon=0.25+0.75/\varepsilon_\alpha=0.25+0.75/1.663=0.701$	$Y_\varepsilon=0.701$
E. 螺旋角系数 Y_β 为	
$Y_\beta\approx1-\varepsilon_\beta\dfrac{\beta}{120^\circ}=1-1.903\times\dfrac{14^\circ}{120^\circ}=0.778$	$Y_\beta=0.778$
F. 由当量齿数 $z_{v1}=z_1/\cos^3\beta=24/\cos^3 14^\circ=26.27$，$z_{v2}=z_2/\cos^3\beta=97/\cos^3 14^\circ=106.18$，查表 6-6 得齿形系数 $Y_{Fa1}=2.590$，$Y_{Fa2}=2.178$。	$Y_{Fa1}=2.590$
G. 查表 6-6 得应力修正系数 $Y_{sa1}=1.596$，$Y_{sa2}=1.792$。	$Y_{Fa2}=2.178$
H. 计算弯曲疲劳强度许用应力 $[\sigma_F]$。	$Y_{sa1}=1.596$
由表 6-2 查得大、小齿轮的弯曲疲劳极限分别为 $\sigma_{Flim1}=600$ MPa，$\sigma_{Flim2}=460$ MPa。	$Y_{sa2}=1.792$
由图 6-13 查得弯曲疲劳寿命系数 $K_{FN1}=0.85$，$K_{FN2}=0.88$。	
按失效概率 1%取接触疲劳强度安全系数 $S=1.4$。	
由式(6-20)计算得	
$[\sigma_F]_1=\dfrac{K_{FN1}\sigma_{Flim1}}{S}=\dfrac{0.85\times600}{1.4}\ \text{MPa}=364.3\ \text{MPa}$	
$[\sigma_F]_2=\dfrac{K_{FN2}\sigma_{Flim2}}{S}=\dfrac{0.88\times460}{1.4}\ \text{MPa}=289.1\ \text{MPa}$	

计算项目及说明	结 果
$\dfrac{Y_{Fa1}Y_{sa1}}{[\sigma_F]_1}=\dfrac{2.59\times1.596}{364.3}=0.0113$ $\dfrac{Y_{Fa2}Y_{sa2}}{[\sigma_F]_2}=\dfrac{2.178\times1.792}{289.1}=0.0135$ 由于大齿轮的该数值较大，所以取 $\dfrac{Y_{Fa}Y_{sa}}{[\sigma_F]}=\dfrac{Y_{Fa2}Y_{sa2}}{[\sigma_F]_2}=0.0135$	$\dfrac{Y_{Fa}Y_{sa}}{[\sigma_F]}=0.0135$
② 试算模数，即 $m_{nt}\geqslant\sqrt[3]{\dfrac{2K_{Ft}T_1Y_\varepsilon Y_\beta\cos^2\beta}{\phi_d z_1^2}\cdot\left(\dfrac{Y_{Fa}Y_{sa}}{[\sigma_F]}\right)}$ $=\sqrt[3]{\dfrac{2\times1.3\times7.726\times10^4\times0.701\times0.778\times\cos^2 14°}{1\times24^2}\times0.0135}$ mm $=1.342$ mm	$m_{nt}=1.342$ mm
(2) 调整模数。 ① 计算实际载荷系数 K_F。 A. 圆周速度 v 为 $d_{1t}=m_{nt}z_1/\cos\beta=1.342\times24/\cos14°\ \text{mm}=33.19\ \text{mm}$ $v=\dfrac{\pi d_{1t}n_1}{60\times1000}=\dfrac{\pi\times33.19\times356}{60\times1000}\ \text{m/s}=0.62\ \text{m/s}$ B. 齿宽 b 为 $b=\phi_d d_{1t}=1\times33.19\ \text{mm}=33.19\ \text{mm}$ C. 齿轮圆周力 F_{t1} 为 $F_{t1}=\dfrac{2T_1}{d_{1t}}=\dfrac{2\times7.726\times10^4}{33.19}\ \text{N}=4.66\times10^3\ \text{N}$	
D. 由表 6-3 查得使用系数 $K_A=1.0$。	$K_A=1.0$
E. 根据 $v=0.62$ m/s、7 级精度，由图 6-3 查得动载系数 $K_v=1.02$。	$K_v=1.02$
F. 根据 $K_AF_t/b=1\times4.66\times10^3/33.19\ \text{N/mm}=140.40\ \text{N/mm}>100\ \text{N/mm}$，由表 6-4 查得齿间载荷分配系数 $K_\alpha=1.2$。	$K_\alpha=1.2$
G. 根据小齿轮对称布置、7 级精度、$\phi_d=1$，由图 6-5 查得齿向载荷分布系数 $K_\beta=1.1$，则实际载荷系数为 $K_F=K_AK_vK_\alpha K_\beta=1\times1.02\times1.2\times1.1=1.346$	$K_\beta=1.1$ $K_F=1.346$
② 由于试取的载荷系数与实际载荷系数相差不大，因此无须修正模数，即 $m_n=m_{nt}=1.342$ mm，按标准系列取 $m_n=2$ mm。	$m_n=2$ mm
4. 对比计算结果，确定主要尺寸 由齿面接触疲劳强度确定小齿轮分度圆直径，即 $d_1=48.13$ mm；由齿根弯曲疲劳强度确定法向模数，即 $m_n=2$ mm。	$d_1=48.13$ mm $m_n=2$ mm
计算齿数，即 $z_1=d_1\cos\beta/m_n=48.13\times\cos14°/2=23.4$，取 $z_1=24$；$z_2=iz_1=4.03\times24=96.72$，取 $z_2=97$。z_1、z_2 互为质数。	$z_1=24$ $z_2=97$
5. 计算几何尺寸 (1) 计算中心距，即	

计算项目及说明	结　　果
$a=\dfrac{(z_1+z_2)m_n}{2\cos\beta}=\dfrac{(24+97)\times 2}{2\times\cos 14°}\text{ mm}=124.70\text{ mm}$	
考虑模数取标准值时已增大，因此将中心距减小，圆整为 125 mm。	$a=125\text{ mm}$
(2) 修正螺旋角，即	
$\beta=\arccos\dfrac{(z_1+z_2)m_n}{2a}=\arccos\dfrac{(24+97)\times 2}{2\times 125}=14.534°$	$\beta=14.534°$
(3) 计算齿轮分度圆直径，即	
$d_1=m_n z_1/\cos\beta=2\times 24/\cos 14.534°\text{ mm}=49.59\text{ mm}$	$d_1=49.59\text{ mm}$
$d_2=m_n z_2/\cos\beta=2\times 97/\cos 14.534°\text{ mm}=200.41\text{ mm}$	$d_2=200.41\text{ mm}$
(4) 计算齿宽，即	
$b=\phi_d d_1=1\times 49.59\text{ mm}=49.59\text{ mm}$	
取 $b_2=50\text{ mm}$，$b_1=55\text{ mm}$。	$b_2=50\text{ mm}$
6. 分析齿轮受力	$b_1=55\text{ mm}$
根据式(6-3)得小齿轮的圆周力为	
$F_{t1}=\dfrac{2T_1}{d_1}=\dfrac{2\times 7.726\times 10^4}{49.59}\text{ N}=3.116\times 10^3\text{ N}$	$F_{t1}=3.116\times 10^3\text{ N}$
径向力为	
$F_{r1}=F_{t1}\tan\alpha_t=\dfrac{F_{t1}\tan\alpha_n}{\cos\beta}=\dfrac{3.116\times 10^3\times\tan 20°}{\cos 14.534°}\text{ N}=1.172\times 10^3\text{ N}$	$F_{r1}=1.172\times 10^3\text{ N}$
轴向力为	
$F_{a1}=F_{t1}\tan\beta=3.116\times 10^3\times\tan 14.534°\text{ N}=0.808\times 10^3\text{ N}$	$F_{a1}=0.808\times 10^3\text{ N}$
大齿轮的圆周力为	
$F_{t2}=-F_{t1}=-3.116\times 10^3\text{ N}$	$F_{t2}=-3.116\times 10^3\text{ N}$
径向力为	
$F_{r2}=-F_{r1}=-1.172\times 10^3\text{ N}$	$F_{r2}=-1.172\times 10^3\text{ N}$
轴向力为	
$F_{a2}=-F_{a1}=-0.808\times 10^3\text{ N}$	$F_{a2}=-0.808\times 10^3\text{ N}$
7. 结构设计	
(1) 小齿轮：齿顶圆直径小于 160 mm，可选用齿轮轴或实心式齿轮，具体根据齿轮所在轴强度设计后确定。	小齿轮：齿轮轴或实心式齿轮
(2) 大齿轮：齿顶圆直径小于 500 mm，可选用腹板式齿轮。	大齿轮：腹板式结构
8. 确定齿轮的润滑方式	
圆周速度为	
$v=\dfrac{\pi d_1 n_1}{60\times 1000}=\dfrac{\pi\times 49.59\times 356}{60\times 1000}\text{ m/s}=0.92\text{ m/s}$	$v=0.92\text{ m/s}$
由表 6-9 查得，可采用浸油润滑。	浸油润滑

(1)标准斜齿圆柱齿轮传动的设计思路和步骤了解清楚了吗？
(2)如果是开式直齿圆柱齿轮传动，有哪些设计参数是不需要的？有哪些设计参数和本实例不一样？
(3)最后的齿轮受力分析部分的结果有何用？
参照例题，请用你自己项目的已知条件计算。

6.12.2 标准直齿圆锥齿轮传动设计实例

根据车间位置的布置需要，现将上一实例中的斜齿圆柱齿轮减速器改为直齿圆锥齿轮减速器(见图 6-22)，请重新设计该减速器。已知减速器的输入功率 $P=2.88$ kW，输入转速 $n_1=356$ r/min，输入转矩 $T_1=77.26$ N·m，传动比 $i=2.3$。输送机在常温下两班制单向工作，载荷较平稳，结构尺寸无特殊要求，预期寿命 10 年。

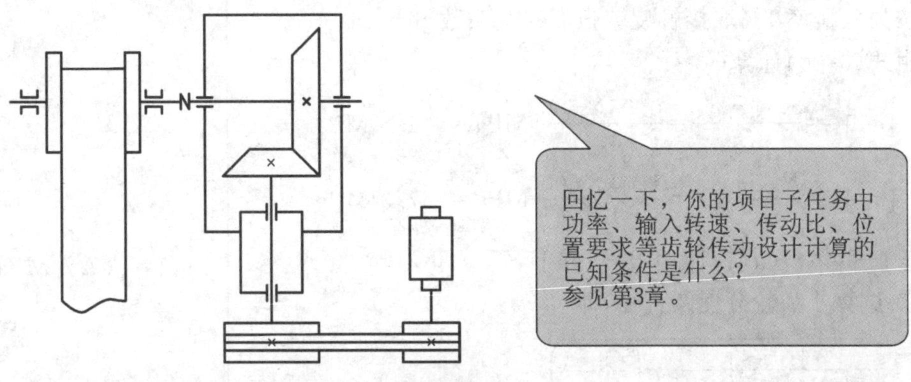

图 6-22 带式输送机传动装置 2

设计步骤如下：

计算项目及说明	结　果
1. 选定齿轮类型、精度等级、材料及齿数	直齿圆锥齿轮
(1) 选用标准直齿圆锥齿轮传动，压力角 $\alpha=20°$。	$\alpha=20°$
(2) 带式输送机为一般机器，故齿轮选用 7 级精度。	7 级精度
(3) 小齿轮材料选择 40Cr(调质)，齿面硬度为 280 HBS；大齿轮材料选择 45 钢(调质)，齿面硬度为 240 HBS。	40Cr(调质) 45 钢(调质)
(4) 选择小齿轮齿数 $z_1=24$，大齿轮齿数 $z_2=i\,z_1=2.3\times 24=55.2$，取 $z_2=55$。	$z_1=24$ $z_2=55$
2. 按齿面接触疲劳强度设计	
(1) 由式(6-17)试算小齿轮分度圆直径，即	
$$d_1\geqslant\sqrt[3]{\frac{4K_H T_1}{\phi_R(1-0.5\phi_R)^2 u}\cdot\left(\frac{Z_H Z_E}{[\sigma_H]}\right)^2}$$	
① 确定公式中各参数的值。	
A. 试选 $K_{Ht}=1.3$。	$K_{Ht}=1.3$
B. 小齿轮悬臂布置，由表 6-8 选取齿宽系数 $\phi_R=0.3$。	$\phi_R=0.3$
C. 由表 6-5 查得材料的弹性系数 $Z_E=189.8\ \text{MPa}^{1/2}$。	$Z_E=189.8\ \text{MPa}^{1/2}$
D. 由图 6-10 查得区域系数 $Z_H=2.5$。	$Z_H=2.5$
E. 计算接触疲劳强度许用应力$[\sigma_H]$。	
由表 6-2 查得大、小齿轮的接触疲劳极限分别为 $\sigma_{Hlim1}=700$ MPa，$\sigma_{Hlim2}=600$ MPa。	

计算项目及说明	结　果
由式(6-21)计算应力循环次数，即	
$N_1=60n_1jL_h=60\times356\times1\times(2\times8\times300\times10)=1.025\times10^9$	$N_1=1.025\times10^9$
$N_2=\dfrac{N_1}{i}=\dfrac{1.025\times10^9}{2.3}=0.446\times10^9$	$N_2=0.446\times10^9$
由图 6-12 查得接触疲劳寿命系数 $K_{HN1}=0.95$，$K_{HN2}=1.04$。	
按失效概率 1%取接触疲劳强度安全系数 $S=1.1$。	
由式(6-20)计算得	
$[\sigma_H]_1=\dfrac{K_{HN1}\sigma_{Hlim1}}{S}=\dfrac{0.95\times700}{1.1}\text{ MPa}=604.5\text{ MPa}$	
$[\sigma_H]_2=\dfrac{K_{HN2}\sigma_{Hlim2}}{S}=\dfrac{1.04\times600}{1.1}\text{ MPa}=567.3\text{ MPa}$	
即 $[\sigma_H]=\min\{[\sigma_H]_1,[\sigma_H]_2\}=[\sigma_H]_2=567.3\text{ MPa}$	$[\sigma_H]=567.3\text{ MPa}$
② 试算小齿轮分度圆直径，即	
$d_{1t}\geqslant\sqrt[3]{\dfrac{4K_{Ht}T_1}{\phi_R(1-0.5\phi_R)^2u}\cdot\left(\dfrac{Z_HZ_E}{[\sigma_H]}\right)^2}$	
$=\sqrt[3]{\dfrac{4\times1.3\times7.726\times10^4}{0.3\times(1-0.5\times0.3)^2\times2.3}\cdot\left(\dfrac{2.5\times189.8}{567.3}\right)^2}\text{ mm}$	
$=82.61\text{ mm}$	$d_{1t}=82.61\text{ mm}$
(2) 调整小齿轮分度圆直径。	
① 计算实际载荷系数 K_H。	
A. 圆周速度 v 为	
$d_{mt1}=d_{t1}(1-0.5\phi_R)=82.61\times(1-0.5\times0.3)\text{ mm}=70.22\text{ mm}$	
$v=\dfrac{\pi d_{mt1}n_1}{60\times1000}=\dfrac{\pi\times70.22\times356}{60\times1000}\text{ m/s}=1.31\text{ m/s}$	
B. 齿宽 b 为	
$b=\dfrac{\phi_Rd_{1t}\sqrt{u^2+1}}{2}=\dfrac{0.3\times82.61\times\sqrt{(55/24)^2+1}}{2}\text{ mm}=30.98\text{ mm}$	
C. 当量齿轮的齿宽系数ϕ_d为	
$\phi_d=b/d_{m1}=30.98/70.22=0.44$	$\phi_d=0.44$
D. 由表 6-3 查得使用系数 $K_A=1.0$。	$K_A=1.0$
E. 根据 $v=1.31$ m/s、8 级精度(圆锥齿轮降一级查表)，由图 6-3 查得动载系数 $K_v=1.08$。	$K_v=1.08$
F. 考虑圆锥齿轮的精度较低，取齿间载荷分配系数 $K_\alpha=1.0$。	$K_\alpha=1.0$
G. 根据小齿轮悬臂、7 级精度、$\phi_d=0.44$，由图 6-5 查得齿向载荷分布系数 $K_\beta=1.24$，则实际载荷系数为	$K_\beta=1.24$
$K_H=K_AK_vK_\alpha K_\beta=1\times1.08\times1.0\times1.24=1.339$	$K_H=1.339$

计算项目及说明	结果
② 由式(6-11)修正分度圆直径,即 $d_1=d_{1t}\sqrt[3]{K/K_t}=82.61\times\sqrt[3]{1.339/1.3}\ \text{mm}=83.43\ \text{mm}$	$d_1=83.43\ \text{mm}$
3. 按齿根弯曲疲劳强度设计 (1) 由式(6-19)试算齿轮模数,即 $$m\geqslant\sqrt[3]{\frac{K_F T_1}{\phi_R(1-0.5\phi_R)^2 z_1^2\sqrt{u^2+1}}\cdot\left(\frac{Y_{Fa}Y_{sa}}{[\sigma_F]}\right)}$$ ① 确定公式中各参数的值。	
A. 试选 $K_{Ft}=1.3$。	$K_{Ft}=1.3$
B. 分锥角为 $\delta_1=\arctan(1/u)=\arctan(24/55)=23.575°$ $\delta_2=90°-\delta_1=90°-23.575°=66.425°$	$\delta_1=23.575°$ $\delta_2=66.425°$
C. 当量齿数为 $z_{v1}=z_1/\cos\delta_1=24/\cos 23.575°=26.19$ $z_{v2}=z_2/\cos\delta_2=55/\cos 66.425°=137.52$	$z_{v1}=26.19$ $z_{v2}=137.52$
D. 查表 6-6 得齿形系数 $Y_{Fa1}=2.585$,$Y_{Fa2}=2.165$。 E. 查表 6-6 得应力修正系数 $Y_{sa1}=1.597$,$Y_{sa2}=1.815$。 F. 计算弯曲疲劳强度许用应力$[\sigma_F]$。 由表 6-2 查得大、小齿轮的弯曲疲劳极限分别为 $\sigma_{Flim1}=600\ \text{MPa}$,$\sigma_{Flim2}=460\ \text{MPa}$。 由图 6-13 查得弯曲疲劳寿命系数 $K_{FN1}=0.85$,$K_{FN2}=0.88$。 按失效概率 1%取接触疲劳强度安全系数 $S=1.6$。 由式(6-20)计算得 $$[\sigma_F]_1=\frac{K_{FN1}\sigma_{Flim1}}{S}=\frac{0.85\times600}{1.6}\ \text{MPa}=318.75\ \text{MPa}$$ $$[\sigma_F]_2=\frac{K_{FN2}\sigma_{Flim2}}{S}=\frac{0.88\times460}{1.6}\ \text{MPa}=253\ \text{MPa}$$ $$\frac{Y_{Fa1}Y_{sa1}}{[\sigma_F]_1}=\frac{2.585\times1.597}{318.75}=0.0130$$ $$\frac{Y_{Fa2}Y_{sa2}}{[\sigma_F]_2}=\frac{2.165\times1.815}{253}=0.0155$$	$Y_{Fa1}=2.585$ $Y_{Fa2}=2.165$ $Y_{sa1}=1.597$ $Y_{sa2}=1.815$
由于大齿轮的该数值较大,所以取 $$\frac{Y_{Fa}Y_{sa}}{[\sigma_F]}=\frac{Y_{Fa2}Y_{sa2}}{[\sigma_F]_2}=0.0155$$	$\frac{Y_{Fa}Y_{sa}}{[\sigma_F]}=0.0155$
② 试算模数,即 $$m_t\geqslant\sqrt[3]{\frac{K_{Ft}T_1}{\phi_R(1-0.5\phi_R)^2 z_1^2\sqrt{u^2+1}}\cdot\left(\frac{Y_{Fa}Y_{sa}}{[\sigma_F]}\right)}$$	

计算项目及说明	结　果
$=\sqrt[3]{\dfrac{1.3\times 7.726\times 10^4}{0.3\times(1-0.5\times 0.3)^2\times 24^2\times\sqrt{(55/24)^2+1}}\times 0.0155}$ mm	
$=1.71$ mm	$m_t=1.71$ mm
(2) 调整模数。	
① 计算实际载荷系数 K_F。	
A. 圆周速度 v 为	
$d_{1t}=m_t z_1=1.71\times 24\ \text{mm}=41.04\ \text{mm}$	
$d_{m1t}=d_{1t}(1-0.5\phi_R)=41.04\times(1-0.5\times 0.3)\ \text{mm}$ $=34.88\ \text{mm}$	
$v_m=\dfrac{\pi d_{m1t}n_1}{60\times 1000}=\dfrac{\pi\times 34.88\times 356}{60\times 1000}=0.65\ \text{m/s}$	
B. 齿宽 b 为	
$b=\dfrac{\phi_R d_{1t}\sqrt{u^2+1}}{2}=\dfrac{0.3\times 41.04\times\sqrt{(55/24)^2+1}}{2}\ \text{mm}$ $=15.39\ \text{mm}$	
C. 当量齿轮的齿宽系数 ϕ_d 为	
$\phi_d=b/d_{m1t}=15.39/34.88=0.44$	$\phi_d=0.44$
D. 由表 6-3 查得使用系数 $K_A=1.0$。	$K_A=1.0$
E. 根据 $v=0.65$ m/s、8 级精度(圆锥齿轮降一级查表),由图 6-3 查得动载系数 $K_v=1.03$。	$K_v=1.03$
F. 考虑圆锥齿轮的精度较低,取齿间载荷分配系数 $K_\alpha=1$。	$K_\alpha=1$
G. 根据小齿轮悬臂、7 级精度、$\phi_d=0.44$,由图 6-5 查得齿向载荷分布系数 $K_\beta=1.26$,则实际载荷系数为	$K_\beta=1.26$
$K_F=K_A K_v K_\alpha K_\beta=1.0\times 1.03\times 1\times 1.26=1.298$	$K_F=1.298$
② 由于试取的载荷系数与实际载荷系数相差不大,因此无须修正模数,即 $m=m_t=1.71$ mm,按标准系列取 $m=2$ mm。	$m=2$ mm
4. 对比计算结果,确定主要尺寸	
由齿面接触疲劳强度确定小齿轮分度圆直径,即 $d_1=83.43$ mm;由齿根弯曲疲劳强度确定法向模数,即 $m_n=2$ mm。	$d_1=83.43$ mm $m_n=2$ mm
计算齿数,即 $z_1=d_1/m_n=83.43/2=41.715$,取 $z_1=41$;$z_2=iz_1=2.3\times 41=94.3$,取 $z_2=94$。z_1、z_2 互为质数。	$z_1=41$ $z_2=94$
5. 计算几何尺寸	
(1) 计算齿轮分度圆直径,即	
$d_1=mz_1=2\times 41\ \text{mm}=82\ \text{mm}$	$d_1=82$ mm
$d_2=mz_2=2\times 94\ \text{mm}=188\ \text{mm}$	$d_2=188$ mm
(2) 计算当量齿轮直径,即	

计算项目及说明	结　果
$d_{m1}=d_1(1-0.5\phi_R)=82\times(1-0.5\times0.3)\ \text{mm}=69.7\ \text{mm}$	$d_{m1}=69.7\ \text{mm}$
(3) 计算分锥角,即	
$\delta_1=\arctan(1/u)=\arctan(41/94)=23.565°=23°33'54''$	$\delta_1=23°33'54''$
$\delta_2=90°-\delta_1=90°-23.565°=66.435°=66°26'6''$	$\delta_2=66°26'6''$
(4) 计算齿宽,即	
$b=\dfrac{\phi_R d_{1t}\sqrt{u^2+1}}{2}=\dfrac{0.3\times82\times\sqrt{(94/41)^2+1}}{2}\ \text{mm}$	
$=30.77\ \text{mm}$	
取 $b_1=b_2=31\ \text{mm}$。	$b_1=b_2=31\ \text{mm}$
6. 分析齿轮受力	
根据式(6-3)得小齿轮的圆周力为	
$F_{t1}=\dfrac{2T_1}{d_{m1}}=\dfrac{2\times7.726\times10^4}{69.7}\ \text{N}=2.217\times10^3\ \text{N}$	$F_{t1}=2.217\times10^3\ \text{N}$
径向力为	
$F_{r1}=F_{t1}\tan\alpha\cos\delta_1=2.217\times10^3\times\tan20°\cos23.565°\ \text{N}$	
$=739.62\ \text{N}$	$F_{r1}=739.62\ \text{N}$
轴向力为	
$F_{a1}=F_{t1}\sin\delta_1=2.217\times10^3\times\sin23.565°\ \text{N}=886.33\ \text{N}$	$F_{a1}=886.33\ \text{N}$
大齿轮的圆周力为	
$F_{t2}=-F_{t1}=-2.217\times10^3\ \text{N}$	$F_{t2}=-2.217\times10^3\ \text{N}$
径向力为	
$F_{r2}=-F_{a1}=-886.33\ \text{N}$	$F_{r2}=-886.33\ \text{N}$
轴向力为	
$F_{a2}=-F_{r1}=-739.62\ \text{N}$	$F_{a2}=-739.62\ \text{N}$
7. 结构设计	
(1) 小齿轮:齿顶圆直径小于 160 mm,可选用齿轮轴或实心式齿轮,具体根据齿轮所在轴强度设计后确定。	小齿轮:齿轮轴或实心式齿轮
(2) 大齿轮:齿顶圆直径小于 500 mm,可选用腹板式齿轮。	大齿轮:腹板式齿轮
8. 确定齿轮的润滑方式	
圆周速度为	
$v=\dfrac{\pi d_{m1}n_1}{60\times1000}=\dfrac{\pi\times69.7\times356}{60\times1000}\ \text{m/s}=1.299\ \text{m/s}$	$v=1.299\ \text{m/s}$
由表 6-9 查得,可采用浸油润滑。	浸油润滑

拓展阅读

(1)标准直齿圆锥齿轮传动的设计思路和步骤了解清楚了吗?
(2)与标准直齿圆柱齿轮传动、标准斜齿圆柱齿轮传动相比，有哪些设计参数是不需要的？有哪些设计参数是不一样的？
(3)最后的齿轮受力分析部分的结果有何用？
参照例题，请用你自己项目的已知条件计算。

本章小结

(1) 齿轮传动有五种主要的失效形式,即轮齿折断、齿面磨损、齿面点蚀、齿面胶合、塑性变形,每种失效形式都有其自身的特点、生成机理,以及预防或减轻损伤的措施。

(2) 介绍相关齿轮材料的力学性能及其热处理特点,按生产实际合理选择齿轮材料和热处理方式。

(3) 载荷系数包括使用系数、动载系数、齿间载荷分配系数和齿向载荷分布系数。一般根据齿轮传动的特点、影响因素及减小其影响的方法,通过相关图、表取值和有关公式进行综合处理。

(4) 齿轮传动所受的力包括三个相互垂直方向上的分力:圆周力、径向力和轴向力(包括力的大小和方向)。直齿圆柱齿轮传动、平行轴斜齿圆柱齿轮传动、相交轴直齿圆锥齿轮传动的受力各有其特点,要区别对待。

(5) 简述标准直齿圆柱齿轮传动的齿面接触疲劳强度计算和齿根弯曲疲劳强度计算的基本理论依据、公式的推导过程,着重分析公式中各个参数和系数的意义及其变化对设计可能造成的影响,使用时要注意相关参数和系数的图、表、公式,以及经验数据的使用和选择方法。平行轴斜齿圆柱齿轮传动和相交轴直齿圆锥齿轮传动,基本上是按照其当量齿轮来近似获得其工作能力的设计或校核结果的。

(6) 介绍齿轮的结构设计、齿轮传动的润滑方式。

(7) 通过标准斜齿圆柱齿轮传动和标准直齿圆锥齿轮传动这两个设计实例,进一步明确齿轮传动的设计思路和步骤。

练习与提高

一、思考分析题

1. 轮齿的失效形式有哪些?闭式齿轮传动和开式齿轮传动的失效形式有什么不同?为什么?

2. 齿轮的精度等级与齿轮的选材及热处理方法有什么关系?

3. 在不改变齿轮的材料和尺寸的情况下,如何提高轮齿的抗折断能力?

4. 为什么齿面点蚀一般首先发生在靠近节线的齿根上?在开式齿轮传动中为什么一般不出现点蚀破坏?如何提高齿面抗点蚀的能力?

5. 在什么工况下工作的齿轮易出现胶合破坏?胶合破坏通常出现在轮齿的什么部位?如何提高齿面抗胶合的能力?

6. 闭式齿轮传动与开式齿轮传动的失效形式和设计准则有何不同?为什么?

7. 通常所说的软齿面与硬齿面的硬度界限是如何划分的?软齿面齿轮和硬齿面齿轮在加工方法上有何区别?为什么?

8. 在进行齿轮强度计算时,为什么要引入载荷系数 K?载荷系数 K 由哪几部分组成?各考虑了什么因素的影响?

9. 导致载荷沿轮齿接触线分布不均匀的原因有哪些?如何减轻载荷分布不均匀的程度?

10. 齿面接触疲劳强度的计算公式是如何建立的?为什么要选择节点作为齿面接触应力的计算点?

11. 标准直齿圆柱齿轮传动，若传动比 i、转矩 T_1、齿宽 b 均保持不变，试问在下列条件下齿轮的弯曲应力与接触应力分别发生什么变化？

(1) 模数 m 不变，齿数 z_1 增加；

(2) 齿数 z_1 不变，模数 m 增大；

(3) 齿数 z_1 增加一倍，模数 m 减小一半。

12. 对于作双向传动的齿轮来说，它的齿面接触应力和齿根弯曲应力各属于什么循环特性？在进行强度计算时应怎样考虑？

13. 对于圆柱齿轮传动，大齿轮和小齿轮的接触应力是否相等？如大、小齿轮的材料及热处理情况相同，则其许用接触应力是否相等？

14. 配对齿轮(软对软，硬对软)齿面有一定的硬度差时，对较软齿面会产生什么影响？

15. 齿轮的设计公式中为什么要引入齿宽系数？齿宽系数的大小主要与哪些因素有关？

16. 在直齿圆柱齿轮传动、斜齿圆柱齿轮传动中，为什么常将小齿轮设计得比大齿轮宽一些？在人字形齿轮传动和锥齿轮传动中是否也应将小齿轮设计得宽一些？

17. 直齿轮传动与斜齿轮传动在确定许用接触应力 $[\sigma_H]$ 时有何区别？

18. 齿轮传动的常用润滑方式有哪些？润滑方式的选择与齿轮圆周速度的大小有何关系？

19. 在图 6-23 中标注各力的符号(齿轮 1 为主动轮)。

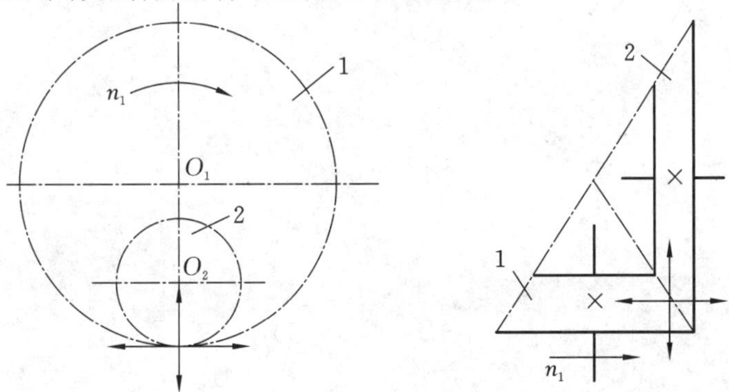

图 6-23 题 19 图

20. 两级展开式齿轮减速器如图 6-24 所示。已知主动轮 1 为左旋，转向如图所示。为使中间轴上的两齿轮所受的轴向力相互抵消一部分，试在图中标出各齿轮的螺旋线方向，并在各齿轮的啮合点处标出齿轮的轴向力 F_a、径向力 F_r 和圆周力 F_t 的方向。

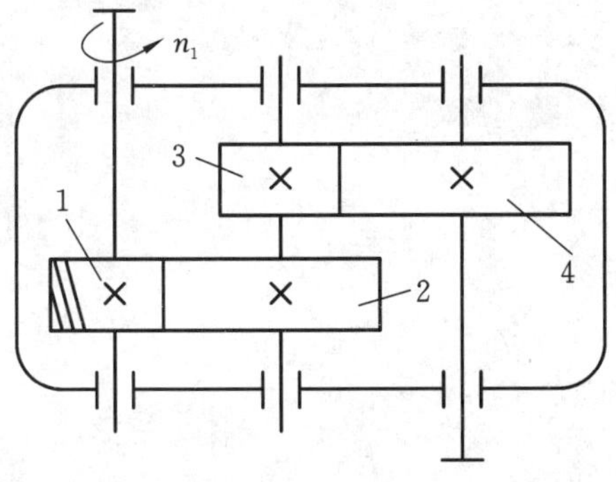

图 6-24 题 20 图

二、综合设计计算题

1. 设计一直齿圆柱齿轮传动,原用材料的许用接触应力为$[\sigma_H]_1=700$ MPa,$[\sigma_H]_2=600$ MPa,求得中心距$a=100$ mm,现改用$[\sigma_H]'_1=600$ MPa、$[\sigma_H]'_2=400$ MPa 的材料。若齿宽和其他条件不变,为保证接触疲劳强度不变,试计算改用材料后的中心距。

2. 直齿圆柱齿轮传动,已知$z_1=20$,$z_2=60$,$m=4$ mm,$B_1=45$ mm,$B_1=40$ mm,齿轮材料为锻钢,许用接触应力$[\sigma_H]_1=500$ MPa,$[\sigma_H]_2=430$ MPa,许用弯曲应力$[\sigma_F]_1=340$ MPa,$[\sigma_F]_2=280$ MPa,弯曲载荷系数$K=1.85$,接触载荷系数$K=1.40$,求大齿轮所允许的输出转矩T_2(不计功率损失)。

3. 设计铣床中的一对直齿圆柱齿轮传动。已知功率$P_1=7.5$ kW,小齿轮主动,转速$n_1=1450$ r/min,齿数$z_1=26$,$z_2=54$,双向传动,工作寿命$L_h=12\ 000$ h。小齿轮相对于轴承非对称布置,轴的刚性较大,工作中受轻微冲击,7 级制造精度。

4. 设计一斜齿圆柱齿轮传动。已知功率$P_1=40$ kW,转速$n_1=2800$ r/min,传动比$i=3.2$,工作寿命$L_h=1000$ h,小齿轮悬臂布置,使用系数$K_A=1.2$。

5. 设计由电动机驱动的闭式锥齿轮传动。已知功率$P_1=9.2$ kW,转速$n_1=970$ r/min,传动比$i=3$,小齿轮悬臂布置,单向转动,载荷平稳,每日工作 8 h,工作寿命为 5 年(每年 250 个工作日)。

第 7 章
蜗杆传动

知识技能目标

了解蜗杆的特点、类型和主要参数，了解蜗杆传动的失效形式以及蜗杆、蜗轮的常用材料和热处理方法，掌握普通圆柱蜗杆传动的受力分析及其设计思路和步骤，了解蜗杆传动的效率计算方法和常用的润滑方式，了解蜗杆、蜗轮的结构形式和特点，能够根据实际项目需求正确、合理地设计蜗杆传动。

项目子任务分解

结合项目Ⅲ，如图 7-1 所示，根据项目任务计算传递功率、蜗杆转速，分配传动比后设计其中的蜗杆传动。

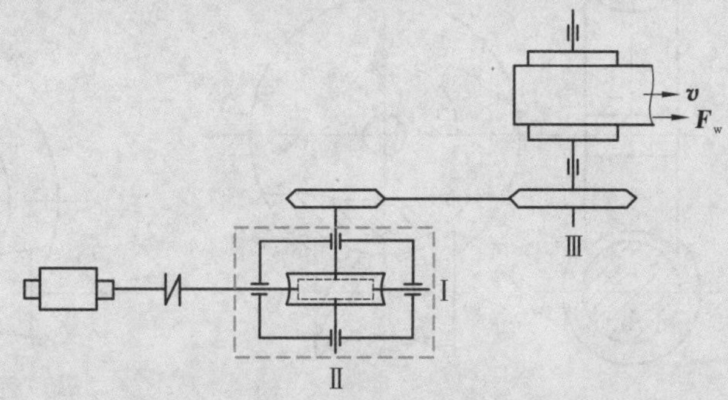

图 7-1　斗式提升机传动装置简图(虚线框内为蜗杆传动)

子任务实施建议

(1) 根据项目实际工况和传动要求，选择合适的蜗杆、蜗轮类型、材料、热处理方法，按设计思路和步骤确定符合强度要求的蜗杆、蜗轮参数，如齿数(头数)、模数、蜗杆直径系数、分度圆直径、螺旋角等，确定蜗杆、蜗轮的具体结构。

(2) 对蜗杆、蜗轮进行受力分析，明确啮合点处的圆周力、径向力、轴向力的大小和方向，为后面轴、轴承的设计计算做好准备。

理论解读

7.1 蜗杆传动的类型和特点

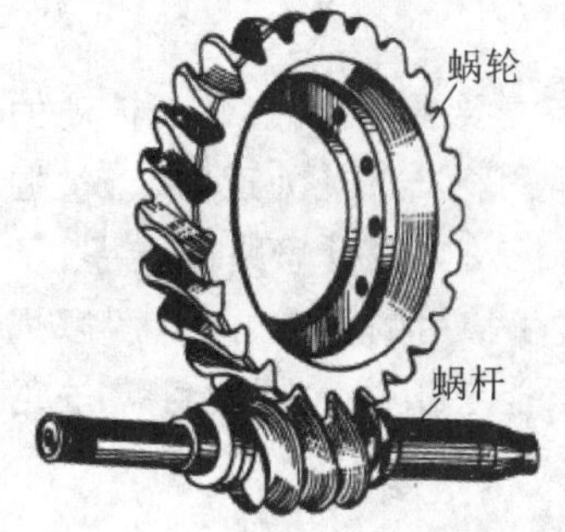

图 7-2 圆柱蜗杆传动

蜗轮蜗杆机构是用来传递空间交错轴之间运动和动力的一种装置，如图 7-2 所示。蜗杆呈细长状，其轮齿沿轴向形成完整的螺旋，有左、右旋和单、多头之分；蜗轮与斜齿圆柱齿轮比较像；蜗杆和蜗轮的轴线在空间交错，通常交角为 90°。

按照蜗杆的外观形状，蜗杆传动可以分为：①圆柱蜗杆传动，如图 7-2 所示；②环面蜗杆传动，如图 7-3 所示；③锥蜗杆传动，如图 7-4 所示。

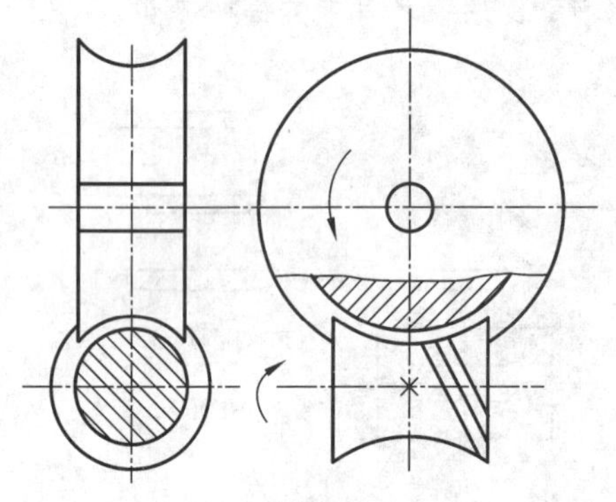
图 7-3 环面蜗杆传动

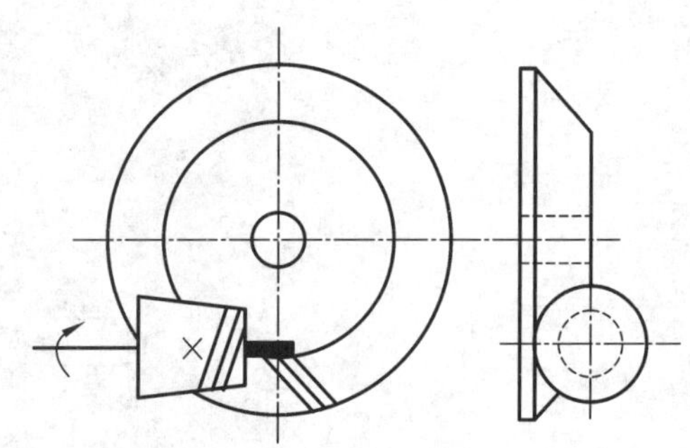
图 7-4 锥蜗杆传动

工作中，通常由蜗杆带动蜗轮，用作减速器。因蜗杆的端面齿数(也称头数)很少，所以蜗杆传动的传动比大(在动力传动中，一般传动比为 5～80；在分度机构中，传动比可达 10 000)，结构紧凑，传动平稳，当蜗杆的螺旋线升角小于啮合面的当量摩擦角时，蜗杆传动便具有自锁功能。蜗杆传动的主要缺点是效率较低(当蜗杆传动具有自锁功能时，效率仅为 0.4 左右)，摩擦发热大，不宜长期连续工作。

7.1.1 普通圆柱蜗杆传动

普通圆柱蜗杆传动应用最广，其齿面一般由车刀车削而成。根据加工时刀具安装的相对位置和刀刃形状，蜗杆可以分为以下 3 种。

1. 阿基米德蜗杆(ZA **蜗杆**)

车刀具有直线刀刃，刀具齿形角为 20°，且车刀顶面通过蜗杆的轴线，如图 7-5 所示，这种蜗杆的端面齿廓为阿基米德螺旋线。阿基米德蜗杆磨削困难，当导程角较大时加工不便，一般用于低速、轻载或不太重要的传动。

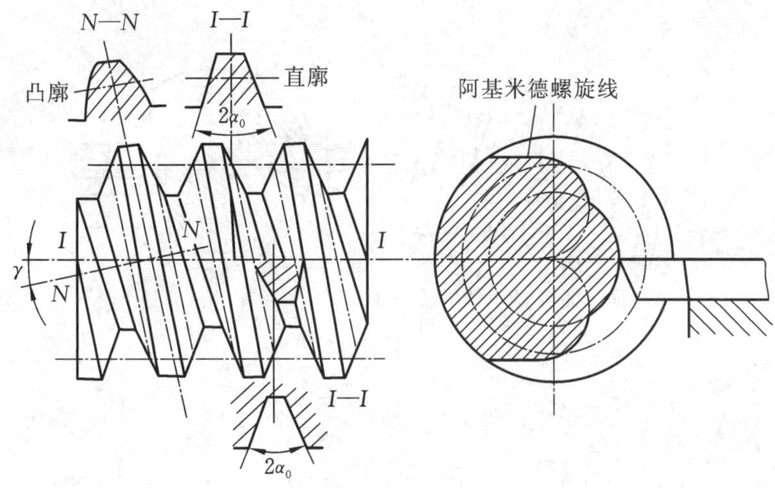

图 7-5　阿基米德蜗杆

2. 法向直廓蜗杆(ZN 蜗杆)

车刀刀刃仍为直线,刀具齿形角仍为 20°,但车刀顶面与蜗杆轴线有一倾角,如图 7-6 所示。这种蜗杆的端面齿廓为延伸渐开线,其磨削也困难,常用于多头、精密的传动。

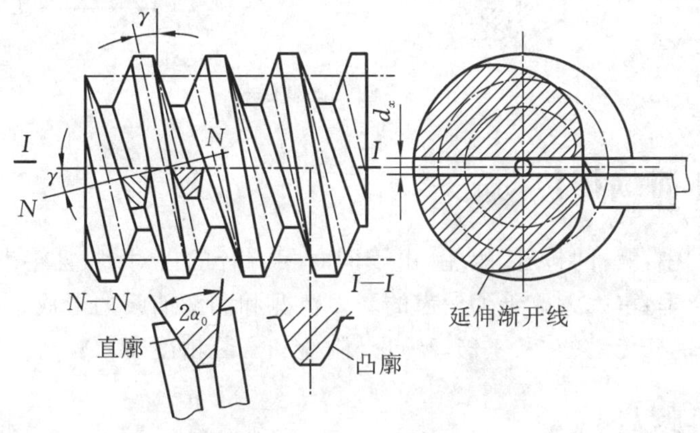

图 7-6　法向直廓蜗杆

3. 渐开线蜗杆(ZI 蜗杆)

车刀刀刃也为直线,刀具齿形角也为 20°,但车刀顶面与基圆柱相切(可切于轴线上方,也可切于轴线下方,或两把车刀分别切于轴线的上、下方),如图 7-7 所示。这种蜗杆的端面齿廓为渐开线,它相当于一个齿数少(齿数等于蜗杆头数)、螺旋角大的渐开线圆柱斜齿轮,可以在专用机床上磨削,一般用于蜗杆头数较多、转速较高和精密的传动。

4. 圆弧圆柱蜗杆(ZC 蜗杆)

圆弧圆柱蜗杆是用切削刃为圆弧的刀具切制的,其加工方法与 ZA 蜗杆的相同。在通过蜗杆轴线并垂直于蜗轮轴线的平面内,蜗杆齿廓为凹弧形,蜗轮齿廓为凸弧形,如图 7-8 所示。圆弧圆柱蜗杆传动是一种凹凸弧齿廓相啮合的传动,两齿廓为线接触,这种传动的主要特点是承载能力强、使用寿命长、传动效率高,一般可达 90%以上。

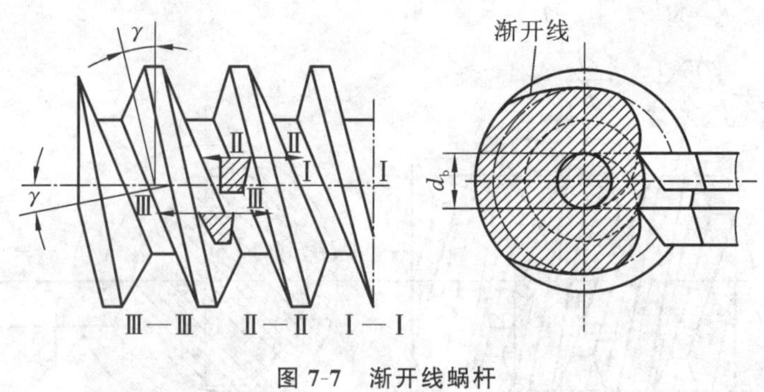

图 7-7　渐开线蜗杆

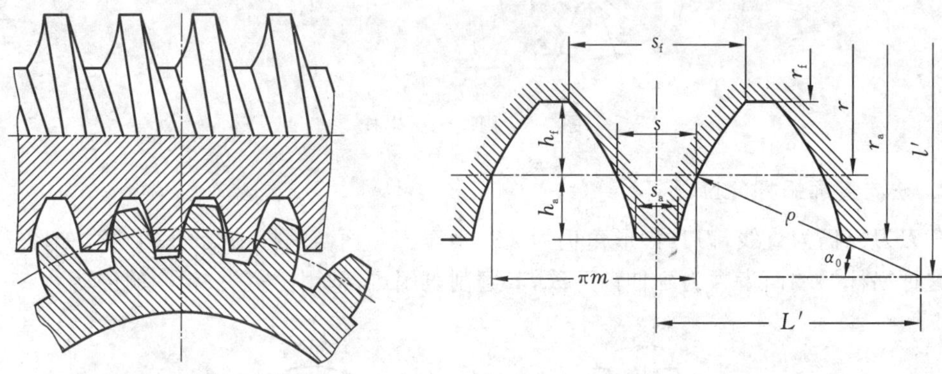

图 7-8　圆弧圆柱蜗杆

7.1.2　环面蜗杆传动

环面蜗杆传动中，蜗杆“包着”蜗轮，由于同时相啮合的齿对多，且轮齿的接触线与蜗杆齿运动的方向近似垂直，大大改善了轮齿的受力情况和润滑油膜的形成条件，因而承载能力较强，为阿基米德蜗杆传动的 2～4 倍，缺点是制造和安装精度要求较高。

7.1.3　锥蜗杆传动

锥蜗杆传动的特点是同时接触的点数多，重合度大，承载能力强，但由于传动具有不对称性，因此正、反转时受力不同，不适合用于需要正、反转的场合。

7.2　普通圆柱蜗杆传动的主要参数及几何尺寸计算

圆柱蜗杆传动中，通过蜗杆轴线并垂直于蜗轮轴线的平面称为中间平面或主平面。在该平面内，蜗轮与蜗杆的啮合传动相当于齿条与齿轮的啮合传动，如图 7-9 所示，所以设计蜗杆传动时，均以此平面内的参数和尺寸为基准，如模数、压力角、齿顶圆、分度圆等。蜗轮和蜗杆各部分的尺寸可参照齿轮齿条传动来计算。

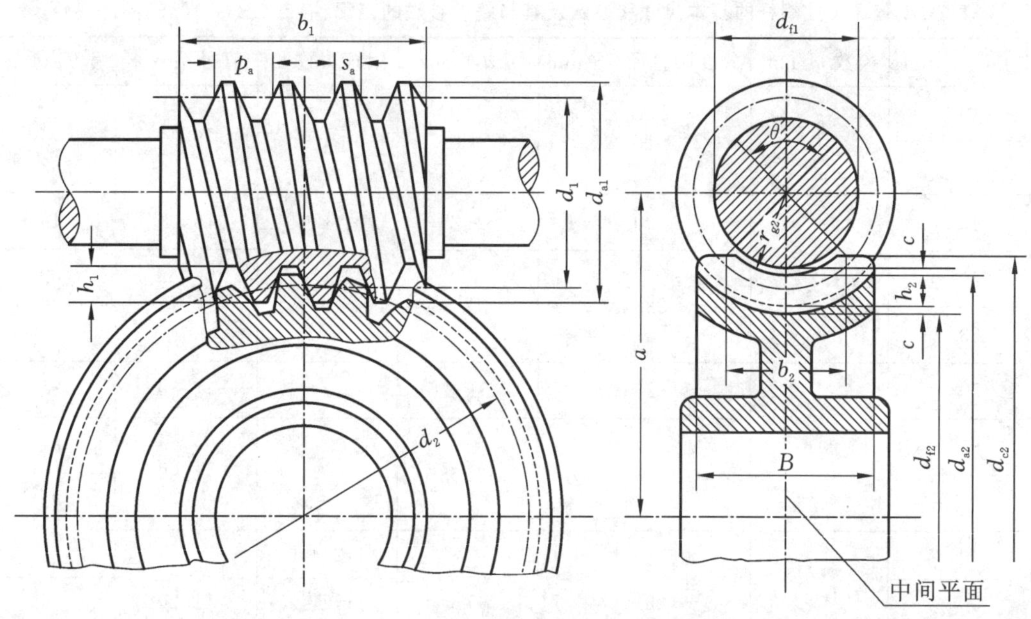

图 7-9 普通圆柱蜗杆传动

7.2.1 普通圆柱蜗杆传动的主要参数及其选择

普通圆柱蜗杆传动的主要参数有模数 m、压力角 α、蜗杆头数 z_1、蜗轮齿数 z_2 及蜗杆的直径 d_1 等。进行蜗杆传动的设计时，首先要正确地选择参数。

1. 模数 m、压力角 α

蜗杆和蜗轮啮合时，在中间平面内，因蜗杆与蜗轮的啮合相当于齿条与齿轮的啮合，所以蜗杆的轴向模数 m_{a1}、轴向压力角 α_{a1} 应与蜗轮的端面模数 m_{t2}、端面压力角 α_{t2} 分别相等，即

$$\begin{cases} m_{a1}=m_{t2}=m \\ \alpha_{a1}=\alpha_{t2}=\alpha \end{cases} \tag{7-1}$$

ZA 蜗杆的轴向压力角 α_a 为标准值，ZN 蜗杆、ZI 蜗杆的法向压力角 α_n 为标准值(20°)，蜗杆轴向压力角与法向压力角的关系为

$$\tan\alpha_a=\frac{\tan\alpha_n}{\cos\gamma} \tag{7-2}$$

式中，γ 为导程角。

2. 蜗杆的分度圆直径 d_1

蜗轮滚刀应和与其配对的蜗杆尺寸相同，以确保蜗杆与配对的蜗轮正确啮合。为了限制蜗轮滚刀的数目以及便于滚刀的标准化，对每一个标准模数规定了一定数量的蜗杆分度圆直径 d_1，而把比值

$$q=\frac{d_1}{m} \tag{7-3}$$

称为蜗杆的直径系数。d_1 与 q 已经标准化，它们与标准模数 m 的匹配如表 7-1 所示。如果采用非标准滚刀或飞刀切制蜗轮，d_1 和 q 的值可以不受标准限制。

表 7-1 普通圆柱蜗杆的基本尺寸和参数及其与蜗轮参数的匹配(摘自 GB/T 10085—2018)

中心距 a/mm	模数 m/mm	分度圆直径 d_1/mm	m^2d_1/mm³	蜗杆头数 z_1	直径系数 q	蜗轮齿数 z_2
40	1	18	18	1	18.00	62
50						82
40	1.25	20	31.25	1	16.00	49
50		22.4	35		17.92	62
63						82
50	1.6	20	51.2	1,2,4	12.50	51
63		28	71.68	1	17.50	61
80						82
40	2	22.4	89.6	1,2,4,6	11.20	29
50				1,2,4		39
63				1,2,4		51
80		35.5	142	1	17.75	62
100						82
50	2.5	28	175	1,2,4,6	11.20	29
63				1,2,4		39
80				1,2,4		53
100		45	281.25	1	18.00	62
63	3.15	35.5	352.25	1,2,4,6	11.27	29
80				1,2,4		39
100				1,2,4		53
125		56	555.66	1	17.778	62
80	4	40	640	1,2,4,6	10.00	31
100				1,2,4		41
125				1,2,4		51
160		71	1136	1	17.75	62
100	5	50	1250	1,2,4,6	10.00	31
125				1,2,4		41
160				1,2,4		53
180				1,2,4		61
200		90	2250	1	18.00	62

续表

中心距 a/mm	模数 m/mm	分度圆直径 d_1/mm	m^2d_1/mm^3	蜗杆头数 z_1	直径系数 q	蜗轮齿数 z_2
125	6.3	63	2500.47	1,2,4,6	10.00	31
160				1,2,4		41
180				1,2,4		48
200				1,2,4		53
250		112	4445.28	1	17.778	61
160	8	80	5120	1,2,4,6	10	31
200				1,2,4		41
225				1,2,4		47
250				1,2,4		52

3. 蜗杆头数 z_1

蜗杆头数 z_1，即蜗杆端面上的齿数，可根据要求的传动比和效率来选定。同样尺寸的情况下，蜗杆的头数少，会使机构的传动比增大，效率降低；反之，蜗杆的头数多，会使机构的传动比减小，效率提高。如果要提高效率，应增加蜗杆的头数，但蜗杆头数过多会给加工带来困难，通常蜗杆头数取 1、2、4、6。

4. 导程角 γ

蜗杆直径系数 q 和蜗杆头数 z_1 选定之后，蜗杆分度圆柱上的导程角也就确定了。由图 7-10 可知

$$\tan\gamma=\frac{p_z}{\pi d_1}=\frac{zp_a}{\pi d_1}=\frac{z_1m}{d_1}=\frac{z_1}{q} \tag{7-4}$$

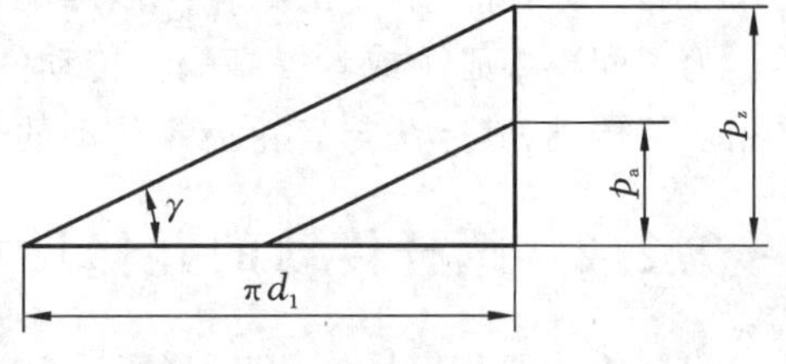

图 7-10　导程角与导程的关系

式中，p_a 是蜗杆的轴向齿距。

5. 传动比 i 和齿数比 u

传动比为

$$i=\frac{n_1}{n_2}$$

式中，n_1，n_2 分别为蜗杆和蜗轮的转速(r/min)。

齿数比为

$$u=\frac{z_2}{z_1}$$

式中，z_2 为蜗轮齿数。

蜗杆传动中，一般蜗杆为主动件，此时有

$$i=\frac{n_1}{n_2}=\frac{z_2}{z_1}=u \tag{7-5}$$

6. 蜗轮齿数 z_2

蜗轮齿数 z_2 主要根据传动比来确定。传递动力时，为增加传动的平稳性，应使蜗轮齿

数 z_2 大于 28。z_2 越大，蜗轮尺寸越大，相啮合的蜗杆支承间距越长，这样会降低蜗杆的弯曲刚度，影响正常的啮合。因此，对于动力传动，z_2 一般不大于 80。z_1、z_2 的推荐值如表 7-2 所示（具体选择时应考虑表 7-1 中的匹配关系）。当设计非标准传动或分度传动时，z_2 的选择可不受限制。

表 7-2　蜗杆头数 z_1 和蜗轮齿数 z_2 的推荐值

$i=\frac{z_2}{z_1}$	z_1	z_2
≈5	6	29～31
7～15	4	29～61
14～30	2	29～61
29～82	1	29～82

7. 蜗杆传动的标准中心距 a

蜗杆传动的标准中心距为

$$a=\frac{1}{2}(d_1+d_2)=\frac{m}{2}(q+z_2) \tag{7-6}$$

普通圆柱蜗杆传动的基本尺寸和参数列于表 7-1 中，设计普通圆柱蜗杆减速装置时，在按接触强度或弯曲强度确定了中心距 a 或 m^2d_1 后，一般按表 7-1 中的数据确定蜗杆与蜗轮的尺寸和参数，并按表中的数据予以匹配。

为了配凑中心距或者提高蜗杆传动的承载能力及传动效率，可以将蜗轮蜗杆进行变位，采用变位传动，其方法与齿轮齿条传动的变位方法类似。

7.2.2　蜗杆传动的几何尺寸计算

蜗杆传动的几何尺寸及其计算公式参见图 7-9 及表 7-3、表 7-4。表 7-3 所示为普通圆柱蜗杆传动基本几何尺寸的计算公式，表 7-4 所示为蜗轮宽度 B、顶圆直径 d_{a2} 及蜗杆齿宽 b_1 的计算公式。

表 7-3　普通圆柱蜗杆传动基本几何尺寸的计算公式

名　称	代　号	计算公式
中心距	a	$a=\frac{1}{2}(d_1+d_2)=\frac{m}{2}(q+z_2)$
蜗杆头数	z_1	参照表 7-1 选取
蜗轮齿数	z_2	参照表 7-1 选取
齿形角	α	$\alpha_a=20°$ 或 $\alpha_n=20°$
模数	m	参照表 7-1 选取
蜗杆直径系数	q	参照表 7-1 选取，$q=\frac{d_1}{m}$
蜗杆轴向齿距	p_a	$p_a=\pi m$
蜗杆导程	p_z	$p_z=\pi m z_1$

续表

名　称	代　号	计 算 公 式
蜗杆分度圆直径	d_1	$d_1=mq$
蜗杆齿顶圆直径	d_{a1}	$d_{a1}=d_1+2h_{a1}=d_1+2h_a^* m$
蜗杆齿根圆直径	d_{f1}	$d_{f1}=d_1-2h_{f1}=d_1-2(h_a^* m+c)$
顶隙	c	$c=c^* m$
渐开线蜗杆基圆直径	d_{b1}	$d_{b1}=\frac{d_1\tan\gamma}{\tan\gamma_b}=\frac{mz_1}{\tan\gamma_b}$
蜗杆齿顶高	h_{a1}	$h_{a1}=h_a^* m$
蜗杆齿根高	h_{f1}	$h_{f1}=(h_a^*+c^*)m$
蜗杆齿高	h_1	$h_1=h_{a1}+h_{f1}=\frac{1}{2}(d_{a1}-d_{f1})=2h_a^* m+c$
蜗杆导程角	γ	$\tan\gamma=\frac{mz_1}{d_1}=\frac{z_1}{q}$
渐开线蜗杆基圆导程角	γ_b	$\cos\gamma_b=\cos\gamma\cdot\cos\alpha_n$
蜗杆齿宽	b_1	参照表 7-4 选取
蜗轮分度圆直径	d_2	$d_2=mz_2$
蜗轮喉圆直径	d_{a2}	$d_{a2}=d_2+2h_{a2}=d_2+2h_a^* m$
蜗轮齿根圆直径	d_{f2}	$d_{f2}=d_1-2h_{f2}$
蜗轮齿顶高	h_{a2}	$h_{a2}=mh_a^*=\frac{1}{2}(d_{a2}-d_2)$
蜗轮齿根高	h_{f2}	$h_{f2}=m(h_a^*+c^*)=\frac{1}{2}(d_2-d_{f2})$
蜗轮齿高	h_2	$h_2=h_{a2}+h_{f2}=\frac{1}{2}(d_{a2}-d_{f2})$
蜗轮咽喉母圆半径	r_{g2}	$r_{g2}=a-\frac{1}{2}d_{a2}$
蜗轮齿宽	b_2	由设计确定
蜗轮齿宽角	θ	$\theta=\arcsin\left(\frac{b_2}{d_1}\right)$
蜗杆节圆直径	d_1'	$d_1'=d_1$
蜗轮节圆直径	d_2'	$d_2'=d_2$

表 7-4 蜗轮宽度 B、顶圆直径 d_{a2} 及蜗杆齿宽 b_1 的计算公式

z_1	B	d_{a2}	b_1	
1	$\leqslant 0.75d_{a1}$	$\leqslant d_{a2}+2m$	$\geqslant(11+0.06z_2)m$	经磨削的蜗杆，b_1 值还需要增大如下值：当 $m<10$ mm 时，增大 25 mm；当 $m=10\sim16$ mm 时，增大 35～40 mm；当 $m>16$ mm 时，增大 50 mm
2		$\leqslant d_{a2}+1.5m$		
4	$\leqslant 0.67d_{a1}$	$\leqslant d_{a2}+m$	$\geqslant(12.5+0.09z_2)m$	

7.3 普通圆柱蜗杆传动承载能力计算

7.3.1 蜗杆传动的失效形式、设计准则及常用材料

由于材料和结构上的原因，蜗杆螺旋齿部分的强度总是高于蜗轮轮齿的强度，失效经常发生在蜗轮轮齿上，因此一般只对蜗轮轮齿进行承载能力计算。由于蜗杆与蜗轮齿面间有较大的相对滑动，所以齿面产生胶合和磨损失效的可能性较大，尤其在润滑不良等条件下，齿面胶合的可能性更大，因此蜗轮的主要失效形式是点蚀、胶合和磨损。

闭式蜗杆传动中，蜗杆副多因齿面点蚀或胶合而失效。因此，通常按齿面接触疲劳强度进行设计，而按齿根弯曲疲劳强度进行校核。此外，由于闭式传动散热较为困难，所以还应进行热平衡核算。开式蜗杆传动中多发生齿面磨损和轮齿折断，因此应以保证齿根弯曲疲劳强度作为开式蜗杆传动的主要设计准则。

由上述蜗杆传动的失效形式可知，蜗杆、蜗轮的材料不仅要求具有足够的强度，同时还要具有良好的磨合和耐磨性能。对于闭式蜗杆传动材料的选择，还要注意材料的抗胶合性能，并满足强度条件。

蜗杆一般用碳素钢或合金钢制成。高速重载蜗杆常用 15Cr 或 20Cr，并经渗碳淬火处理，也可用 40 钢、45 钢或 40Cr，并经淬火处理，这样可以提高表面硬度，增加耐磨性。通常要求蜗杆淬火后的硬度为 40～55 HRC，经氮化处理后的硬度为 55～62 HRC。一般不太重要的低速中载的蜗杆，可采用 40 钢、45 钢，并经调质处理，其硬度为 220～300 HBS。

常用的蜗轮材料为铸造锡青铜（ZCuSn10P1、ZCuSn5Pb5Zn5）、铸造铝铁青铜(ZCuAl10Fe3)及灰口铸铁(HT150、HT200)等。铸造锡青铜的耐磨性最好，但价格较高，用于滑动速度 $v_s \geqslant 3$ m/s 的重要传动；铸造铝铁青铜的耐磨性较铸造锡青铜的差一些，但价格较便宜，一般用于滑动速度 $v_s \leqslant 4$ m/s 的传动；当滑动速度不高($v_s < 2$ m/s)，对效率要求也不高时，可采用灰口铸铁。为了防止变形，常对蜗轮进行时效处理。

7.3.2 蜗杆传动的受力分析

蜗杆传动的受力分析和斜齿圆柱齿轮传动的受力分析相似。在进行蜗杆传动的受力分析时，通常忽略摩擦力的影响。

图 7-11 所示是以右旋蜗杆为主动件并沿图示方向旋转时蜗杆螺旋面上的受力情况。设 $\boldsymbol{F}_n$ 为集中作用于节点 P 处的法向载荷，它作用于法向截面 $Pabc$ 内，如图 7-11(a)所示。$\boldsymbol{F}_n$ 可

分解为三个互相垂直的分力，即圆周力 $\boldsymbol{F}_t$、径向力 $\boldsymbol{F}_r$ 和轴向力 $\boldsymbol{F}_a$。显然，在蜗杆与蜗轮间相互作用着 $\boldsymbol{F}_{t1}$ 与 $\boldsymbol{F}_{a2}$、$\boldsymbol{F}_{r1}$ 与 $\boldsymbol{F}_{r2}$、$\boldsymbol{F}_{a1}$ 与 $\boldsymbol{F}_{t2}$ 这三对大小相等、方向相反的力，如图 7-11(c)所示。

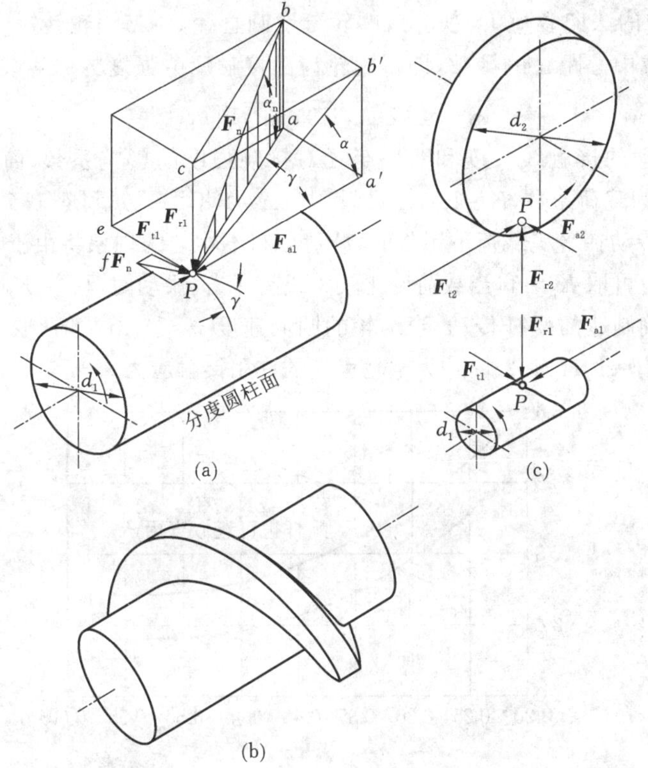

图 7-11 蜗杆传动的受力分析

当不计摩擦力的影响时，各力的大小按下列公式计算，即

$$F_{t1}=F_{a2}=\frac{2T_1}{d_1} \tag{7-7}$$

$$F_{a1}=F_{t2}=\frac{2T_2}{d_2} \tag{7-8}$$

$$F_{r1}=F_{r2}=F_{t2}\cdot\tan\alpha \tag{7-9}$$

$$F_n=\frac{F_{a1}}{\cos\alpha_n\cos\gamma}=\frac{F_{t2}}{\cos\alpha_n\cos\gamma}=\frac{2T_2}{d_2\cos\alpha_n\cos\gamma} \tag{7-10}$$

式中：T_1，T_2 分别为蜗杆及蜗轮上的公称转矩(N·mm)；d_1，d_2 分别为蜗杆及蜗轮的分度圆直径(mm)。

7.3.3 蜗杆传动的强度计算

1. 蜗轮齿面接触疲劳强度计算

蜗轮齿面接触疲劳强度计算的原始公式仍来源于赫兹公式。接触应力(单位为 MPa)为

$$\sigma_H=\sqrt{\frac{KF_n}{L_0\rho_\Sigma}}\cdot Z_E \tag{7-11}$$

式中：F_n 为啮合齿面上的法向载荷(N)；L_0 为接触线总长(mm)；K 为载荷系数；Z_E 为材料

的弹性影响系数($\sqrt{\text{MPa}}$),当青铜或铸铁蜗轮与钢蜗杆配对时,取 $Z_E=160\ \sqrt{\text{MPa}}$;$\rho_\Sigma$ 为综合曲率半径(mm)。

将式(7-11)中的法向载荷 F_n 换算成蜗轮分度圆直径 d_2 与蜗轮转矩 T_2 的关系式,再将 d_2、L_0、ρ_Σ 等换算成中心距 a 的函数,即得蜗轮齿面接触疲劳强度的验算公式,即

$$\sigma_H=Z_E Z_\rho\sqrt{KT_2/a^3}\leqslant[\sigma_H] \tag{7-12}$$

式中:Z_ρ 为蜗杆传动的接触线长度和曲率半径对接触强度的影响系数,简称接触系数,可从图 7-12中查得;K 为载荷系数,$K=K_A K_\beta K_v$,其中 K_A 为使用系数,可查表 7-5,K_β 为齿向载荷分布系数,当蜗杆传动在平稳载荷下工作时,载荷分布不均匀的现象将由于工作表面良好的磨合而得到改善,此时可取 $K_\beta=1$,当载荷变化较大或有冲击、振动时,可取 $K_\beta=1.3\sim1.6$,K_v 为动载系数,对于精确制造的蜗杆传动,当蜗轮的圆周速度 $v_2\leqslant3$ m/s 时,取 $K_v=1.0\sim1.1$,当 $v_2>3$ m/s 时,取 $K_v=1.1\sim1.2$;$[\sigma_H]$为蜗轮齿面的许用接触应力。

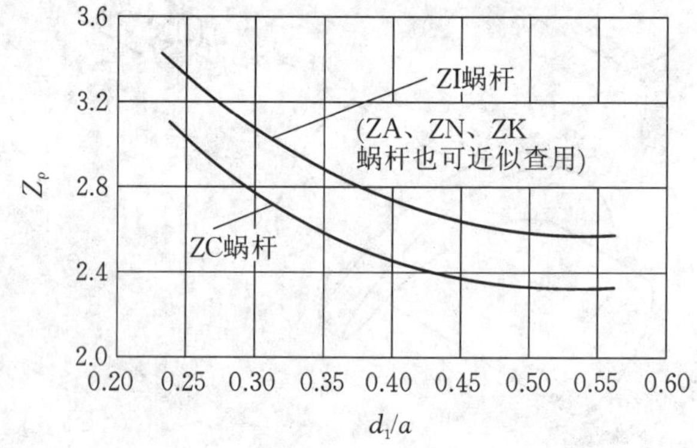

图 7-12 普通圆柱蜗杆传动的接触系数

表 7-5 使用系数 K_A

工作类型	Ⅰ	Ⅱ	Ⅲ
载荷性质	均匀、无冲击	不均匀、小冲击	不均匀、大冲击
每小时启动次数	<25	25~50	>50
启动载荷	小	较大	大
K_A	1	1.15	1.2

当蜗轮材料为灰口铸铁或高强度青铜($\sigma_B>300$ MPa)时,蜗杆传动的承载能力主要取决于齿面胶合强度。但因目前尚无完善的胶合强度计算公式,故采用接触强度计算,这是一种条件性计算,在查取蜗轮齿面的许用接触应力时,要考虑相对滑动速度的大小。由于胶合不属于疲劳失效,$[\sigma_H]$的值与应力循环次数 N 无关,因而可直接从表 7-6 中查出许用接触应力$[\sigma_H]$的值。

若蜗轮材料为强度极限 $\sigma_B<300$ MPa 的锡青铜,因蜗轮主要为接触疲劳失效,故应先从表 7-7中查出蜗轮的基本许用接触应力$[\sigma_H]'$,再按$[\sigma_H]=K_{HN}\cdot[\sigma_H]'$计算出许用接触应力的值,这里的 K_{HN}为接触强度的寿命系数,$K_{HN}=\sqrt[8]{\dfrac{10^7}{N}}$,其中应力循环次数 $N=60jn_2L_h$,n_2 为蜗轮转速,单位为 r/min,L_h 为工作寿命,单位为 h,j 为蜗轮每旋转一周每个轮齿啮合的次数。

表 7-6 灰口铸铁及铸造铝铁青铜蜗轮的许用接触应力$[\sigma_H]$ 单位:MPa

材料		滑动速度 v_s/(m/s)						
蜗杆	蜗轮	<0.25	0.25	0.5	1	2	3	4
20 或 20Cr 渗碳、淬火,45 钢淬火,齿面硬度大于 45 HRC	灰口铸铁 HT150	206	166	150	127	95	—	—
	灰口铸铁 HT200	250	202	182	154	115	—	—
	铸造铝铁青铜 ZCuAl10Fe3	—	—	250	230	210	180	160
45 钢或 Q235	灰口铸铁 HT150	172	139	125	106	79	—	—
	灰口铸铁 HT200	208	168	152	128	96	—	—

表 7-7 铸造锡青铜蜗轮的基本许用接触应力$[\sigma_H]'$ 单位:MPa

蜗轮材料	铸造方法	蜗杆螺旋面的硬度	
		≤45 HRC	>45 HRC
铸造锡磷青铜 ZCuSn10P1	砂模铸造	150	180
	金属模铸造	220	268
铸造锡锌铅青铜 ZCuSn5Pb5Zn5	砂模铸造	113	135
	金属模铸造	128	140

注:铸造锡青铜的基本许用接触应力为应力循环次数 $N=10^7$ 时的值,当 $N\neq10^7$ 时,需将表中数值乘以寿命系数 K_{HN}。当 $N>25\times10^7$ 时,取 $N=25\times10^7$;当 $N<2.6\times10^5$ 时,取 $N=2.6\times10^5$。

由式(7-12)可得按蜗轮接触疲劳强度条件设计计算的公式为

$$a\geqslant\sqrt[3]{KT_2\left(\frac{Z_E Z_\rho}{[\sigma_H]}\right)^2} \tag{7-13}$$

根据式(7-13)算出蜗杆传动的中心距 a 后,可根据预定的传动比 i 从表 7-1 中选择一合适的 a 值,以及相应的蜗杆、蜗轮的参数。

2. 蜗轮齿根弯曲疲劳强度计算

由于蜗轮轮齿的齿形比较复杂,要精确计算齿根的弯曲应力是比较困难的,所以常用的齿根弯曲疲劳强度计算方法就带有很大的条件性。通常是把蜗轮近似地当作斜齿圆柱齿轮来考虑,则蜗轮齿根的弯曲应力为

$$\sigma_F=\frac{KF_{t2}}{\overset{\frown}{b_2}m_n}Y_{Fa2}\cdot Y_{Sa2}\cdot Y_\varepsilon\cdot Y_\beta=\frac{2KT_2}{\overset{\frown}{b_2}d_2m_n}Y_{Fa2}\cdot Y_{Sa2}\cdot Y_\varepsilon\cdot Y_\beta$$

式中:$\overset{\frown}{b_2}$为蜗轮轮齿弧长,$\overset{\frown}{b_2}=\frac{\pi d_1\theta}{360^\circ\cos\gamma}$,其中 θ 为齿宽角(参见图 7-9),按表 7-3 中的公式计算;m_n 为法向模数,$m_n=m\cos\gamma$;Y_{Sa2} 为齿根应力校正系数,放在$[\sigma_F]$中考虑;Y_ε 为弯曲疲劳强度的重合度系数,取 $Y_\varepsilon=0.667$;Y_β 为螺旋角影响系数,$Y_\beta=1-\frac{\gamma}{140^\circ}$。

将以上参数代入上式得

$$\sigma_F=\frac{1.53KT_2}{d_1d_2m}Y_{Fa2}\cdot Y_\beta\leqslant[\sigma_F] \tag{7-14}$$

式中:Y_{Fa2} 为蜗轮的齿形系数,可由蜗轮的当量齿数 $z_{v2}=z_2/\cos^3\gamma$ 及蜗轮的变位系数 x_2 从

图 7-13 中查得；$[\sigma_F]$为蜗轮的许用弯曲应力，$[\sigma_F]=[\sigma_F]'\cdot K_{FN}$，其中$[\sigma_F]'$为计入齿根应力校正系数 Y_{Sa2} 后蜗轮的基本许用弯曲应力，根据表 7-8 选取，K_{FN} 为寿命系数，$K_{FN}=\sqrt[9]{\dfrac{10^6}{N}}$，其中应力循环次数 N 的计算方法同前。

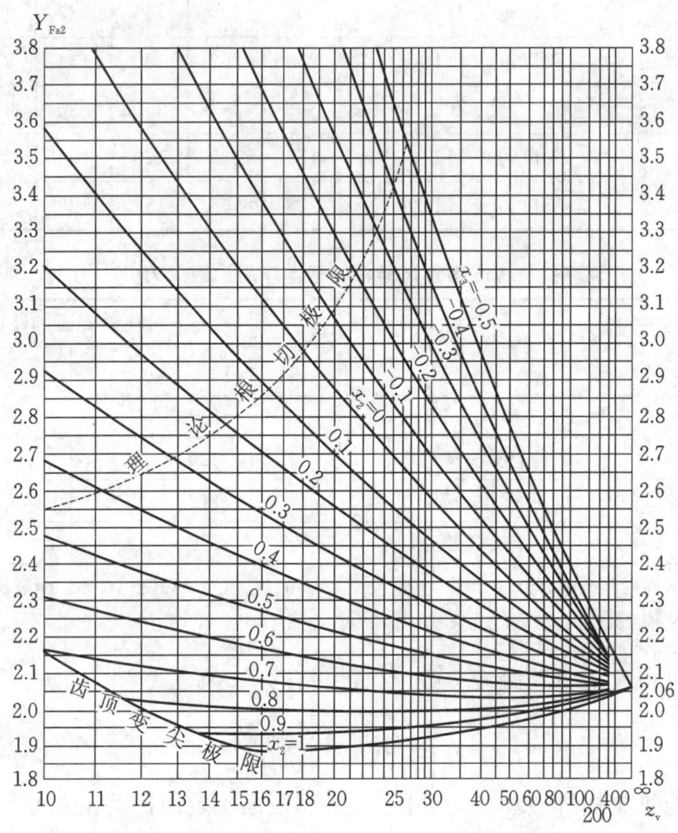

图 7-13　蜗轮的齿形系数 $Y_{Fa2}(\alpha=20°, h_a^*=1, \rho_{a0}=0.3m_n)$

表 7-8　蜗轮的基本许用弯曲应力$[\sigma_F]'$

蜗轮材料		铸造方法	单侧工作$[\sigma_{0F}]'$	双侧工作$[\sigma_{-1F}]'$
铸造锡磷青铜 ZCuSn10P1		砂模铸造	40	29
		金属模铸造	56	40
铸造锡锌铅青铜 ZCuSn5Pb5Zn5		砂模铸造	26	22
		金属模铸造	32	26
铸造铝铁青铜 ZCuAl10Fe3		砂模铸造	80	57
		金属模铸造	90	64
灰口铸铁	HT150	砂模铸造	40	28
	HT200	砂模铸造	48	34

注：表中各种青铜的基本许用弯曲应力为应力循环次数 $N=10^6$ 时的值，当 $N\neq10^6$ 时，需将表中数值乘以寿命系数 K_{FN}。当 $N>25\times10^7$ 时，取 $N=25\times10^7$；当 $N<10^5$ 时，取 $N=10^5$。

7.4 普通圆柱蜗杆传动的效率、润滑及热平衡计算

7.4.1 蜗杆传动的效率

闭式蜗杆传动的功率损耗一般包括三个部分:啮合摩擦损耗、轴承摩擦损耗及浸入油池中的零件搅油时的溅油损耗。因此总效率为

$$\eta=\eta_1\cdot\eta_2\cdot\eta_3 \tag{7-15}$$

式中,η_1,η_2,η_3分别为单独考虑啮合摩擦损耗、轴承摩擦损耗及溅油损耗时的效率。蜗杆传动的总效率主要取决于计入啮合摩擦损耗时的效率η_1。当蜗杆主动时,有

$$\eta_1=\frac{\tan\gamma}{\tan(\gamma+\varphi_v)} \tag{7-16}$$

式中:γ为普通圆柱蜗杆分度圆柱上的导程角;φ_v为当量摩擦角,$\varphi_v=\arctan f_v$,其值可根据滑动速度v_s由表7-9选取。对于滑动速度v_s,由图7-14得

$$v_s=\frac{v_1}{\cos\gamma}=\frac{\pi d_1 n_1}{60\times1000\times\cos\gamma} \tag{7-17}$$

式中,v_1为蜗杆分度圆的圆周速度(m/s),n_1为蜗杆的转速(r/min),d_1为蜗杆的分度圆直径(mm)。

由于轴承摩擦及溅油这两项功率损耗不大,一般取$\eta_2\cdot\eta_3=0.95\sim0.96$,则总效率为

$$\eta=\eta_1\cdot\eta_2\cdot\eta_3=(0.95\sim0.96)\frac{\tan\gamma}{\tan(\gamma+\varphi_v)} \tag{7-18}$$

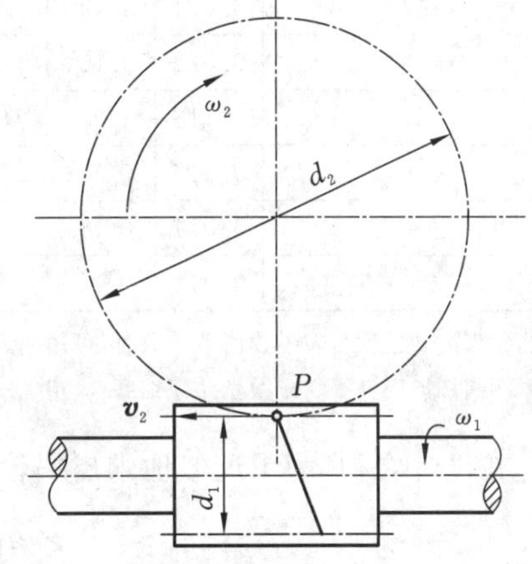

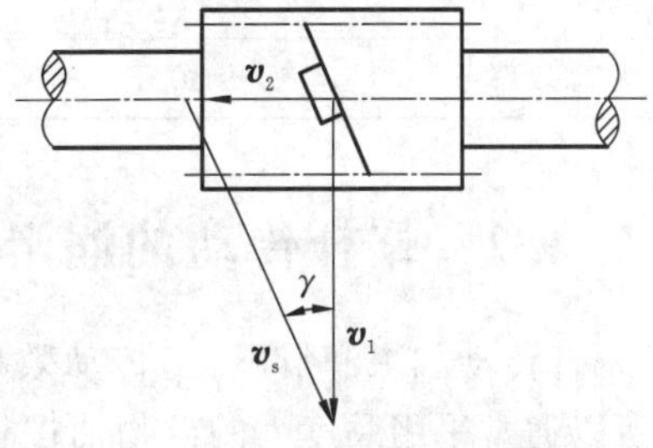

图7-14 蜗杆传动的滑动速度

表7-9 普通圆柱蜗杆传动的v_s、f_v、φ_v值

蜗轮齿圈材料	锡青铜				无锡青铜		灰口铸铁			
蜗杆齿面硬度	≥45 HRC		其他		≥45 HRC		≥45 HRC		其他	
滑动速度v_s[①]/(m/s)	f_v[②]	φ_v[②]	f_v	φ_v	f_v[②]	φ_v[②]	f_v[②]	φ_v[②]	f_v	φ_v
0.01	0.110	6°17′	0.120	6°51′	0.180	10°12′	0.180	10°12′	0.190	10°45′
0.05	0.090	5°09′	0.100	5°43′	0.140	7°58′	0.140	7°58′	0.160	9°05′
0.10	0.080	4°34′	0.090	5°09′	0.130	7°24′	0.130	7°24′	0.140	7°58′
0.25	0.065	3°43′	0.075	4°17′	0.100	5°43′	0.100	5°43′	0.120	6°51′
0.50	0.055	3°09′	0.065	3°43′	0.090	5°09′	0.090	5°09′	0.100	5°43′
1.0	0.045	2°35′	0.055	3°09′	0.070	4°00′	0.070	4°00′	0.090	5°09′
1.5	0.040	2°17′	0.050	2°52′	0.065	3°43′	0.065	3°43′	0.080	4°34′

续表

蜗轮齿圈材料	锡青铜				无锡青铜		灰口铸铁			
蜗杆齿面硬度	≥45 HRC		其他		≥45 HRC		≥45 HRC		其他	
滑动速度 v_s①/(m/s)	f_v②	φ_v②	f_v	φ_v	f_v②	φ_v②	f_v②	φ_v②	f_v	φ_v
2.0	0.035	2°00′	0.045	2°35′	0.055	3°09′	0.055	3°09′	0.070	4°00′
2.5	0.030	1°43′	0.040	2°17′	0.050	2°52′				
3.0	0.028	1°36′	0.035	2°00′	0.045	2°35′				
4	0.024	1°22′	0.031	1°47′	0.040	2°17′				
5	0.022	1°16′	0.029	1°40′	0.035	2°00′				
8	0.018	1°02′	0.026	1°29′	0.030	1°43′				
10	0.016	0°55′	0.024	1°22′						
15	0.014	0°48′	0.020	1°09′						
24	0.013	0°45′								

注:①当滑动速度与表中数值不一致时,可用插入法求得 f_v 和 φ_v 值。

②蜗杆齿面经磨削或抛光并仔细磨合、正确安装、采用黏度合适的润滑油进行充分润滑的情况。

在设计之初,为了近似地求出蜗轮轴上的扭矩 T_2,η 值可按表 7-10 估取。

表 7-10　蜗杆头数及总效率

蜗杆头数 z_2	1	2	4	6
总效率 η	0.7	0.8	0.9	0.95

7.4.2　蜗杆传动的润滑

蜗杆传动如果润滑不良,传动效率会显著降低,并带来剧烈的磨损和可能产生胶合破坏,所以通常采用黏度大的矿物油进行充分润滑,而且常在润滑油中加入添加剂,以提高其抗胶合能力。

蜗杆传动所采用的润滑油、润滑方法及润滑装置与齿轮传动的基本相同。

1. 润滑油的类型

润滑油的种类很多,需根据蜗杆、蜗轮配对材料和运转条件合理选用。在钢蜗杆配青铜蜗轮时常用的润滑油如表 7-11 所示。

表 7-11　钢蜗杆配青铜蜗轮时常用的润滑油

全损耗系统用油牌号	68	100	150	220	320	460	680
运动黏度 ν_{40}/cSt	61.2～74.8	90～110	135～165	198～242	288～352	414～506	612～748
黏度指数不小于	90						
闪点(开口)/℃	180		200				220
倾点不高于/℃	−8						−5

2. 润滑油的黏度及给油方法

润滑油的黏度及给油方法，一般根据相对滑动速度及载荷类型进行选择。对于闭式蜗杆传动，常用的润滑油黏度及给油方法如表 7-12 所示；对于开式蜗杆传动，则采用黏度较大的齿轮油或润滑脂。

如果采用喷油润滑，喷油嘴要对准蜗杆啮入端；蜗杆正、反转时，两边都要装有喷油嘴，而且要保证一定的油压。

3. 润滑油量

当闭式蜗杆传动采用油池润滑时，在搅油损耗不致过大的情况下，应有适当的油量，这样不仅有利于动压油膜的形成，而且有助于散热。对于蜗杆下置式或蜗杆侧置式传动，浸油深度应为蜗杆的一个齿高；当为蜗杆上置式时，浸油深度约为蜗轮外径的 1/3。

表 7-12　蜗杆传动的润滑油黏度推荐值及给油方法

蜗杆传动的相对滑动速度 v_s/(m/s)	0～1	0～0.25	0～5	＞5～10	＞10～15	＞15～25	＞25
载荷类型	重	重	中	（不限）	（不限）	（不限）	（不限）
运动黏度 ν_{40}/cSt	900	500	350	220	150	100	80
给油方法	油池润滑			喷油润滑或油池润滑	喷油润滑时的喷油压力/MPa		
					0.7	2	3

7.4.3　蜗杆传动的热平衡计算

由于蜗杆传动啮合齿面的相对滑动速度大、摩擦损耗大、传动效率低，所以工作时发热量大，在闭式蜗杆传动中，如果产生的热量不能及时散逸，将因油温不断升高而使润滑油稀释，从而增大摩擦损失，甚至发生胶合。所以，必须根据单位时间内的发热量 H_1 等于同时间内的散热量 H_2 的条件进行热平衡计算，以保证油温稳定地处于规定的范围内。

由于摩擦损耗的功率 $P_f=P(1-\eta)$，故产生的热流量(单位为 W)为

$$H_1=1000P(1-\eta)$$

式中，P 为蜗杆传递的功率(kW)。

以自然冷却方式从箱体外壁散发到周围空气中的热流量(单位为 W)为

$$H_2=\alpha_d S(t_0-t_a)$$

式中：α_d 为箱体的表面传热系数，可取 $\alpha_d=8.15\sim17.45$ W/(m^2·℃)，当周围空气流通良好时，取较大值；S 为内表面能被润滑油飞溅到而外表面又可被周围空气冷却的箱体表面积(m^2)；t_0 为润滑油的工作温度，一般应限制在 60～70 ℃，最高应不超过 80 ℃；t_a 为周围空气的温度，常温下可取为 20 ℃。

按热平衡条件 $H_1=H_2$，求得在既定工作条件下的油温为

$$t_0=t_a+\frac{1000P(1-\eta)}{\alpha_d S} \tag{7-19}$$

或在既定条件下保持正常工作温度所需要的散热面积(单位为 m^2)为

$$S=\frac{1000P(1-\eta)}{\alpha_d(t_0-t_a)} \tag{7-20}$$

在 $t_0>80$ ℃或有效散热面积不足时,必须采取一定的措施,以提高散热能力,通常采取的措施有:

(1) 加装散热片,以增大散热面积,如图 7-15 所示。

(2) 在蜗杆轴端加装风扇,以加速空气的流通,如图 7-15 所示。

(3) 在传动箱内加装循环冷却管路,如图 7-16 所示。

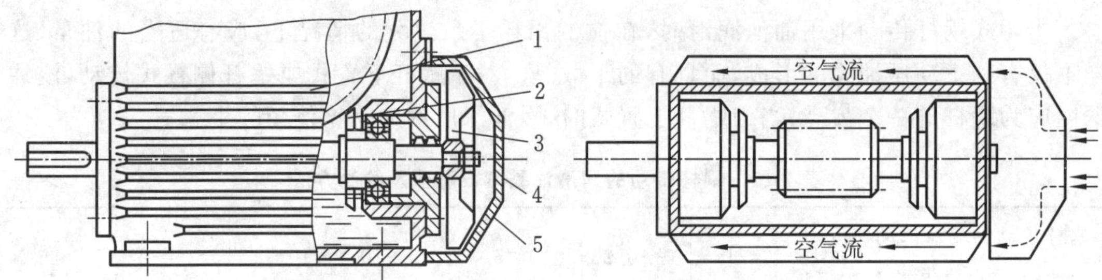

图 7-15　装有散热片和风扇的蜗杆传动

1—散热片;2—溅油轮;3—风扇;4—过滤网;5—集气罩

图 7-16　装有循环冷却管路的蜗杆传动

1—闷盖片;2—溅油轮;3—透盖;4—蛇形管;5—冷却水出、入接口

7.5　圆柱蜗杆和蜗轮的结构设计

7.5.1　蜗杆的结构形式

蜗杆螺旋部分的直径不大,所以常和轴做成一个整体,称为蜗杆轴,其结构形式如图 7-17 所示,其中:图 7-17(a)所示的结构无退刀槽,加工螺旋部分时只能用铣制的办法;图 7-17(b)所示的结构有退刀槽,螺旋部分可以车制,也可以铣制,但这种结构的刚度比前一种结构的

差。当蜗杆螺旋部分的直径较大时，可以将蜗杆与轴分开制作。

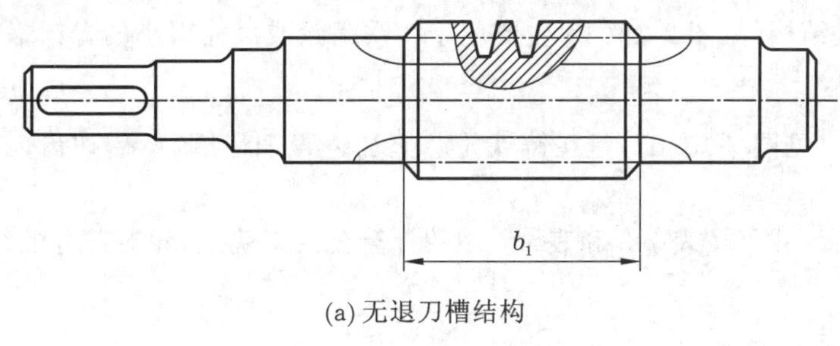

(a) 无退刀槽结构

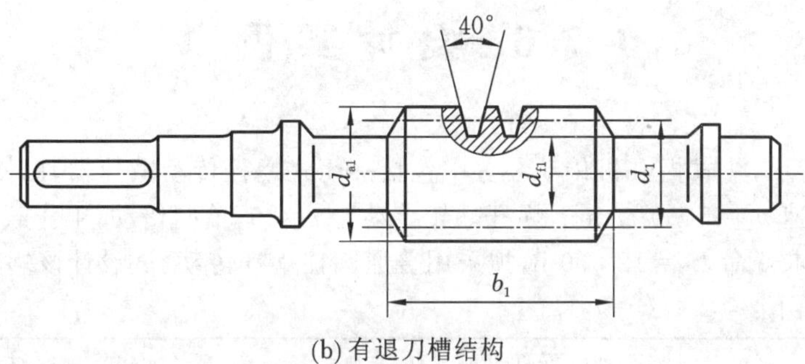

(b) 有退刀槽结构

图 7-17 蜗杆的结构形式

7.5.2 蜗轮的结构形式

1. 齿圈式

齿圈式蜗轮(见图 7-18(a))由青铜齿圈及铸铁轮芯组成，齿圈与轮芯多用 H7/R6 配合，并装有 4～6 个紧定螺钉(或用螺钉拧紧后将头部锯掉)，以增强连接的可靠性。螺钉直径取(1.2～1.5)m，m 为蜗轮的模数；螺钉拧入深度为(0.3～0.4)B，B 为蜗轮宽度。为了便于钻孔，应将螺孔中心线从配合缝向材料较硬的轮芯部分偏移 2～3 mm。这种蜗轮多用于尺寸不太大或工作温度变化较小的地方，以免热胀冷缩影响配合质量。

2. 螺栓连接式

蜗轮可用普通螺栓或铰制孔用螺栓连接，螺栓的尺寸和数目可参考蜗轮的结构尺寸取定，然后做适当的校核。螺栓连接式蜗轮(见图 7-18(b))装拆比较方便，多用于尺寸较大或容易磨损的场合。

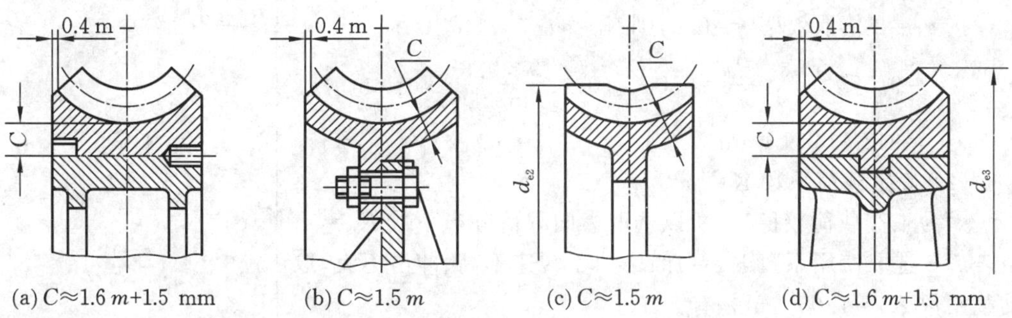

(a) $C\approx1.6\,m+1.5$ mm　(b) $C\approx1.5\,m$　(c) $C\approx1.5\,m$　(d) $C\approx1.6\,m+1.5$ mm

图 7-18 蜗轮的结构形式(m 为蜗杆模数，m 和 C 的单位均为 mm)

3. 整体浇铸式

整体浇铸式结构(见图 7-18(c))主要用于铸铁蜗轮或尺寸很小的青铜蜗轮。

4. 拼铸式

拼铸式结构(见图 7-18(d))是在铸铁轮芯上加铸青铜齿圈,然后切齿,只用于成批制造的蜗轮。

蜗轮的几何尺寸可按表 7-3 和表 7-4 中的计算公式来确定,轮芯部分的结构尺寸可参考齿轮的结构尺寸。

7.6 设计实例

如图 7-1 所示,斗式提升机传动装置中包括一闭式蜗杆传动减速器,已知蜗杆的输入功率$P=9$ kW,转速 $n_1=1450$ r/min,蜗杆蜗轮传动比 $i=20$,单向传动,工作载荷较稳定,但有不大的冲击,要求寿命 $L_h=12\ 000$ h,拟采用普通圆柱蜗杆传动,试设计该蜗轮蜗杆机构。

设计步骤如下:

计算项目及说明	结　　果
1. 选择蜗杆传动的类型	
根据 GB/T 10085—2018 的推荐,采用渐开线蜗杆(ZI 蜗杆)。	渐开线蜗杆(ZI 蜗杆)
2. 选择材料	
蜗杆传动传递的功率不大,速度中等,故蜗杆用 45 钢;因为要求效率高一些、耐磨性好一些,故蜗杆螺旋面要求淬火,硬度为 45～55 HRC。蜗轮用铸造锡磷青铜 ZCuSn10P1,金属模铸造。为了节约贵重的青铜等有色金属,仅齿圈用青铜制造,而轮芯用灰口铸铁 HT100 制造。	蜗杆采用 45 钢,硬度为 45～55 HRC;蜗轮齿圈采用 ZCuSn10P1,轮芯采用 HT100
3. 按齿面接触疲劳强度设计	
根据闭式蜗杆传动的设计准则,先按齿面接触疲劳强度进行设计,再校核齿根弯曲疲劳强度。由式(7-13)设计传动中心距,即	
$$a\geqslant\sqrt[3]{KT_2\left(\frac{Z_E Z_\rho}{[\sigma_H]}\right)^2}$$	
(1)确定作用在蜗轮上的转矩 T_2。	
按 $z_1=2$ 估取效率 $\eta=0.8$,则有	$z_1=2$
$$T_2=9.55\times10^6\times\frac{P_2}{n_2}=9.55\times10^6\times\frac{9\times0.8}{1450/20}\ \text{N}\cdot\text{mm}$$	
$$=948\ 414\ \text{N}\cdot\text{mm}$$	$T_2=948\ 414$ N · mm
(2) 确定载荷系数 K。	
因为工作载荷较稳定,所以选取齿向载荷分布系数 $K_\beta=1$;由表 7-5 选取使用系数 $K_A=1.15$;由于转速不高、冲击不大,取动载系数 $K_v=1.05$。于是有	

计算项目及说明	结　果
$K=K_A\cdot K_\beta\cdot K_v=1.15\times1\times1.05\approx1.21$	$K\approx1.21$
(3) 确定弹性影响系数 Z_E。	
因选用的是铸造锡磷青铜蜗轮和钢蜗杆相配，故 $Z_E=160\sqrt{\text{MPa}}$。	$Z_E=160\sqrt{\text{MPa}}$
(4) 确定接触系数 Z_ρ。	
先假设蜗杆分度圆直径 d_1 和传动中心距 a 的比值 $d_1/a=0.35$，从图 7-12 中查得 $Z_\rho=2.9$。	$Z_\rho=2.9$
(5) 确定许用接触应力 $[\sigma_H]$。	
根据蜗轮材料为铸造锡磷青铜 ZCuSn10P1，金属模铸造，蜗杆硬度大于 45 HRC，可从表 7-7 中查得蜗轮的基本许用接触应力 $[\sigma_H]'=268\ \text{MPa}$。	
应力循环次数为	
$$N=60jn_2L_h=60\times1\times\frac{1450}{20}\times12\ 000=5.22\times10^7$$	
寿命系数为	
$$K_{HN}=\sqrt[8]{\frac{10^7}{5.22\times10^7}}=0.813\ 4$$	
则	
$[\sigma_H]=K_{HN}\cdot[\sigma_H]'=0.813\ 4\times268\ \text{MPa}=218\ \text{MPa}$	$[\sigma_H]=218\ \text{MPa}$
(6) 计算中心距，即	
$$a\geqslant\sqrt[3]{1.21\times948\ 414\times\left(\frac{160\times2.9}{218}\right)^2}\ \text{mm}=173.235\ \text{mm}$$	
取中心距 $a=200$ mm，由表 7-1 取模数 $m=8$ mm，对应的蜗杆分度圆直径 $d_1=80$ mm，直径系数 $q=10$，蜗轮齿数 $z_2=41$。此时 $d_1/a=0.4$，从图 7-12 中查得接触系数 $Z'_\rho=2.74$，因为 $Z'_\rho<Z_\rho$，因此以上计算结果可用。	$a=200$ mm　$m=8$ mm $d_1=80$ mm　$q=10$ $z_2=41$
4. 蜗杆与蜗轮的主要参数与几何尺寸	
(1) 蜗杆的轴向齿距为	
$p_a=\pi m=3.141\ 5\times8\ \text{mm}=25.132\ \text{mm}$	$p_a=25.132$ mm
齿顶圆直径为	
$d_{a1}=d_1+2h_a^* m=(80+2\times1\times8)\ \text{mm}=96\ \text{mm}$	$d_{a1}=96$ mm
齿根圆直径为	
$d_{f1}=d_1-2(h_a^*+c^*)m=[80-2\times(1+0.2)\times8]\ \text{mm}=60.8\ \text{mm}$	$d_{f1}=60.8$ mm
分度圆导程角为	
$\gamma=\arctan(z_1/q)=\arctan(2/10)=11°18'36''$	$\gamma=11°18'36''$
轴向齿厚为	
$$s_a=\frac{1}{2}p_a=12.566\ \text{mm}$$	$s_a=12.566$ mm
(2) 蜗轮的齿数为 $z_2=41$，变位系数 $x_2=-0.5$。	

计算项目及说明	结　果
验算传动比，即 $i=\frac{z_2}{z_1}=\frac{41}{2}=20.5$，这时传动比误差为 $\frac{20.5-20}{20}=0.025=2.5\%<5\%$，是允许的。	
蜗轮的分度圆直径为 $$d_2=mz_2=8\times41\ \text{mm}=328\ \text{mm}$$	$d_2=328\ \text{mm}$
喉圆直径为 $$d_{a2}=d_2+2h_{a2}=(8\times41+2\times8)\ \text{mm}=344\ \text{mm}$$	$d_{a2}=344\ \text{mm}$
齿根圆半径为 $$d_{f2}=d_2-2h_{f2}=(328-2\times1.2\times8)\ \text{mm}=308.8\ \text{mm}$$	
咽喉母圆半径为 $$r_{g2}=a-0.5d_{a2}=(200-0.5\times344)\ \text{mm}=28\ \text{mm}$$	$r_{g2}=28\ \text{mm}$
5. 校核齿根弯曲疲劳强度，即 $$\sigma_F=\frac{1.53KT_2}{d_1d_2m}Y_{Fa2}\cdot Y_\beta\leqslant[\sigma_F]$$	
当量齿数为 $$z_{v2}=\frac{z_2}{\cos^3\gamma}=\frac{41}{(\cos11.31°)^3}=43.48$$	$z_{v2}=43.48$
根据 $x_2=-0.5$，$z_{v2}=43.48$，从图 7-13 中查得齿形系数 $Y_{Fa2}=2.87$。	$Y_{Fa2}=2.87$
螺旋角影响系数为 $$Y_\beta=1-\frac{\gamma}{140°}=1-\frac{11.31°}{140°}=0.919\ 21$$	$Y_\beta=0.919\ 21$
许用弯曲应力为 $$[\sigma_F]=[\sigma_F]'\cdot K_{FN}$$	
从表 7-8 中查得由 ZCuSn10P1 制造的蜗轮的基本许用弯曲应力 $[\sigma_F]'=56$ MPa。	$[\sigma_F]'=56$ MPa
寿命系数为 $$K_{HN}=\sqrt[9]{\frac{10^6}{5.22\times10^7}}=0.644$$	$K_{HN}=0.644$
$$[\sigma_F]=56\times0.644\ \text{MPa}=36.064\ \text{MPa}$$	$[\sigma_F]=36.064$ MPa
$$\sigma_F=\frac{1.53\times1.21\times948\ 414}{80\times328\times8}\times2.87\times0.919\ 21\ \text{MPa}=22.07\ \text{MPa}$$	$\sigma_F=22.07$ MPa
故弯曲强度满足要求。	满足弯曲强度要求
6. 确定精度等级、公差和表面粗糙度 考虑到所设计的蜗杆传动是动力传动，属于通用机械减速器，故选择 8 级精度，侧隙种类为 f，标注为 $8f$，然后根据有关手册查得要求的公差项目及表面粗糙度，此处从略。	
7. 热平衡核算 （从略）	
8. 绘制工作图 （从略）	

本章小结

(1) 蜗杆传动主要有三种类型,其中普通圆柱蜗杆传动应用最广。

(2) 在中间平面内,普通圆柱蜗杆传动类似于齿轮齿条传动,其正确啮合条件和主要参数及几何尺寸计算方法可参照齿轮齿条传动。

(3) 蜗杆传动的受力分析,即圆周力、径向力和轴向力的大小计算和方向判断方法类似于斜齿圆柱齿轮传动。

(4) 蜗杆螺旋齿部分的强度一般高于蜗轮轮齿的强度,因此一般只对蜗轮轮齿进行承载能力计算。闭式蜗杆传动中,蜗杆副多因齿面点蚀或胶合而失效。

(5) 普通圆柱蜗杆传动中齿面间的滑动速度较大,所以对润滑和散热有一定的要求,且蜗轮齿圈通常需要采用耐磨材料。

练习与提高

一、思考分析题

1. 与齿轮传动相比,蜗杆传动有何优点?

2. 拼装式蜗轮齿圈结构有哪几种?添加紧定螺钉的目的是什么?

3. 为什么蜗轮齿圈常用青铜制造?当采用无锡青铜或铸铁制造蜗轮时,失效形式是哪一种?此时$[\sigma_H]$值与什么有关?

4. 蜗杆传动的总效率包括哪几个部分?如何提高啮合效率?

5. 指出图7-19中未注明的蜗杆或蜗轮的转向,并绘出图中蜗杆和蜗轮力作用点处三个分力的方向(蜗杆均为主动)。

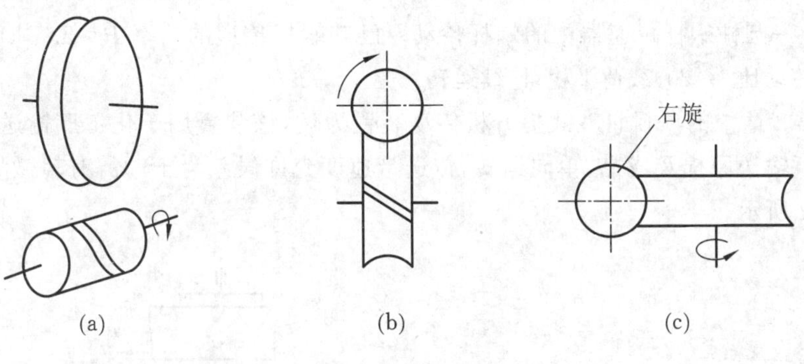

图7-19 题5图

6. 蜗杆传动在什么情况下必须进行热平衡计算?采取哪些措施可改善散热条件?

二、综合设计计算题

1. 试分析图7-20所示的蜗杆传动中各轴的回转方向、蜗轮轮齿的螺旋方向,以及蜗杆、蜗轮所受各力的作用点及方向。

2. 图7-21所示为热处理车间所用的可控气氛加热炉拉料机传动简图。已知蜗轮传递的转矩$T_2=405\ \text{N}\cdot\text{m}$,蜗杆传动减速器的传动比$i_{12}=22$,蜗杆转速$n_1=480\ \text{r/min}$,传动较平稳,冲击不大,工作时间为每天8小时,要求工作寿命为5年,每年按300个工作日计。试设计该蜗杆传动。

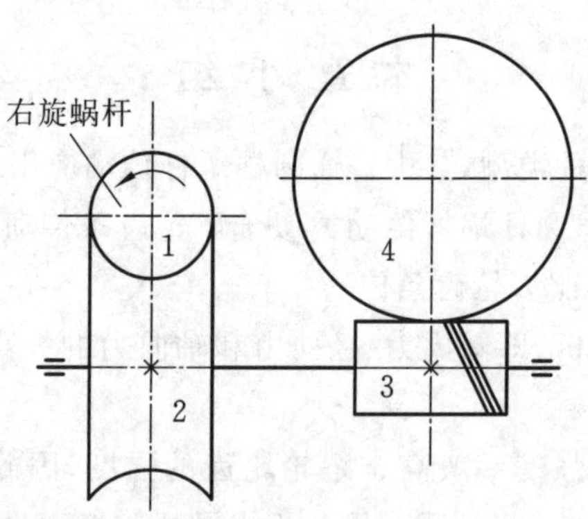

图 7-20　题 1 图

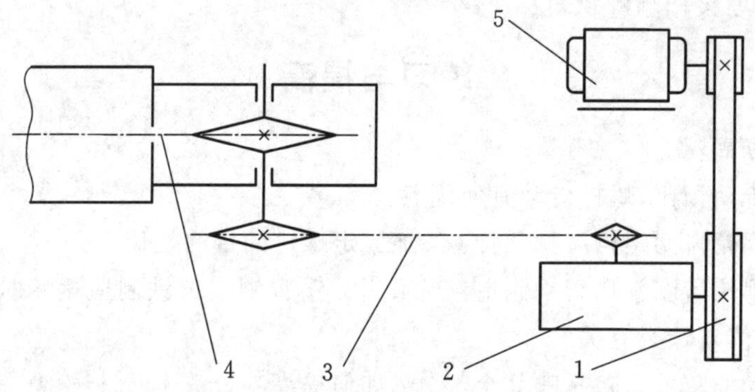

图 7-21　题 2 图

1—V 带传动；2—蜗杆传动减速器；3—链传动；4—链条(用于拉取炉内料盘)；5—电动机

3．设计一圆柱蜗杆减速器中的蜗杆传动。已知蜗杆传递的功率 $P=5.5$ kW，转速 $n_1=960$ r/min，传动比 $i=20$，载荷平稳，连续运转。

4．以第 2 章中的项目Ⅲ斗式提升机传动装置为例，该装置用于化工厂输送化工原料及产品、纺织厂输送原棉及成品，单向运转，传送带速度允许误差为±5%，有轻微振动，传动简图如图 7-22 所示。

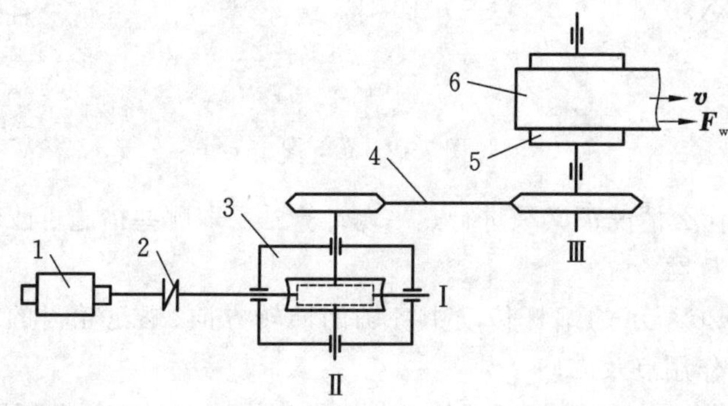

图 7-22　题 4 图

1—电动机；2—联轴器；3—蜗杆传动减速器；4—传动链；5—卷筒；6—输送带(工作机)

第 8 章
轴

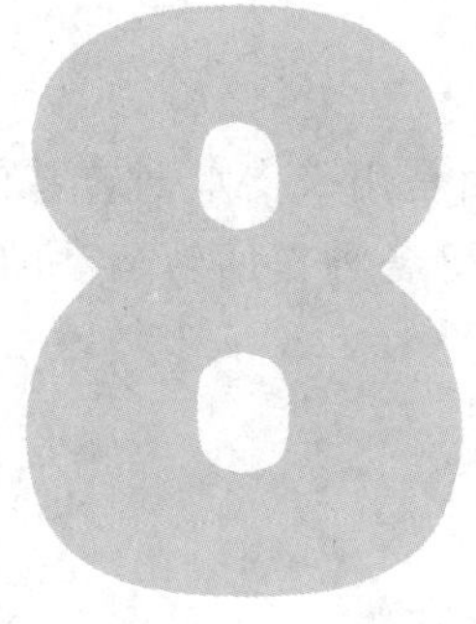

知识技能目标

了解轴的功用与分类，掌握轴的结构设计基本要求和方法，掌握轴的三种强度计算方法和刚度计算原理。

在掌握轴的结构设计的基础上，会用强度校核和刚度校核进行轴的设计。

项目子任务分解

结合第 2 章中的项目Ⅰ，如图 8-1 所示，根据前面章节中的实例计算结果，设计Ⅰ轴的结构。

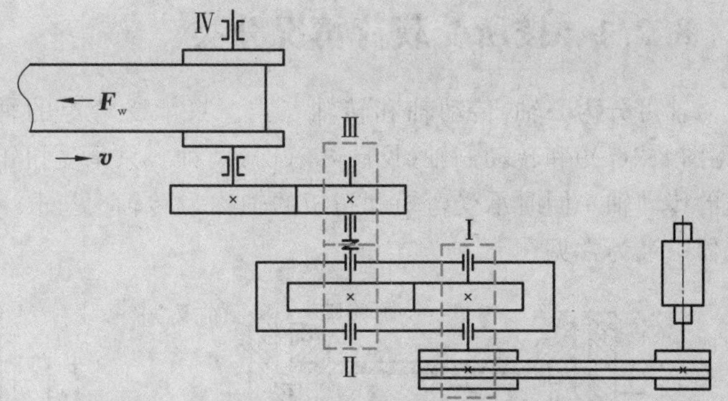

图 8-1　一级圆柱斜齿轮传动减速器设计简图

子任务实施建议

1. 任务分析

根据减速器的装配要求以及带轮、齿轮等的设计结果，确定各轴段的直径和长度等。

2. 实施过程

根据前面章节的任务实施结果 n_1、P_1、T_1、齿轮圆周力 F_t、齿轮径向力 F_r、齿轮轴向力 F_a、齿轮分度圆直径 d、带轮压轴力 F_p，并结合减速器的装配要求，进行轴的设计，确定各轴段的直径和长度。

理论解读

8.1 概　述

轴是我们在日常生活、生产中经常用到的零件，它的主要功用是用来支承回转零件，以实现回转运动和传递动力。如车轮、齿轮、带轮、链轮、铣刀、砂轮等各种作回转运动的零件都必须安装在轴上。

8.2 轴的分类

8.2.1 按所受载荷情况分类

轴可分为心轴、传动轴和转轴三类。只承受弯矩的轴称为心轴，心轴又分为固定心轴（见图 8-2(a)）和转动心轴（见图 8-2(b)）两种。只承受扭矩的轴称为传动轴（见图 8-3），如汽车的传动轴。同时承受弯矩和扭矩的轴称为转轴（见图 8-4），如减速器的轴，这类轴在各种机器中最为常见。

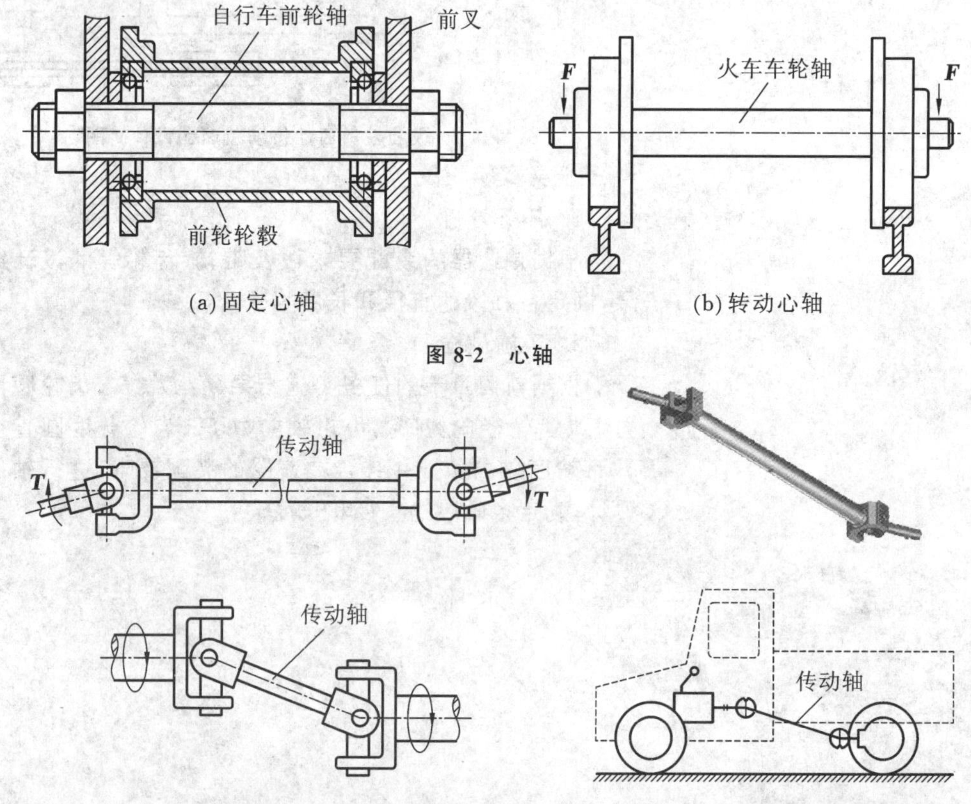

(a) 固定心轴　　(b) 转动心轴

图 8-2　心轴

图 8-3　传动轴

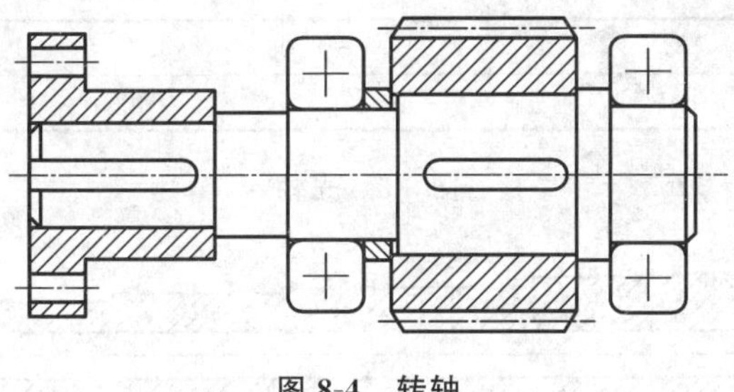

图 8-4　转轴

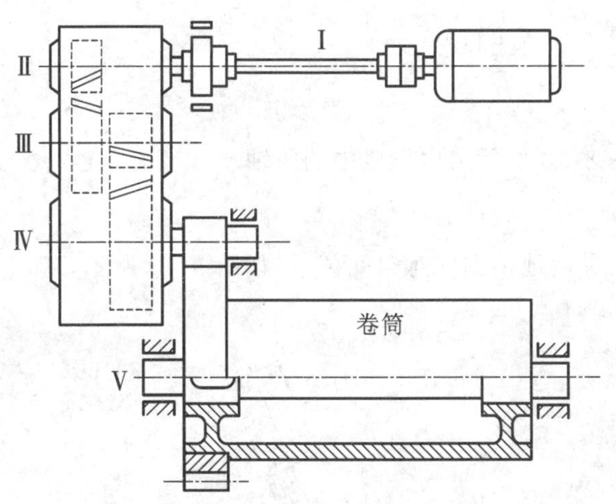

图 8-5 所示的起重机中的各轴分别为什么类型的轴？

图 8-5　起重机

8.2.2　按轴线的形状分类

1. 直轴

轴的截面多为圆形，一般大多制成实心的，常制成近似等强度的由两端向中间逐渐增大的阶梯形，如图 8-6 所示，以便于零件拆装。根据设计需要，会将齿轮和轴做成一体，称为齿轮轴，如图 8-7 所示。有些机械，如纺织机械、农业机械等，常采用直径不变的光轴，如图 8-8 所示。在某些机器中也有采用空心轴，如图 8-9 所示，以减小轴的质量，或利用空心轴孔输送润滑油、冷却液，或安装其他零件和穿过待加工的棒料。

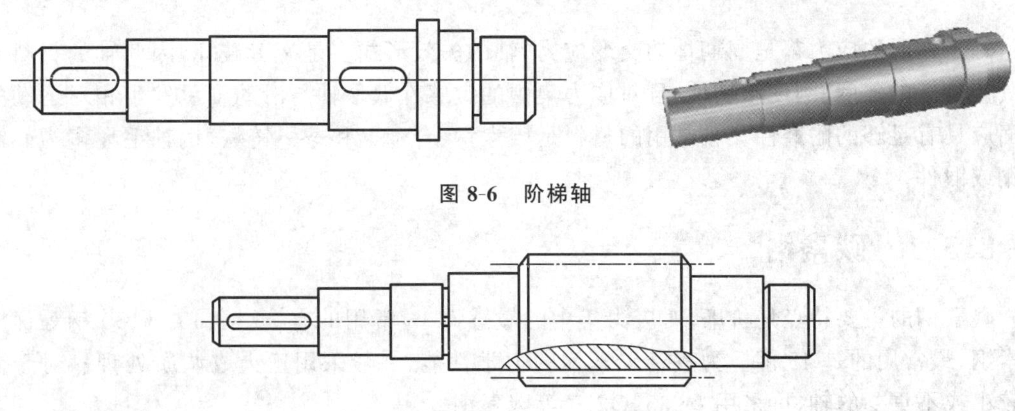

图 8-6　阶梯轴

图 8-7　齿轮轴

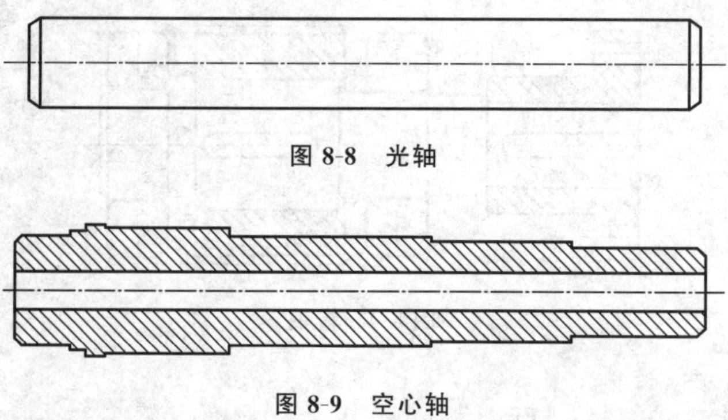

图 8-8　光轴

图 8-9　空心轴

2. 曲轴

曲轴是往复式机械中的专用零件，图 8-10 所示为内燃机中的曲轴。

3. 挠性软轴

挠性软轴可以随意弯曲，把回转运动灵活地传到任意空间位置，如图 8-11 所示，常用于诊疗器、手提砂轮机等移动设备中。

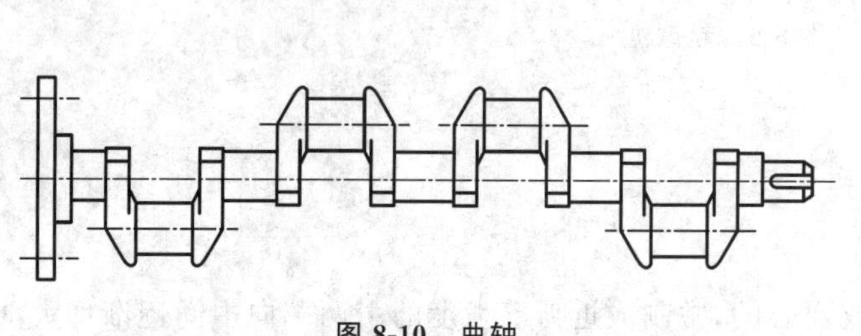

图 8-10　曲轴

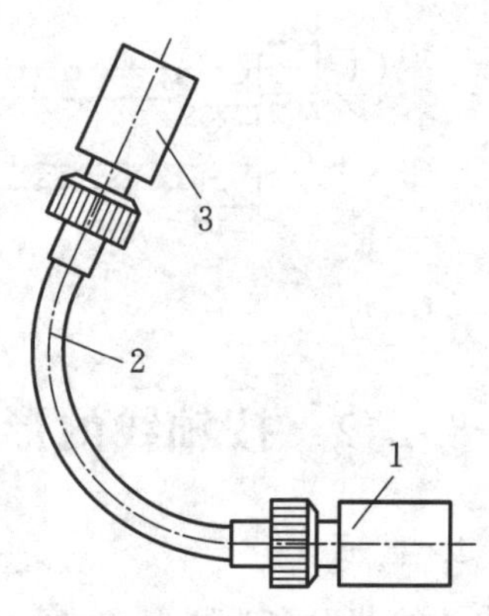

图 8-11　钢丝软轴

1—动力源；2—钢丝软轴；3—被驱动装置

8.3　轴的材料

轴工作时的应力都是周期性的交变应力，轴的失效形式多是疲劳破坏，因此轴的材料要求具有较好的强度、刚度和韧性，且对应力集中的敏感性低。轴与滑动轴承发生相对运动的表面应具有足够的耐磨性。轴常用的材料是碳素钢、合金钢和球墨铸铁，钢轴毛坯多为轧制圆钢或锻件。

8.3.1　碳素钢

碳素钢的主要特点是价廉，对应力集中的敏感性小，常用的有 35 钢、45 钢、50 钢等优质碳素钢，最常用的是 45 钢。为改善碳素钢的力学性能，一般采用正火或调质处理。对于受力较小或不重要的轴，可采用 Q235、Q275 等碳素钢。

8.3.2 合金钢

合金钢具有良好的综合力学性能和热处理性能，常用于重载、高速、结构紧凑、质量较轻、耐磨性较好和较强防腐蚀性的轴。常用的合金钢有 40Cr、35SiMn、40MnB 等。对于耐磨性要求较高的轴，可选用 20Cr、20CrMnTi 等低碳合金钢，轴径部分进行渗碳淬火处理。对于高速、重载、高温条件下工作的轴，可选用 38CrMoAlA、40CrNi 等合金结构钢。对于结构复杂的轴，如曲轴、凸轮轴等，还可采用球墨铸铁铸造。表 8-1 所示为轴的常用材料及主要力学性能。

表 8-1 轴的常用材料及主要力学性能

材料	热处理	毛坯直径/mm	硬度/HBS	抗拉强度 σ_b/MPa	屈服强度 σ_s/MPa	弯曲疲劳强度 σ_{-1}/MPa	应用
Q235	—	—	—	440	240	200	不重要或载荷不大的轴
35	正火	≤100	149～187	520	270	250	一般曲轴、转轴等
45	正火	≤100	170～217	600	300	275	较重要的轴，应用最广
	调质	≤200	217～255	650	360	300	
40Cr	调质	25	—	1000	800	500	载荷较大、无很大冲击的重要轴
		≤100	241～286	750	550	350	
		＞100～300	241～266	700	550	340	
40MnB	调质	25	—	1000	800	485	性能接近 40Cr，用于重要的轴
		≤200	241～286	750	500	335	
35CrMo	调质	≤100	207～269	750	550	390	重载轴
20Cr	渗碳淬火回火	15	表面 56～62 HRC	850	550	375	要求强度、韧性、耐磨性均较高的轴
		≤60		650	400	280	

注：(1)表中所列疲劳极限值 σ_{-1} 是按下列关系式计算的，供设计时参考。碳钢：$\sigma_{-1}\approx 0.43\sigma_b$；合金钢：$\sigma_{-1}\approx 0.2(\sigma_b+\sigma_s)+100$；不锈钢：$\sigma_{-1}\approx 0.27(\sigma_b+\sigma_s)$，$\tau_{-1}\approx 0.156(\sigma_b+\sigma_s)$；球墨铸铁：$\sigma_{-1}\approx 0.36\sigma_b$，$\tau_{-1}\approx 0.31\sigma_b$。

(2) 1Cr18Ni9Ti 可选用，但不推荐。

8.4 轴的结构设计

轴的结构设计就是确定轴各部分的合理外形和尺寸。由于影响轴结构的因素很多，且轴的结构随具体情况而异，所以轴没有标准的结构形式。但不论何种情况，轴的结构都应当满足：①轴和轴上的零件要有准确的工作位置（定位要求）；②各零件要牢固、可靠地相对固定（固定要求）；③轴应便于加工，且轴上的零件应便于装拆和调整（制造安装要求）；④轴的受力合理，应力集中小（力学要求）；⑤轴应具有良好的制造工艺性等。

本节主要讨论轴的结构设计和强度计算问题。轴的设计的一般步骤如图 8-12 所示。

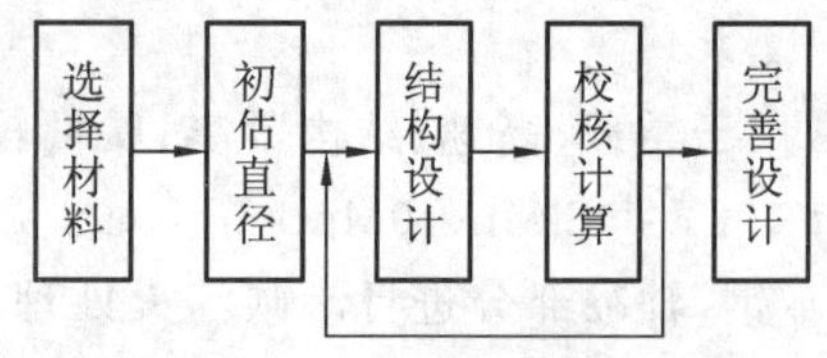

图 8-12　轴的设计的一般步骤

8.4.1　轴上零件的装配

拟定轴上零件的装配方案是进行轴的结构设计的前提。装配方案是指确定轴上零件的装配方向、顺序和相互关系。图 8-13 所示为典型轴系结构,轴各部分的名称主要有:①轴颈,安装轴承的轴段;②轴头,安装传动件的轴段,如安装齿轮的部分;③轴身,连接轴颈和轴头的轴段;④轴肩,截面尺寸变化的台阶处;⑤轴环,直径较大且用于定位的短轴段。轴上零件的装配方案不同,则轴的结构形状也不同,设计时可拟定几种装配方案进行分析与选择。

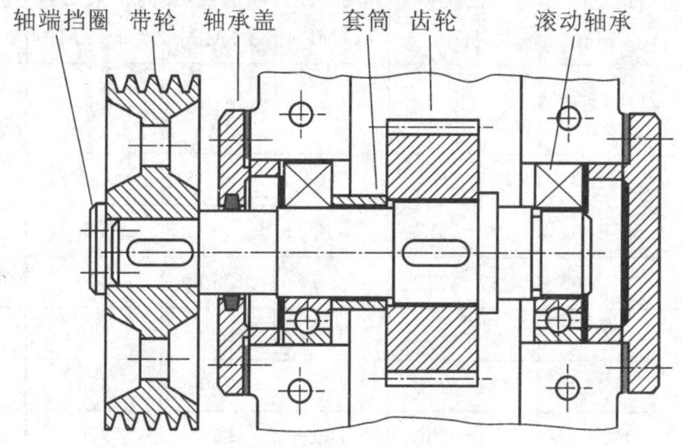

图 8-13　典型轴系结构

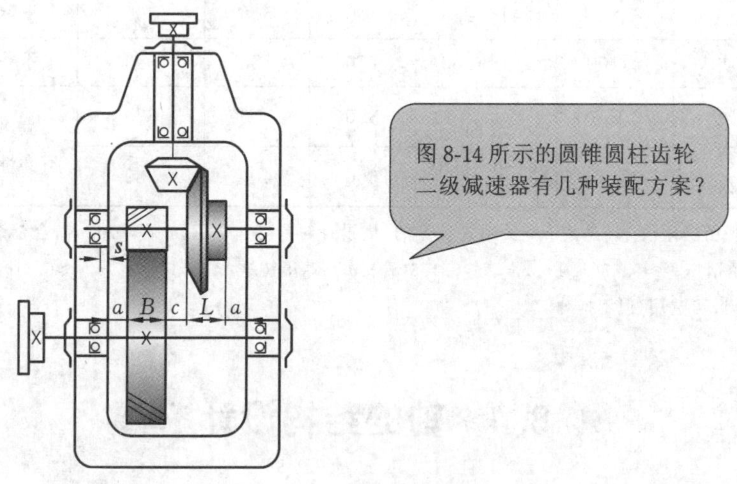

图 8-14　圆锥圆柱齿轮二级减速器

8.4.2　轴上零件的定位

为了防止轴上零件受力时发生沿轴向或周向的相对运动,轴上零件除了有游动或空转要求者外,都必须进行定位。轴上零件的定位包括轴向定位和周向定位。

1. 轴上零件常用的轴向定位方式

(1) 轴肩与轴环定位。用于对轴上零件进行轴向定位的轴肩称为定位轴肩，如图 8-15 中的轴肩 2、5、6 处。轴肩与轴环定位是一种最方便的定位方式。轴肩的引入带来了轴的应力集中，会对轴的强度有所削弱。为了定位可靠，且轴上零件不至于产生倾覆，设计时应注意定位轴肩的高度。定位轴肩的高度 h 一般取为 $h=(0.07\sim0.10)d$，其中 d 为与轮毂孔相配处的轴径。但滚动轴承采用轴肩定位时，要考虑到滚动轴承是标准件和装拆方便的特殊要求，其 h 值应根据《机械零件设计手册》中规定的安装尺寸确定，且其高度必须低于滚动轴承内圈端面的高度。为了保证轴上零件与轴的端面靠紧，轴的过渡圆角半径 r 应小于相配零件的圆角半径 R 或倒角尺寸 C，如图 8-16 所示。

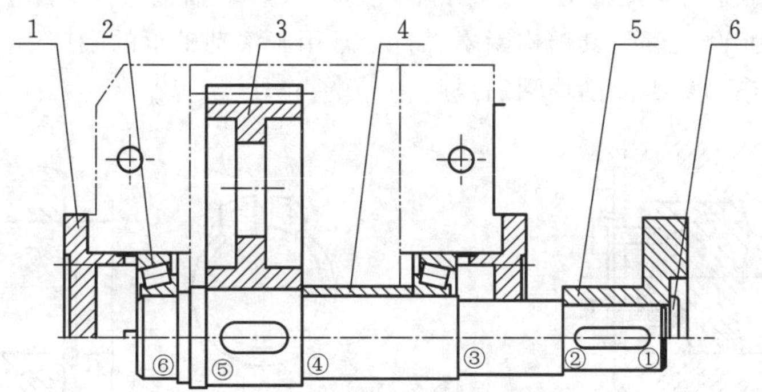

图 8-15 轴上零件的装配与轴的结构示例

1—轴承盖；2—轴承；3—齿轮；4—套筒；5—半联轴器；6—轴端挡圈

轴肩与轴环定位简单可靠，能承受较大的载荷，如图 8-15 中的⑤处，常用于齿轮、链轮、带轮、联轴器和轴承的定位。

(2) 套筒定位。有些零件依靠套筒定位，如图 8-15 中右端滚动轴承内圈定位。

为了保证轴上零件紧靠轴肩定位面，轴肩圆角半径 r、轴上零件孔端部倒角 C 或圆角半径 R、轴肩高度 h 应满足 $r<C(R)<h$，如图 8-16 所示。

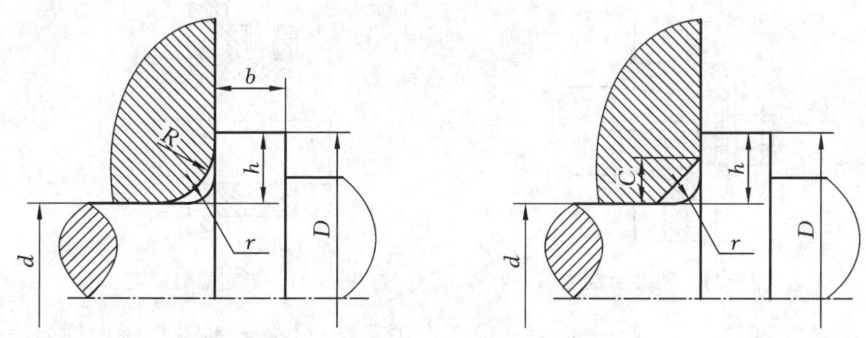

图 8-16 轴肩圆角与相配零件的倒角(或圆角)

(3) 圆螺母定位。圆螺母定位可靠，可承受较大的轴向力，但在螺纹处会有应力集中，会降低轴的疲劳强度，一般采用细牙螺纹。为防止圆螺母松脱，通常要与止动垫圈配合使用，如图 8-17 所示；或采用双圆螺母，如图 8-18 所示。

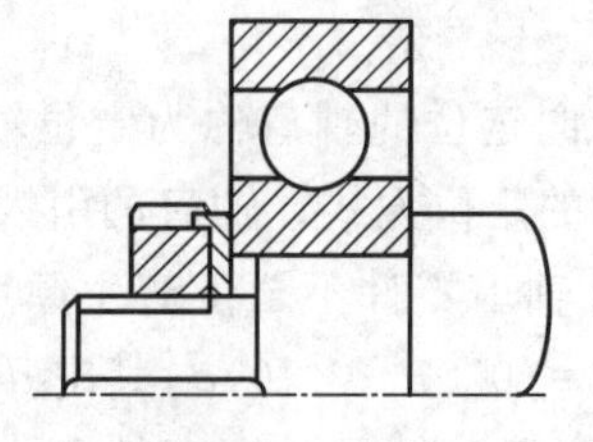

图 8-17　圆螺母与止动垫圈定位

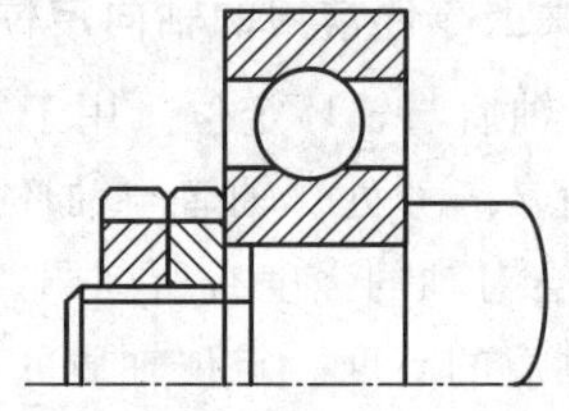

图 8-18　双圆螺母定位

(4) 挡圈定位。挡圈定位可靠,能承受冲击及振动载荷,一般用于轴端零件的定位。挡圈通常与轴肩联合使用来定位,常用的有轴端挡圈和弹性挡圈。图 8-19 所示为轴端挡圈,又称压板,如果轴径较小,只需用一个螺钉固定即可,如果轴径较大,则需采用两个螺钉定位;图 8-20 所示为弹性挡圈,其结构紧凑、简单,常用于滚动轴承的轴向固定,但不能承受较大的轴向力,会因应力集中而削弱轴的强度。

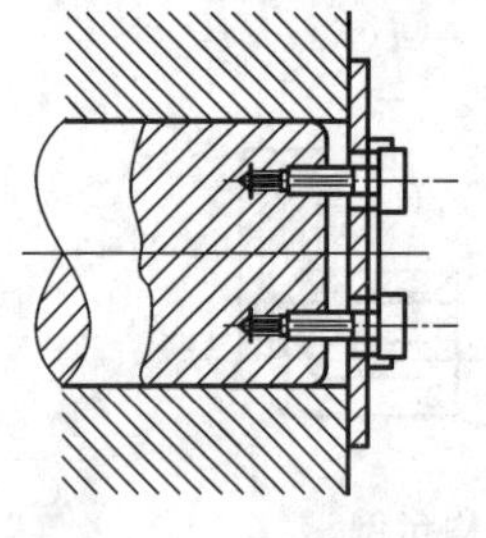

图 8-19　轴端挡圈

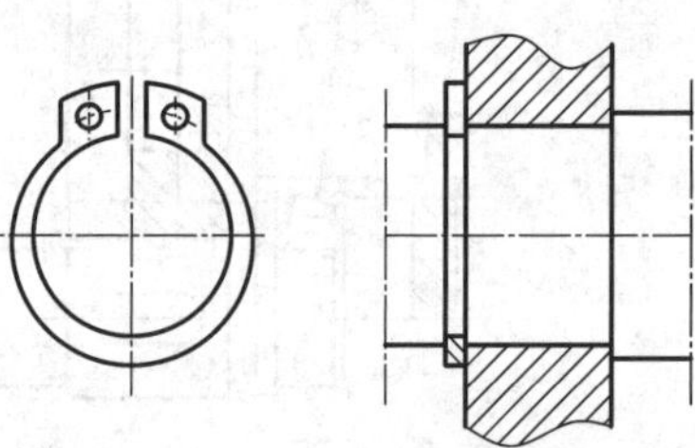

图 8-20　弹性挡圈

(5) 圆锥面定位。如图 8-21 所示,轴和轮毂孔采用圆锥面定位,对中性好,轴上零件装拆方便,且可兼作周向固定,常用于转速较高的场合。当用于轴端零件的固定时,可与轴端挡圈配合使用,使零件得到双向定位和固定。

其他轴向定位零件还包括紧定螺钉和锁紧挡圈等,其结构简单,零件位置可调整,并可兼作周向固定,多用于光轴上零件的固定,如图 8-22 所示,但不适用于转速较高的轴。

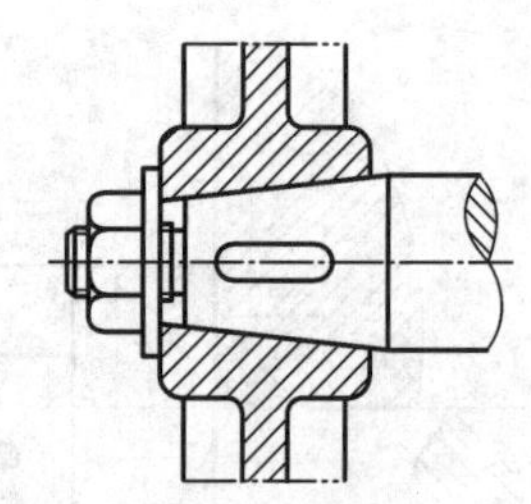

图 8-21　圆锥面定位

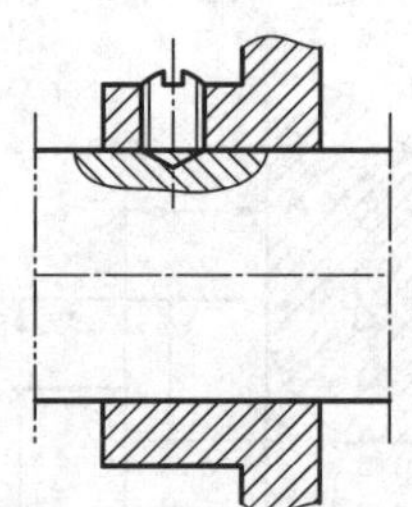

图 8-22　紧定螺钉固定

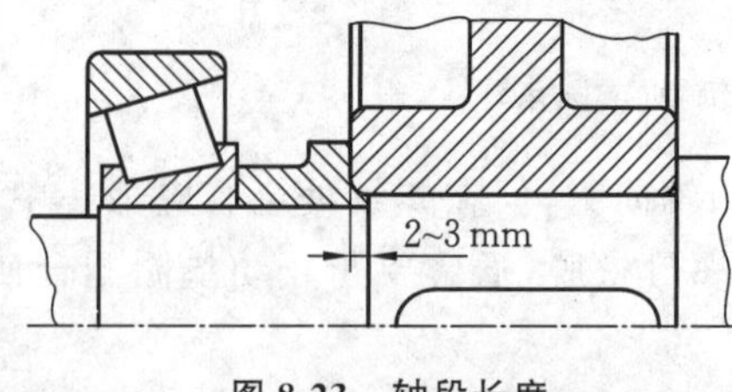

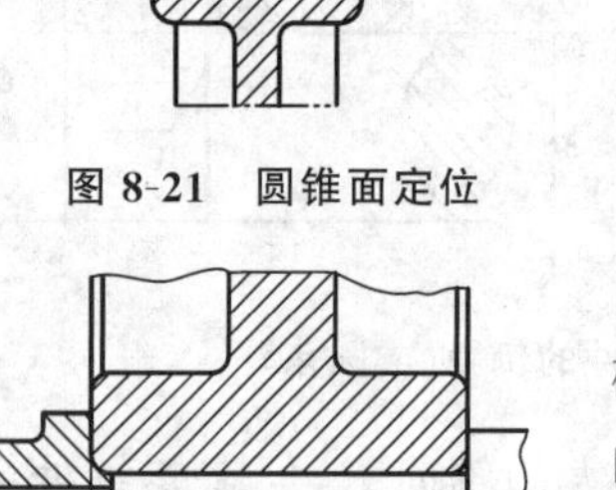

图 8-23　轴段长度

在用套筒、圆螺母、轴端挡圈做轴向固定时,为确保轴上零件定位可靠,轴头的长度应比零件轮毂的宽度短 2～3 mm,如图 8-23 所示。

2. 轴上零件常用的周向定位方式

为了传递运动和转矩,防止轴上零件与轴作相对运动,必须有可靠的周向固定。传动零件与轴的周向固定所形成的连接，称为轴毂连接。常用的周向定位方式有键、花键、销和紧定螺钉定位，这些方式会在后续章节中详细讲解。还可采用成形连接、过盈配合等进行周向定位，如图 8-24 所示。

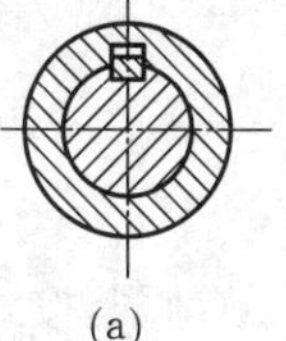
(a)
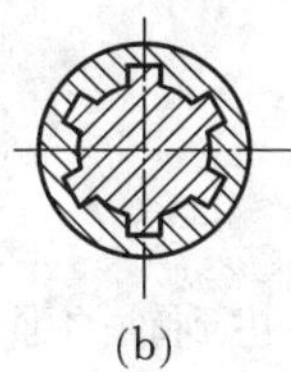
(b)
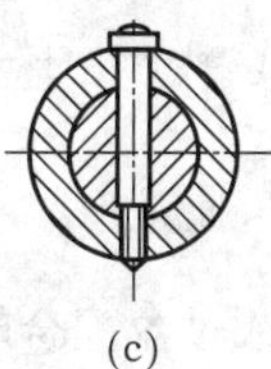
(c)
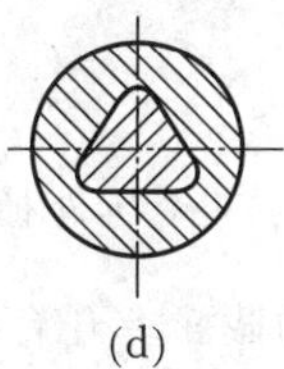
(d)
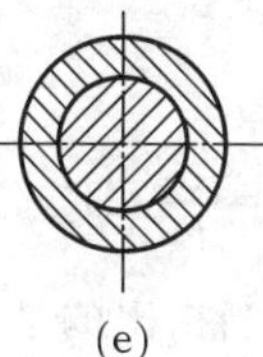
(e)

图 8-24 轴上零件常用的周向定位方法

8.5 轴的计算

8.5.1 各轴段直径的确定

确定各轴段直径的基本原则为：

(1) 按轴所受的扭矩估算轴径，作为轴的最小轴径 d_{min}；

(2) 有配合要求的轴段，应尽量采用标准直径；

(3) 安装标准件的轴段，应满足装配尺寸要求；

(4) 有配合要求的零件要便于装拆；

(5) 应保证轴上零件能可靠地轴向固定。

各轴段直径的确定，通常根据轴所受的扭矩进行初步计算，通过扭转强度计算，初步确定轴的最小直径 d_{min}，并将其作为受转矩轴段的最小直径，即

$$\tau_T = \frac{T}{W_T} = \frac{9.55\times10^6 P}{0.2d^3 n} \leqslant [\tau_T] \tag{8-1}$$

式中：τ_T 为轴的扭转切应力(MPa)；T 为扭矩(N·mm)；W_T 为抗扭截面系数(mm^3)；n 为轴的转速(r/min)；d 为轴的直径(mm)；$[\tau_T]$为许用扭转切应力(MPa)，可查表 8-2。

表 8-2 常用材料的$[\tau_T]$值 和 A_0值

材料	Q235-A，20	Q275，35	45	40Cr，35SiMn，38SiMnMo
$[\tau_T]$/MPa	15～25	20～35	25～45	35～55
A_0	149～126	135～112	126～103	112～97

注：(1) 表中$[\tau_T]$值是考虑了弯曲影响而降低了的许用扭转切应力。

(2) 在下述情况时，$[\tau_T]$取较大值，A_0 取较小值：弯矩较小或只受扭矩作用、载荷较平稳、无轴向载荷或只有较小的轴向载荷、减速器的低速轴、轴只作单向旋转。反之，$[\tau_T]$取较小值，A_0 取较大值。

由式(8-1)可得

$$d \geqslant \sqrt[3]{\frac{9.55\times10^6}{0.2[\tau_T]}} \cdot \sqrt[3]{\frac{P}{n}} = A_0 \cdot \sqrt[3]{\frac{P}{n}} \tag{8-2}$$

式中，$A_0=\sqrt[3]{\dfrac{9.55\times10^6}{0.2[\tau_T]}}$，可查表 8-2。

对于空心轴，有

$$d\geqslant A_0\cdot\sqrt[3]{\frac{P}{n(1-\alpha^4)}} \tag{8-3}$$

式中，$\alpha=\dfrac{d}{D}$，即空心轴的内径与外径之比，通常取 $\alpha=0.5\sim0.6$。

应当指出的是，当轴截面上开有键槽或过盈配合时，考虑到轴的强度会被削弱，按式(8-2)计算的轴径 d 应增大。轴径 $d>100$ mm 时，一个键槽应增大 3%，两个键槽应增大 7%；轴径 $d\leqslant100$ mm 时，一个键槽应增大 7%，两个键槽应增大 10%～15%，并将轴径按要求圆整。将初步求出的轴径作为承受扭矩作用轴段的最小直径，并进行结构设计。

根据确定的最小轴径和定位要求，确定定位轴肩的高度，同时也可以确定便于轴上零件装拆而设计的非定位轴肩的高度(通常取 1～2 mm)，各轴段直径都要在最小直径的基础上逐渐加粗，以此计算出各轴段的直径。有配合要求的轴段，应尽量采用标准直径；安装标准件(如滚动轴承、联轴器等)部位的轴径，应取为相应的标准值及所选配合的公差。

8.5.2 轴的强度计算

轴的工作能力主要取决于它的强度和刚度，因此设计轴时应按强度或刚度计算。根据轴的具体受载情况，采取相应的计算方法，并恰当地选取其许用应力。对于一般传递动力的轴，主要是满足强度要求；对于高速轴，还要校核其振动稳定性。下面介绍几种常见的轴段强度计算方法。

1. 按扭转强度计算

这种方法是按轴所受的扭矩来计算轴的强度，适用于只承受转矩的传动轴的精确计算，也可以用于既受弯矩又受扭矩的轴的最小直径的估算，对于不太重要的轴，也可作为最后计算结果。

对于只传递转矩的圆截面轴，其扭转强度按式(8-1)进行计算。

2. 按弯扭合成强度计算

当轴上零件和轴承的尺寸、位置及轴上的载荷大小等已知时，可按弯扭合成强度进行计算，其主要步骤如下。

(1) 作出轴的计算简图，将外载荷分解到水平面和垂直面内，求水平面支反力 F_H 和垂直面支反力 F_V。

(2) 计算水平面弯矩 M_H 和垂直面弯矩 M_V，并画出两平面对应的弯矩图。

(3) 按 $M=\sqrt{M_H^2+M_V^2}$ 计算合成弯矩，并画出合成弯矩图。

(4) 计算扭矩 T 并作扭矩图。

根据 $T=\dfrac{9.55\times10^6P}{n}$ 计算轴所受的扭矩，并作出扭矩图。

(5) 根据已求的合成弯矩和扭矩，按照第三强度理论校核轴危险截面强度，即

$$\sigma_{ca}=\sqrt{\sigma^2+4(\alpha\tau)^2}$$

$$\sigma=\frac{M}{W}=\frac{M}{\pi d^3/32}$$

$$\tau=\frac{T}{W_T}=\frac{T}{2W}$$

$$\sigma_{ca}=\sqrt{\left(\frac{M}{W}\right)^2+4\left(\frac{\alpha T}{2W}\right)^2}=\frac{\sqrt{M^2+(\alpha T)^2}}{W}\leqslant[\sigma_{-1}] \tag{8-4}$$

式中：$[\sigma_{-1}]$为轴受对称循环变应力时的许用弯曲应力，可查表 8-3 选取；α 为考虑弯曲应力和扭转切应力循环特性不同时的折合系数，可查表 8-4 选取。

表 8-3　轴的许用弯曲应力

单位：MPa

材　　料	σ_b	静应力状态下的许用弯曲应力$[\sigma_{+1b}]$	脉动循环状态下的许用弯曲应力$[\sigma_{0b}]$	对称循环状态下的许用弯曲应力$[\sigma_{-1b}]$
碳素钢	400	130	70	40
	500	170	75	45
	600	200	95	55
	700	230	110	65
合金钢	800	270	130	75
	900	300	140	80
	1000	330	150	90
铸钢	400	100	50	30
	500	120	70	40

表 8-4　常用材料的 α 值

	扭转切应力		
	静应力	脉动循环变应力	对称循环变应力
弯曲应力为对称循环变应力	$\alpha\approx0.3$	$\alpha\approx0.6$	$\alpha=1$

（6）计算轴的直径。轴直径的计算公式为

$$d\geqslant\sqrt[3]{\frac{M_e}{0.1[\sigma_{-1b}]}} \tag{8-5}$$

轴的抗弯截面系数和抗扭截面系数如表 8-5 所示。

表 8-5　轴的抗弯截面系数和抗扭截面系数

截 面 形 状	抗弯截面系数 W	抗扭截面系数 W_T	截 面 形 状	抗弯截面系数 W	抗扭截面系数 W_T
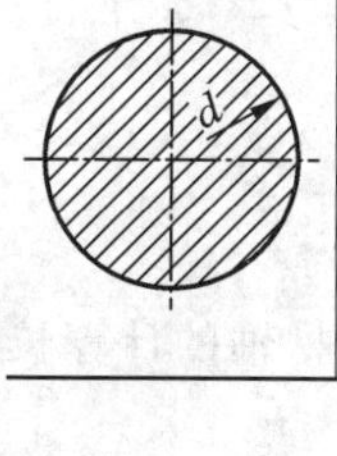	$\frac{\pi d^3}{32}=0.1d^3$	$\frac{\pi d^3}{16}=0.2d^3$	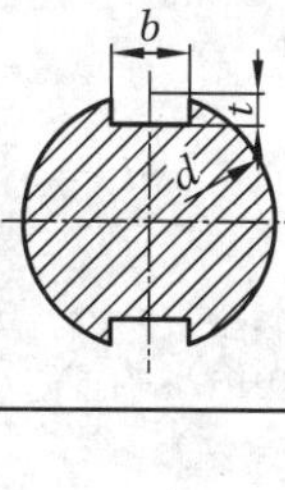	$\frac{\pi d^3}{32}-\frac{bt(d-t)^2}{d}$	$\frac{\pi d^3}{16}-\frac{bt(d-t)^2}{d}$

续表

截面形状	抗弯截面系数 W	抗扭截面系数 W_T	截面形状	抗弯截面系数 W	抗扭截面系数 W_T
	$\frac{\pi D^3}{32}(1-\beta^4)$ $\beta=\frac{d}{D}$	$\frac{\pi D^3}{16}(1-\beta^4)$ $\beta=\frac{d}{D}$		$\frac{\pi d^3}{32}\left(1-1.54\frac{d_1}{d}\right)$	$\frac{\pi d^3}{16}\left(1-\frac{d_1}{d}\right)$
	$\frac{\pi d^3}{32}-\frac{bt(d-t)^2}{2d}$	$\frac{\pi d^3}{16}-\frac{bt(d-t)^2}{2d}$		$[\pi d^4+(D-d)(D+d)^2 zb]/32D$ z——花键尺寸	$[\pi d^4+(D-d)(D+d)^2 zb]/16D$ z——花键尺寸

注：近似计算时，单、双键槽一般可忽略，花键轴截面可视为直径等于平均直径的圆截面。

8.5.3　轴的刚度计算

轴在载荷作用下产生弯曲变形和扭转变形，如图 8-25 所示。变形过大，超过允许的极限，就会影响轴的工作性能，例如机床主轴变形过大会影响所加工零件的精度，电机主轴变形过大会使转子和定子之间的间隙不均匀而影响电机的工作性能。因此，在设计刚度要求较高的轴时，要进行弯曲刚度和扭转刚度的校核计算。

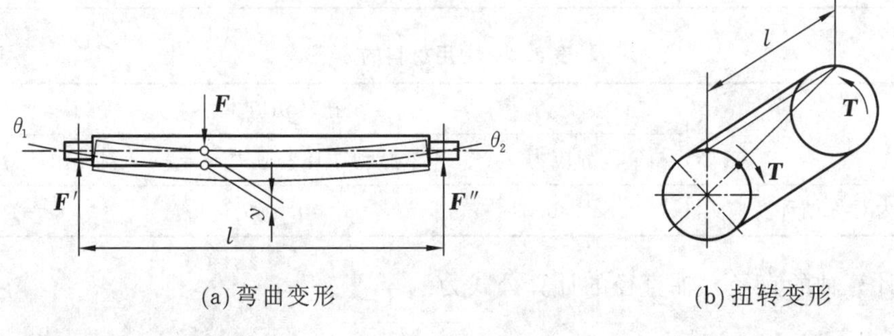

(a) 弯曲变形　　(b) 扭转变形

图 8-25　轴的变形

1. 弯曲刚度校核计算

若轴是光轴，可直接用材料力学中的公式计算其挠度或转角；若轴为阶梯轴，且计算精度要求不高，可用当量直径法做近似计算，将整根轴看成当量直径为 d_v 的光轴，然后再按照材料力学中的公式计算。

当量直径 d_v（单位为 mm）为

$$d_v=\sqrt[4]{\frac{L}{\sum_{i=1}^{z}\frac{l_i}{d_i^4}}} \tag{8-6}$$

式中，l_i 为阶梯轴第 i 段的长度(mm)，d_i 为阶梯轴第 i 段的直径(mm)，L 为阶梯轴的计算长度(mm),z 为阶梯轴计算长度内的轴段数。

当载荷作用于两支座之间时,取 $L=l$(l 为支撑跨距);当载荷作用于悬臂端时,取 $L=l+K$(K 为轴的悬臂长度,单位为 mm)。

轴的弯曲刚度条件为:

挠度 $$y\leqslant[y] \tag{8-7}$$

转角 $$\theta\leqslant[\theta] \tag{8-8}$$

式中:$[y]$为轴的许用挠度(mm),见表 8-6;$[\theta]$为轴的许用偏转角(rad),见表 8-6。

表 8-6 轴的许用变形量

变形种类	适用场合	许用值	变形种类	适用场合	许用值
许用挠度 $[y]$/mm	一般用途的轴	$(0.000\,3\sim0.000\,5)l$	许用转角 $[\theta]$/rad	滑动轴承	0.001
	刚度要求较严的轴	$0.000\,2l$		向心球轴承	0.005
	感应电机轴	0.1Δ		调心球轴承	0.05
	安装齿轮的轴	$(0.01\sim0.03)m_n$		圆柱滚子轴承	0.002 5
	安装蜗轮的轴	$(0.02\sim0.05)m_n$		圆锥滚子轴承	0.001 6
注:l 为轴的跨距(mm),Δ 为电机定子与转子间的气隙(mm),m_n 为齿轮法面模数(mm)。				安装齿轮处轴的截面	0.001~0.002
			每米长的允许扭转角$[\varphi]$/(°/m)	一般传动	0.5~1
				较精密传动	0.2~0.5
				重要传动	<0.25

2. 扭转刚度校核计算

轴的扭转变形用每米长的扭转角 φ(单位为°/m)来表示。圆轴扭转刚度的计算公式为

光轴 $$\varphi=\frac{T}{GI_p}\leqslant[\varphi] \tag{8-9}$$

阶梯轴 $$\varphi=\frac{1}{LG}\sum_{i=1}^{n}\frac{T_i l_i}{I_{pi}}\leqslant[\varphi] \tag{8-10}$$

式中:T 为扭矩(N·mm);G 为轴材料的剪切弹性模量(MPa),对于钢材,$G=8.1\times10^4$ MPa;I_p 为轴截面的极惯性矩(mm^4),对于实心圆轴,$I_p=\frac{\pi d^4}{32}$,对于空心圆轴,$I_p=\frac{\pi d^4}{32}(1-\alpha^4)$;$L$ 为阶梯轴受扭矩作用的长度(mm);T_i,l_i,I_{pi} 分别为阶梯轴第 i 段所受的扭矩、长度、极惯性矩;z 为阶梯轴受扭矩作用的轴段数;$[\varphi]$为轴每米长的允许扭转角,见表 8-6。

8.5.4 设计实例

根据第 2 章中的项目Ⅰ带式运输机传动装置(该装置运转平稳,工作转矩变化很小),试设计该装置中的减速器的高速轴。减速器的装置简图参看图 8-1,输入轴与带轮相连,输出轴通过联轴器与齿轮相连,输出轴为单向旋转。已知输入功率 $P=2.88$ kW,转速 $n=320$ r/min,作用在齿轮上的力 $F_t=3343.7$ N,$F_r=1251$ N,$F_a=800$ N,齿轮分度圆直径 $d=52$ mm,带轮的压轴力 $F_p=1200$ N。

设计步骤如下：

计算项目及说明	结　　果
1. 求输入轴上的转矩 T $T=9550\dfrac{P}{n}=9550\times\dfrac{2.88}{320}\ \text{N}\cdot\text{m}=85.95\ \text{N}\cdot\text{m}$	$T=85.95\ \text{N}\cdot\text{m}$
2. 初步确定轴的最小直径 先按式(8-2)初步估算轴的最小直径。选取轴的材料为45钢，调制处理。根据表8-2，取 $A_0=112$，于是得 $d_{\min}=A_0\cdot\sqrt[3]{\dfrac{P}{n}}=112\times\sqrt[3]{\dfrac{2.88}{320}}\ \text{mm}=23.3\ \text{mm}$ 轴的最小直径是安装带轮处轴的直径 ϕ_0，如图8-26所示，轴上开有一键槽，直径应增大5%，即 $d'_{\min}=23.3\times(1+5\%)\ \text{mm}=24.47\ \text{mm}$，取 $\phi_0=25$ mm。	$d_{\min}=25$ mm
3. 轴的结构设计 (1) 根据轴向定位要求确定轴的各段直径和长度。 ① 为了满足带轮的定位要求，ϕ_0 段左端需制出一轴肩，故取 $\phi_1=30$ mm，右端用轴端挡圈定位，按直径取挡圈直径 $D=35$ mm。取带轮与轴配合处轴的长度 $l_6=60$ mm。	$l_6=60$ mm
② 初步选择滚动轴承。 选用角接触球轴承。按照工作要求，并根据 $\phi_1=30$ mm，初步选取角接触球轴承7206AC，其尺寸为 $d\times D\times B=30\ \text{mm}\times62\ \text{mm}\times16\ \text{mm}$，取 $l_5=40$ mm，$l_1=16$ mm。	$\phi_1=30$ mm $l_5=40$ mm　$l_1=16$ mm
左端滚动轴承采用轴肩定位。根据GB/T 292—2007查得7206AC轴承的定位轴肩直径 $d_a=36$ mm，故取 $\phi_2=36$ mm。	$\phi_2=36$ mm
③ 齿轮处轴段制成了齿轮轴，根据齿轮宽度确定 $l_3=58$ mm。	$l_3=58$ mm
④ 综合考虑高速轴、低速轴、箱体等的装配关系，取 $l_2=l_4=30$ mm。	$l_2=l_4=30$ mm
至此已初步确定了轴的各段直径和长度。 (2) 轴上零件的周向定位。 带轮与轴的周向定位采用平键连接。按 $\phi_0=25$ mm查得平键尺寸 $b\times h=8\ \text{mm}\times7\ \text{mm}$，键槽用键槽铣刀加工，长为45 mm，配合为 $\dfrac{\text{H}_7}{\text{n}_6}$。 (3) 确定轴上的圆角和倒角尺寸。 取轴端倒角为 $C2$，各轴肩处圆角半径为 $R2$。 4. 求轴上的载荷 首先根据轴的结构图作出轴的计算简图(按减速器拆盖后的	

计算项目及说明	结　　果
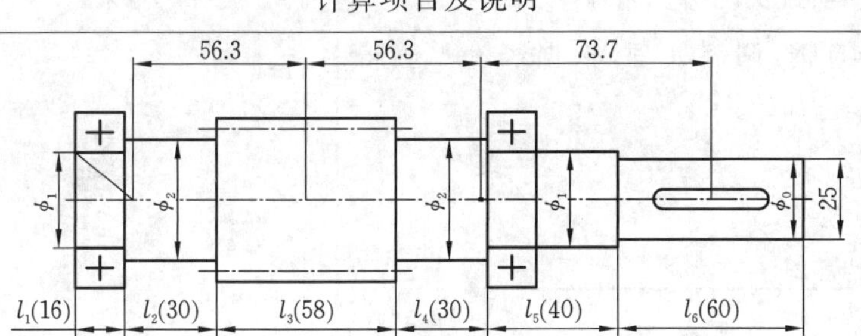 **图 8-26　轴的结构与装配** 俯视图绘制)。根据 GB/T 292—2007 查得 7206AC 轴承的支点位置 $a=18.7\ \text{mm}$。因此,轴的制成跨距为 $L_2+L_1=(56.3+56.3)\ \text{mm}=112.6\ \text{mm}$。根据轴的计算简图(见图 8-27(a)),作出轴的弯矩图和扭矩图。	
根据图 8-27(b)求得垂直面内的支座反力为 $F_{NV1}=F_{NV2}=\frac{F_t}{2}=1671.85\ \text{N}$ 弯矩为 $M_V=94\ 125.16\ \text{N}\cdot\text{mm}$ 并作出弯矩图,如图 8-27(b-1)所示。	垂直面参数: $F_{NV1}=1671.85\ \text{N}$ $F_{NV2}=1671.85\ \text{N}$ $M_V=94\ 125.16\ \text{N}\cdot\text{mm}$
根据图 8-27(c)求得水平面内的支座反力为 $F_{NH1}=24.79\ \text{N}$ $F_{NH2}=2426.21\ \text{N}$ 弯矩为 $M_{H1}=1395.68\ \text{N}\cdot\text{mm}$ $M'_{H1}=-19\ 404.32\ \text{N}\cdot\text{mm}$ $M_{H2}=-88\ 440\ \text{N}\cdot\text{mm}$ 并作出弯矩图,如图 8-27(c-1)所示。	水平面参数: $F_{NH1}=24.79\ \text{N}$ $F_{NH2}=2426.21\ \text{N}$ $M_{H1}=1395.68\ \text{N}\cdot\text{mm}$ $M'_{H1}=-19\ 404.32\ \text{N}\cdot\text{mm}$ $M_{H2}=-88\ 440\ \text{N}\cdot\text{mm}$
根据垂直面内的弯矩和水平面内的弯矩求出总弯矩,即 $M_1=\sqrt{1395.68^2+94\ 125.16^2}\ \text{N}\cdot\text{mm}=94\ 135.51\ \text{N}\cdot\text{mm}$ $M'_1=\sqrt{(-19\ 404.32)^2+94\ 125.16^2}\ \text{N}\cdot\text{mm}=96\ 104.49\ \text{N}\cdot\text{mm}$ $M_2=\sqrt{0^2+(-88\ 440)^2}\ \text{N}\cdot\text{mm}=88\ 440\ \text{N}\cdot\text{mm}$ 并作出弯矩图,如图 8-27(d)所示。	最大弯矩: $M'_1=96\ 104.49\ \text{N}\cdot\text{mm}$
根据图 8-27(e)求出扭矩 $T=-85.95\ \text{N}\cdot\text{m}$,并作出扭矩图,如图 8-27(e-1)所示。	扭矩: $T=-85.95\ \text{N}\cdot\text{m}$
5. 按弯扭合成校核轴的强度 强度校核应校核危险截面处,即 M_1 处,取 $\alpha=0.6$,则有 $\sigma_{ca}=\frac{\sqrt{M^2+(\alpha T)^2}}{W}=\frac{\sqrt{96\ 104.49^2+(0.6\times 85\ 950)^2}}{0.1\times 52^3}\ \text{MPa}=7.76\ \text{MPa}$	

计算项目及说明	结　　果
已选定轴的材料为 45 钢，调制处理，根据表 8-1 查得 $[\sigma_{-1}]=60\ \text{MPa}$，则 $\sigma_{ca}<[\sigma_{-1}]$，故安全。	

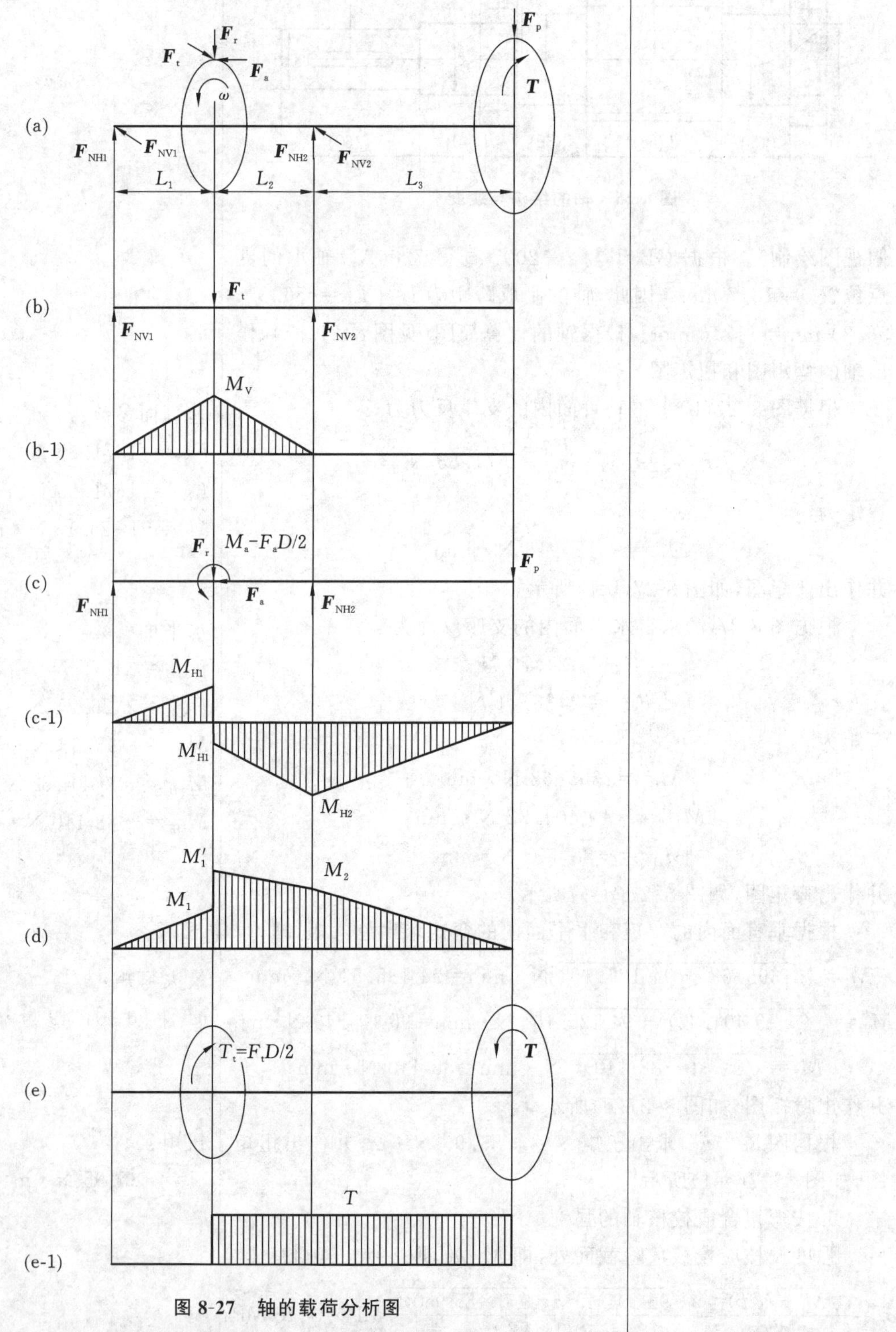

图 8-27　轴的载荷分析图

8.6 轴的振动

轴是一弹性体，旋转时会产生弯曲振动、扭转振动及纵向振动。当轴和轴上零件组成一个构件并作整体运动时，如果它所受外力的激振频率与自身的固有频率相同或接近，那么轴将产生共振，这种现象称为轴的共振。轴在产生共振时的转速称为临界转速。轴的振动稳定性计算的目的就是使轴的工作转速避开其临界转速。

轴的振动分为弯曲振动、扭转振动和纵向振动等。一般而言，轴的弯曲振动现象最为常见。在转速不高的一般通用机械中，轴的振动问题不是很突出，常予以忽略；但是对于高速运转的轴，轴的振动稳定性问题就必须考虑了。当激振频率与零件的固有频率成整数倍关系时，零件就会发生共振而失效。共振时的转速称为临界转速。当轴的工作转速很高时，应使轴快速通过各阶临界转速，轴的工作转速应避开相应的共振区，这样轴才具有振动稳定性。一阶临界转速的计算公式为

$$n_{c1}=\frac{60}{2\pi}\omega_c=\frac{30}{\pi}\sqrt{\frac{k}{m}}=\frac{30}{\pi}\sqrt{\frac{g}{y_0}} \tag{8-11}$$

一般情况下，应使轴的工作转速 $n<0.85n_{c1}$ 或 $1.15n_{c1}<n<0.85n_{c2}$，满足上述条件的轴就具有了弯曲振动的稳定性。

本章小结

拓展阅读

（1）轴按承载情况的分类。

（2）轴的常用材料。

（3）轴结构设计的基本要求。

（4）轴上零件的轴向定位和周向定位方式。

（5）轴的强度计算方法。

（6）轴的设计步骤：根据扭矩估算轴径，将该轴径作为轴的最小轴径 d_{min}—根据轴向定位要求确定轴的各段直径和长度—确定轴上零件的周向定位方式—确定轴上的圆角和倒角尺寸—求轴上的载荷—根据变形按强度要求校核轴的强度。

练习与提高

一、思考分析题

1. 按承载情况的不同，轴可以分为哪几种？

2. 轴的常用材料有哪些？如果采用优质碳素钢而轴的刚度不足，是否可以采用合金钢来替代？

3. 材料为45钢的轴，若其刚度不足，可采取哪些措施来提高其刚度？

4. 若轴的强度不足或刚度不足，可分别采取哪些措施？

5. 轴结构设计的目的是什么？

6. 轴结构设计应满足哪些基本要求？

7. 轴上零件的轴向定位和周向定位主要有哪些方式？各用于什么场合？

8. 轴的强度计算方法有几种？

9. 轴的强度计算中，计算弯矩的公式 $M_{ca}=\sqrt{M^2+(\alpha T)^2}$ 中为什么引入系数 α？

10. 试说明轴的结构设计过程。

二、综合设计计算题

1. 直齿圆柱齿轮减速器如图 8-28 所示，$z_2=22$，$z_3=77$，由轴Ⅰ输入的功率 $P=20$ kW，轴Ⅰ的转速 $n=600$ r/min，两轴的材料均为 45 钢，试按扭矩初步确定轴Ⅰ的最小直径。

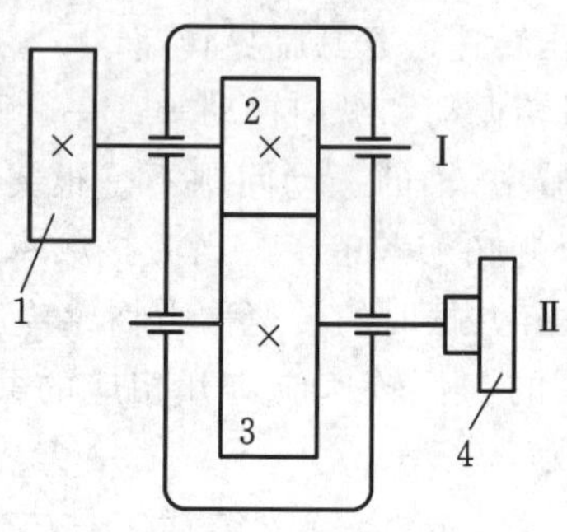

图 8-28　题 1 图

2. 指出图 8-29 所示的轴结构中的错误，并画出正确的轴结构图。

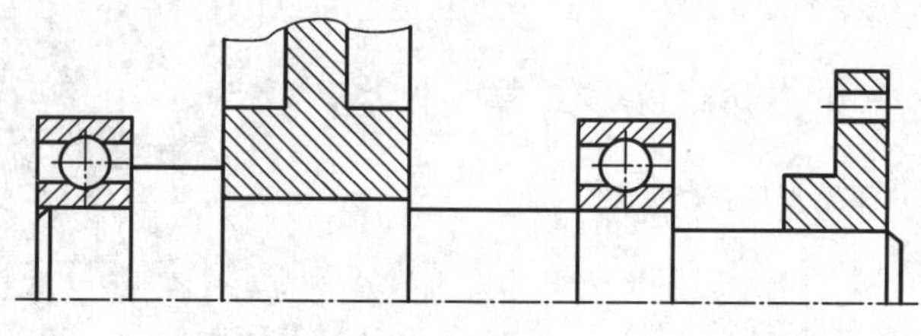

图 8-29　题 2 图

3. 设计图 8-30 所示的直齿圆柱齿轮减速器的输出轴。已知轴的转速 $n=200$ r/min，传递的功率 $P=11$ kW，从动齿轮齿数 $z_2=72$，模数 $m=3$ mm，轮毂宽度 $l_h=80$ mm，选用直径系列 2 的深沟球轴承，两轴承宽度的间距为 130 mm。

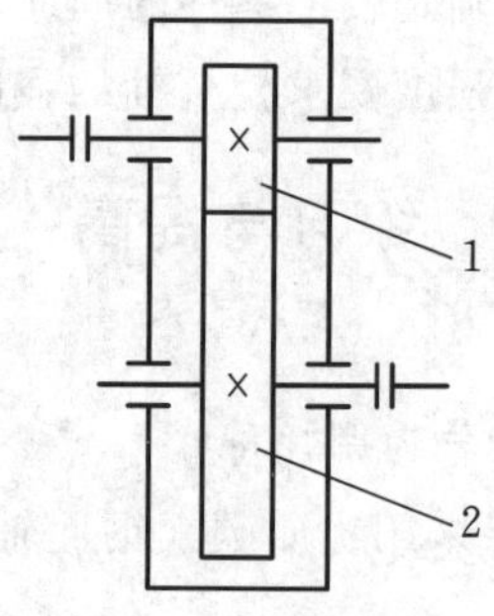

图 8-30　题 3 图

1—输入轴；2—输出轴

4. 指出图 8-31 所示的轴结构中的错误，在错误处编号，并在图下方按编号详细说明。（齿轮油润滑，轴承脂润滑）

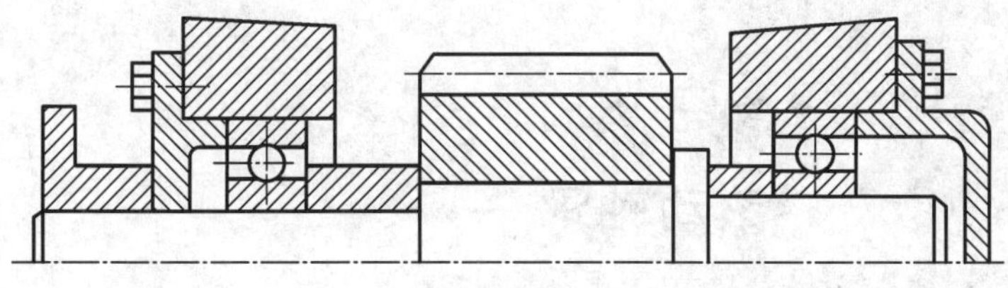

图 8-31　题 4 图

5. 某硬币自动计数、包卷机的硬币输送装置的工作原理简图如图 8-32 所示，硬币放在币盘 1 上，币盘 1 在立轴 3 的驱动下转动，带缺口的挡板 2 固定在面板上，在离心力的作用下，硬币沿挡板缺口输出，实现硬币的队列化功能。要求设计硬币输送装置中立轴 3 的轴系结构。已知转盘的转速 $n=150$ r/min，币盘 1 的直径为 240 mm，电动机的功率为 40 W，工厂的加工精度一般。

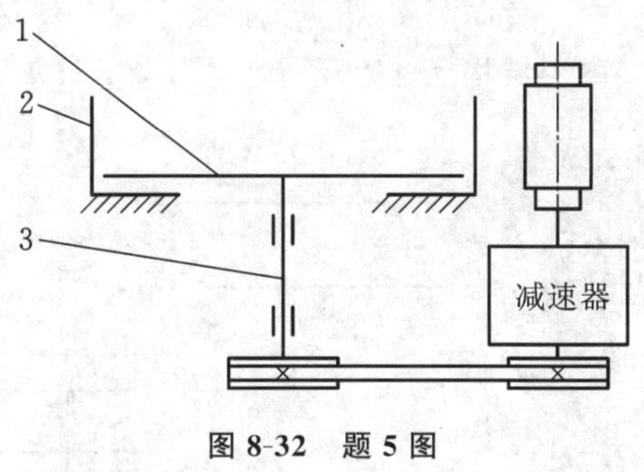

图 8-32　题 5 图

1—币盘；2—挡板；3—立轴

第 9 章
滚动轴承

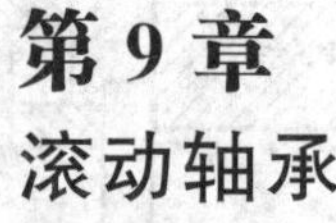

知识技能目标

了解滚动轴承的结构和特点，掌握滚动轴承的主要类型、常用代号及选择方法，掌握滚动轴承的失效形式及寿命计算，掌握滚动轴承组合设计。

项目子任务分解

结合第 2 章中的项目Ⅰ、Ⅱ，按照图 9-1、图 9-2 所示的传动简图，根据前面章节设计案例中的轴和齿轮的材料和结构尺寸以及传递的载荷等计算结果，设计滚动轴承。

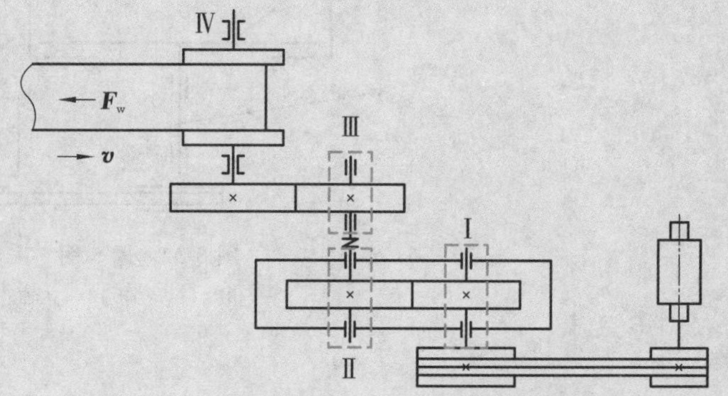

图 9-1　圆柱斜齿轮减速器传动设计简图

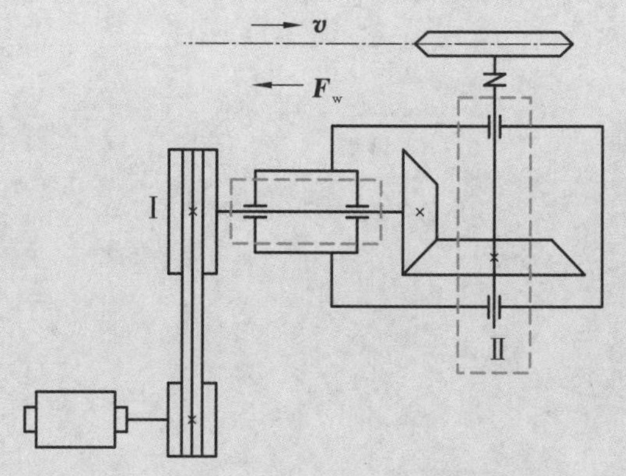

图 9-2　圆锥齿轮减速器传动设计简图

子任务实施建议

1. 任务分析

根据工作条件，选择滚动轴承的代号；针对滚动轴承的主要失效形式，对滚动轴承进行寿命计算。

2. 实施过程

根据前面章节中的任务实施结果——轴颈直径 d、轴转速 n、载荷类型和设计寿命进行滚动轴承代号的选择和寿命计算，确定轴承是否符合设计要求。

理论解读

9.1 概 述

滚动轴承是现代机器中广泛应用的部件之一，它是依靠主要元件间的滚动接触来支承转动零件的。滚动轴承绝大多数已经标准化，并由专业工厂大量制造及供应各种常用规格的轴承。滚动轴承具有启动所需力矩小、旋转精度高、选用方便等优点。

滚动轴承的基本结构如图 9-3 所示，它由内圈 1、外圈 2、滚动体 3 和保持架 4 等四个部分组成。内圈通常与轴颈装配在一起，并随轴回转。外圈通常装配在轴承座内或机械部件壳体中，起支承作用。在某些应用场合中，也有外圈旋转、内圈固定以起支承作用，或者内、外圈都旋转的。常用的滚动体有钢球、圆柱滚子、圆锥滚子、对称鼓形滚子、不对称鼓形滚子、滚针等几种，如图 9-4 所示。

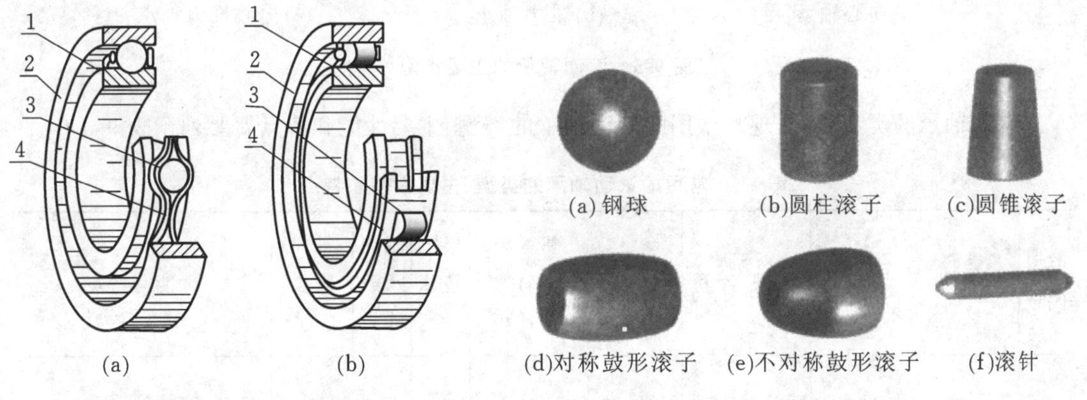

图 9-3 滚动轴承的基本结构

图 9-4 常用的滚动体

保持架的主要作用是均匀地隔开滚动体。如果没有保持架，则相邻滚动体转动时将会由于接触处产生较大的相对滑动速度而引起磨损。保持架有冲压式(见图 9-3(a))和实体式(见图 9-3(b))两种。冲压式保持架一般用低碳钢板冲压制成，它与滚动体间有较大的间隙；实体式保持架常用铜合金、铝合金或塑料等材料经切削加工制成，有较好的定心作用。

轴承的内、外圈和滚动体，一般是用高碳铬轴承钢或渗碳轴承钢制造的，热处理后硬度一般不低于 60 HRC。由于一般轴承的这些零部件都经过 150 ℃的回火处理，所以通常当轴承的工作温度不高于 120 ℃时，这些零部件的硬度不会下降。

由于滚动轴承属于标准件，所以本章主要介绍滚动轴承的主要类型和结构特点，介绍相关的标准，讨论如何根据具体工作条件正确选择轴承的类型和尺寸、计算轴承的寿命，以及与轴承的安装、配置、调整、配合、预紧、润滑、密封等有关的轴承组合设计问题。

9.2 滚动轴承的类型和代号

9.2.1 滚动轴承的主要类型、性能与特点

如果仅按轴承所能承受的外载荷不同来分类，滚动轴承可以分为向心轴承、推力轴承和向心推力轴承三大类，如图 9-5 所示。向心轴承只能承受径向载荷 $\boldsymbol{F}_r$，推力轴承只能承受轴向载荷 $\boldsymbol{F}_a$，向心推力轴承既能承受径向载荷 $\boldsymbol{F}_r$，又能承受轴向载荷 $\boldsymbol{F}_a$。向心推力轴承的滚动体与外圈滚道接触点（线）处的法线 N—N 与半径方向的夹角 α 称为轴承的接触角。

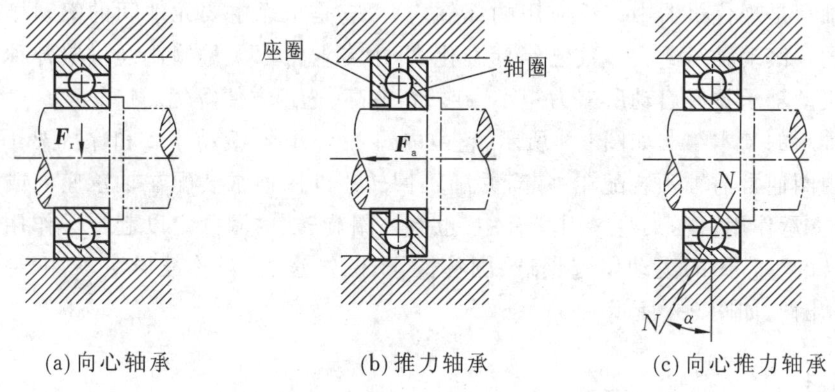

(a) 向心轴承　　(b) 推力轴承　　(c) 向心推力轴承

图 9-5　滚动轴承的主要类型

滚动轴承的类型很多，现将常用的滚动轴承的类型、主要性能和特点简要列于表 9-1 中。

表 9-1　常用的滚动轴承的类型、主要性能和特点

类型代号	简　图	类型名称	结构代号	基本额定动载荷比①	极限转速比②	轴向承载能力	轴向限位能力③	性能与特点
1		调心球轴承	10000	0.6～0.9	中	少量	Ⅰ	因外圈滚道表面是以轴承中点为中心的球面，故能自动调心，允许内圈（轴）相对于外圈（外壳）轴线偏斜量≤2°，一般不宜承受纯轴向载荷

续表

类型代号	简　　图	类型名称	结构代号	基本额定动载荷比①	极限转速比②	轴向承载能力	轴向限位能力③	性能与特点
2		调心滚子轴承	20000	1.8～4	低	少量	Ⅰ	性能、特点与调心球轴承的相同，但具有较大的径向承载能力，允许内圈相对于外圈轴线偏斜量≤1.5°
		推力调心滚子轴承	29000	1.6～2.5	低	很大	Ⅱ	用于承受以轴向载荷为主的轴向、径向联合载荷，但径向载荷不得超过轴向载荷的55%。运转中滚动体受离心力矩的作用，与滚道间产生滑动，并导致轴圈与座圈分离。为保证正常工作，需施加一定的轴向预载荷。允许轴圈相对于座圈轴线偏斜量≤1.5°
3		圆锥滚子轴承 $\alpha=10°\sim18°$	30000	1.5～2.5	中	较大	Ⅱ	可以同时承受径向载荷及轴向载荷（30000型以径向载荷为主，30000B型以轴向载荷为主），外圈可分离，安装时可调整轴承的游隙，一般成对使用
		大锥角圆锥滚子轴承 $\alpha=27°\sim30°$	30000B	1.1～2.1	中	很大	Ⅱ	
5		推力球轴承	51000	1	低	很大	Ⅱ	只能承受轴向载荷，高速时离心力大，钢球、保持架磨损，发热严重，寿命缩短，故极限转速很低。为了防止钢球与滚道之间的滑动，工作时必须加有一定的轴向载荷。轴线必须与轴承座底面垂直，载荷必须与轴线重合，以保证钢球载荷的均匀分配
		双向推力球轴承	52000	1	低	很大	Ⅰ	

续表

类型代号	简图	类型名称	结构代号	基本额定动载荷比[①]	极限转速比[②]	轴向承载能力	轴向限位能力[③]	性能与特点
6		深沟球轴承	60000	1	高	少量	Ⅰ	主要承受径向载荷，也可同时承受小的轴向载荷，当量摩擦系数最小，在高转速且有轻量化要求的场合，可用来承受单向或双向的轴向载荷，工作中允许内、外圈轴线偏斜量≤8′，大量生产，价格最低
7		角接触球轴承	70000C $\alpha=15°$	1.0～1.4	高	一般	Ⅱ	可以同时承受径向载荷及轴向载荷，也可以单独承受轴向载荷，能在较高的转速下正常工作。由于一个轴承只能承受单向的轴向力，因此一般成对使用。承受轴向载荷的能力与接触角 α 有关，接触角大的，承受轴向载荷的能力就强
			70000AC $\alpha=25°$	1.0～1.3		较大		
			70000B $\alpha=40°$	1.0～1.2		更大		
N		外圈无挡边的圆柱滚子轴承	N0000	1.5～3.0	高	无	Ⅲ	有较强的径向承载能力，外圈（或内圈）可以分离，故不能承受轴向载荷，滚子由内圈（或外圈）的挡边轴向定位，工作时允许内、外圈有少量的轴向错动，内、外圈轴线的允许偏斜量很小（2′～4′）。此类轴承还可以不带外圈或内圈
		内圈无挡边的圆柱滚子轴承	NU0000			无	Ⅲ	
		内圈有单挡边的圆柱滚子轴承	NJ0000			少量	Ⅱ	

续表

类型代号	简图	类型名称	结构代号	基本额定动载荷比①	极限转速比②	轴向承载能力	轴向限位能力③	性能与特点
NA		滚针轴承	NA0000	—	低	无	Ⅲ	在同样内径的条件下，与其他类型的轴承相比，其外径极小，内圈或外圈可以分离，工作时允许内、外圈有少量的轴向错动，有较大的径向承载能力，一般不带保持架，摩擦系数较大
UC		带顶丝外球面球轴承	UC000	1	中	少量	Ⅰ	内部结构与深沟球轴承的相同，但外圈具有球形外表面，与带有凹球面的轴承座相配能自动调心，常用紧定螺钉、偏心套或紧定套将轴承内圈固定在轴上，轴心线允许偏斜5%

注：① 基本额定动载荷比是指同一尺寸系列(直径及宽度)的各种类型和结构形式的轴承的基本额定动载荷与单列深沟球轴承(推力球轴承则为单向推力球轴承)的基本额定动载荷之比。

② 极限转速比是指同一尺寸系列0级公差的各类轴承脂润滑时的极限转速与单列深沟球轴承脂润滑时的极限转速之比。高、中、低的含义为：高为单列深沟球轴承极限转速的90%～100%，中为单列深沟球轴承极限转速的60%～90%，低为单列深沟球轴承极限转速的60%以下。

③ 轴向限位能力：Ⅰ为轴的双向轴向位移限制在轴承的轴向游隙范围以内，Ⅱ为限制轴的单向轴向位移，Ⅲ为不限制轴的轴向位移。

9.2.2 滚动轴承的代号

滚动轴承的代号是一组由字母和数字组成的产品符号，用于表示滚动轴承的结构、尺寸、公差等级和技术性能等基本特征。通用轴承的代号由前置代号、基本代号和后置代号三个部分组成，如表9-2所示。

1. 前置代号

前置代号用于表示轴承的分部件，用字母表示，如L表示可分离轴承的可分离内圈或外圈，K表示滚子和保持架组件等。

2. 基本代号

基本代号用来表明轴承的内径、直径系列、宽度系列和类型，现分述如下：

表 9-2　滚动轴承代号的构成

<table>
<tr><td>前置代号</td><td colspan="5">基本代号</td><td colspan="8">后置代号</td></tr>
<tr><td rowspan="3">轴承分部件代号</td><td>五</td><td>四</td><td>三</td><td>二</td><td>一</td><td rowspan="3">内部结构</td><td rowspan="3">密封与防尘结构</td><td rowspan="3">保持架及其材料</td><td rowspan="3">特殊轴承材料</td><td rowspan="3">公差等级</td><td rowspan="3">游隙</td><td rowspan="3">配置</td><td rowspan="3">其他</td></tr>
<tr><td rowspan="2">类型代号</td><td colspan="2">尺寸系列代号</td><td colspan="2" rowspan="2">内径代号</td></tr>
<tr><td>宽度系列代号</td><td>直径系列代号</td></tr>
</table>

注：基本代号栏下面的一至五表示代号自右向左的位置序数。

(1) 轴承内径是指轴承内圈的内径，常用 d 表示。基本代号右起第一、二位数字为内径代号。对于常用内径 $d=20\sim480$ mm 的轴承，内径一般为 5 的倍数。这两位数字表示轴承内径尺寸除以 5 的商数，商数为个位数时，需在商数左边加“0”。如 05 表示内径 $d=25$ mm，13 表示内径 $d=65$ mm 等。内径代号还有一些例外的，如对于内径为 10 mm、12 mm、15 mm 和 17 mm 的轴承，内径代号依次为 00、01、02 和 03。

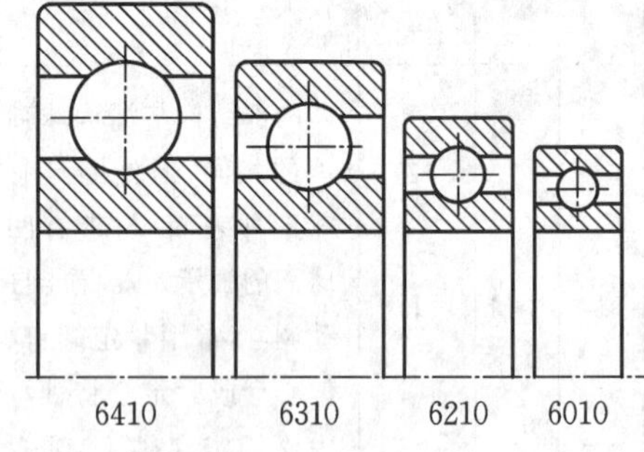

图 9-6　部分直径系列之间的尺寸对比

(2) 轴承的直径系列(即结构、内径相同的轴承在外径和宽度方面的变化系列)用基本代号右起第三位数字表示。直径系列代号有 7、8、9、0、1、2、3、4 和 5，对应于相同内径的轴承，其外径尺寸依次递增。部分直径系列之间的尺寸对比如图 9-6 所示。7、8、9 用于载荷超轻的场合，0、1 用于载荷特轻的场合，2 用于载荷轻的场合，3 用于载荷中等的场合，4 用于载荷重的场合，5 用于载荷特重的场合。

(3) 轴承的宽度系列(即结构、内径和直径系列都相同的轴承在宽度方面的变化系列，对于推力轴承，是指高度系列)用基本代号右起第四位数字表示。宽度系列代号有 8、0、1、2、3、4、5 和 6，对应于同一直径系列的轴承，其宽度依次递增。多数轴承在代号中不标出代号 0，但对于调心滚子轴承和圆锥滚子轴承，宽度系列代号中的 0 应标出。

直径系列代号和宽度系列代号统称为尺寸系列代号。

(4) 轴承类型代号用基本代号右起第五位数字(或字母)表示，具体表示方法如表 9-1 所示。

3. 后置代号

后置代号是用字母和数字等表示轴承的结构、公差及材料的特殊要求等。后置代号的内容很多，下面介绍几个常用的代号。

(1) 内部结构代号用于表示同一类型轴承的不同内部结构，用字母紧跟基本代号表示。如接触角为 15°、25°和 40°的角接触球轴承分别用 C、AC 和 B 表示其内部结构的不同。

(2) 轴承的公差等级分为 2 级、4 级、5 级、6 级(或 6x 级)和 0 级，共 6 个级别，依次由高级到低级，其代号分别为/P2、/P4、/P5、/P6(或/P6x)和/P0。公差等级中，0 级为普通级(在轴承代号中不标出)，是最常用的轴承公差等级。

(3) 常用的轴承径向游隙系列分为 1 组、2 组、0 组、3 组、4 组和 5 组，共 6 个组别，径向游隙依次由小到大，其代号分别为/C1、/C2、—、/C3、/C4、/C5。0 组游隙是常用的游隙组别，在轴承代号中不标出。

4. 代号举例

6212:内径为 60 mm 的深沟球轴承,尺寸系列为 02,0 级公差,0 组游隙。

7309AC/C2:内径为 45 mm 的角接触球轴承,尺寸系列为 03,接触角为 25°,0 级公差,2 组游隙。

N413/P6:内径为 65 mm 的外圈无挡边的圆柱滚子轴承,尺寸系列为 04,6 级公差,0 组游隙。

9.3 滚动轴承的类型选择

不同结构的滚动轴承具有不同的工作特性,不同的使用场合和安装部位对轴承的结构和性能有不同的要求。因此,滚动轴承的类型选择无固定的模式可循,一般在选择轴承时可从以下几个方面进行综合考虑。

9.3.1 滚动轴承的载荷

滚动轴承的承载能力与滚动轴承的类型和尺寸有关,相同的尺寸下,滚子轴承的承载能力为球轴承的 1.5～3 倍。

向心轴承主要用于承受径向载荷;推力轴承主要用于承受轴向载荷;向心推力轴承(如角接触轴承或圆锥滚子轴承)可同时承受径向载荷和轴向载荷的联合作用,其承受轴向载荷能力随接触角 α 的增大而增强。深沟球轴承的接触角 α 为零,但由于球与滚道间存在微量间隙,有轴向载荷作用时,内、外圈产生相对位移,形成不大的接触角,故也能承受较小的轴向载荷。

9.3.2 滚动轴承的转速

在一定载荷和润滑条件下,滚动轴承所能允许的最高转速称为滚动轴承的极限转速。球轴承与滚子轴承相比有较高的极限转速,故高速时应优先选用球轴承。

当轴承内径相同时,外径愈小,滚动体愈小、愈轻,运转时滚动体作用于外圈滚道上的离心力愈小,因而更适合在高速下工作,故高速时宜选用超轻、特轻及轻系列轴承,重系列及特重系列轴承只用在低速重载的场合。

保持架的材料与结构对转速的影响极大,实体式保持架比冲压式保持架允许的极限转速要高。

推力轴承的极限转速很低。当工作转速较高时,若轴向载荷不十分大,可以采用角接触球轴承承受纯轴向力;当纯轴向载荷很大或径向、轴向载荷联合作用时,可采用向心轴承和角接触轴承的组合。

9.3.3 滚动轴承的调心性能

由于外壳孔和轴的加工与安装误差,以及受载后轴的挠曲变形,因此轴和内、外圈轴线在工作中不可能保持重合，会产生一定的偏斜。轴线的偏斜将引起滚动轴承内部接触应力的不均匀分布，造成滚动轴承的早期失效。

滚动轴承能够自动补偿轴和外壳孔中心线的相对偏斜，从而保证滚动轴承正常工作状态的能力称为滚动轴承的调心性能。

调心球轴承和调心滚子轴承具有良好的调心性能。各类滚子轴承，尤其是滚针轴承对轴线偏斜最为敏感，应尽可能避免在有轴线偏斜的条件下使用。

9.3.4 滚动轴承的安装和拆卸

便于装拆也是在选择滚动轴承类型时应考虑的一个因素。在轴承座没有剖分面而必须沿轴向安装和拆卸轴承部件时，应优先选用内、外圈可分离的轴承(如 N0000、NA0000、30000 等)，或选用内圈为圆锥孔的、带有紧定套或退卸套的调心滚子轴承、调心球轴承。

9.4 滚动轴承的工作情况分析、失效形式与计算准则

9.4.1 滚动轴承工作时轴承元件上的载荷分布

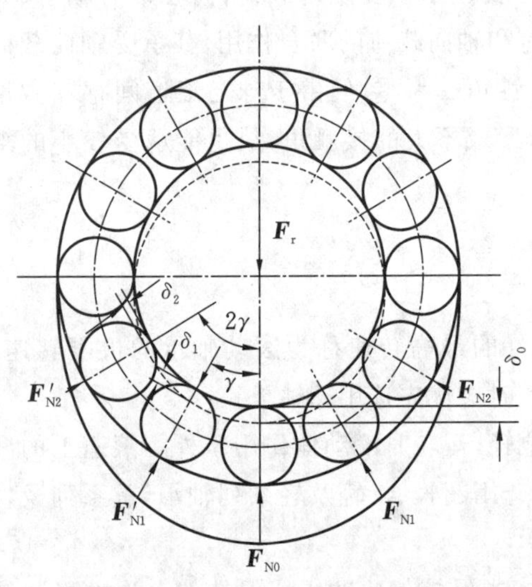

图 9-7 向心轴承中径向载荷的分布

以向心轴承为例。当轴承工作的某一瞬间滚动体处于图 9-7 所示的位置时，径向载荷 $\boldsymbol{F}_r$ 通过轴颈作用于内圈上，位于上半圈的滚动体不受此载荷作用，而下半圈的滚动体将此载荷传到外圈上。假设内、外圈除了与滚动体接触处产生的局部接触变形外，它们的几何形状并不改变，这时在载荷 $\boldsymbol{F}_r$ 的作用下，内圈的下沉量 δ_0 就是 $\boldsymbol{F}_r$ 作用线上的接触变形量。按变形协调关系，不在载荷 $\boldsymbol{F}_r$ 作用线上的其他各点的径向变形量为$\delta_i=\delta_0\cos(i\gamma)$，$i=1,2,\cdots$。也就是说，真实的变形量的分布是中间最大，向两边逐渐减小，如图 9-7 所示。可以进一步判断，接触载荷也是在 $\boldsymbol{F}_r$ 作用线上的接触点处最大，向两边逐渐减小。各滚动体从开始受载到受载终止所对应的区域称为承载区。

根据力的平衡原理，所有滚动体作用在内圈上的反力 $\boldsymbol{F}_{Ni}$ 的向量和的绝对值必定等于径向载荷 F_r。

应该指出的是，实际上由于轴承内部存在游隙，因此由径向载荷 $\boldsymbol{F}_r$ 产生的承载区的范围将小于 180°，也就是说，下半圈的滚动体不是全部受载。这时，如果同时作用有一定的轴向载荷，则可以使承载区扩大。

9.4.2 滚动轴承工作时轴承元件上的载荷及应力的变化

滚动轴承工作时，各个元件上所受的载荷及产生的应力是随时间变化的。根据上面的分析，当滚动体进入承载区后，所受载荷由零逐渐增加到最大值 F_{N0}，然后再逐渐降低至零，如图 9-8 所示。

滚动轴承工作时，可以是外圈固定、内圈转动，也可以是内圈固定、外圈转动。对于转动套圈，其应力变化如图 9-8(a)所示，它的载荷及应力是周期性变化的；对于滚动体，其应力变化也如图 9-8(a)所示，它的载荷及应力是周期性变化的；对于固定套圈，其应力变化如图 9-8(b)所示，最大应力发生在固定套圈载荷最大点处，当每一个滚动体滚过载荷最大点时，固定套圈就会承受一次最大应力。

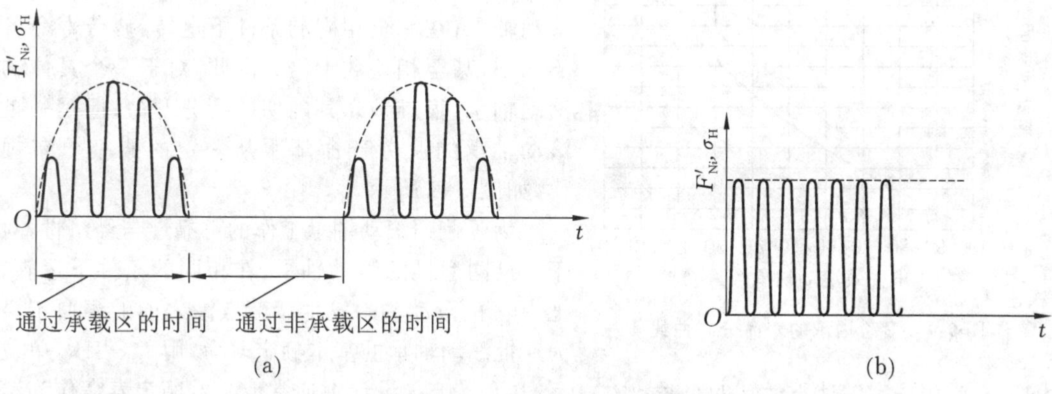

图 9-8 轴承元件上的载荷及应力变化

9.4.3 滚动轴承的失效形式和设计准则

滚动轴承的失效形式主要有疲劳点蚀、过大的塑性变形和磨损等。滚动轴承在正常的条件下使用时，内圈、外圈和滚动体上的接触应力都是变化的，工作一定时间后，接触表面就可能发生疲劳点蚀。故疲劳点蚀是滚动轴承的正常失效形式，它决定了滚动轴承的工作寿命。滚动轴承的工作寿命一般是指疲劳寿命。

转速很低或间歇往复摆动的滚动轴承，在过大的静载荷或冲击载荷的作用下，套圈滚道和滚动体接触处的局部应力会超过材料的屈服强度，以致滚动轴承表面发生过大的塑性变形，使滚动轴承不能正常工作。

在润滑不良和密封不严的情况下，滚动轴承工作时，接触面容易发生磨损。转速越高，磨损越严重。磨损会使滚动轴承的游隙增加，振动和噪声增大，以及各项技术性能急剧下降，导致滚动轴承失效。

此外，滚动轴承还有胶合、烧伤、套圈断裂、滚动体压碎、保持架磨损和断裂、锈蚀等失效形式。在正常的使用条件下，这些失效是可以避免的，因此称为非正常失效。

滚动轴承的设计准则为：对于转速较高的滚动轴承，其主要失效形式为疲劳点蚀，需进行寿命计算；对于转速很低或摆动的滚动轴承，其主要失效形式为塑性变形，需计算静强度；对于高转速的滚动轴承，其主要失效形式为磨损，需校核极限转速。

9.5 滚动轴承的寿命计算

9.5.1 滚动轴承的基本额定寿命

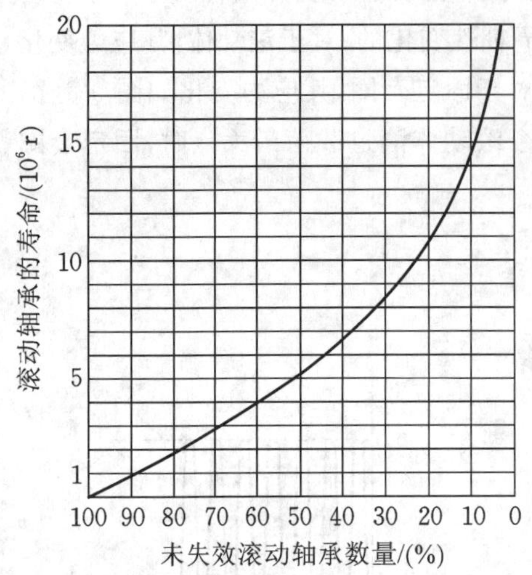

图 9-9 滚动轴承的寿命分布曲线

滚动轴承的疲劳寿命是指单个滚动轴承的其中一个套圈或滚动体出现第一个疲劳扩展之前，一个套圈相对于另一个套圈的转速或在一定转速下工作的小时数。大量试验证明，滚动轴承的疲劳寿命是相当离散的。同一批生产的同一型号的滚动轴承，在完全相同的条件下运转，疲劳寿命各不相同，甚至相差数十倍。因此，对于一个具体的滚动轴承，很难预知其确切的疲劳寿命，但是一批滚动轴承的疲劳寿命却服从一定的概率分布规律，如图 9-9 所示。

为了兼顾滚动轴承工作的可靠性与经济性，对于一批同型号的滚动轴承，在相同的条件下运转，把 10% 的滚动轴承发生疲劳点蚀之前的寿命定义为这批滚动轴承的基本额定寿命，用 L_{10} 表示，单位为 10^6 r，或用一定转速下运转的小时数 L_h 表示，单位为 h。设计中通常取基本额定寿命作为滚动轴承的寿命指标。也就是说，单个滚动轴承能达到基本额定寿命的可靠度为 90%。

9.5.2 滚动轴承的基本额定动载荷

滚动轴承的基本额定动载荷是使滚动轴承的基本额定寿命恰好为 10^6 r 时滚动轴承所能承受的载荷，用字母 C 表示。对于向心轴承来说，基本额定动载荷是指承受大小和方向恒定的纯径向载荷的能力，称为径向基本额定动载荷，用 C_r 表示；对于推力轴承来说，基本额定动载荷是指承受大小和方向恒定的纯轴向载荷的能力，称为轴向基本额定动载荷，用 C_a 表示；对于角接触球轴承或圆锥滚子轴承，基本额定动载荷是指使套圈间产生纯径向位移的载荷的径向分量。

不同型号的滚动轴承有不同的基本额定动载荷值，它表征了不同型号的滚动轴承的承载特性。在轴承样本中，对每个型号的轴承都给出了它的基本额定动载荷值，需要时可从轴承样本中查取。

9.5.3 滚动轴承寿命的计算公式

滚动轴承的寿命与所受载荷的大小有关，载荷越大，在接触表面产生的接触应力越大，因而在滚动轴承零件发生疲劳点蚀前所经历的总转数越少，即滚动轴承的寿命越短。大量试验表明，表征滚动轴承的载荷 P 与基本额定寿命 L_{10} 的曲线近似于一条双曲线，如图 9-10 所示，此曲线的公式表示为

$$L_{10}=\left(\frac{C}{P}\right)^{\varepsilon} \tag{9-1}$$

式中:L_{10}为基本额定寿命(10^6 r);C为基本额定动载荷(N);P为当量动载荷(N);ε为指数,对于球轴承,$\varepsilon=3$,对于滚子轴承,$\varepsilon=\frac{10}{3}$。

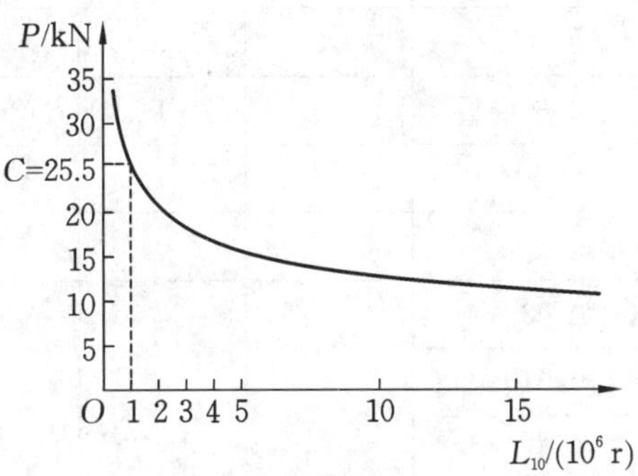

图 9-10 滚动轴承的载荷-寿命曲线

实际计算中,滚动轴承的工作转速是已知的,这时用小时数表示滚动轴承的寿命比较方便,于是可得以小时数为单位的基本额定寿命的计算公式,即

$$L_h=\frac{10^6}{60n}\left(\frac{C}{P}\right)^{\varepsilon} \tag{9-2}$$

式中,L_h为基本额定寿命(h),n为转速(r/min)。

在较高的温度(例如高于 120 ℃)下工作的轴承,应该采用经过较高温度回火处理或特殊材料制造的轴承。由于在轴承样本中列出的基本额定动载荷值是对一般轴承而言的,因此,如果要将该数值用于高温轴承,需乘以温度系数f_t(见表 9-3),此时寿命计算公式修正为

$$L_{10}=\left(\frac{f_t C}{P}\right)^{\varepsilon} \tag{9-3}$$

$$L_h=\frac{10^6}{60n}\left(\frac{f_t C}{P}\right)^{\varepsilon} \tag{9-4}$$

表 9-3 温度系数f_t

轴承工作温度/℃	≤120	125	150	175	200	225	250	300	350
温度系数f_t	1.00	0.95	0.90	0.85	0.80	0.75	0.70	0.60	0.50

9.5.4 滚动轴承的当量动载荷

滚动轴承的基本额定动载荷是在如下假定的条件下确定的:向心轴承仅承受径向载荷,推力轴承仅承受轴向载荷。实际上,滚动轴承在大多数应用场合同时受径向载荷和轴向载荷的联合作用,因此在进行滚动轴承寿命计算时,必须把实际载荷转换成与基本额定动载荷的载荷条件相一致的载荷,该载荷称为当量动载荷。径向当量动载荷是一恒定的径向载荷,轴向当量动载荷是一恒定的轴向载荷。滚动轴承在当量动载荷作用下的寿命与在实际载荷作用下的寿命相当。

当量动载荷的计算公式为

$$P=XF_r+YF_a \tag{9-5}$$

式中：P 为当量动载荷(N)；F_r 为轴承所受径向载荷(N)；F_a 为轴承所受轴向载荷(N)；X 为径向动载荷系数，见表 9-4；Y 为轴向动载荷系数，见表 9-4。

表 9-4　径向动载荷系数 X 和轴向动载荷系数 Y

轴承类型		相对轴向载荷	$F_a/F_r \leqslant e$		$F_a/F_r > e$		判断系数 e
名称	代号	F_a/C_0	X	Y	X	Y	
调心球轴承	10000	—	—	1	(Y_1)	0.65	(Y_2)
调心滚子轴承	20000	—	—	1	(Y_1)	0.67	(Y_2)
圆锥滚子轴承	30000	—	1	0	0.40	(Y)	(e)
深沟球轴承	60000	0.025	1	0	0.56	2.0	0.22
		0.040				1.8	0.24
		0.070				1.6	0.27
		0.130				1.4	0.31
		0.250				1.2	0.37
		0.500				1.0	0.44
角接触球轴承	70000C	0.015	1	0	0.44	1.47	0.38
		0.029				1.40	0.40
		0.058				1.30	0.43
		0.087				1.23	0.46
		0.120				1.19	0.47
		0.170				1.12	0.50
		0.290				1.02	0.55
		0.440				1.00	0.56
		0.058				1.00	0.56
	70000AC	—	1	0	0.41	0.87	0.68
	70000B	—	1	0	0.35	0.57	1.14

注：(1)C_0 是轴承的基本额定静载荷，单位为 N。

(2)表中括号内的系数 Y、Y_1、Y_2 和 e 的值应查轴承手册，对于不同型号的轴承，有不同的值。

对于只能承受纯径向载荷 $\boldsymbol{F}_r$ 的轴承(如类型代号为 N 的圆柱滚子轴承)，有

$$P = F_r \tag{9-6}$$

对于只能承受纯轴向载荷 $\boldsymbol{F}_a$ 的轴承(如类型代号为 5 的推力球轴承)，有

$$P = F_a \tag{9-7}$$

按式(9-5)～式(9-7)求得的当量动载荷仅为一理论值。实际上，在许多轴承中还会出现一些附加载荷，如冲击力、不平衡作用力、惯性力，以及轴挠曲或轴承座变形产生的附加力等，这些附加载荷很难从理论上精确计算。为了计入这些附加载荷的影响，可将当量动载荷乘以一个根据经验而定的载荷系数 f_d(见表 9-5)。故实际计算时，轴承的当量动载荷应为

$$P=f_d(XF_r+YF_a) \tag{9-8a}$$

$$P=f_dF_r \tag{9-8b}$$

$$P=f_dF_a \tag{9-8c}$$

表 9-5 载荷系数 f_d

载荷性质	f_d	举例
无冲击或轻微冲击	1.0～1.2	电动机、汽轮机、通风机、水泵等
中等冲击或中等惯性冲击	1.2～1.8	汽车、动力机械、起重机、造纸机、冶金机械、选矿机、卷扬机、机床等
强大冲击	1.8～3.0	破碎机、轧钢机、钻探机、振动筛等

9.5.5 角接触球轴承和圆锥滚子轴承所受的径向载荷 F_r 与轴向载荷 F_a 的计算

角接触球轴承和圆锥滚子轴承的安装方式分为正装(又称为面对面安装,如图 9-11(a)所示)和反装(又称为背对背安装,如图 9-11(b)所示)。图 9-11 中,$\boldsymbol{F}_{r1}$,$\boldsymbol{F}_{r2}$ 分别为轴承 1 和轴承 2 所受的径向力,$\boldsymbol{F}_{d1}$,$\boldsymbol{F}_{d2}$ 分别为轴承 1 和轴承 2 所受的派生轴向力(正装时派生轴向力方向“面对面”,反装时派生轴向力方向“背对背”),$\boldsymbol{F}_{ae}$,$\boldsymbol{F}_{re}$ 分别为传动件施加在轴系上的外部轴向力和外部径向力。

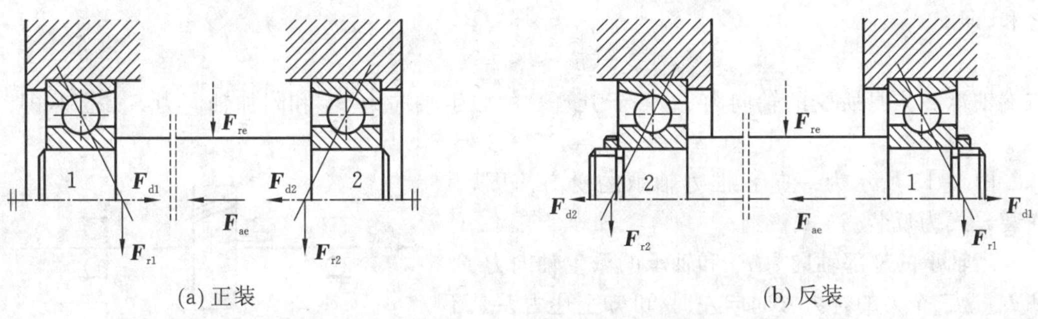

图 9-11 角接触球轴承和圆锥滚子轴承所受载荷的分析

根据力的径向平衡条件建立平衡方程,即径向受力平衡和力矩平衡。当外部径向力 $\boldsymbol{F}_{re}$ 的大小和作用位置确定时,可根据平衡方程计算出轴承所受的径向载荷 $\boldsymbol{F}_{r1}$ 和 $\boldsymbol{F}_{r2}$。由 $\boldsymbol{F}_{r1}$ 和 $\boldsymbol{F}_{r2}$ 派生的轴向力 $\boldsymbol{F}_{d1}$ 和 $\boldsymbol{F}_{d2}$ 的大小可按照表 9-6 中的公式计算。计算所得的 F_d 值相当于正常的安装情况,即大致相当于下半圈的滚动体全部受载(轴承实际的工作情况不允许比这更坏)。

表 9-6 约有半数滚动体接触时派生轴向力 F_d 的计算公式

圆锥滚子轴承	角接触球轴承		
	70000C($\alpha=15°$)	70000AC($\alpha=25°$)	70000B($\alpha=40°$)
$F_d=\frac{F_r}{2Y}$	$F_d=eF_r$	$F_d=0.68F_r$	$F_d=1.14F_r$

注:(1)Y 对应于表 9-4 中 $\frac{F_a}{F_r}>e$ 的 Y 值。

(2)e 值由表 9-4 查得。

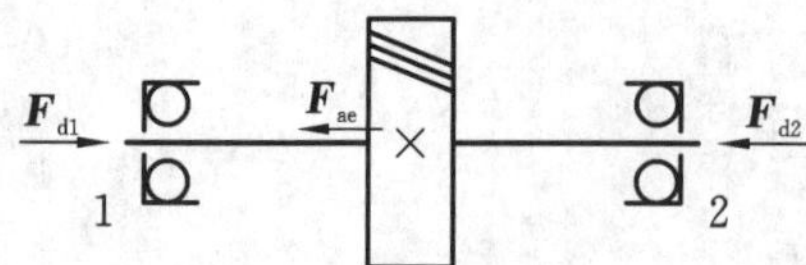

图 9-12　向心推力轴承正装受力简图

图 9-12 所示为一向心推力轴承的受力简图,其安装方式为正装。

当轴承的外部轴向力 $\boldsymbol{F}_{ae}$ 和轴承的派生轴向力 $\boldsymbol{F}_{d1}$ 和 $\boldsymbol{F}_{d2}$ 这三个力的合力方向向左时,可知上述力系是不平衡的(假设 $F_{ae}+F_{d2}>F_{d1}$),必然存在一个轴向力使这个力系平衡,这个轴向力我们定义为附加轴向力 $\boldsymbol{S}$。

根据轴线方向受力平衡可知

$$S+F_{d1}=F_{ae}+F_{d2}$$

即

$$S=F_{ae}+F_{d2}-F_{d1}\text{(方向}\rightarrow\text{)}$$

由于派生轴向力是与相应的径向力同时产生的,这就说明每个轴承本身所受的轴向力不可能小于自身的派生轴向力,所以这个附加轴向力必然作用于左端(因为左端派生轴向力的方向与附加轴向力的方向相同,合力会增大,而如果作用于右端,则由于右端派生轴向力的方向与附加轴向力的方向相反,合力会抵消)。因此,左端轴承 1 的附加轴向力 $S_1=S$,右端轴承 2 的附加轴向力 $S_2=0$。

根据附加轴向力法,向心推力轴承本身所受的轴向力等于其自身的派生轴向力与其本身所受的附加轴向力之和。

因此,左端轴承 1 本身所受的轴向力 F_{a1} 等于其自身的派生轴向力 F_{d1} 和附加轴向力 S_1 之和,即

$$F_{a1}=F_{d1}+S_1=F_{d1}+S$$

右端轴承 2 本身所受的轴向力 F_{a2} 等于其自身的派生轴向力 F_{d2} 和附加轴向力 S_2 之和,即

$$F_{a2}=F_{d2}+S_2=F_{d2}$$

图 9-13 所示为一向心推力轴承的受力简图,其安装方式为反装。

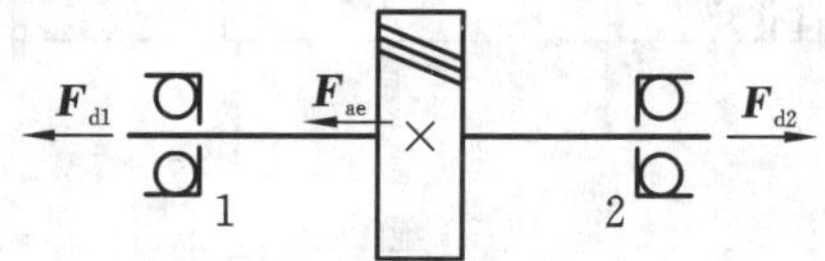

图 9-13　向心推力滚动轴承反装受力简图

当轴承的外部轴向力 $\boldsymbol{F}_{ae}$ 和轴承的派生轴向力 $\boldsymbol{F}_{d1}$ 和 $\boldsymbol{F}_{d2}$ 这三个力的合力方向向左时,可知上述力系是不平衡的(假设 $F_{ae}+F_{d1}>F_{d2}$),必然存在一个轴向力使这个力系平衡,这个轴向力我们定义为附加轴向力 $\boldsymbol{S}$。

根据轴线方向受力平衡可知

$$S+F_{d2}=F_{ae}+F_{d1}$$

即

$$S=F_{ae}+F_{d1}-F_{d2}\text{(方向}\rightarrow\text{)}$$

由于派生轴向力是与相应的径向力同时产生的,这就说明每个轴承本身所受的轴向力不可能小于自身的派生轴向力,所以这个附加轴向力必然作用于右端(因为右端派生轴向力的方向与附加轴向力的方向相同,合力会增大,而如果作用于左端,则由于左端派生轴向力的方向与附加轴向力的方向相反,合力会抵消)。因此,右端轴承 2 的附加轴向力 $S_2=S$,左端轴承 1 的附加轴向力 $S_1=0$。

因此,左端轴承 1 本身所受的轴向力 F_{a1} 等于其自身的派生轴向力 F_{d1} 和附加轴向力 S_1 之和,即

$$F_{a1}=F_{d1}+S_1=F_{d1}+0=F_{d1}$$

右端轴承2本身所受的轴向力 F_{a2} 等于其自身的派生轴向力 F_{d2} 和附加轴向力 S_2 之和，即

$$F_{a2}=F_{d2}+S_2=F_{d2}+S$$

综上所述，计算向心推力轴承本身所受轴向力的方法可以归结为：

(1) 先通过建立轴线方向的受力平衡，求出附加轴向力的大小和方向。

(2) 派生轴向力与附加轴向力方向相同的轴承，其本身所受的附加轴向力即为(1)中所得附加轴向力；而派生轴向力与附加轴向力方向相反的轴承，其本身所受附加轴向力为零。

(3) 根据附加轴向力法，向心推力轴承本身所受的轴向力等于其本身的派生轴向力与其本身所受的附加轴向力之和，分别求出左、右两端轴承本身所受的轴向力。

9.5.6 不同可靠度时滚动轴承寿命的计算

滚动轴承样本中所列的基本额定动载荷是在可靠度为90%时的数据，但在实际应用中，由于使用滚动轴承的各类机械的要求不同，因此对滚动轴承可靠度的要求也就随之变化。为了把样本中的基本额定动载荷值用于可靠度不等于90%的情况，需引入可靠性寿命修正系数 α_1，于是修正额定寿命为

$$L_n=\alpha_1 L_{10} \tag{9-9}$$

式中：L_n 为可靠度为 $(100-n)$% 时的修正额定寿命；α_1 为可靠性寿命修正系数，见表9-7。

表9-7 可靠性寿命修正系数 α_1(GB/T 6391—2010)

可靠度/(%)	90	95	96	97	98	99
L_n	L_{10}	L_5	L_4	L_3	L_2	L_1
α_1	1	0.64	0.55	0.47	0.37	0.25

9.6 滚动轴承的静强度计算

对于处于静止和缓慢运转状态下的滚动轴承，或者受载变化较大，尤其承受较大冲击载荷的滚动轴承，为了防止滚动轴承零件的接触表面产生过大的塑性变形，需要对载荷加以一定的限制或者要求滚动轴承的静载荷承载能力达到一定水平。这些要求可以通过滚动轴承的静强度计算予以实现，即

$$C_0 \geqslant S_0 P_0 \tag{9-10}$$

式中：C_0 为基本额定静载荷；S_0 为安全系数，见表9-8；P_0 为当量静载荷。

表9-8 静强度安全系数 S_0

旋转条件	载荷条件	S_0	使用条件	S_0
连续旋转轴承	普通载荷	1～2	高精度旋转场合	1.5～2.5
	冲击载荷	2～3	振动冲击场合	1.2～2.5
不常旋转及作摆动运动的轴承	普通载荷	0.5	普通旋转精度场合	1.0～1.2
	冲击及不均匀载荷	1～1.5	允许有变形量场合	0.3～1.0

基本额定静载荷是为了限制滚动轴承的永久变形而引入的一种假想载荷，它代表滚动轴承承受静载荷的能力。当向心轴承处于静止状态或缓慢运转状态时，使受载最大的滚动体与滚道接触中心处的接触应力达到一定数值(对应向心球轴承为 4200 MPa)时的径向载荷称为径向基本额定静载荷；当推力轴承处于静止状态或缓慢运转状态时，使受载最大的滚动体与滚道接触中心处的接触应力达到一定数值(对应推力球轴承为 4200 MPa)时的轴向载荷称为轴向基本额定静载荷，用 C_0(C_{0r}或 C_{0a})表示。轴承样本中列有各型号轴承的基本额定静载荷值，以供选择轴承时查用。

当滚动轴承处于静止状态或缓慢运转状态时，若滚动轴承的实际受载情况与基本额定静载荷的假定情况不同，要将实际载荷转换为当量静载荷P_0，即

$$P_0 = X_0 F_r + Y_0 F_a \tag{9-11}$$

式中，X_0和 Y_0分别为当量静载荷的径向载荷系数和轴向载荷系数，其值可查轴承手册。

9.7 滚动轴承的组合设计

要想保证滚动轴承顺利工作，除了正确选择滚动轴承的类型和尺寸外，还应进行滚动轴承的组合设计。滚动轴承的组合设计主要是正确解决滚动轴承的配置、紧固、调节、配合、预紧、润滑、密封等问题。

9.7.1 滚动轴承的配置

轴一般采用双支承结构，每个支承由 1～2 个轴承组成。合理的轴承配置应考虑轴在机器中有正确的位置、防止轴向窜动以及轴受热膨胀后不致将轴承卡死等问题。常用的轴承配置方法有以下三种。

1. 两端固定支承

两端固定支承是指两个支承端各限制一个方向的轴向位移的支承形式。

在纯径向载荷或轴向载荷较小的联合载荷作用下的轴，一般采用深沟球轴承组成两端固定支承(见图 9-14)，并在其中一个支承端使轴承外圈与外壳孔间采用较松的配合，同时在外圈与端盖间留出适当的空隙，以适应轴的受热伸长。

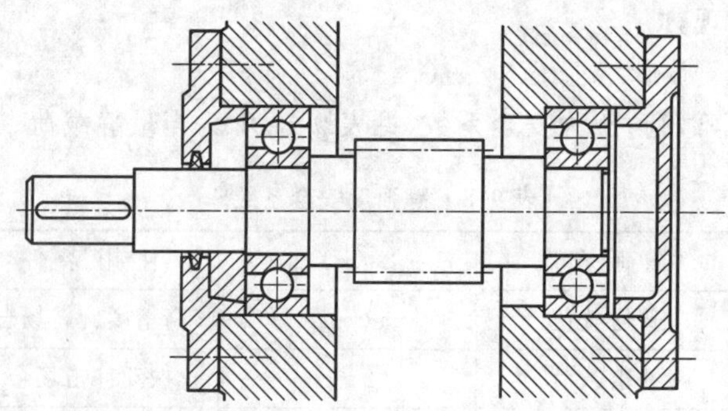

图 9-14 采用深沟球轴承的两端固定支承

受径向和轴向载荷联合作用的轴，多采用圆锥滚子轴承或角接触球轴承面对面（正装）或背对背（反装）安装组成两端固定支承，如图 9-15 所示。这种支承结构可以在安装或检修时，通过调整某个轴承套圈的轴向位置，以使轴承达到所要求的游隙或预紧量。由于轴承游隙可调，这种支承结构特别适用于旋转精度要求高的机械。

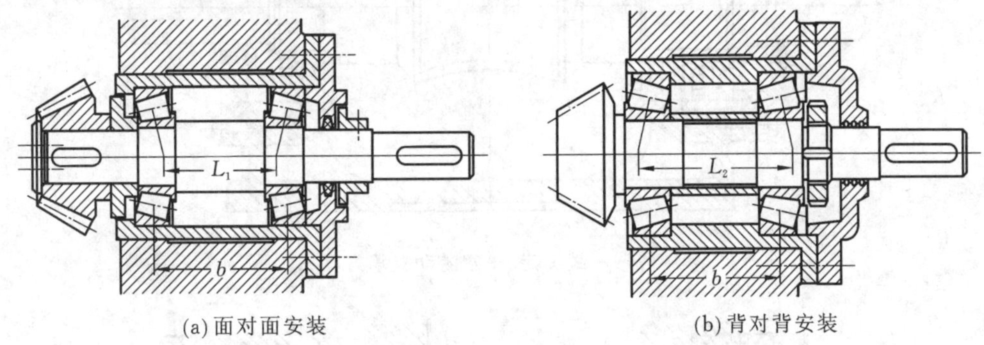

(a) 面对面安装 (b) 背对背安装

图 9-15 采用圆锥滚子轴承的两端固定支承

从图 9-15 中可以看出，在支承距离 b 相同的条件下，压力中心间的距离，图 9-15(a)中为L_1，图 9-15(b)中为L_2，且$L_1<L_2$，故面对面安装悬臂较长，支承刚性较差。

在支承部件工作过程中，轴的温度一般高于外壳的温度，因此轴与轴承内圈的膨胀量（包括轴向伸长量）均大于外圈的膨胀量。这种变化对于面对面安装的圆锥滚子轴承的支承结构，将使预调的游隙减小，可能导致卡死；而对于背对背安装的圆锥滚子轴承的支承结构，可以避免这种情况发生。

2. 一端固定、一端游动支承

一端固定、一端游动支承是指在轴的一个支承端使轴承与轴及外壳孔的位置相对固定（称为固定端），以实现轴在该方向上的轴向定位；而在轴的另一支承端，使轴承与轴或外壳孔间可以相对移动（称为游动端），以补偿轴因热变形及制造、安装误差所引起的长度变化。

固定端轴承通常可选用：

(1) 深沟球轴承，承受径向载荷和一定的轴向载荷，如图 9-16 所示。

(2) 一对角接触球轴承或圆锥滚子轴承，承受径向载荷和双向轴向载荷，如图 9-17 所示。

(3) 深沟球轴承与推力轴承组合，或者不同类型的角接触球轴承组合，以分别承受径向载荷和轴向载荷，如图 9-18 所示。

固定端轴承的内、外圈应分别与轴和外壳孔做轴向定位和固定。

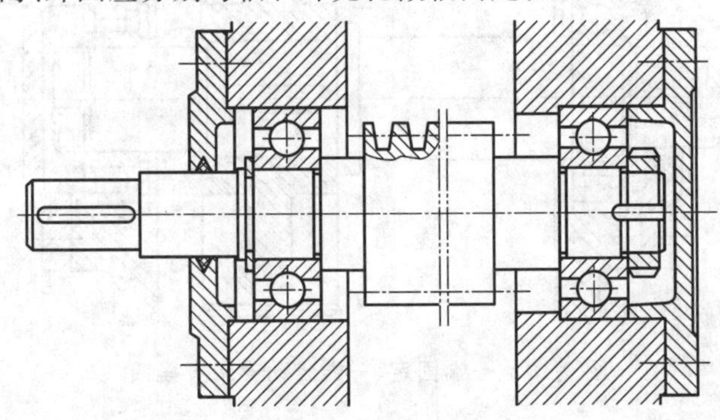

图 9-16 一端固定、一端游动支承方案一

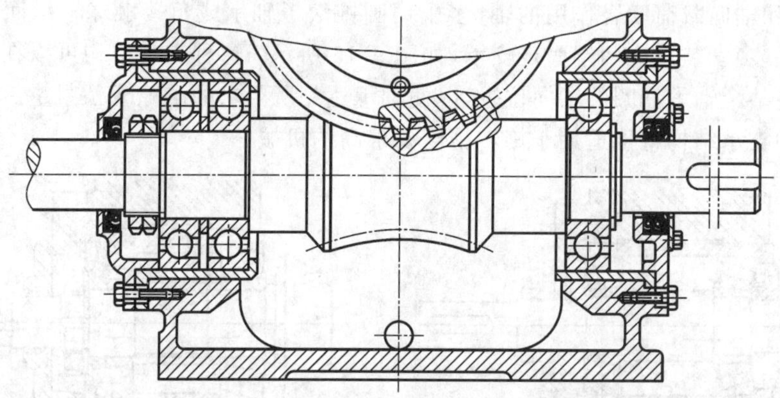

图 9-17　一端固定、一端游动支承方案二

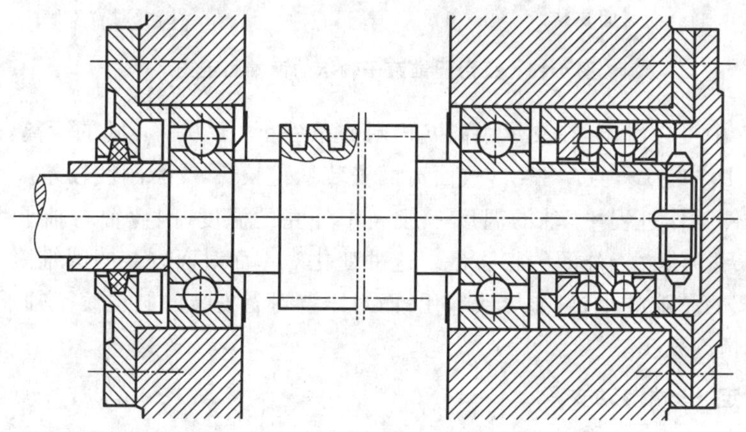

图 9-18　一端固定、一端游动支承方案三

游动端轴承通常可选用：

(1) 深沟球轴承，轴承内圈固定，外圈不固定，外圈在座孔内可以轴向游动，如图 9-16 所示。

(2) 内圈无挡边或外圈无挡边的圆柱滚子轴承，轴承内、外圈都固定，如图 9-19 所示。

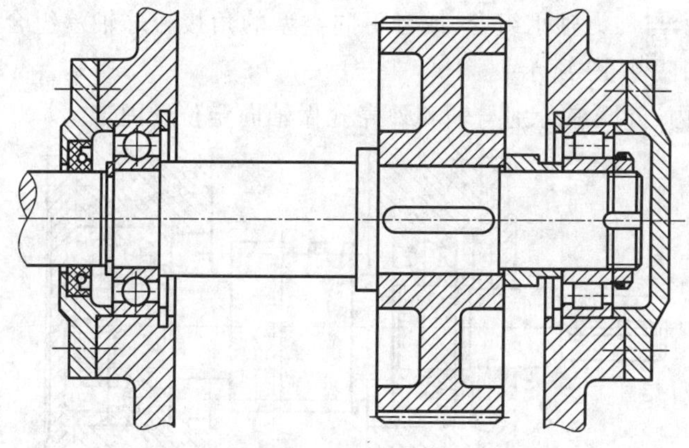

图 9-19　一端固定、一端游动支承方案四

3. 两端游动支承

两端游动支承结构中，两个支承端的轴承都对轴不做精确的轴向定位，因此都属于游动支承。此类支承结构常用于轴的轴向位置已由其他零件限定的场合，如人字齿轮轴支承。

游动端可采用内圈无挡边或外圈无挡边的圆柱滚子轴承或深沟球轴承。两端游动支承不需要精确限定轴的轴向位置，因此安装时不必调整轴承的轴向游隙。工作中，即使处于不利的发热状态，轴承也不会被卡死。

9.7.2 滚动轴承的轴向紧固

为了防止滚动轴承在轴上和外壳孔内发生不必要的轴向移动，轴承内圈或外圈应做轴向紧固。

内圈轴向紧固的常用方法有：①用轴用弹性挡圈嵌在轴的沟槽内，主要用于轴向力不大及转速不高时，如图 9-20(a)所示；②用螺钉固定的轴端挡圈紧固，可用于在高转速下承受大的轴向力时，如图 9-20(b)所示；③用圆螺母和止动垫圈紧固，主要用于轴承转速高、承受较大的轴向力时，如图 9-20(c)所示。

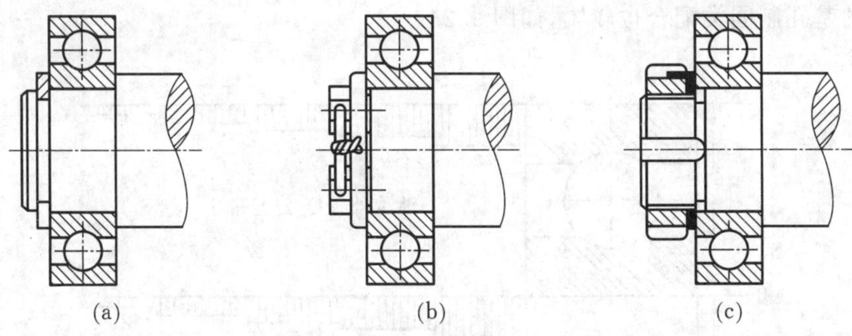

图 9-20 内圈轴向紧固的常用方法

外圈轴向紧固的常用方法有：①用嵌入外壳沟槽内的孔用弹性挡圈紧固，用于轴向力不大且需要减小轴承装置的尺寸时，如图 9-21(a)所示；②用轴用弹性挡圈嵌入轴承外圈的止动槽内紧固，用于带有止动槽的深沟球轴承，当外壳不便设凸肩或外壳为剖分式结构时，如图 9-21(b)所示；③用轴承盖紧固，用于转速高及轴向力很大时的各类向心轴承、推力轴承和向心推力轴承，如图 9-21(c)所示；④用螺纹环紧固，用于轴承转速高、轴向载荷大时，而不适用于使用轴承盖紧固的情况，如图 9-21(d)所示。

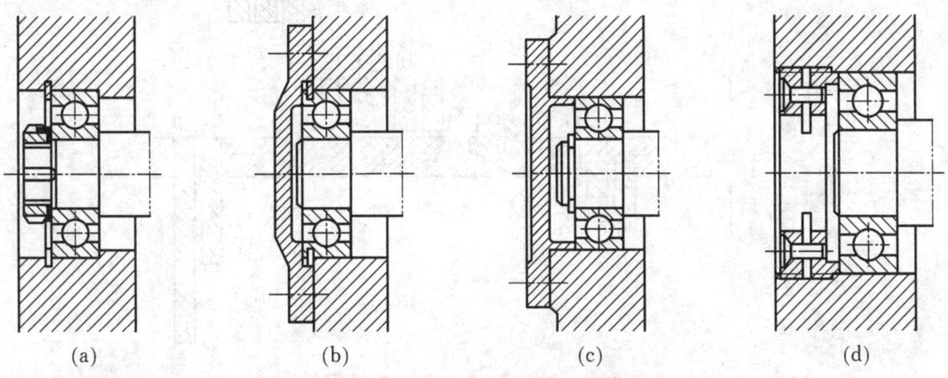

图 9-21 外圈轴向紧固的常用方法

9.7.3 滚动轴承游隙及轴上零件位置的调整

图 9-15(a)、图 9-18 中的右支点及图 9-17 中的左支点，轴承的游隙和预紧是靠端盖下的垫片来调整的，这样比较方便；而图 9-15(b)中，轴承的游隙是靠轴上的圆螺母来调整的，操作不甚方便，更为不利的是，必须在轴上制出应力集中严重的螺纹，削弱了轴的强度。

锥齿轮或蜗杆在装配时，通常需要进行轴向位置的调整。为了便于调整，可将确定其轴向位置的轴承装在一个套杯中，套杯装在外壳孔中。通过增减套杯端面与外壳之间垫片的厚度，即可调整锥齿轮或蜗杆的轴向位置，如图 9-15 所示。

9.7.4 滚动轴承的配合

滚动轴承的配合是指内圈与轴颈及外圈与外壳孔的配合。滚动轴承内圈与轴的配合采用基孔制，外圈与外壳孔的配合采用基轴制。与一般的圆柱面配合不同，由于轴承内、外径的上偏差均为零(见图 9-22)，故在配合种类相同的条件下，内圈与轴颈的配合比圆柱公差标准中规定的基孔制同类配合要紧得多，如图 9-23 所示，外圈与外壳孔的配合比圆柱公差标准中规定的基孔制同类配合也较紧，如图 9-24 所示。

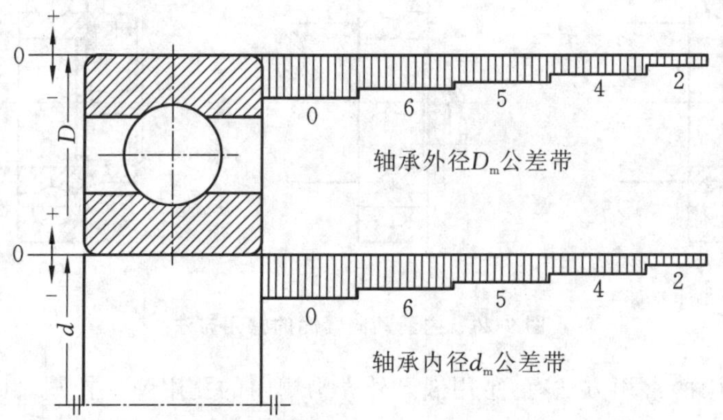

图 9-22　滚动轴承内、外径公差带的分布

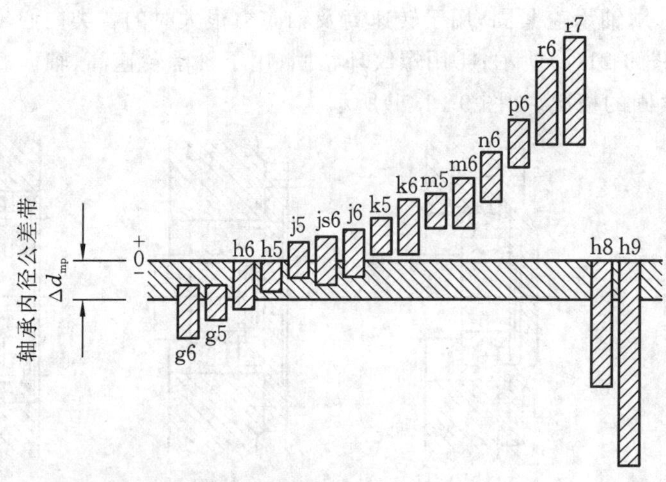

图 9-23　滚动轴承内孔与轴的配合

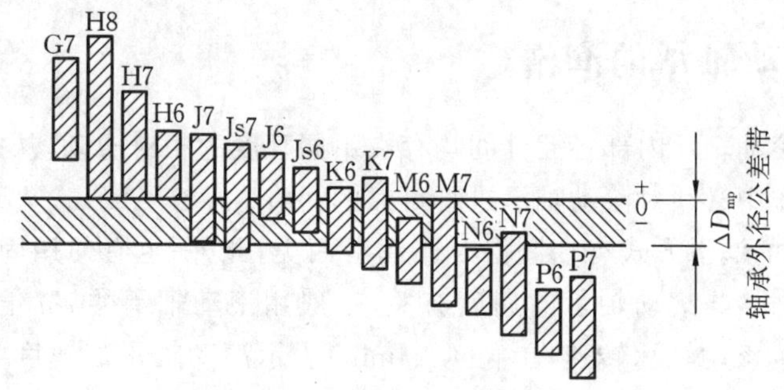

图 9-24　滚动轴承外径与外壳孔的配合

滚动轴承配合选择的基本原则如下：

(1) 相对于载荷方向旋转的套圈与轴或外壳孔，应选择过渡配合或过盈配合。过盈量的大小，以轴承在载荷下工作时其套圈在轴上或外壳孔内的配合表面上不产生"爬行"现象为原则。

(2) 相对于载荷方向固定的套圈与轴或外壳孔，应选择过渡配合或间隙配合。

(3) 相对于轴或外壳孔需要作轴向移动的套圈(游动圈)以及需要经常拆卸的套圈与轴或外壳孔，应选择较松的过渡配合或间隙配合。

(4) 承受重载荷的轴承，通常应比承受轻载荷或正常载荷的轴承选用较紧的过盈配合，且载荷越重，过盈量应越大。

9.7.5　滚动轴承的预紧

滚动轴承的预紧是指在安装时使轴承内部的滚动体与套圈间保持一定的初始压力和弹性变形，以减小工作载荷下轴承的实际变形量，从而改善支承刚度、提高旋转精度的一种措施。

常用的预紧方式有：①夹紧一对圆锥滚子轴承的外圈而预紧，如图 9-25(a)所示；②用弹簧预紧，可以得到稳定的预紧力，如图 9-25(b)所示；③在一对轴承中间装入长度不等的套筒而预紧，预紧力可由两套筒的长度差控制，如图 9-25(c)所示，这种装置的刚性较大；④夹紧一对磨窄了的外圈而预紧，如图 9-25(d)所示，反装时可磨窄内圈并夹紧。

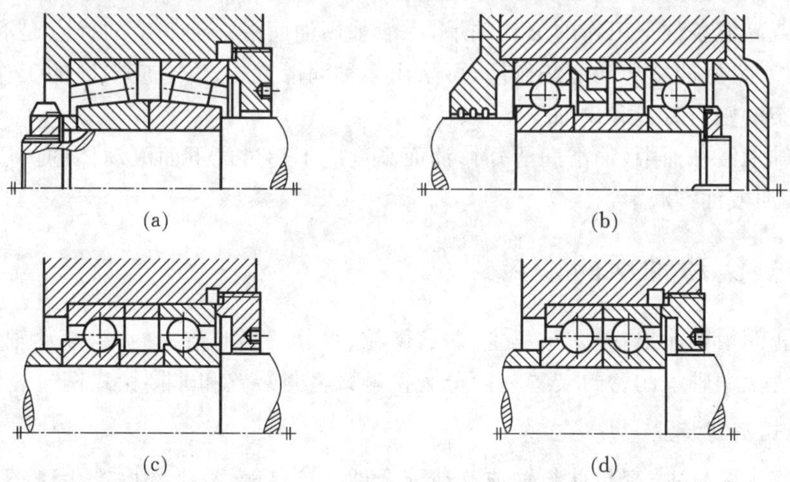

图 9-25　滚动轴承的预紧结构

9.7.6 滚动轴承的润滑

运转过程中，滚动轴承内部各元件间均存在不同程度的相对滑动，从而导致摩擦发热和元件磨损，因此工作中必须对滚动轴承进行可靠的润滑。

滚动轴承常用的润滑方式有油润滑及脂润滑两类，此外，也有使用固体润滑剂润滑的。选用哪一种润滑方式，与滚动轴承的速度有关，一般用滚动轴承的 dn 值（d 为滚动轴承内径，单位为 mm；n 为滚动轴承转速，单位为 r/min）表示滚动轴承的速度大小。适用于脂润滑和油润滑的 dn 值界限列于表 9-9 中，可作为选择润滑方式时的参考。

表 9-9 适用于脂润滑和油润滑的 dn 值界限（表值） 单位：(10^4)mm·(r/min)

轴承类型	脂润滑	油润滑			
		油浴	滴油	循环油（喷油）	油雾
深沟球轴承	≤16	25	40	60	>60
调心球轴承	≤16	25	40	50	
角接触球轴承	≤16	25	40	60	>60
圆柱滚子轴承	≤12	25	40	60	>60
圆锥滚子轴承	≤10	16	23	30	
调心滚子轴承	≤8	12	20	25	
推力球轴承	≤4	6	12	15	

一般滚动轴承多采用脂润滑。脂润滑的优点在于油膜强度高，油脂黏附性好，不易流失，使用时间较长，密封简单，能防止灰尘、水分和其他杂物进入滚动轴承，其缺点是转速较高时摩擦损耗的功率较大。

润滑脂不足或过多，都会导致滚动轴承工作中温升增大、磨损加快，故润滑脂的填充量要适度，一般以填充量占滚动轴承与外壳空间的 1/3～1/2 为宜。

在高速或高温条件下工作的滚动轴承，一般采用油润滑。油润滑的优点是润滑可靠，摩擦系数小，具有良好的冷却和清洗作用，可采用多种润滑方式，以适应不同的工作条件，其缺点是需要复杂的密封装置和供油设备。

当滚动轴承浸在油中（油浴润滑）时，油面高度应不超过最下面滚动体的中心；转速较高时，应采用滴油或油雾润滑。

9.7.7 滚动轴承的密封

为了防止润滑剂泄出，并防止灰尘、切屑微粒、水分及其他杂物侵入，滚动轴承必须进行必要的密封。滚动轴承的密封装置一般分为接触式密封装置和非接触式密封装置两类。

1. 接触式密封装置

接触式密封装置中，密封件与轴或其他配合件直接接触，故工作中产生摩擦磨损并使温度升高，一般适用于中、低速运转条件下的轴承密封。

1）毡圈油封

在轴承盖上开出梯形槽，将毛毡按标准制成环形（尺寸不大时）或带形（尺寸较大时），放置在梯形槽中，以与轴密合接触，如图 9-26（a）所示；或者在轴承盖上开缺口放置毡圈油封，然后用另外一个零件压在毡圈油封上，以调整毛毡与轴的密合程度，从而提高密封效果，如图 9-26（b）所示。毡圈油封主要用于脂润滑，以及干净环境下工作的轴承，一般接触处的圆周速度不超过 4 m/s，允许工作温度可达 90 ℃。如果表面经过抛光处理，毛毡质量较好，圆周速度可达 7～8 m/s。

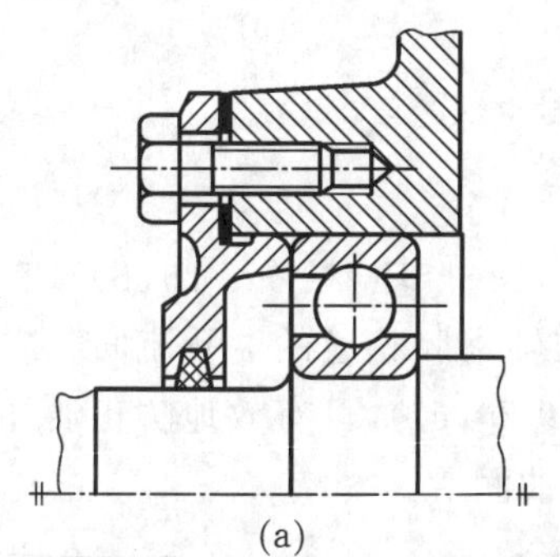
(a)

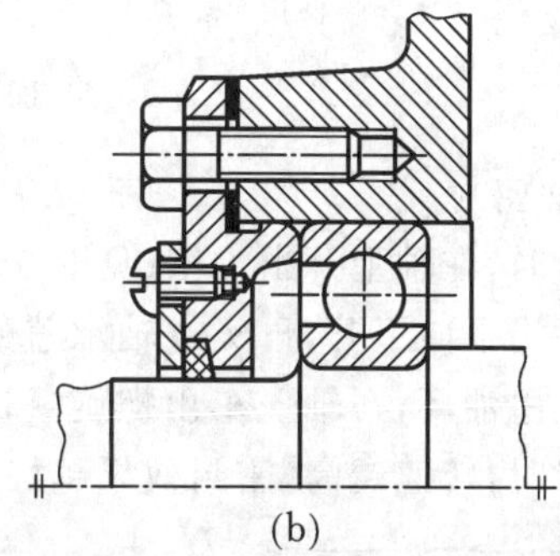
(b)

图 9-26　用毡圈油封密封

2）唇形密封圈

唇形密封圈用耐油橡胶制成，用于脂润滑或油润滑的轴承密封，接触处的圆周速度不超过 7 m/s，温度不高于 100 ℃。为了保持密封圈的压力，密封圈用弹簧圈紧箍在轴上，使密封唇呈锐角状。密封唇面向轴承（见图 9-27（a）），用于防止润滑油泄出；密封唇背向轴承（见图 9-27（b）），用于防止灰尘杂物进入。同时采用两个密封圈相对安装（见图 9-27（a）），既可防止润滑油泄出，又可防止灰尘杂物进入。

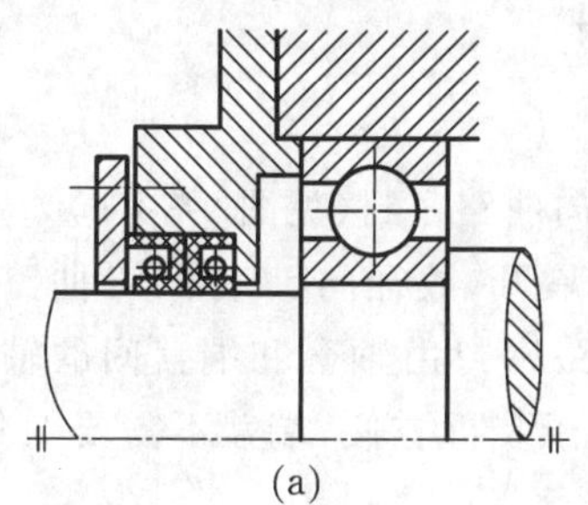
(a)

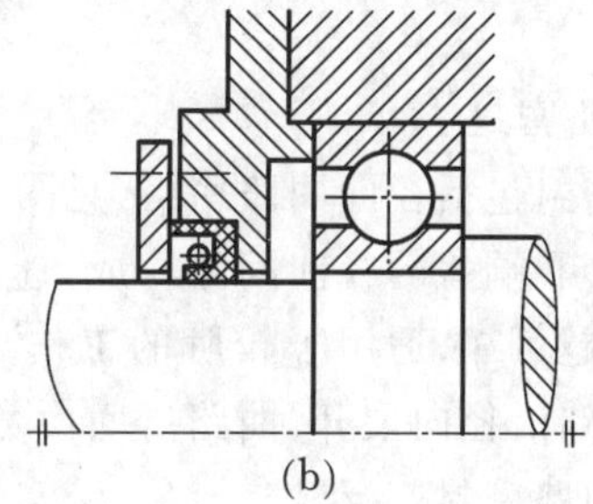
(b)

图 9-27　用唇形密封圈密封

2. 非接触式密封装置

非接触式密封装置中，密封件不与轴或配合件直接接触，因此可用于高速运转的轴承密封。

1）缝隙密封

轴与端盖配合面之间的间隙越小，轴向宽度越长，密封效果越好。一般径向间隙取 0.1～0.3 mm。缝隙密封适用于环境比较干净的脂润滑的场合。如果在端盖配合面上开有沟槽，并充填润滑脂，可以提高密封效果。缝隙密封如图 9-28 所示。

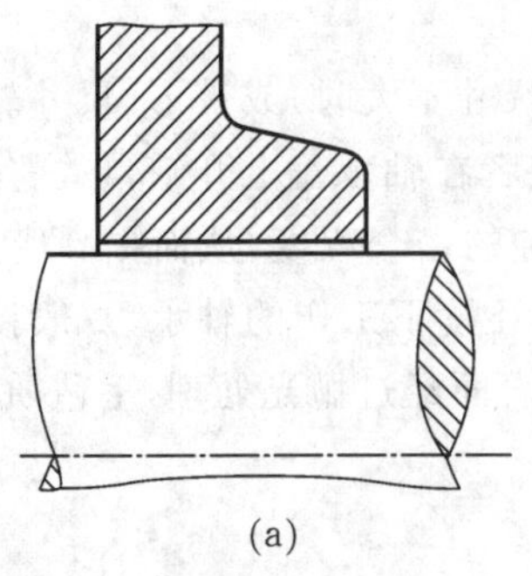
(a)

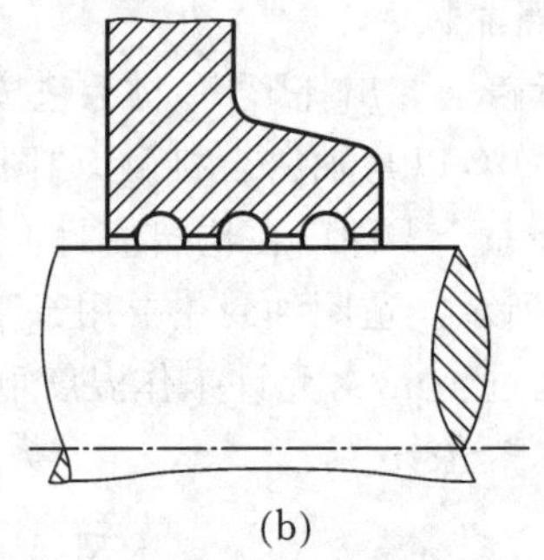
(b)

图 9-28　缝隙密封

2）甩油密封

油润滑时，在轴上开出沟槽（见图 9-29(a)），或装入一个环（见图 9-29(b)），都可以把欲向外流的油沿径向甩开，再经过轴承盖的集油腔及与轴承腔相通的油孔流回。或者在紧贴轴承处装一甩油环，在轴上车出螺旋式送油槽（见图 9-29(c)），可有效地防止油外流。靠甩油进行密封时，转速越高，密封效果越好，一般多用于油润滑。

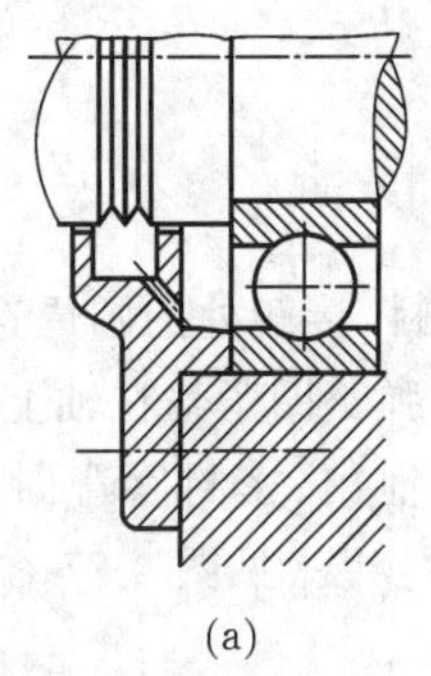
(a)

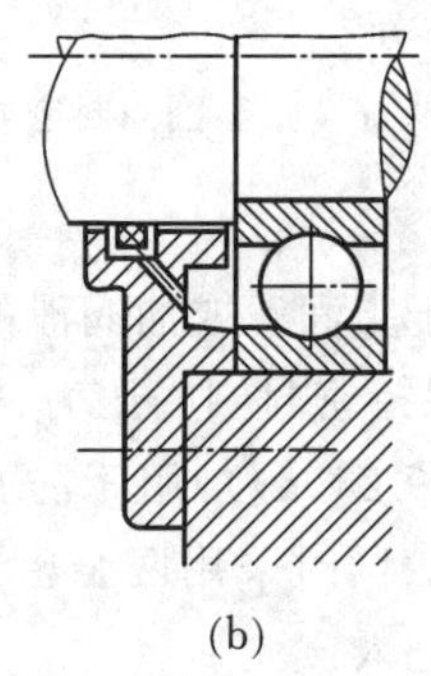
(b)

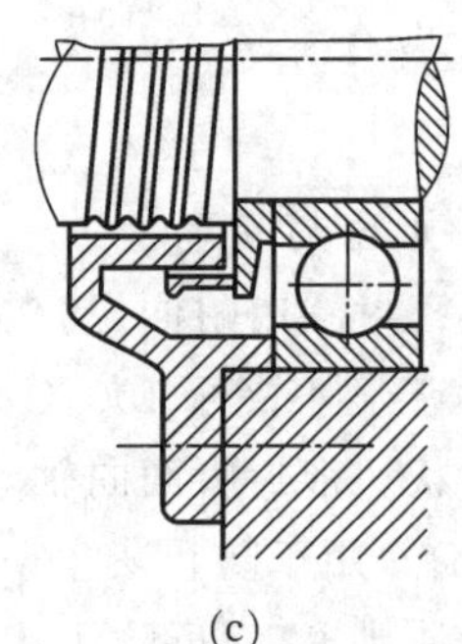
(c)

图 9-29　甩油密封

3）曲路密封

曲路密封包括径向曲路密封（见图 9-30(a)）和轴向曲路密封（见图 9-30(b)）。径向曲路密封由轴套和端盖的径向间隙构成，迷宫曲路沿轴向展开，故径向尺寸紧凑，曲路折回次数越多，密封越可靠，适用于较脏的工作环境。轴向曲路密封由轴套和端盖间的轴向间隙构成，迷宫曲路沿径向展开，曲路折回次数不宜过多，由于装拆方便，端盖不需要剖分，故其应用较径向曲路密封广泛。

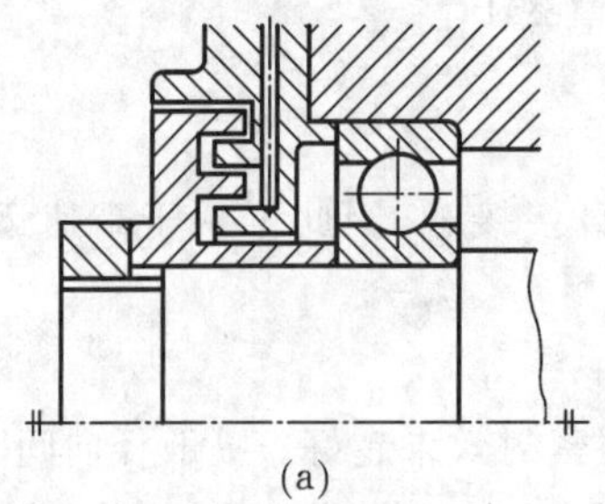
(a)

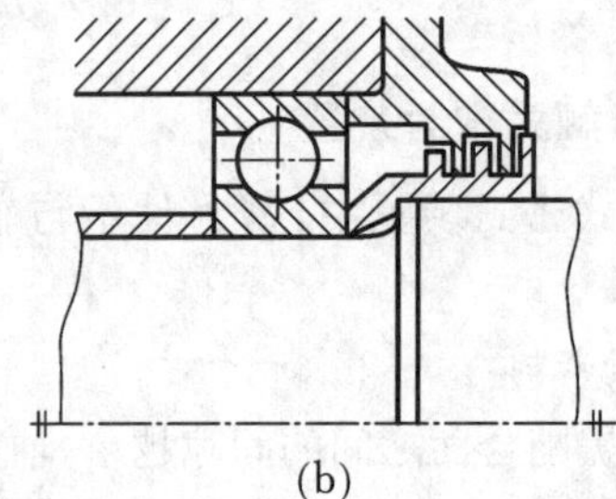
(b)

图 9-30　曲路密封

9.7.8 设计实例

根据工作条件决定在轴的两端正装两个角接触球轴承,如图9-31所示。已知轴上齿轮受切向力 $F_{te}=5000$ N,径向力 $F_{re}=1900$ N,轴向力 $F_{ae}=1250$ N,齿轮分度圆直径 $d=350$ mm,轴颈直径 $d=50$ mm,转速 $n=320$ r/min。要求两班制工作5年(设每年按300工作日计),有轻微冲击。试设计滚动轴承,并进行寿命校核。

回忆一下,你的项目子任务中,齿轮受力、齿轮分度圆直径、轴颈直径、转速等滚动轴承设计计算的已知条件是什么?

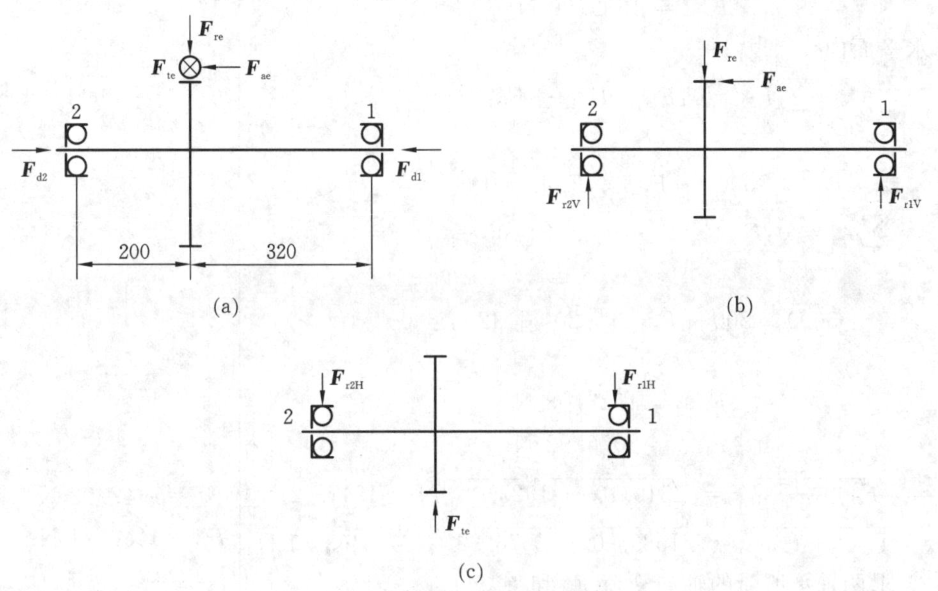

图9-31 滚动轴承受力分析

设计步骤如下:

计算项目及说明	结果
1. 选择滚动轴承的型号 类型代号选7(角接触球轴承),宽度系列代号选0(正常宽度,省略不写),直径系列代号选2(载荷小),内径代号为10(轴颈直径 $d=50$ mm,$50\div5=10$)。初选滚动轴承型号为7010AC。	7010AC
查轴承样本可知,角接触球轴承7010AC的基本额定动载荷 $C=40.8$ kN。	$C=40.8$ kN
2. 求两轴承所受的径向载荷 $\boldsymbol{F}_{r1}$ 和 $\boldsymbol{F}_{r2}$ 将轴系部件受到的空间力系分解为铅垂面(见图9-31(b))和水平面(见图9-31(c))两个平面力系。 铅垂面内: $$\sum F_y=0: F_{r1V}+F_{r2V}-F_{re}=0$$ 即 $$F_{r1V}+F_{r2V}-1900=0$$	

计算项目及说明	结　果
$\sum M=0:F_{r1V}\times(200+320)+F_{ae}\times\frac{d}{2}-F_{re}\times 200=0$	
即	
$F_{r1V}\times(200+320)+1250\times\frac{350}{2}-1900\times 200=0$	
解得	
$F_{r1V}=310.10\ \text{N}$	
$F_{r2V}=1589.90\ \text{N}$	
水平面内:	
$\sum F_x=0:F_{te}-F_{r1H}-F_{r2H}=0$	
即	
$5000-F_{r1H}-F_{r2H}=0$	
$\sum M=0:F_{te}\times 200-F_{r1H}\times(200+320)=0$	
即	
$5000\times 200-F_{r1H}\times(200+320)=0$	
解得	
$F_{r1H}=1923.08\ \text{N}$	
$F_{r2H}=3076.92\ \text{N}$	
$F_{r1}=\sqrt{F_{r1V}{}^2+F_{r1H}{}^2}=\sqrt{310.10^2+1923.08^2}\ \text{N}=1947.92\ \text{N}$	$F_{r1}=1947.92\ \text{N}$
$F_{r2}=\sqrt{F_{r2V}{}^2+F_{r2H}{}^2}=\sqrt{1589.90^2+3076.92^2}\ \text{N}=3463.41\ \text{N}$	$F_{r2}=3463.41\ \text{N}$
3. 求两轴承所受的轴向载荷 $\boldsymbol{F}_{a1}$ 和 $\boldsymbol{F}_{a2}$	
对于 70000AC 型轴承,按表 9-6 可得轴承派生轴向力为	
$F_d=0.68F_r$	
$F_{d1}=0.68F_{r1}=0.68\times 1947.92\ \text{N}=1324.59\ \text{N}$(方向←)	
$F_{d2}=0.68F_{r2}=0.68\times 3463.41\ \text{N}=2355.12\ \text{N}$(方向→)	
因为 $F_{ae}+F_{d1}>F_{d2}$,所以会存在附加轴向力 $\boldsymbol{S}$。	
根据轴线方向受力平衡可得	
$S+F_{d2}=F_{ae}+F_{d1}$	
即	
$S=F_{ae}+F_{d1}-F_{d2}=(1250+1324.59-2355.12)\ \text{N}$	
$=219.47\ \text{N}$(方向→)	
由于 $\boldsymbol{S}$ 的方向与 $\boldsymbol{F}_{d2}$ 的方向相同,所以附加轴向力作用于轴承 2 处,于是有	
$F_{a1}=F_{d1}=1324.59\ \text{N}$	$F_{a1}=1324.59\ \text{N}$
$F_{a2}=F_{d2}+S=(2355.12+219.47)\ \text{N}=2574.59\ \text{N}$	$F_{a2}=2574.59\ \text{N}$
4. 求轴承当量动载荷 P_1 和 P_2	
因为 $\frac{F_{a1}}{F_{r1}}=\frac{1324.59}{1947.92}=0.68\leqslant e$,$\frac{F_{a2}}{F_{r2}}=\frac{2574.59}{3463.41}=0.74>e$,由	

计算项目及说明	结　果
表 9-4 分别查得径向动载荷系数和轴向动载荷系数为： 轴承 1：　$X_1=1$，$Y_1=0$ 轴承 2：　$X_2=0.41$，$Y_2=0.87$ 因轴承运转过程中有轻微冲击，由表 9-5 可知，$f_d=1.0\sim1.2$，取 $f_d=1.1$，则 $P_1=f_d(X_1F_{r1}+Y_1F_{a1})=1.1\times(1\times1947.92+0\times1324.59)$ N $=2142.71$ N $P_2=f_d(X_2F_{r2}+Y_2F_{a2})=1.1\times(0.41\times3463.41+0.87\times2574.59)$ N $=4025.88$ N	$P_1=2142.71$ N $P_2=4025.88$ N
5. 验算轴承寿命 因为 $P_1<P_2$，所以按轴承 2 的受力进行验算，于是有 $L_h=\frac{10^6}{60n}\left(\frac{C}{P_2}\right)^{\varepsilon}=\frac{10^6}{60\times320}\times\left(\frac{40\ 800}{4025.88}\right)^3$ h $=54\ 212.17$ h 轴承预期寿命为 $L'_h=5\times300\times16$ h $=24\ 000$ h 因为 $L_h>L'_h$，所以所选轴承满足寿命要求。	$L_h=54\ 212.17$ h 满足寿命要求
6. 设计结论 选用一对角接触球轴承，面对面安装，轴承型号为 7010AC。 参照例题，用你自己的已知条件会计算了吗？ **提问：** 如果轴承寿命验算不合格，应该调整哪些参数重新计算？	

本章小结

（1）滚动轴承由内圈、外圈、滚动体和保持架等四个部分组成。

（2）滚动轴承依靠主要元件间的滚动接触来支承转动零件，它具有启动所需力矩小、旋转精度高、选用方便等优点。

（3）按轴承所能承受的外载荷不同来分类时，滚动轴承可以分为向心轴承、推力轴承和向心推力轴承三大类。

（4）滚动轴承的代号是一组由字母和数字组成的产品符号，用于表示滚动轴承的结构、尺寸、公差等级和技术性能等基本特征。通用轴承的代号由前置代号、基本代号和后置代号三个部分组成。

（5）滚动轴承的失效形式主要有疲劳点蚀、过大的塑性变形和磨损等。

（6）滚动轴承的设计准则为：对于转速较高的滚动轴承，其主要失效形式为疲劳点蚀，需进行寿命计算；对于转速很低或摆动的滚动轴承，其主要失效形式为塑性变形，需计算静强度；对于高转速的滚动轴承，其主要失效形式为磨损，需校核极限转速。

（7）对于一批同型号的滚动轴承，在相同的条件下运转，把 10% 的滚动轴承发生疲劳点蚀之前的寿命定义为这批滚动轴承的基本额定寿命，用 L_{10} 表示。

(8) 滚动轴承的基本额定动载荷是使滚动轴承的基本额定寿命恰好为10^6 r时滚动轴承所能承受的载荷，用字母C表示。

(9) 实际上，滚动轴承在大多数应用场合同时受径向载荷和轴向载荷的联合作用，因此在进行滚动轴承寿命计算时，必须把实际载荷转换成与基本额定动载荷的载荷条件相一致的载荷，该载荷称为当量动载荷。

(10) 滚动轴承所受的径向载荷通过力系平衡方程求得，所受的轴向载荷通过附加轴向力法进行求解。

(11) 角接触球轴承和圆锥滚子轴承的安装方式分为正装（又称为面对面安装）和反装（又称为背对背安装）。

(12) 对于处于静止和缓慢运转状态下的滚动轴承，或者受载变化较大，尤其承受较大冲击载荷的滚动轴承，为了防止滚动轴承零件的接触表面产生过大的塑性变形，需要对载荷加以一定的限制或者要求滚动轴承的静载荷承载能力达到一定水平。这些要求可以通过滚动轴承的静强度计算予以实现。

(13) 基本额定静载荷是为了限制滚动轴承的永久变形而引入的一种假想载荷，它代表滚动轴承承受静载荷的能力。

(14) 滚动轴承的组合设计主要是正确解决滚动轴承的配置、紧固、调节、配合、预紧、润滑、密封等问题。

练习与提高

一、思考分析题

1. 为什么现代机械设备中大多采用滚动轴承？

2. 滚动轴承有哪些类型？写出它们的类型代号及名称，并说明各类轴承能承受何种载荷（径向或轴向）。

3. 典型的滚动轴承由哪些基本元件组成？每个元件的作用是什么？

4. 滚动轴承中的各元件一般采用什么材料及热处理方法？为什么？

5. 为什么角接触球轴承和圆锥滚子轴承常成对使用？成对使用时什么叫正装？什么叫反装？试比较正装与反装的特点。

6. 说明以下滚动轴承代号的含义：N208/P6、30210/P6x、51411、61912/C1、7309AC。

7. 滚动轴承的主要失效形式有哪些？其设计计算准则是什么？

8. 什么是滚动轴承的额定寿命和基本额定动载荷？什么是滚动轴承的当量动载荷？

9. 滚动轴承的内圈与轴、外圈与机座孔的配合采用基孔制还是基轴制？若内圈与轴的配合标准为ϕ35H7/k6，外圈与机座孔的配合标准为ϕ90J7/h6，有何错误？应如何改正？

10. 什么类型的滚动轴承在安装时要调整轴承游隙？常用哪些方法调整轴承游隙？

11. 滚动轴承组合结构中为什么有时要采用预紧结构？预紧方法有哪些？

12. 在设计同一轴的两个支承时，为什么通常采用两个型号相同的轴承？如果必须采用两个型号不同的轴承，应采取什么措施？

13. 滚动轴承常用的润滑方式有哪些？具体选用时应如何考虑？

14. 滚动轴承轴向固定的典型结构形式有三类：(1)两端固定；(2)一端固定，一端游动；(3)两端游动。试问这三种结构形式各适用于什么场合？

二、综合设计计算题

1. 拟在蜗杆减速器中用一对滚动轴承来支承蜗杆，如图 9-32 所示。已知轴转速$n=$

320 r/min，轴颈直径 $d=40$ mm，径向反力分别为 $F_{r\text{I}}=4000$ N，$F_{r\text{II}}=2000$ N，外部轴向力 $F_a=1600$ N，工作中有中等冲击，温度小于 100 ℃，预期使用寿命 $L'_h=5000$ h，试确定该对轴承的类型及型号。

2. 根据工作条件，决定在轴的两端选用 $\alpha=25°$ 的两个角接触球轴承，采用面对面安装，如图 9-33 所示。已知轴颈直径 $d=35$ mm，工作中有中等冲击，转速 $n=1800$ r/min，两轴承的径向载荷分别为 $F_{r1}=3390$ N，$F_{r2}=1040$ N，外部轴向力 $F_a=870$ N，作用方向指向轴承1，试确定该轴承的型号，并计算其工作寿命。

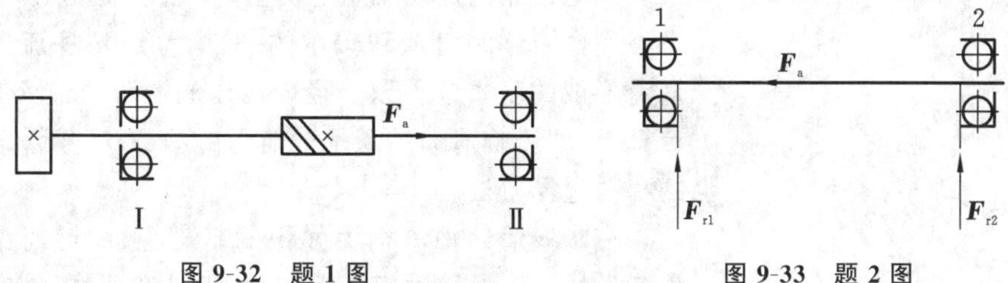

图 9-32　题 1 图　　　　图 9-33　题 2 图

3. 图 9-34 所示为用一对 7306AC 型角接触球轴承支承的轴，已知 $F_{r1}=3000$ N，$F_{r2}=1000$ N，$F_a=500$ N，$n=1200$ r/min，载荷平稳，常温下工作，求轴承的使用寿命。

提示：

7306AC 轴承：$C_r=25.2$ kN，$S=0.7F_r$，$e=0.68$；$F_a/F_r>e$ 时，$X=0.41$，$Y=0.87$；$F_a/F_r\leqslant e$ 时，$X=1$，$Y=0$。

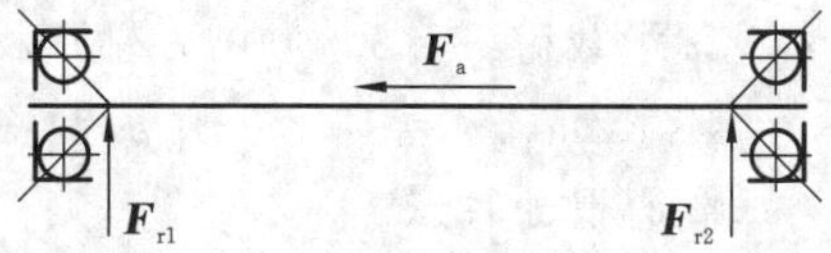

图 9-34　题 3 图

4. 图 9-35 所示为用一对 30309 轴承支承的轴，轴上载荷 $F=6000$ N，$F_a=1000$ N，$L_1=100$ mm，$L_2=200$ mm，轴的转速 $n=960$ r/min，轴承受轻微冲击，载荷系数 $f_p=1.2$。30309 轴承的特性参数为 $C=64\ 800$ N，$C_0=61\ 200$ N，派生轴向力 $F_d=\dfrac{F_r}{2Y}$，$Y=2.1$，径向动载荷系数 X 和轴向动载荷系数 Y 如表 9-10 所示。试分析：

(1) 哪个轴承危险?

(2) 若预期寿命 $L'_h=15\ 000$ h，则该轴承是否合适?

表 9-10　题 4 表

e	$F_a/F_r\leqslant e$		$F_a/F_r>e$	
	X	Y	X	Y
0.29	1	0	0.4	2.1

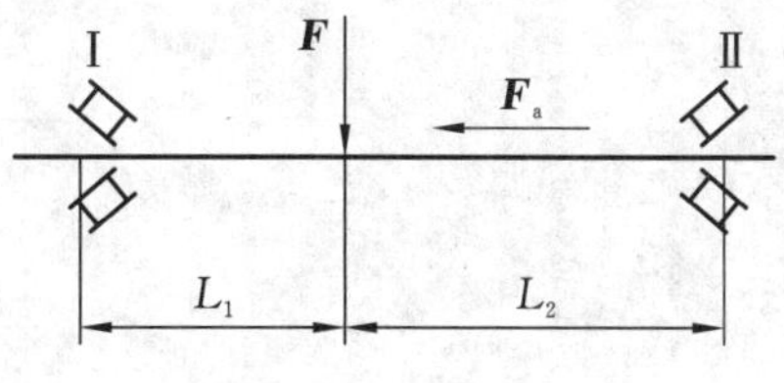

图 9-35　题 4 图

第10章
滑动轴承

知识技能目标

熟记常见的滑动轴承的类型、特点以及应用场合，熟悉不完全液体润滑滑动轴承的条件计算，熟悉流体动压润滑形成的基本条件以及径向动压润滑滑动轴承的设计计算，了解影响滑动轴承承载能力的参数，了解滑动轴承的材料选择方法。

在掌握滑动轴承相关知识的基础上，能够对给定工作条件的滑动轴承进行正确选材、设计和校核，在实际工程中会合理选择、设计滑动轴承。

项目子任务分解

设计某蜗杆减速器的蜗轮轴，其两端采用不完全液体润滑向心滑动轴承支承。已知蜗轮轴转速 $n=60$ r/min，轴材料为45钢，轴颈直径 $d=80$ mm，轴承宽度 $B=80$ mm，轴承载荷 $F=80\ 000$ N，轴瓦材料为ZCuSn10P1（$[p]=15$ MPa，$[v]=10$ m/s，$[pv]=15$ MPa·m/s），试校核此向心滑动轴承。

子任务实施建议

（1）验算轴承平均压力 p。

（2）验算轴承的 pv 值。

（3）验算滑动速度 v。

理论解读

10.1 概 述

轴承是机器中的重要零部件，其主要功用是支承轴及轴上零件，从而减轻机器的磨损，提高机械效率。轴承主要有滑动轴承和滚动轴承两大类。滚动轴承之间主要是滚动摩擦，摩擦力小，启动灵活，效率高，应用广泛；滑动轴承由于是面接触，在接触面之间有油膜减振，所以具有承载能力强、抗振性能好、旋转精度高、工作平稳、噪声小等优点。因此，在高速、高精度、重载的场合，如汽轮机、压缩机、轧钢机、大型电动机、高速高精度磨床、锻压机械以及内燃机中，采用滑动轴承比采用滚动轴承具有更大的优势。对于径向尺寸受限制或结构要求剖分或在腐蚀性介质中工作的轴承，滑动轴承是不能被滚动轴承所替代的。此外，由于滑动轴承结构简单、制造容易、成本低，在水泥搅拌机、滚筒清砂机、破碎机等低速而带有冲击载荷的机械中，也常采用滑动轴承。本章主要介绍滑动轴承。

根据滑动轴承表面的润滑情况，滑动轴承中的摩擦有如下几种。

1. 干摩擦

当滑动轴承中不加任何润滑油时，两摩擦表面的金属直接接触，工程上称这种状态为干摩擦。此时必然有大量的摩擦功耗和严重的磨损，具体表现为轴承的温度急剧升高，甚至烧毁轴瓦。因此，在滑动轴承中应尽量避免出现干摩擦。

2. 边界摩擦

轴承中有润滑油，由于润滑油与金属表面的吸附作用，在金属表面形成了一层边界润滑油膜。边界油膜可以大大降低两摩擦表面间的摩擦系数，但边界油膜的厚度极薄，不足以将两金属表面完全分开。因此，当轴承运动时，两金属表面微观的凸峰部分仍将互相接触、摩擦、磨损，这种状态称为边界摩擦。

3. 液体摩擦

当轴承的两摩擦表面完全被润滑油膜隔开时，两摩擦表面间没有金属的直接接触，轴承的摩擦系数为润滑油分子之间的摩擦系数，摩擦系数极小，因此轴承效率高，且无磨损。这种在润滑油液体之间的摩擦称为液体摩擦，也可称为液体润滑。液体摩擦是最理想的摩擦。像汽轮机等需高速旋转的机器，必须确保其轴承在液体摩擦状态下工作。但在一般机器中，轴承的摩擦表面多处于干摩擦、边界摩擦和液体摩擦的混合状态下，称之为混合摩擦或非液体摩擦。

摩擦的几种状态如图 10-1 所示。

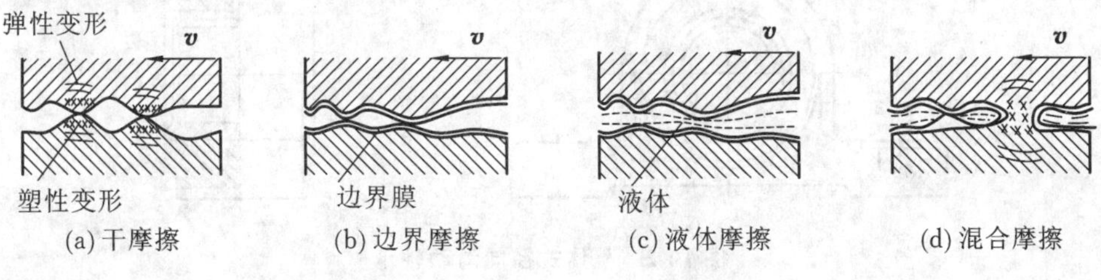

(a) 干摩擦 (b) 边界摩擦 (c) 液体摩擦 (d) 混合摩擦

图 10-1 摩擦的几种状态

10.2 滑动轴承的主要结构形式与材料

10.2.1 滑动轴承的分类

1. 按滑动轴承所能承受载荷的方向分类

(1) 径向滑动轴承：只能承受径向载荷。

(2) 推力滑动轴承：只能承受轴向载荷。

2. 按滑动轴承摩擦表面间润滑油膜的状态分类

(1) 非液体摩擦滑动轴承：两摩擦表面间既有润滑油膜存在，也有摩擦表面直接接触，摩擦力较大。

(2) 液体摩擦滑动轴承：两摩擦表面完全被润滑油膜隔开，滑动轴承的摩擦力为润滑油分子之间的摩擦力，摩擦系数 f 很小，取值为 0.001～0.008，因此摩擦小、磨损少、效率高。

3. 按润滑油膜形成的机理分类

(1) 动压润滑轴承：通过使轴承的两个表面具有一定的斜度、一定的相对运动速度，以及充足供应的具有一定黏度的润滑油，在轴承表面形成一层润滑油膜。

(2) 静压润滑轴承：通过在轴承两摩擦表面间注入高压润滑油，使两摩擦表面被润滑油膜隔开，此时即使两摩擦表面没有相对运动，润滑油膜也不会消失。静压润滑轴承需要外部动力设备供应压力油，成本较高。

10.2.2 滑动轴承的结构

1. 径向滑动轴承

径向滑动轴承的结构与尺寸均已标准化。常见的径向滑动轴承有整体式、剖分式和调心式三种。

图 10-2 所示为整体式径向滑动轴承，它由轴承座和整体轴瓦等组成。轴承座的顶部设有装有油杯的螺丝孔，轴承用螺栓固定在机架上。整体式径向滑动轴承结构简单、制造方便、成本低、刚度大，但轴必须从轴承端部装入，装配不方便，且轴承磨损后径向间隙不能调整，若径向间隙过大，承载能力将降低，故整体式径向滑动轴承多用于低速、轻载、间歇工作、不需要经常装拆的机器中，如农业机械、手动机械等。

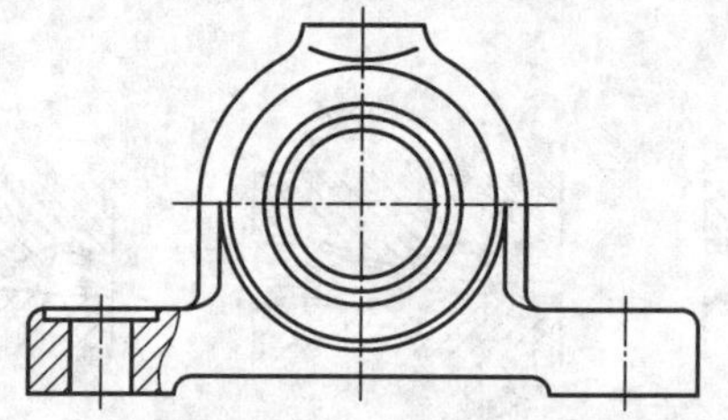
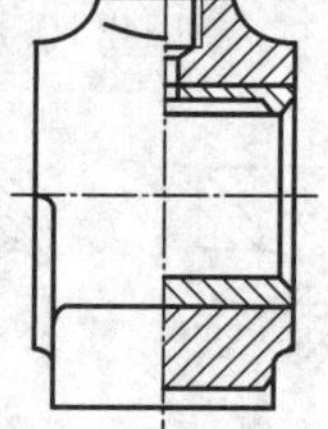

图 10-2　整体式径向滑动轴承

图 10-3 所示为剖分式径向滑动轴承，它由轴承座、轴承盖、剖分式轴瓦和连接螺栓等组成。为防止轴承座与轴承盖间横向错动，接合面应做成阶梯形或设置止动销，剖分面间放置一组薄垫片，通过调整垫片的厚薄来调整轴瓦和轴颈间的间隙；当轴瓦磨损后，可适当减少垫片，以补偿磨损造成的间隙增大。剖分式径向滑动轴承装拆方便，应用广泛。

图 10-4 所示为调心式径向滑动轴承。当安装有误差或轴的弯曲变形较大时，轴承两端会产生接触磨损，因此对于较长的轴，当轴的挠度较大而不能保证两轴承孔的同轴度时，常采用调心式径向滑动轴承。调心式径向滑动轴承又称为自位轴承，这种轴承的轴瓦和轴承体之间采用球面配合，球面中心位于轴颈轴线上，轴瓦能随轴的弯曲变形沿任意方向转动，以适应轴颈的偏斜，可避免轴承端部的载荷集中和过度磨损。

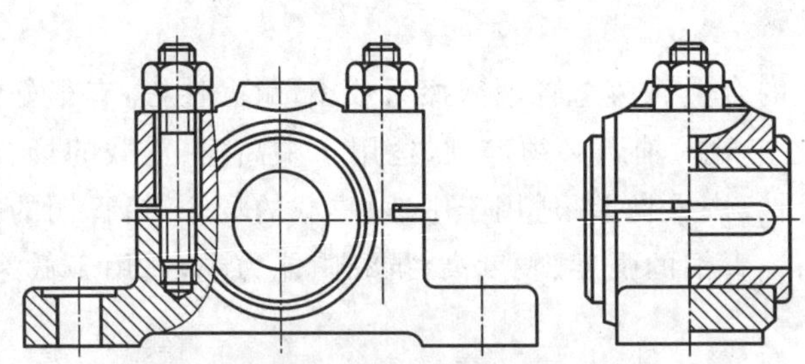

图 10-3 剖分式径向滑动轴承

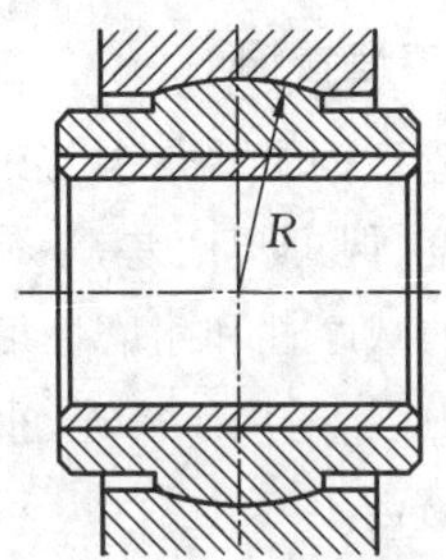

图 10-4 调心式径向滑动轴承

2. 推力滑动轴承

推力滑动轴承主要用来承受轴向载荷和轴向定位。推力滑动轴承轴颈的常见形式有空心式(见图 10-5(b))、单环式(见图 10-5(c))和多环式(见图 10-5(d))。对于实心式轴颈(见图 10-5(a))，因其端面上的压力分布极不均匀，靠近轴线中心处的压力很大，而相对运动速度却很低，对润滑极为不利，故极少采用。单环式轴颈可承受单方向的载荷，适用于低速、轻载的场合；多环式轴颈可承受较大的双向轴向载荷。因此，载荷较小时常采用空心式端面止推轴颈或单环式轴颈，载荷较大时则采用多环式止推轴颈。

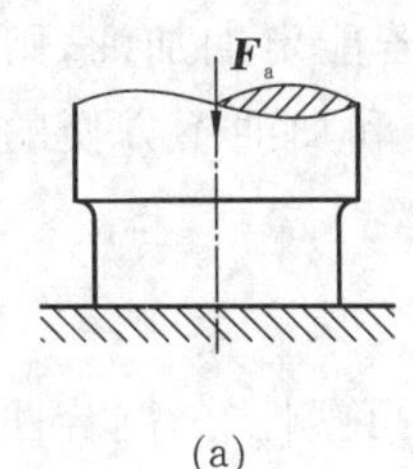

(a)

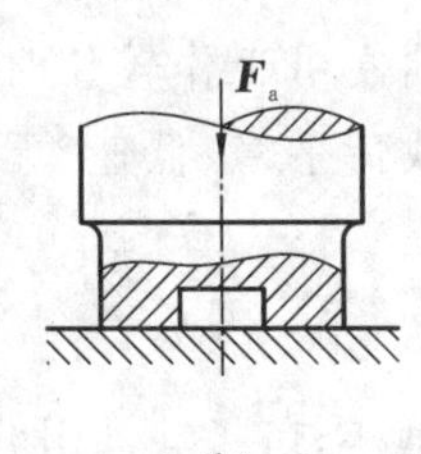

(b)

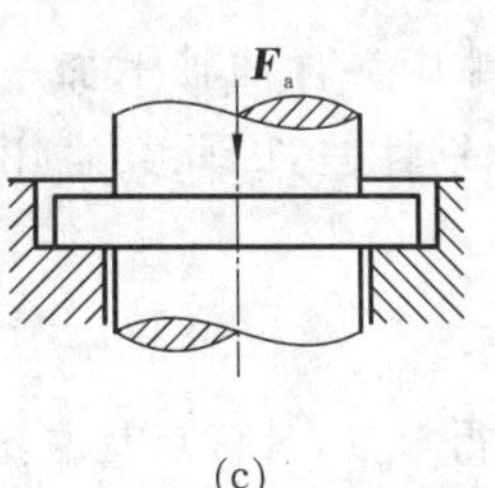

(c)

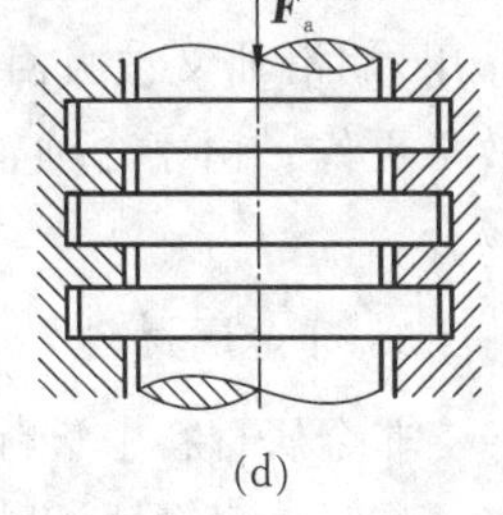

(d)

图 10-5 推力滑动轴承轴颈的形式

10.2.3 轴承材料

> 想一想日常生活和生产中还有哪些地方使用了滑动轴承？试举2～5个实例。

轴承材料是指与轴颈直接接触的轴瓦或轴承衬的材料。轴承的主要失效形式是磨损和胶合，在变载荷作用下还会出现疲劳点蚀。因此，轴承材料要求具有足够的强度以及良好的塑性、耐磨性、减摩性、磨合性、抗胶合性、导热性、耐腐蚀性和工艺性等。

常用的轴承材料如下。

1. 轴承合金

轴承合金主要是锡、铅、锑、铜的合金，又称巴氏合金或白合金。轴承合金可分为锡基轴承合金和铅基轴承合金两类，分别以锡或铅为软基体，内含锑锡或铜锡的硬晶粒。硬晶粒起抗磨作用，软基体增加材料的塑性。受载后，硬晶粒可嵌入软基体内，使承载面积增大。轴承合金的嵌入性和摩擦顺应性好，减磨，易跑合，抗胶合能力强，耐腐蚀，多用于中高速、重载的场合；但其强度低，价格高，通常只能作为轴承衬浇铸在青铜、钢或铸铁轴瓦上。锡基轴承合金的热膨胀性比铅基轴承合金的好，更适用于高速轴承。

2. 铸造青铜

铸造青铜主要是铜与锡、铅（或铝）的合金。铸造青铜摩擦系数小，耐磨性好，有很好的疲劳强度，但可塑性差，不易跑合，与之相配的轴颈必须淬硬，适用于中高速、重载的场合。锡青铜的减摩性和耐磨性最好，但磨合性、嵌入性差，适用于中速、重载的场合；铅青铜的抗黏附能力强，适用于高速、重载的场合；铝青铜的强度、硬度高，抗黏附能力差，适用于低速、重载的场合。

3. 灰口铸铁

灰口铸铁中有片状或球状的石墨，在表面形成覆盖层，起润滑减摩、耐磨作用。由于石墨能吸附碳氢化合物，有助于形成边界润滑油膜，故采用灰口铸铁作为轴承材料时，应加润滑油。灰口铸铁性脆，磨合性差，只适用于轻载、低速、无冲击的场合。

4. 多孔质金属

将不同的金属粉末经压制烧结而成的粉末冶金材料称为多孔质金属，其孔隙占体积的10％～35％，使用前要先将轴承在热油中浸泡几个小时，让孔隙中充满润滑油，因此这种轴承又称为含油轴承。含油轴承具有自润滑性。运转时，轴颈转动形成的低压和轴承的发热膨胀，使润滑油从材料中被吸出来或挤出来，轴承表面得以润滑；停车时，因毛细管作用，润滑油又被吸回孔隙中。含油轴承加一次油便可工作较长时间，若能定期加油，则效果更好。由于含油轴承韧性差，因此其宜用于载荷平稳、低速、无冲击和加油不方便的场合。

5. 非金属材料

非金属材料中塑料用得最多，其优点是摩擦系数小，可承载冲击载荷，可塑性好，跑合性好，耐磨损，耐腐蚀，可用水、油及化学溶液润滑；但它的导热性差，耐热性低，线膨胀系数大，易变形。为改善此缺陷，可将薄层塑料作为轴承衬黏附在金属轴瓦上使用。塑料轴承一般用于温度低、载荷小的场合；尼龙轴承自润滑性、耐腐蚀性、耐磨性、减振性等都较好，但导热性差，吸水性大，线膨胀系数大，尺寸稳定性不好，适用于速度不高或散热条件好的场合；橡胶轴承弹性大，能减轻振动，运转平稳，可以用水润滑，常用于离心水泵、水轮机等设备。常用轴承材料的性能及应用范围如表10-1所示。

表 10-1 常用轴承材料的性能及应用范围

材料		许用值 [p] /MPa	许用值 [v] /(m/s)	许用值 [pv] /(MPa·m/s)	最高工作温度/℃	轴颈最小硬度/HBS	应用范围
铸锡锑轴承合金	平稳	25	80	20	150	150	高速、重载轴承，如汽轮机、内燃机、高速机床的轴承
	冲击	20	60	15			
铸铅锑轴承合金		15	12	10	150	150	中速、中载、不宜受显著冲击载荷的轴承，如离心泵、压缩机的轴承
铸锡磷青铜		15	10	15	280	300～400	高温、中速、重载或变载荷条件下工作的轴承
铸锡锌铅青铜		5	3	10	280	300～400	中速、中载轴承，如减速器、起重机的轴承
铸铝铁青铜		15	4	12	280	200	润滑充分的低速、重载轴承
灰口铸铁	HT150	5	—	0.75	—	—	低速、轻载、无冲击的轴承
	HT200	3		1.5			
	HT250	1		3			

10.3 轴瓦结构与润滑剂的选用

10.3.1 轴瓦结构

轴瓦是与轴颈表面直接接触的零件，是滑动轴承的重要组成部分。轴承的工作能力及使用寿命主要取决于轴瓦的结构设计及选用的材料。

轴瓦有整体式和剖分式两种，分别用于整体式轴承和剖分式轴承，其结构分别如图 10-6 和图 10-7 所示。为了减小轴瓦与轴颈表面的摩擦、磨损，节省贵重金属，常在轴瓦的内表面上浇注或轧制一层减摩性好的轴承合金，称之为轴承衬，其厚度通常为 0.6～0.8 mm。为了使轴承合金与轴瓦贴附良好，常在轴瓦内表面制出各种形式的榫头、凹沟或螺纹。

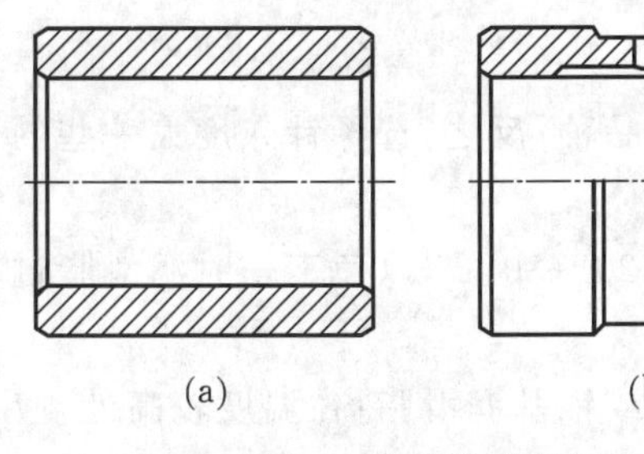

图 10-6 整体式轴瓦

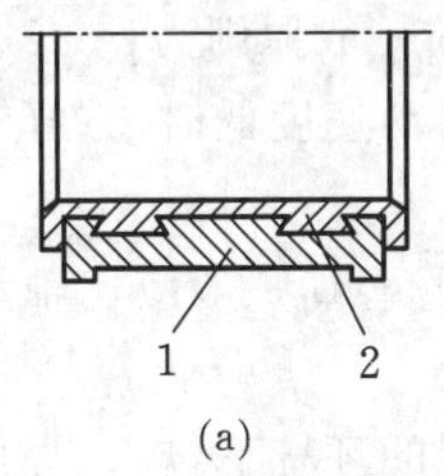

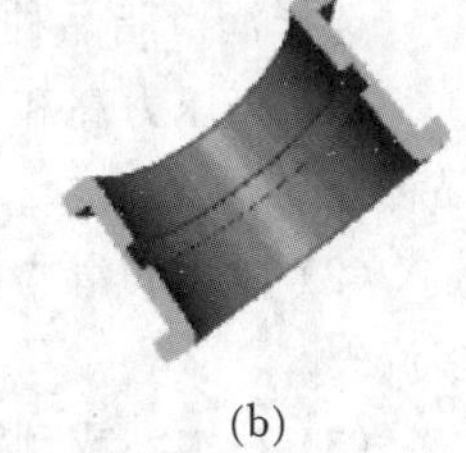

图 10-7 剖分式轴瓦

1—轴瓦；2—轴承衬

为了使润滑油能顺利导入轴承，并能分布到整个摩擦表面而获得良好的润滑，轴瓦的内表面上常开设油孔和油沟。油沟的常见结构形式如图 10-8 所示。

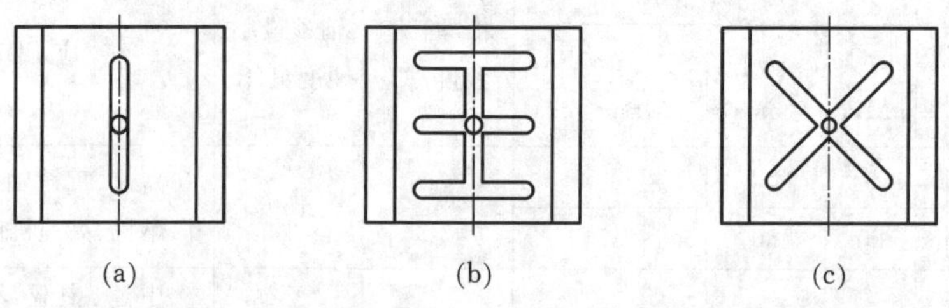

图 10-8　油沟的常见结构形式

油孔和油沟应设置在非承载区，以免降低润滑油膜承受载荷的能力。开在承载区的油沟或油槽对轴承承载能力的影响如图 10-9 所示，图中，曲线 1 为有油沟或油槽时轴承润滑油膜的分布，虚线 2 为无油沟或油槽时轴承润滑油膜的分布。

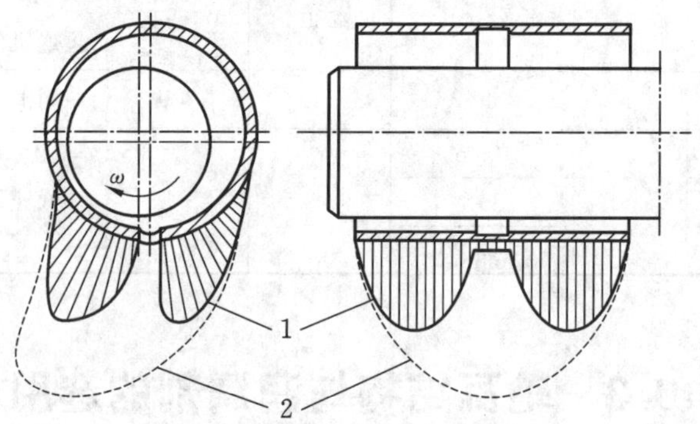

图 10-9　开在承载区的油沟或油槽对轴承承载能力的影响

10.3.2　滑动轴承的润滑剂

滑动轴承种类繁多，使用条件和重要程度往往相差较大，因而对润滑剂的要求也各不相同。下面仅就滑动轴承常用润滑剂的选择方法做简要介绍。

1. 润滑脂及其选择

使用润滑脂可以形成将滑动表面完全分开的一层薄膜。由于润滑脂属于半固体润滑剂，流动性差，故无冷却效果，常用在要求不高、难以经常供油，或者低速重载以及作摆动运动的轴承中。

选择润滑脂品种的一般原则为：

(1) 当压力高和滑动速度低时，选择针入度小一些的品种；反之，选择针入度大一些的品种。

(2) 所用润滑脂的滴点，一般应比轴承的工作温度高 20～30 ℃，以免工作时润滑脂过多流失。

(3) 在水淋或潮湿的环境下，应选择防水性强的钙基或铝基润滑脂；在温度较高处，应选用钠基或复合钙基润滑脂。

选择润滑脂牌号时可参考表 10-2。

表 10-2 滑动轴承润滑脂的选择

压力 p/MPa	轴径圆周速度 v/(m/s)	最高工作温度/℃	选用的牌号
≤1.0	≤1	75	3号钙基脂
1.0～6.5	0.5～5	55	2号钙基脂
≥6.5	≤0.5	75	3号钙基脂
≤6.5	0.5～5	120	2号钠基脂
>6.5	≤0.5	110	1号钙-钠基脂
1.0～6.5	≤1	50～100	锂基脂
>6.5	0.5	60	2号压延机脂

注:(1)“压力”或“压强”,本书统一用“压力”;

(2)在潮湿环境,温度为75～120 ℃的条件下,应考虑用钙-钠基脂;

(3)在潮湿环境,工作温度为75 ℃以下,没有3号钙基脂时,也可以用铝基脂;

(4)工作温度为110～120 ℃时可用锂基脂或钡基脂;

(5)集中润滑时,黏度要小一些。

2. 润滑油及其选择

润滑油是滑动轴承中应用最广的润滑剂。液体动压轴承通常采用润滑油作为润滑剂。原则上,当转速高、压力小时,应选黏度较低的润滑油;反之,当转速低、压力大时,应选黏度较高的润滑油。

润滑油的黏度随温度的升高而降低,故在较高温度(例如 $t>60$ ℃)下工作的轴承所用润滑油的黏度应比常温下工作的轴承所用润滑油的黏度大一些。

不完全液体润滑轴承润滑油的选择参考表10-3,液体动压轴承润滑油的选择参考机械手册。

表 10-3 滑动轴承润滑油的选择(不完全液体润滑、工作温度小于60 ℃)

轴径圆周速度 v/(m/s)	平均压力 $p\leq3$ MPa	轴径圆周速度 v/(m/s)	平均压力 $p=(3\sim7.5)$ MPa
<0.1	黏度等级为68、100、150的润滑油	<0.1	黏度等级为150的润滑油
0.1～0.3	黏度等级为68、100的润滑油	0.1～0.3	黏度等级为100、150的润滑油
0.3～2.5	黏度等级为46、68的润滑油	0.3～0.6	黏度等级为100的润滑油
2.5～5.0	黏度等级为32、46的润滑油	0.6～1.2	黏度等级为68、100的润滑油
5.0～9.0	黏度等级为15、22、32的润滑油	1.2～2.0	黏度等级为68的润滑油
>9.0	黏度等级为7、10、15的润滑油		

3. 固体润滑剂

固体润滑剂可以在摩擦表面上形成固体膜,以减小摩擦阻力,通常只用于一些有特殊要求的场合,例如大型可展开天线定向机构和铰链处的固体润滑、空间机器人采用的谐波齿轮减速器的固体润滑等。

二硫化钼用黏结剂调配后涂在轴承摩擦表面上，可以大大延长摩擦副的使用寿命。在金属表面涂镀一层钼，然后放在含硫的气体中加热，可生成 MoS_2 膜。这种膜黏附最为牢固，承载能力极强。在用塑料或多孔质金属制造的轴承中渗入 MoS_2 粉末，会在摩擦过程中连续对摩擦表面提供 MoS_2 薄膜。将全熔金属注入石墨或碳-石墨零件的孔隙中，或经过烧结制成轴瓦，可获得较强的黏附能力。聚四氟乙烯片材可冲压成轴瓦，也可以用烧结法或黏结法形成聚四氟乙烯膜，黏附在轴瓦内表面上。软金属薄膜（如铅、金、银等薄膜）主要用于真空及高温的场合。

10.4 不完全液体润滑滑动轴承设计计算

在采用润滑脂、油绳润滑，滴油润滑或润滑油供应不充分的场合，轴承处于非液体润滑状态，轴颈和轴瓦间既有边界润滑油膜存在，也有金属直接接触。在完全液体润滑轴承中，轴承启动瞬间也是非液体润滑状态。因此，不管是非液体润滑轴承还是完全液体润滑轴承，都应进行非液体摩擦滑动轴承的设计计算。

10.4.1 主要失效形式

1. 磨损

工作时，由于非液体摩擦滑动轴承的工作表面存在局部的金属直接接触，因此会产生不同程度的摩擦和磨损，从而导致轴承配合间隙增大，降低轴的旋转精度，甚至使轴承不能正常工作。

2. 胶合

在高速、重载且润滑不良的情况下，非液体摩擦滑动轴承的工作表面的摩擦加剧，导致发热过多，从而使轴承工作表面出现胶合，严重时轴瓦与轴颈焊死在一起，发生所谓的“抱轴”重大事故。非液体摩擦滑动轴承的设计主要是保证轴承表面间有一个边界润滑油膜存在，以减小金属表面间直接接触的程度，避免出现胶合或过大的磨损。但维持边界润滑油膜不被破坏的计算太复杂，目前是以控制单位面积上的压力大小（即耐磨损）和控制发热量的大小（即抗胶合）作为条件计算的。

10.4.2 径向滑动轴承的设计计算

设计时，一般已知轴的直径 d、转速 v 和轴承所承受的径向载荷 F_r，按下述步骤进行设计计算。

1. 选择轴承材料

根据工作条件和使用要求，确定轴承的结构形式，并按表 10-1 选择轴承材料。

2. 确定轴承宽度

一般按宽径比 B/d 及 d 来确定轴承宽度。B/d 越大，轴承的承载能力越强，润滑油越不易从两端流出，散热性越差，温升越高；B/d 越小，端泄越大，轴承温升越低，但轴承的承载能力也越弱。通常取 $B/d=0.5\sim1.5$，若必须要求 $B/d>1.75$，应改善润滑条件，并采用自动调位轴承。

3. 校核轴承的工作能力

(1) 校核压强 p。

$$p=\frac{F}{dB}\leqslant[p] \tag{10-1}$$

式中：F_r为轴承所受的径向载荷(N)；d 和 B 分别为轴颈的直径和工作宽度(mm)；$[p]$为许用压强(MPa)，其值如表 10-1 所示。

(2) 校核 pv 值。

由于 pv 值与摩擦功率成正比，它间接地表征了轴承的发热情况。因此，对于载荷较大和速度较高的轴承，为保证轴承工作时不致过度发热而产生胶合失效，应限制 pv 值。

$$pv=\frac{F}{Bd}\cdot\frac{\pi dn}{60\times1000}=\frac{Fn}{19\ 100B}\leqslant[pv] \tag{10-2}$$

式中：v 为轴径圆周速度，即滑动速度(m/s)；$[pv]$为许用 pv 值(MPa · m/s)，其值如表 10-1 所示。

(3) 校核速度 v。

由于上面的 p 值是按平均压强来计算的，考虑到压力分布不均匀，可能在某些局部区域会出现实际 pv 值较大，但计算值却较小的情况，因此还要对速度进行校验。

$$v\leqslant[v] \tag{10-3}$$

式中，$[v]$为许用滑动速度(m/s)，其值如表 10-1 所示。

10.4.3 推力滑动轴承的设计计算

推力滑动轴承的设计计算步骤与径向滑动轴承的相同，具体如下。

(1) 校核压强 p。

$$p=\frac{F_a}{A}=\frac{F_a}{z\,\frac{\pi}{4}(d_2^2-d_1^2)}\leqslant[p] \tag{10-4}$$

式中：F_a为轴承所受的轴向载荷(N)；d_1和 d_2分别为轴环的内、外径(mm)，一般取 $d_1=(0.4\sim0.6)d_2$；z 为轴环数；$[p]$为许用压强(MPa)，其值如表 10-1 所示。

(2) 校核 pv 值。

止推轴环上的平均线速度 v (单位为 m/s)为

$$v=\frac{\pi n(d_1+d_2)}{60\times1000\times2} \tag{10-5}$$

故

$$pv=\frac{F_a}{z\,\frac{\pi}{4}(d_2^2-d_1^2)}\cdot\frac{\pi n(d_1+d_2)}{60\times1000\times2}=\frac{nF_a}{30\ 000z(d_2-d_1)}\leqslant[pv] \tag{10-6}$$

式中：n 为轴承的转速(r/min)；$[pv]$为许用 pv 值(MPa · m/s)，其值如表 10-4 所示。

止推滑动轴承有单环止推滑动轴承和多环止推滑动轴承之分，当采用多环止推滑动轴承时，考虑到每个环上的载荷分布的不均匀性，应将表 10-4 中的许用值$[p]$和$[pv]$降低 50%。

表 10-4　止推滑动轴承的[p]、[pv]值

轴(轴环端面、凸缘)	轴　　承	[p]/MPa	[pv]/(MPa·m/s)
未淬火钢	铸铁 青铜 轴承合金	2.0～2.5 4.0～5.0 5.0～6.0	1～2.5
淬火钢	青铜 轴承合金 淬火钢	7.5～8.0 8.0～9.0 12～15	1～2.5

10.5　流体动力润滑径向滑动轴承设计计算

根据润滑油膜形成的原理，液体摩擦滑动轴承分为液体动压润滑轴承和液体静压润滑轴承。

10.5.1　液体动压润滑轴承

图 10-10 所示为向心轴承动压油膜的形成过程。由于轴颈和轴承孔之间存在一定的间隙，当轴颈静止时，在外部径向载荷的作用下，轴颈处于轴承孔的最低位置，并与轴瓦相接触，如图 10-10(a)所示，此时轴颈表面与轴承孔表面构成楔形间隙。当轴颈开始转动时，速度很低，带入轴承间隙中的油量较少，轴颈在摩擦力的作用下沿轴承孔壁向上爬升，如图 10-10(b)所示。随着转速的增大，轴颈表面的圆周速度增大，更多的润滑油随着轴颈表面的运动被带入楔形间隙。由于润滑油是从大截面向小截面流入，考虑到润滑油的黏性和不可压缩性，润滑油流经的截面积越小，润滑油中产生的压力就越大，如图 10-10(c)所示。当压力能够克服外部径向载荷时，润滑油膜就会将轴颈浮起，轴颈在外载荷和润滑油膜压力的作用下处于平衡状态，轴颈稳定在某一偏心位置，如图 10-10(d)所示。此时，如果轴颈与轴瓦之间形成的最小间隙大于两表面不平度的高度之和，轴和轴承的工作表面将完全被一层压力油膜隔开，从而实现完全的液体润滑，轴承中的摩擦力为液体分子之间的摩擦力，摩擦力极小。

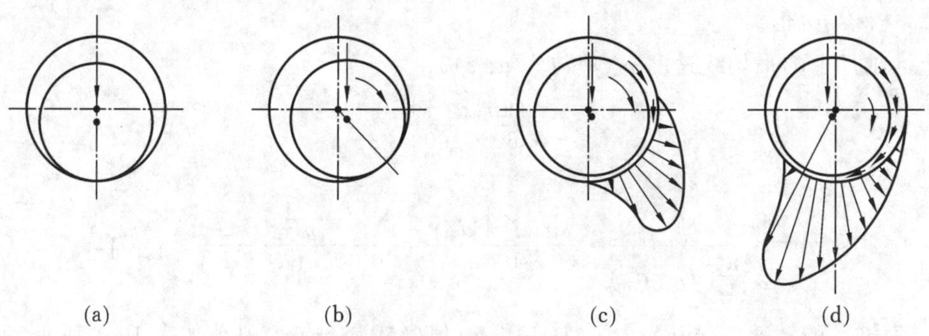

图 10-10　向心轴承动压油膜的形成过程

由上述分析可知，滑动轴承形成动压润滑油膜的必要条件如下：

(1) 轴颈与轴瓦的工作表面间必须有一个收敛的楔形间隙。

(2) 轴颈与轴瓦的工作表面间必须有一定的相对运动，且相对运动速度的方向要保证润滑油在楔形间隙中从大截面流进、小截面流出。

(3) 润滑油必须有适当的黏度，且供油充分。

当上述条件匹配时，就可形成完全液体润滑。

对于高速运转的重要轴承，为了保证能实现轴承的完全液体润滑，需要进行专门的设计计算，具体计算请参考相关的设计资料。

10.5.2 液体静压润滑轴承

液体静压润滑轴承利用高压油泵把具有一定压力的润滑油送入轴承静压油腔中，强制使轴颈表面与轴承孔表面被润滑油完全隔开，从而获得液体润滑，利用静压油腔间的压力差平衡外载荷，保证轴承在完全液体润滑状态下工作。

液体静压润滑轴承的特点是润滑油膜的形成与轴承表面的相对运动速度无关，轴承的承载能力主要取决于油泵的给油压力。因此，液体静压润滑轴承在高速、低速、轻载、重载下都能胜任工作，并且保证在启动、停止或正常运转期间轴与轴承之间完全被润滑油膜隔开；理论上轴颈、轴瓦表面没有磨损，可以长时间保持轴承的旋转精度，轴承使用寿命长，效率高；因任意时期内轴承间隙中均有一层油膜，故轴和轴瓦的制造精度可适当降低，对轴瓦材料的要求也较低。

液体静压润滑轴承的缺点是需要一套专门的、复杂的、可靠的供油系统，设备费用高，维护麻烦。因此，液体静压润滑轴承的应用不如液体动压润滑轴承普遍。只有当液体动压润滑轴承难以胜任时，如低速、重载、精度高的重型机器、精密机床等，才采用液体静压润滑轴承。

10.5.3 气体轴承

气体轴承是用气体作为润滑剂的滑动轴承。因空气的黏度仅为机械油的 1/4000，且其受温度变化的影响小，所以它是气体润滑剂的首选。气体轴承可在高速下工作，其轴颈转速可达几十万转每分钟。气体轴承分为动压气体轴承和静压气体轴承两大类。动压气体轴承形成的气膜很薄，最厚不超过 20 μm，因此对动压气体轴承的制造要求十分严格，而且空气需经严格过滤。气体轴承不存在油类污染的问题，密封简单，回转精度高，运行噪声低，但承载量不大，密封较困难，常用于高速磨头、陀螺仪、医疗设备等方面。

本章小结

拓展阅读

1. 摩擦及润滑的基本知识

(1) 摩擦的类型：干摩擦、边界摩擦、液体摩擦、混合摩擦。

(2) 润滑的分类。

① 按液体成压方式分：液体动压润滑，包括一般液体动压润滑(低副间)和弹性液体动压润滑(高副间)；液体静压润滑。

② 按成膜状态分：全膜润滑与部分膜润滑。

③ 按润滑剂分：液体润滑、气体润滑、半固体润滑和固体润滑。

2. 滑动轴承的特点及适用场合

高速、重大冲击与振动、径向尺寸受限制、剖分安装、水或腐蚀性介质中工作。

3. 滑动轴承的结构

(1) 径向滑动轴承：①整体式径向滑动轴承；②剖分式径向滑动轴承；③调心式径向滑

动轴承。

(2) 推力滑动轴承:①空心式推力滑动轴承;②单环式推力滑动轴承;③多环式推力滑动轴承。

(3) 轴瓦:①材料;②结构。

4. 轴承的润滑

(1) 润滑剂:①润滑油;②润滑脂;③其他润滑剂。

(2) 润滑方式:①间歇性给油;②连续性给油。

5. 形成液体摩擦的必要条件

(1) 油楔。

(2) 速度。

(3) 充分供给一定黏度的润滑油。

6. 非液体摩擦滑动轴承的设计计算

(1) 磨损(限制压强 p)计算。

(2) 发热(限制 pv 值)计算。

(3) 验算速度 v。

练习与提高

一、思考分析题

1. 简述滑动轴承的分类。什么是非液体摩擦滑动轴承?什么是液体动压润滑轴承?

2. 试简述滑动轴承的典型结构及特点。

3. 为了减小磨损、延长使用寿命,以径向滑动轴承为例,说明滑动轴承的结构设计应考虑哪些问题。

4. 对滑动轴承材料性能的基本要求是什么?常用的轴承材料有哪几类?

5. 轴瓦的主要失效形式是什么?轴瓦材料应满足哪些要求?

6. 非液体摩擦滑动轴承的失效形式和设计准则是什么?

7. 非液体摩擦滑动轴承设计的主要内容和步骤是什么?

8. 如何确定非液体摩擦滑动轴承的$[p]$、$[pv]$及$[v]$值?

9. 试简述建立液体动压润滑的必要与充分条件。

10. 轴承的宽径比 B/d 对滑动轴承的性能有何影响?在设计中应如何选取轴承的宽径比 B/d?

11. 在液体摩擦状态下工作时可避免轴颈和轴瓦直接接触而发生磨损,但为什么还要选用减摩材料来制造轴瓦并限制轴承的 pv 值?

12. 为什么液体动压润滑轴承在设计计算时也要按非液体摩擦滑动轴承的计算准则来选择轴承材料?

13. 在滑动轴承上为什么要开设油孔和油沟?开设油孔和油沟的原则是什么?设计时要注意什么?

二、综合设计计算题

一不完全液体润滑的径向滑动轴承,其宽径比 $B/d=1$,轴颈直径 $d=80$ mm,已知轴承材料的许用值为$[p]=5$ MPa,$[v]=5$ m/s,$[pv]=10$ MPa·m/s,要求轴承在 $n_1=320$ r/min 和 $n_2=640$ r/min 两种转速下均能正常工作,试求轴承的许用载荷。

第 11 章 联轴器和离合器

11

知识技能目标

掌握联轴器和离合器的功用和分类，掌握常用联轴器的结构特点、工作原理、使用场合以及选用与计算方法，掌握常用离合器的结构、工作原理、性能特点和选择与计算方法，了解计算载荷和载荷系数。

在熟知联轴器和离合器基本知识的基础上，能够根据实际工况正确、合理地进行设计及选用联轴器和离合器。

项目子任务分解

结合第 2 章中的项目Ⅰ、Ⅱ，按照图 11-1、图 11-2 所示的传动简图，根据前面章节任务案例中的传动比分配、功率等计算结果，设计相关联轴器或离合器。

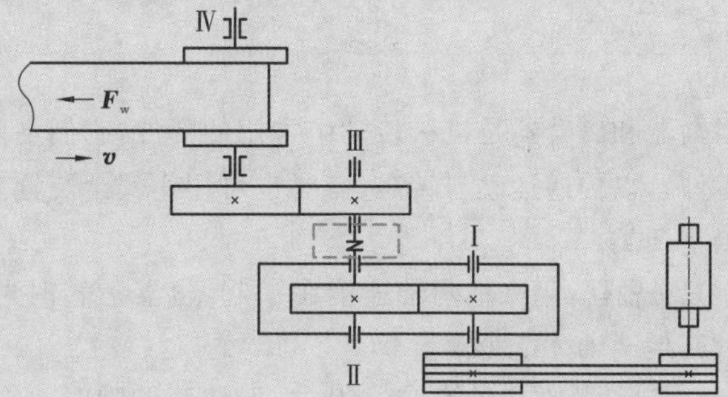

图 11-1　一级圆柱斜齿轮减速器传动设计简图

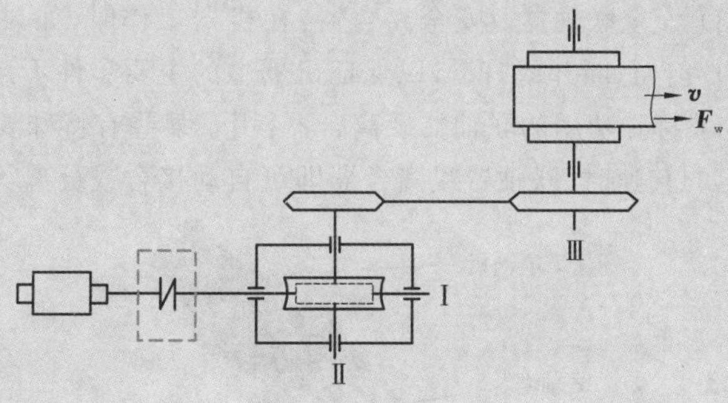

图 11-2　一级蜗轮蜗杆减速器传动设计简图

子任务实施建议

1. 任务分析

联轴器和离合器是机械传动中常用的部件，它们的作用是连接两轴使其一同回转，以传递运动和转矩。学习联轴器和离合器的类型、结构、工作原理、性能特点、应用场合和选择与计算方法，并依据需要连接的两轴的转速、转矩、轴端直径等，根据实际的工作条件，进行联轴器和离合器的设计。

2. 实施过程

联轴器和离合器的类型很多，常用的联轴器和离合器大多已经标准化。一般可依据机器的工作条件选定合适的类型，然后按照计算所得的转矩、转速和轴端直径从设计手册中选出所需的型号和尺寸。一般条件下只做选择性的简单计算，必要时对其中某些零件进行强度校核和计算。

理论解读

11.1 概 述

联轴器和离合器是机械传动中常用的部件，它们主要用来连接轴与轴(或连接轴与其他回转零件)，以传递运动与转矩，有时也可用作安全装置。根据工作特性，联轴器和离合器可分为以下四类。

(1) 联轴器：用来把两轴连接在一起，机器运转时两轴不能分离，只有在机器停车并将连接拆开后两轴才能分离。

(2) 离合器：在机器运转过程中，可使两轴随时接合或分离的一种装置，可用来操纵机器传动系统的断续，以便进行变速及换向等。

(3) 安全联轴器及安全离合器：在机器工作时，如果转矩超过规定值，这种联轴器及离合器即可自行断开或打滑，以保证机器中的主要零件不致因过载而损坏。

(4) 特殊功用的联轴器及离合器：用于某些有特殊要求处，例如在一定的回转方向或达到一定的转速时，联轴器或离合器即可自动接合或分离等。

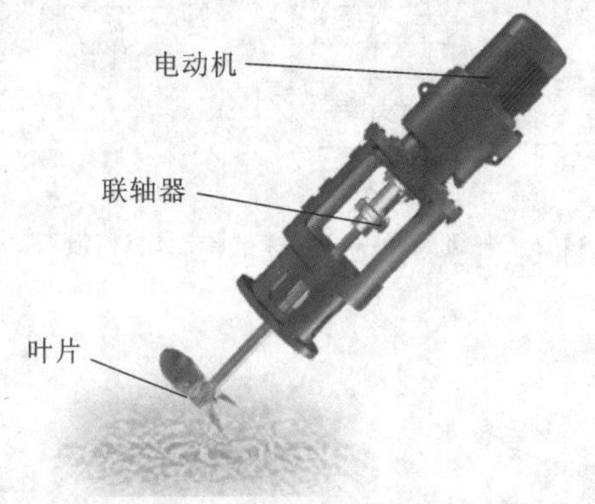

小思考
图 11-3 所示的搅拌机应选取哪种类型的联轴器？

图 11-3 搅拌机

由于机器的工况各异，因而对联轴器和离合器提出了各种不同的要求，如传递转矩的大小、转速的高低、扭转刚度的变化情况、体积的大小、缓冲吸振能力的强弱等。为了适应这些不同的要求，联轴器和离合器都已出现了很多类型，同时新型产品还在不断涌现，具有广阔的开发前景。读者完全可以结合具体需要自行设计联轴器和离合器。

由于联轴器和离合器的类型繁多，本章仅介绍少数典型结构及其有关知识，以便为读者选用标准件和自行设计提供必要的依据。

11.2 联轴器的种类及特性

由于制造、安装误差或制作时零件的变形等原因，被连接的两轴不一定都能精确对中，因此就会出现两轴间的轴向位移、径向位移、角位移，以及由这些位移组合而成的综合位移，如图 11-4 所示，如果联轴器没有适应这种相对位移的能力，就会在联轴器所连的轴和轴承中产生附加载荷，甚至引起强烈振动。设计联轴器时，要从结构上采取各种不同的措施，使之具有适应一定范围的相对位移的性能。

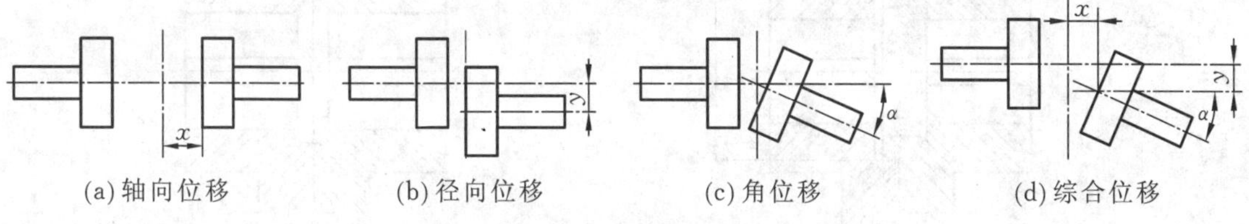

(a) 轴向位移　(b) 径向位移　(c) 角位移　(d) 综合位移

图 11-4 联轴器所连两轴的相对位移

根据联轴器对各种相对位移有无补偿能力(即能否在发生相对位移的条件下保持连接的功能)，联轴器可分为刚性联轴器(无补偿能力)和挠性联轴器(有补偿能力)两大类。挠性联轴器按是否具有弹性元件可分为无弹性元件的挠性联轴器和有弹性元件的挠性联轴器两个类别。

11.2.1 刚性联轴器

刚性联轴器具有结构简单、成本低的优点。组成刚性联轴器的各元件连接后成为一个刚性的整体，工作中没有相对运动，但对被连接的两轴间的相对位移缺乏补偿能力，故要求被连接的两轴要严格对中。刚性联轴器常用于无冲击、无位移补偿要求的场合。这类联轴器常见的有套筒联轴器、凸缘联轴器和夹壳联轴器。

(1) 套筒联轴器是一种最简单的联轴器，如图 11-5(a)所示。套筒联轴器用圆锥销、键或螺钉将圆柱形套筒和两根轴相连接并传递扭矩，被连接的轴径一般不超过 80 mm，套筒用 35 钢或 45 钢制造。这种联轴器结构简单，径向尺寸小，但传递转矩较小，不能缓冲和吸收振动，被连接的两轴必须严格对中，装拆时轴需要作轴向移动才能拆卸，常用于机床传动系统中。此种联轴器没有标准化，需要自行设计。

在图 11-5(b)所示的联轴器中，如果销的尺寸设计得当，过载时销被剪断，可以防止损坏机器的其他零件，这种能起安全保护作用的联轴器称为安全联轴器。

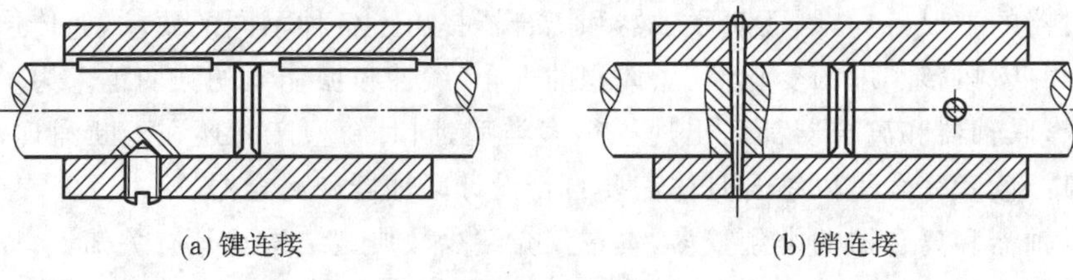

(a) 键连接　　　　(b) 销连接

图 11-5　套筒联轴器

(2) 凸缘联轴器是应用较为广泛的一种刚性联轴器，它由两个带凸缘的半联轴器组成，两个半联轴器通过键分别与两轴相连接，并将两个半联轴器连成一体。按对中方式的不同，凸缘联轴器有两种类型，如图 11-6 所示。

图 11-6(a)所示的 YLD 型凸缘联轴器利用两个半联轴器的端面止口配合对中，连接两个半联轴器的是普通螺栓。这种对中方法是靠拧紧螺栓后在接合面上产生摩擦力来传递转矩的，装拆时需移动轴。

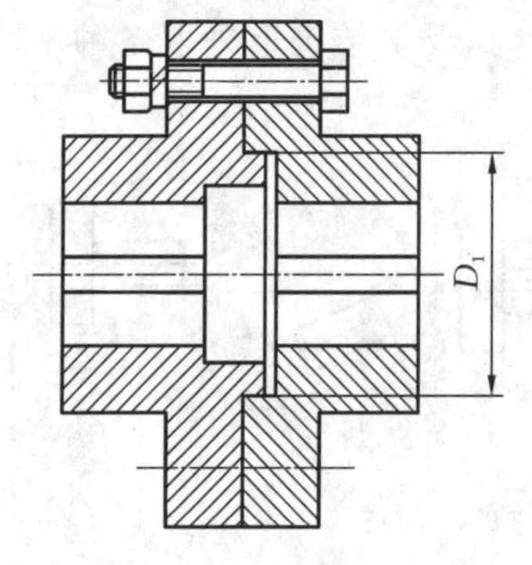

(a) YLD型普通螺栓端面配合对中

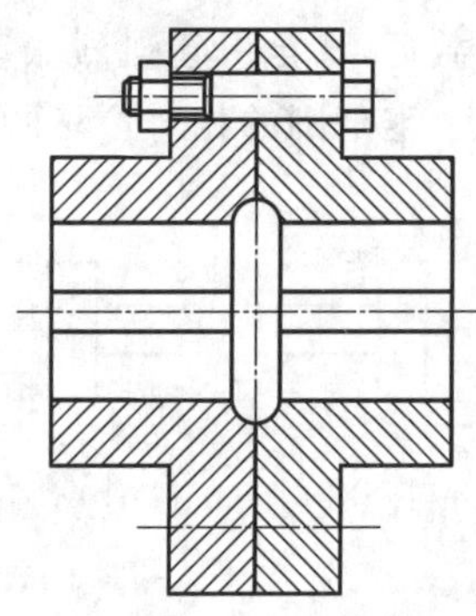

(b) YL型铰制孔用螺栓对中

图 11-6　凸缘联轴器

图 11-6(b)所示的 YL 型凸缘联轴器利用铰制孔用螺栓来实现两轴的对中，靠螺栓杆部承受剪切力和挤压力来传递转矩，安装时不用移动轴，但铰制孔加工较麻烦。

因此，在需要经常装拆的场合应选用 YL 型凸缘联轴器，其他情况选用 YLD 型凸缘联轴器。当两者尺寸相同时，YL 型凸缘联轴器传递的转矩较 YLD 型凸缘联轴器的大。

(3) 夹壳联轴器是由两个半圆筒形的夹壳及连接它们的螺栓组成的，在两个夹壳的凸缘之间留有间隙 e，如图 11-7 所示。当拧紧螺栓时，两个夹壳紧压在轴上，从而依靠接触面间的摩擦力来传递转矩。为了可靠起见，加一平键。由于这种联轴器是剖分的，因此装拆时不需要移动轴的位置。夹壳联轴器主要用于速度低、工作平稳以及轴径小于 200 mm 的场合。

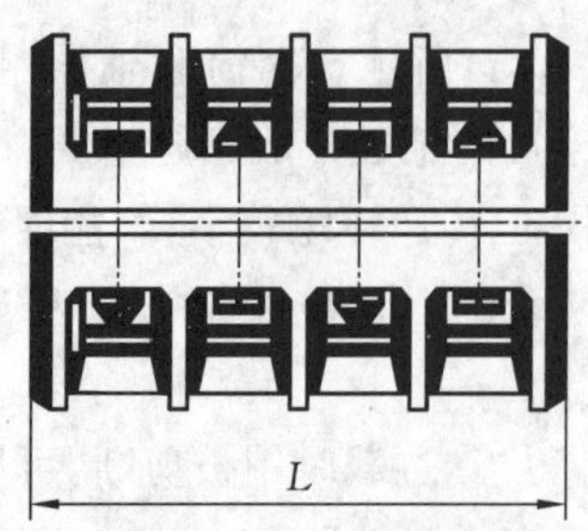

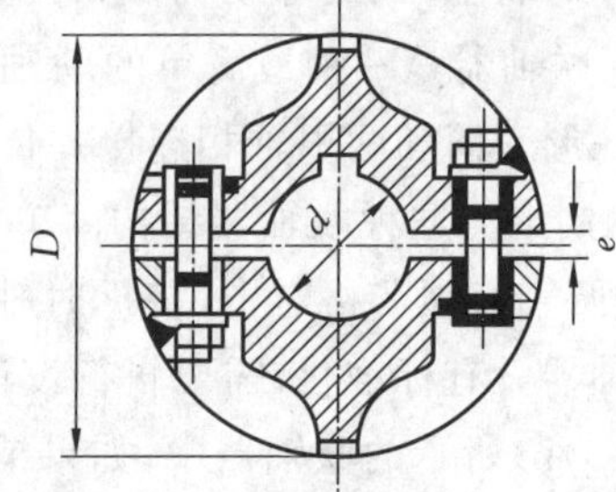

图 11-7　夹壳联轴器

11.2.2 无弹性元件的挠性联轴器

无弹性元件的挠性联轴器的组成零件间构成的动连接，具有某一方向或几个方向的活动，因此能补偿两轴的相对位移。常用的无弹性元件的挠性联轴器有以下几种。

1. 十字滑块联轴器

如图 11-8 所示，两个套筒 1、4 分别安装于两轴轴端，它们和轴之间用键连接，套筒的端面上有凹槽，而中间的圆盘 2 的端面上则有互相垂直布置的凸起 3，凸起 3 嵌入套筒端面的凹槽中，使两个套筒 1、4 连接起来，一起旋转。

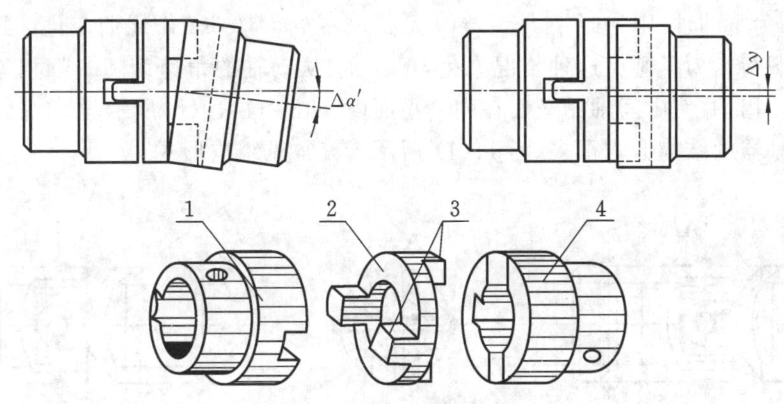

图 11-8 十字滑块联轴器

1、4—套筒；2—圆盘；3—凸起

2. 滑块联轴器

滑块联轴器和十字滑块联轴器相似，只是半联轴器端面上的凹槽较宽，并把原来的中间圆盘改为两面不带凸起的方形滑块，如图 11-9 所示，滑块材料采用尼龙。由于中间滑块的质量小，又具有弹性，故允许有较高的转速。滑块联轴器结构简单，尺寸紧凑，适用于小功率、高转速而无剧烈冲击的工作场合。

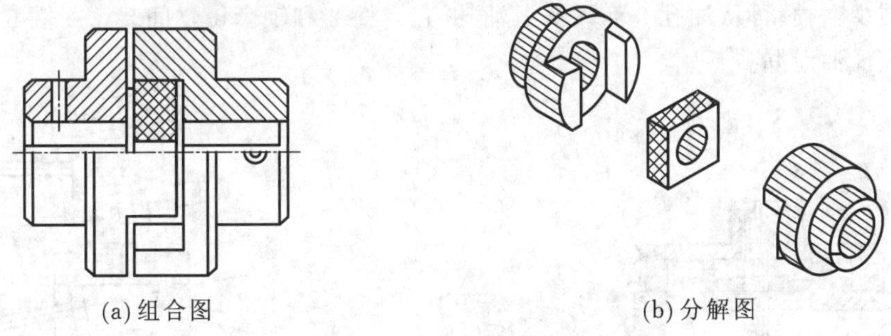

(a) 组合图　　(b) 分解图

图 11-9 滑块联轴器

3. 万向联轴器

万向联轴器又称为十字铰链联轴器，其结构如图 11-10(a)所示。轴 1 和轴 2 上的叉形接头和中间的十字元件连接，叉形接头可绕十字元件上的小轴旋转。因此，当一轴固定后，另一轴可以在任意方向偏斜 α 角。角位移可达 40°～45°。

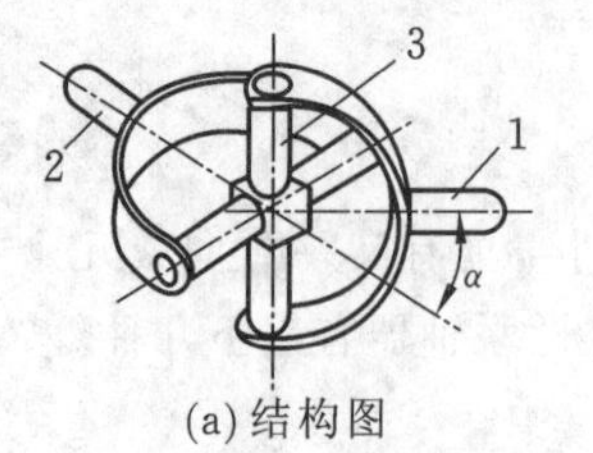

(a) 结构图

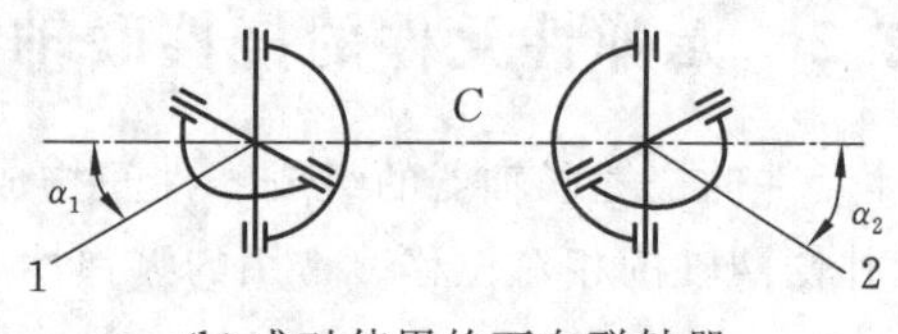

(b) 成对使用的万向联轴器

图 11-10　万向联轴器

1、2—轴；3—十字元件

当轴 1 和轴 2 有偏斜时，两轴的瞬时角速度不相等，若两轴的角速度分别以 ω_1 和 ω_2 表示，并以轴 1 为主动轴，则 ω_2 将在每一转内从 $\omega_1\cos\alpha$ 到 $\omega_1/\cos\alpha$ 作周期变化，因而在传动中引起附加动载荷。为了避免这种情况发生，保证主、从动轴的角速度随时都相等，常将万向联轴器成对使用，并使中间轴的叉面在同一平面内，如图 11-10(b)所示。

万向联轴器的结构形式很多，图 11-11 所示为其常见结构形式。

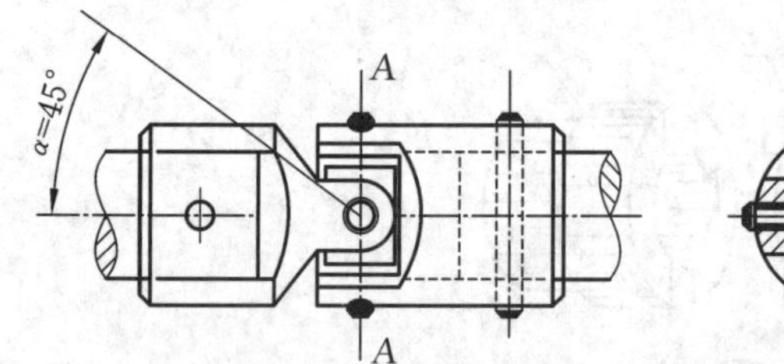

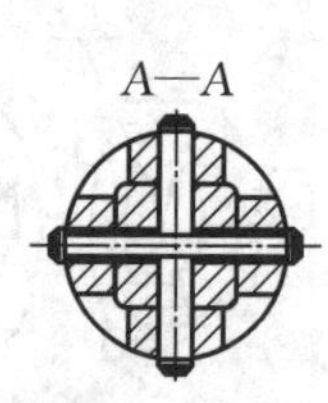

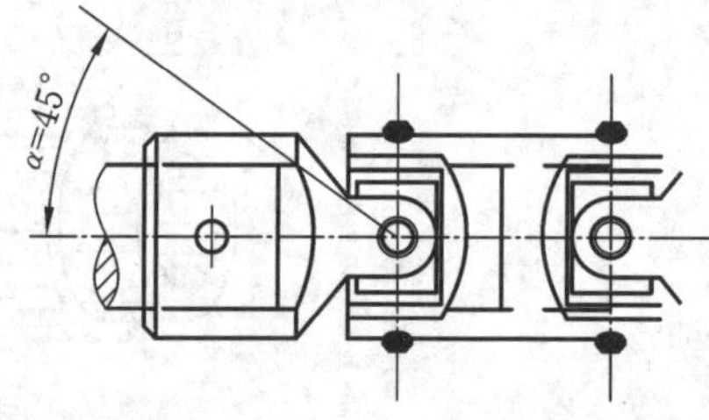

图 11-11　万向联轴器的常见结构形式

4. 齿轮联轴器

如图 11-12 所示，两个带有外齿的轴套 1、6 分别安装在两根轴上。轴套和轴之间用键连接，用以传递转矩。两个带内齿的套筒 2、4 用螺栓连接。内齿轮和外齿轮的齿数相同，外齿轮的齿顶制成球面(球心在轴线上)，内、外齿轮间具有适当的顶隙和侧隙，因此这种联轴器允许两轴间有综合位移。当两轴间存在径向位移或角位移时，联轴器的工作情况如图 11-12 所示。为了减少磨损，可从油孔 3 注入润滑油，并在套筒 2 和轴套 1 之间装密封圈 5，以防止灰尘进入和润滑油泄漏。

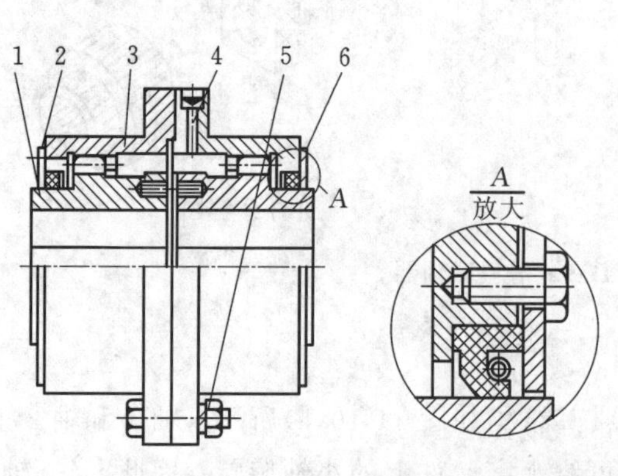

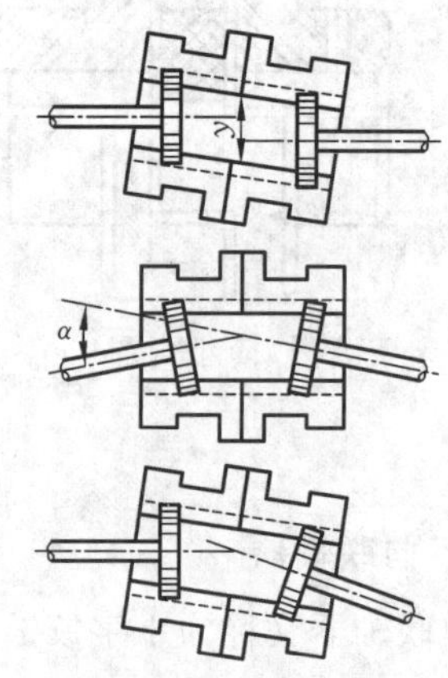

图 11-12　齿轮联轴器

1、6—有外齿的轴套；2、4—带内齿的套筒；3—油孔；5—密封圈

齿轮联轴器能传递较大的转矩,安装精度低,而且能适应两轴向有较大的位移,广泛用于重型机械中,但其制造成本较高。

11.2.3 有弹性元件的挠性联轴器

如前所述,有弹性元件的挠性联轴器因装有弹性元件,不仅可以补偿两轴间的相对位移,而且具有缓冲减振的能力。弹性元件所能储存的能量越多,则联轴器的缓冲能力越强;弹性元件的弹性滞后性能越好,弹性变形时零件间的摩擦功越大,则联轴器的减振能力越强。这类联轴器目前应用很广,品种越来越多。

制造弹性元件的材料有非金属和金属两种。非金属有橡胶、塑料等,其特点为质量小、价格便宜、有良好的弹性滞后性能,因而减振能力强。金属材料制成的弹性元件(主要为各种弹簧)则强度高,尺寸小,使用寿命较长。

常见的有弹性元件的挠性联轴器有弹性套柱销联轴器、弹性柱销联轴器、梅花形弹性联轴器、轮胎式联轴器、膜片联轴器等,这里就弹性套柱销联轴器、弹性柱销联轴器、梅花形弹性联轴器、轮胎式联轴器做简单介绍。

弹性套柱销联轴器在结构上和凸缘联轴器很相似,但是两个半联轴器的连接不用螺栓,而是用带橡胶弹性套的柱销,如图 11-13 所示。为了更换橡胶套时简便而不必拆移机器,设计时应注意留出距离,以补偿轴的位移,安装时应注意留出相应大小的间隙。半联轴器的材料常用 HT200,有时也采用 35 钢或 ZG270-500,柱销材料多用 35 钢。这种联轴器可按国家标准 GB/T 4323—2017 选用,必要时应验算联轴器的承载能力。弹性套柱销联轴器制造容易,装拆方便,成本较低,但弹性套易磨损,寿命较短,它适用于连接载荷平稳、需正反转或启动频繁的传递中、小转矩的轴。

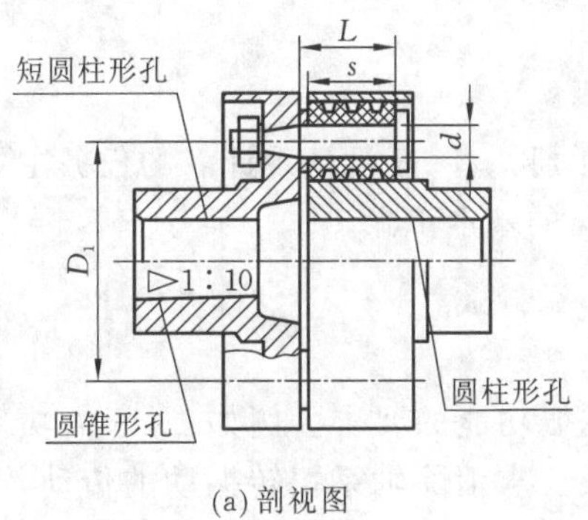

(a) 剖视图

(b) 实物图

图 11-13 弹性套柱销联轴器

弹性柱销联轴器如图 11-14 所示,工作时转矩是通过主动轴上的键、半联轴器、弹性柱销、另一半联轴器及键传递到从动轴上去的。为了防止柱销脱落,在半联轴器的外侧用螺钉固定挡板。这种联轴器与弹性套柱销联轴器很相似,但传递转矩的能力很强,且能补偿较大的轴向位移。依靠弹性柱销的变形,允许有微量的径向位移和角位移。但若径向位移和角位移较大,则会引起弹性柱销迅速磨损。

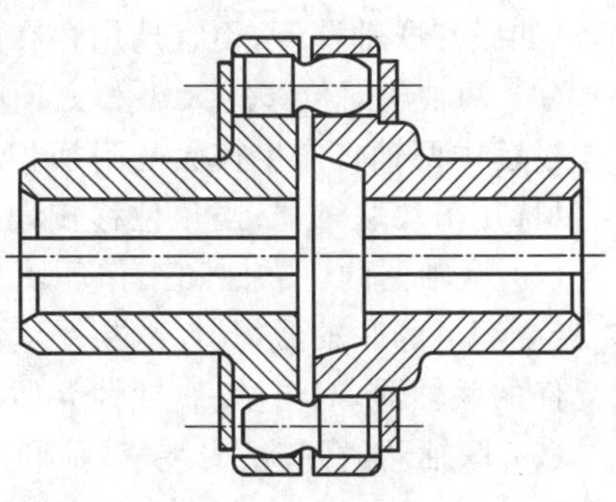

图 11-14 弹性柱销联轴器

梅花形弹性联轴器(见图 11-15)的结构形式及

工作原理与弹性柱销联轴器的类似，半联轴器与轴配合的孔可以做成圆柱形或圆锥形，并以梅花形弹性件作为弹性元件，在工作时起缓冲减振作用。梅花形弹性件可以根据要求选用不同硬度的聚氨酯橡胶、铸型尼龙等材料制造，工作温度范围为－35～＋80 ℃，短时工作温度可达 100 ℃，传递的公称转矩为 16～25 000 N·m。

轮胎式联轴器如图 11-16 所示，它是用橡胶或橡胶织物制成轮胎状的弹性元件，两端用压板及螺钉分别压在两个半联轴器上。这种联轴器富有弹性，具有良好的消振能力，能有效降低动载荷和补偿较大的轴向位移，而且绝缘性能好，运转时无噪声；其缺点是径向尺寸较大，当转矩较大时会因过度扭转变形而产生附加轴向载荷。

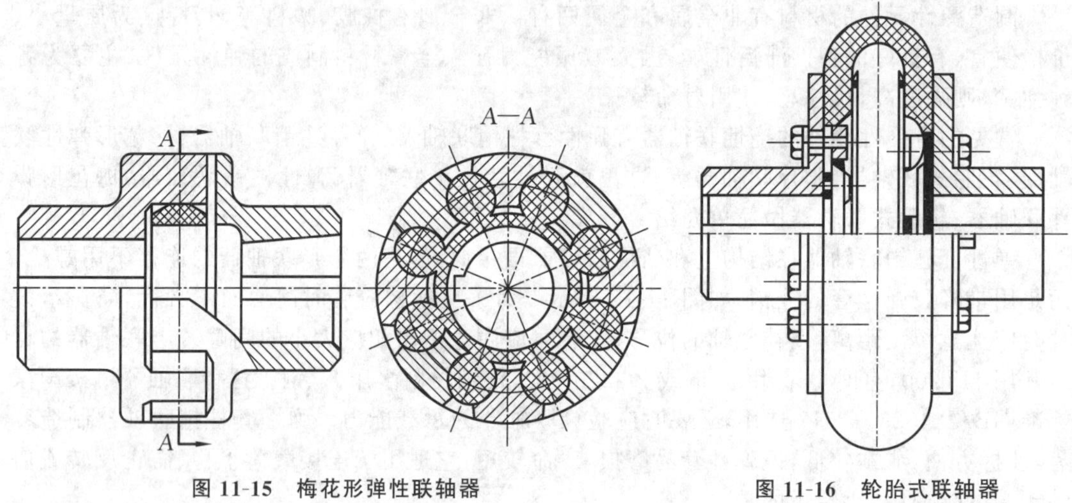

图 11-15　梅花形弹性联轴器

图 11-16　轮胎式联轴器

11.2.4　联轴器的选用

绝大多数联轴器均已标准化或规格化(见有关手册)。一般机械设计者的任务主要是选用联轴器，而不是设计联轴器。下面介绍选用联轴器的基本步骤。

1. 选择联轴器的类型

选择一种合适的联轴器需要考虑以下几点。

(1) 所需传递的转矩大小和性质以及对缓冲减振功能的要求。例如：对于大功率的重载传动，可选用齿式联轴器；对于受严重冲击载荷或要求消除轴系扭转振动的传动，可选用轮胎式联轴器等具有高弹性的联轴器。

(2) 联轴器的工作转速和引起的离心力。对于高速传动轴，应选用平衡精度高的联轴器，例如膜片联轴器等，不宜选用存在偏心的滑块联轴器等。

(3) 两轴相对位移的大小和方向。在安装调整过程中难以保持两轴严格精确对中，或工作过程中两轴将产生较大的附加相对位移时，应选用挠性联轴器。例如：当径向位移较大时，可选用滑块联轴器；当角位移较大或相交的两轴连接时，可选用万向联轴器等。

(4) 联轴器的可靠性和工作环境。通常由金属元件制成的不需要润滑的联轴器比较可靠；需要润滑的联轴器，其性能易受润滑完善程度的影响，且可能污染环境；含有橡胶等非金属元件的联轴器，对温度、腐蚀性介质及强光等比较敏感，而且容易老化。

(5) 联轴器的制造、安装、维护和成本。在满足使用性能的前提下，应选用装拆方便、维护简单、成本低的联轴器。例如：刚性联轴器不但结构简单，而且装拆方便，可用于连接低速、刚性大的传动轴；一般的非金属弹性元件联轴器（例如弹性套柱销联轴器、弹性柱销联轴器、梅花形弹性联轴器等），由于具有良好的综合性能，广泛适用于一般的中、小功率传动。

联轴器标记的构成如图 11-17 所示。

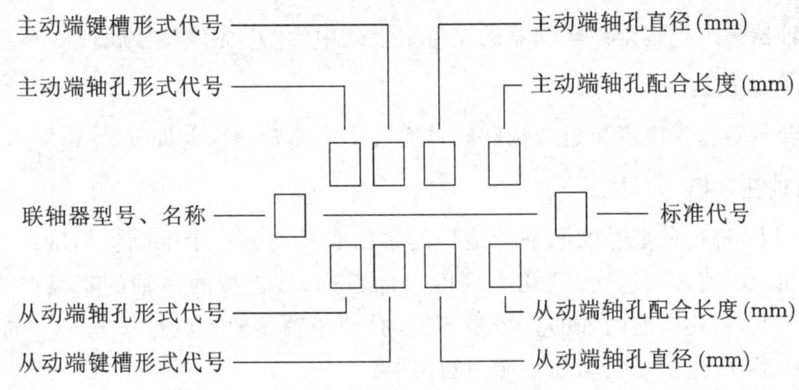

图 11-17 联轴器标记的构成

2. 计算联轴器的计算转矩

由于机器启动时的动载荷和运转中可能出现的过载现象，所以应当将轴上的最大转矩作为计算转矩 T_{ca}。计算转矩按下式计算，即

$$T_{ca}=KT$$

式中：T 为公称转矩（N・m）；K 为工作情况系数，如表 11-1 所示。

表 11-1 工作情况系数 K

工作机		K			
		原动机			
分类	工作情况及举例	电动机 汽轮机	四缸和四缸以上内燃机	双缸内燃机	单缸内燃机
1	转矩变化很小，如发电机、小型通风机、小型离心泵	1.3	1.5	1.8	2.2
2	转矩变化小，如透平压缩机、木工机床、运输机	1.5	1.7	2.0	2.4
3	转矩变化中等，如搅拌机、增压泵、有飞轮的压缩机、冲床	1.7	1.9	2.2	2.6
4	转矩变化和冲击载荷中等，如织布机、水泥搅拌机、拖拉机	1.9	2.1	2.4	2.5
5	转矩变化和冲击载荷大，如造纸机、挖掘机、起重机、碎石机	2.3	2.5	2.8	3.2
6	转矩变化大并有极强烈的冲击载荷，如压延机、无飞轮的活塞泵、直型初轧机	3.1	3.3	3.6	4.0

3. 确定联轴器的型号

根据计算转矩 T_{ca} 及所选的联轴器类型，按照

$$T_{ca} \leqslant [T]$$

的条件从联轴器标准中选定该联轴器的型号。上式中的 $[T]$ 为该型号联轴器的许用转矩。

4. 校核最大转速

被连接轴的转速 n 应不超过所选联轴器允许的最高转速 $[n]$，即 $n \leqslant [n]$。

5. 协调轴孔直径

多数情况下，每一种型号的联轴器适用的轴的直径均有一个范围。标准或者给出轴直径的最大值和最小值，或者给出适用直径的尺寸系列，被连接的两轴的直径应当在此范围内。一般情况下，被连接的两轴的直径是不同的，两个轴端的形状也可能是不同的，如主动轴轴端为圆柱形，所连接的从动轴轴端为圆锥形。

6. 规定部件相应的安装精度

根据所选联轴器允许轴的相对位移偏差，规定部件相应的安装精度。通常标准中只给出单项位移偏差的允许值，如果有多项位移偏差存在，则必须根据联轴器的尺寸计算出相互影响的关系，以此作为规定部件安装精度的依据。

7. 进行必要的校核

如有必要，应对联轴器的主要承载零件进行强度校核。使用具有非金属弹性元件的联轴器时，还应注意联轴器所在部位的工作温度不要超过该弹性元件材料允许的最高温度。

11.2.5 计算实例

某机械加工车间中的电动机与增压油泵间用联轴器相连。已知电动机的功率 $P=7.5$ kW，转速 $n=960$ r/min，电动机轴直径 $d_1=38$ mm，油泵轴直径 $d_2=42$ mm，试选择联轴器的型号。

设计步骤如下：

计算项目及说明	结　果
1. 选择联轴器的类型 因为轴的转速较高，启动频繁，载荷有变化，宜选用缓冲性较好的弹性套柱销联轴器。	弹性套柱销联轴器
2. 确定联轴器的型号及名义转矩 由于 $P=7.5$ kW 和 $n_1=960$ r/min，于是有 $T=9550P/n=9550\times7.5/960$ N·mm$=74.6$ N·mm	$T=74.6$ N·mm
3. 确定载荷系数 载荷经常变化，按中等冲击载荷考虑，查表 11-1 可得，工作情况系数为 $K=1.7$	$K=1.7$
4. 计算转矩 $T_{ca}=KT=1.7\times74.6$ N·mm$=126.8$ N·mm	$T_{ca}=126.8$ N·mm

计算项目及说明	结 果
5. 初定联轴器的型号 查表可以选用 TL6 型弹性套柱销联轴器，公称转矩 $T_n=250$ N·mm，即 $T_{ca}\leqslant T_n$。	$T_{ca}\leqslant T_n$
6. 校核最大转速 电动机的转速为 $n=960$ r/min 查表可得钢制联轴器的许用转速$[n]=3800$ r/min，即 $n\leqslant[n]$，所选联轴器可用。	$n\leqslant[n]$
7. 协调轴孔直径 查表可得钢制联轴器轴孔系列为 32 mm、35 mm、38 mm、40 mm、42 mm，符合使用要求。	
取输入端为长圆柱孔，孔径为 38 mm，孔长为 82 mm，平键单键槽。	输入端：孔径 38 mm、孔长 82 mm
取输出端为有沉孔的短圆柱孔，孔径为 42 mm，孔长为 84 mm，平键单键槽。	输出端：孔径 42 mm、孔长 84 mm
8. 联轴器的标记 TL6 联轴器$\dfrac{38\times82}{\mathrm{J}42\times84}$(GB/T 4323—2002)	联轴器$\dfrac{38\times82}{\mathrm{J}42\times84}$

11.3 离 合 器

用离合器接合的两轴可在机器运转的过程中随时分离或接合，如汽车临时停车而不熄火。对离合器的基本要求是：离合平稳迅速，操纵省力方便，质量轻，外廓尺寸小，维护和调节方便，耐磨性好，散热能力强。离合器种类繁多，分为操纵离合器和自动离合器。常用的操纵离合器又可分为牙嵌式离合器与摩擦式离合器两大类，常用的自动离合器为定向离合器。

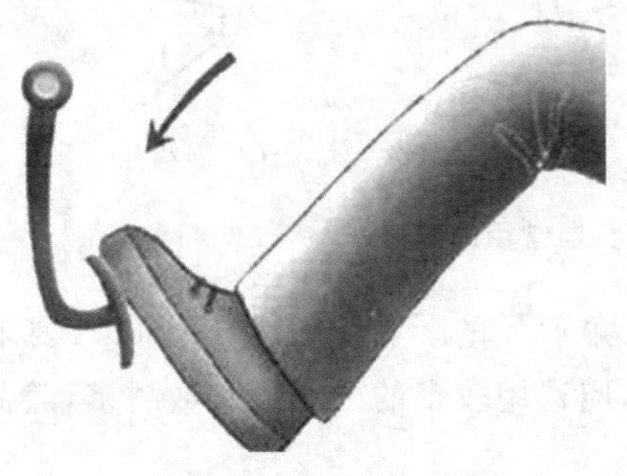

图 11-18 离合器

> 小思考
>
> 如图 11-18 所示，开车时每次换挡的时候都需要脚踩离合器，踩离合器的时候需要熄火吗？用联轴器可不可以？为什么？

11.3.1 牙嵌式离合器

牙嵌式离合器由两个端面带牙的半离合器组成，如图 11-19 所示。其中半离合器 1 固连在主动轴上，半离合器 2 用导键(或花键)与从动轴连接。通过操纵机构 4 可使半离合器 2 沿导键作轴向运动，两轴靠两个半离合器端面上的牙的相互嵌合来连接。为了使两轴对中，在半离合器 1 上固定有对中环 3，而从动轴可以在对中环 3 中自由地转动。

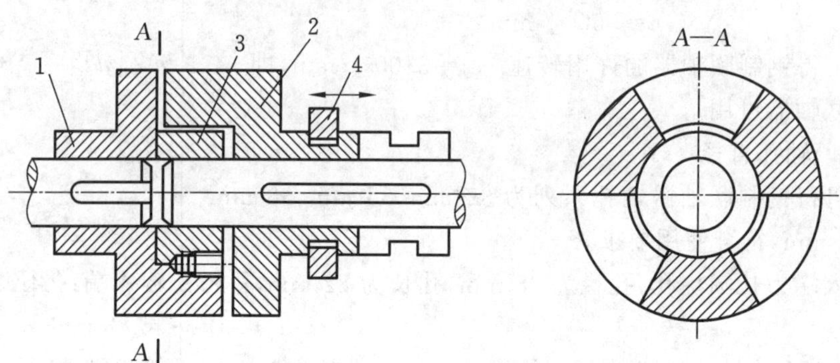

图 11-19 牙嵌式离合器

1、2—半离合器；3—对中环；4—操纵机构

牙嵌式离合器常用的牙形有三角形、矩形、梯形、锯齿形等，如图 11-20 所示。三角形牙便于接合与分离，但强度较弱，只适用于传递小转矩的低速离合器；矩形牙不便于接合，分离也困难，仅用于静止时手动接合；梯形牙的侧面制成 $\alpha=2^\circ\sim8^\circ$ 的斜角，其强度较高，能传递较大的转矩，且能自行补偿牙磨损后出现的牙侧间隙，从而避免由于间隙产生的冲击，故应用较广；锯齿形牙比梯形牙的强度还高，传递的转矩也更大，但其只能单向工作，且反转时齿面间会产生很大的轴向分力，迫使离合器自动分离，因此仅在特定的工作条件下采用。三角形牙、矩形牙、梯形牙都可以双向工作，而锯齿形牙只能单向工作。

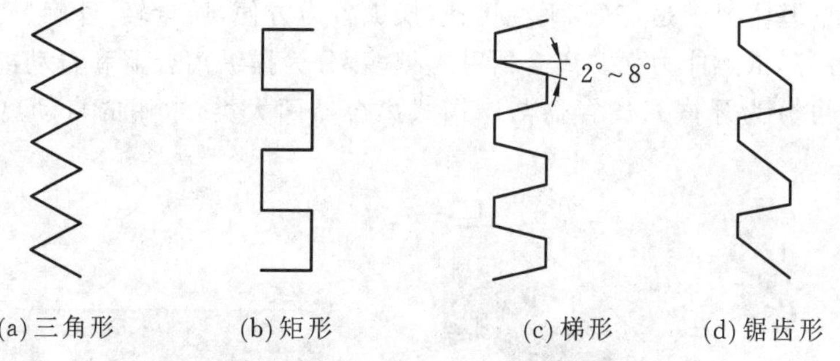

图 11-20 牙嵌式离合器常用的牙形

梯形牙和锯齿形牙的牙数一般为 3～15，三角形牙的牙数一般为 15～60。要求传递转矩大时，应选用较少的牙数；要求接合时间短时，应选用较多的牙数。牙数越多，载荷分布越不均匀。

牙嵌式离合器的材料常用低碳钢表面渗碳，硬度为 56～62 HRC，或采用中碳钢表面淬火，硬度为 48～54 HBC，不重要的和静止状态接合的牙嵌式离合器也允许用 HT200 制造。

牙嵌式离合器结构简单，外廓尺寸小，接合后所连接的两轴不会发生相对转动，宜用于主、从动轴要求完全同步的轴系。但接合应在两轴不转动或转速差很小时进行，以免因受冲击载荷而使凸牙断裂。

牙嵌式离合器的尺寸已经系列化，通常根据轴的直径及传递的转矩选定尺寸，并校核牙面的压强和牙根的弯曲强度。

11.3.2 摩擦式离合器

摩擦式离合器是靠工作面上的摩擦力矩来传递力矩的，在接合过程中，由于接合面的压力是逐渐增加的，故能在主、从动轴有较大的转速差的情况下平稳地进行接合。过载时，摩擦面间将发生打滑，从而避免其他零件损坏。

1. 单片式摩擦离合器

单片式摩擦离合器如图11-21所示，主动盘1固定在主动轴上，从动盘2通过导键与从动轴连接，它可以轴向滑动。为了增大摩擦系数，在一个盘的表面装有摩擦片3，摩擦片常用淬火钢片或压制石棉片制成。工作时，利用操纵机构4在可移动的从动盘上施加轴向压力$\boldsymbol{F}_a$(可由弹簧、液压缸或电磁吸力等产生)，使两盘压紧，圆盘间便产生圆周方向的摩擦力，从而实现转矩的传递。

单片式摩擦离合器结构简单，散热性好，但传递的转矩小，多用于轻型机械。

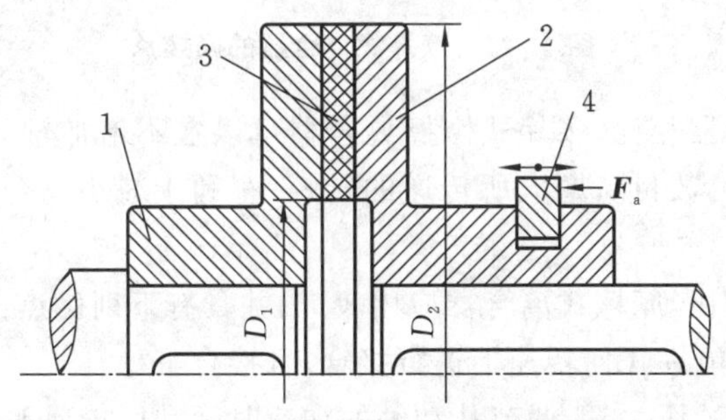

图11-21 单片式摩擦离合器

1—主动盘；2—从动盘；3—摩擦片；4—操纵机构

2. 多片式摩擦离合器

在传递大转矩的情况下，因受摩擦盘尺寸的限制，不宜使用单片式摩擦离合器，这时要采用多片式摩擦离合器，用增加接合面对数的方法来增强传动能力。

图11-22所示为多片式摩擦离合器，主动轴1与外壳3相连接，从动轴2与套筒9相连接，外壳3又通过花键与一组外摩擦片5(见图11-23(a))连接在一起，套筒9又通过花键与另一组内摩擦片6(见图11-23(b))连接在一起。工作时，向左移动滑环8，通过杠杆7、压板4使两组摩擦片5、6压紧，离合器处于接合状态；若向右移动滑环8，摩擦片5、6松开，离合器实现分离。这种离合器常用于车床主轴箱内。

摩擦式离合器传递的转矩随摩擦片数量z的增加而增加，但摩擦片数量z过多，将影响离合器分离的灵活性，所以限制$z\leqslant 25$。对于湿式摩擦离合器，取$z=5\sim15$；对于干式摩擦离合器，取$z=1\sim6$。

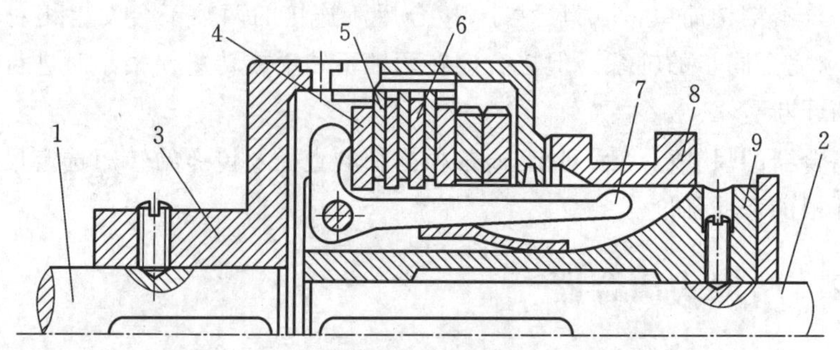

图 11-22　多片式摩擦离合器

1—主动轴；2—从动轴；3—外壳；4—压板；5—外摩擦片；6—内摩擦片；7—杠杆；8—滑环；9—套筒

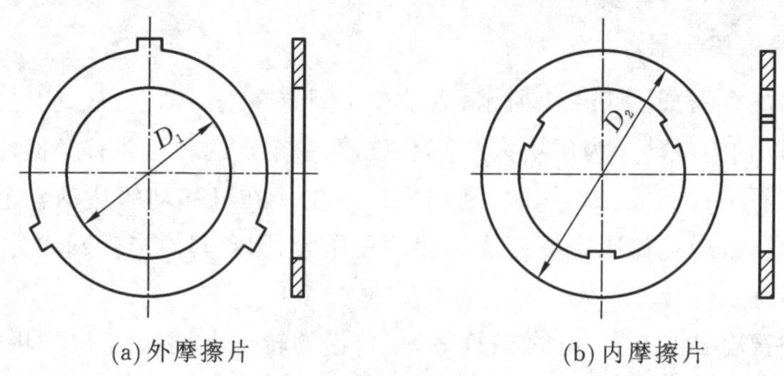

(a) 外摩擦片　　(b) 内摩擦片

图 11-23　摩擦式离合器的摩擦片

和单片式摩擦离合器相比，多片式摩擦离合器可以在不增加轴向压力和径向尺寸的情况下，通过增加摩擦片的数目来增大所传递的转矩，有利于减小离合器的转动惯量，宜用于高速传动中。

和牙嵌式离合器相比，摩擦式离合器应用较广，并具有下列优点：

(1) 被连接的两轴能在任何转速下进行接合，且接合平稳。

(2) 改变摩擦面间的压力，能调节从动轴的加速时间和所传递的最大转矩。

(3) 过载时将产生打滑现象，可避免其他零件损坏。

摩擦式离合器的缺点是：

(1) 结构复杂，外廓尺寸大。

(2) 在正常的接合过程中，从动轴的转速从零增加到主动轴的转速，摩擦面间会不可避免地产生相对滑动，当产生相对滑动后就不能保证被连接的两轴间的精确同步转动。

(3) 在接合与分离过程中产生滑动摩擦，摩擦会产生发热，当温度过高时会引起摩擦系数的改变，严重的可能导致摩擦盘胶合和塑性变形。所以，一般对于钢制摩擦盘，应限制其表面最高温度不超过 300 ℃，整个离合器的平均温度不超过 100 ℃。

11.3.3　离合器的选择

离合器的选择方法与联轴器的类似。首先根据工作条件和使用要求确定离合器的类型，然后根据计算转矩 $T_{ca}=KT$，在已有的标准或规范中选取合适的型号。工作情况系数 K 仍按表 11-1 选取。

11.4 安全联轴器及安全离合器

安全联轴器及安全离合器的作用是，当工作转矩超过机器允许的极限转矩时，连接件将发生折断、脱开或打滑，从而使联轴器或离合器自动停止传动，以保护机器中的重要零件不致损坏。下面介绍几种常用的安全联轴器及安全离合器类型。

11.4.1 剪切销安全联轴器

剪切销安全联轴器有单剪式(见图 11-24(a))和双剪式(见图 11-24(b))两种，现以单剪式为例加以说明。单剪式剪切销安全联轴器的结构类似于凸缘联轴器，但它不用螺栓连接，而用钢制销钉连接。销钉装入经过淬火的两段钢制套管中，过载时即被剪断。销钉材料可采用 45 钢淬火或高碳工具钢，准备剪断处应预先切槽，使剪断处的残余变形最小，以免毛刺过大，有碍于更换报废的销钉。

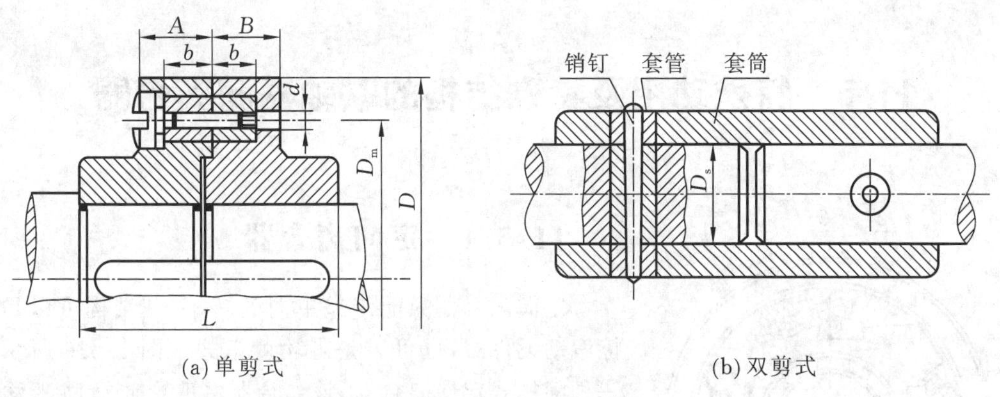

(a) 单剪式

(b) 双剪式

图 11-24 剪切销安全联轴器

剪切销安全联轴器由于销钉材料力学性能的不稳定，以及制造尺寸的误差等原因，其工作精度不高，而且销钉剪断后不能自动恢复工作能力，因而必须停车更换销钉；但由于其构造简单，所以很少过载的机器还常采用。

11.4.2 滚珠安全离合器

滚珠安全离合器的结构形式很多，这里只介绍较常用的一种。如图 11-25(a)所示，滚珠安全离合器由主动齿轮 1、从动盘 2、外套筒 3、弹簧 4、调节螺母 5 组成。主动齿轮 1 活套在轴上，外套筒 3 用花键与从动盘 2 连接，同时又用键与轴相连。在主动齿轮 1 和从动盘 2 的端面内，沿直径为 D 的圆周上制有数量相等的滚珠承窝(一般为 4～8 个)，大半个承窝中装入滚珠后(图 11-25(b)中，$a>d/2$)进行敛口，以免滚珠脱出。正常工作时，由于弹簧 4 的推力使两盘中的滚珠互相交错压紧，如图 11-25(b)所示，主动齿轮 1 传来的转矩通过滚珠、从动盘 2、外套筒 3 传给从动轴。当转矩超过许用值时，弹簧 4 被过大的轴向分力压缩，使从动盘 2 向右移动，原来交错压紧的滚珠因被放松而相互滑过，此时主动齿轮 1 空转，从动轴即停止转动；当载荷恢复正常时，又可重新传递转矩。弹簧 4 压力的大小可用调节螺母 5 来调节。滚珠安全离合器由于滚珠表面会受到较严重的冲击与磨损，故一般只用于传递较小转矩的装置中。

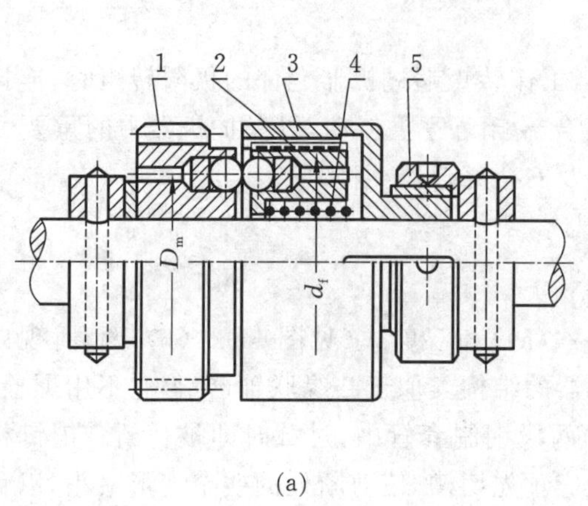

图 11-25　滚珠安全离合器

11.5　特殊功用及特殊结构的联轴器和离合器

11.5.1　定向离合器

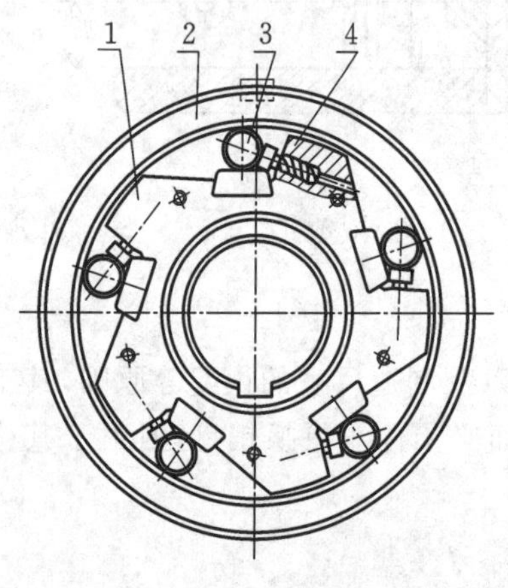

图 11-26　滚柱式定向离合器

定向离合器只能传递单向的转矩，其结构可以是摩擦滚动元件式，也可以是棘轮棘爪式。图 11-26 所示为一种滚柱式定向离合器，该离合器由爪轮 1、套筒 2、滚柱 3、弹簧顶杆 4 等组成。如果爪轮 1 为主动轮并顺时针回转，滚柱 3 将被摩擦力带动而滚向空隙的收缩部分，并楔紧在爪轮 1 和套筒 2 之间，使套筒 2 随爪轮 1 一同回转，离合器即进入接合状态；但当爪轮 1 反向回转时，滚柱 3 即滚到空隙的宽敞部分，这时离合器处于分离状态。因而定向离合器只能传递单向的转矩，可在机械中用来防止逆转及完成单向传动。如果在套筒 2 随爪轮 1 旋转的同时，套筒 2 又从另一运动系统中获得旋向相同但转速较大的运动，离合器也将处于分离状态，即从动件的角速度超过主动件时，从动件不能带动主动件回转。这种从动件超越主动件的特性可以应用于内燃机等的启动装置中。

11.5.2　离心离合器

离心离合器按其在静止状态时的离合情况可分为开式和闭式两种：开式离心离合器只有当达到一定的工作转速时，主、从动部分才接合；闭式离心离合器在达到一定的工作转速时，主、从动部分才分离。在启动频繁的机器中采用离心离合器，可使电动机在运转稳定后才接入负载。当电动机的启动电流较大或启动力矩很大时，采用开式离心离合器就可避免电动机过热，或防止传动机构受到很大的动载荷。采用闭式离心离合器则可在机器转速过高时起保护作用，又因这种离合器是靠摩擦力传递转矩的，故转矩过大时也可通过打滑而起到保护作用。

图 11-27(a)所示为开式离心离合器的工作原理图，在两个拉伸螺旋弹簧 3 的弹力作用下，主动部分的一对闸块 2 与从动部分的鼓轮 1 脱开。当转速达到某一数值后，离心力对支点 4 的力矩增加到超过弹簧拉力对支点 4 的力矩时，闸块 2 便绕支点 4 向外摆动而与从动鼓轮 1 压紧，离合器即进入接合状态。当接合面上产生的摩擦力矩足够大时，主、从动轴即一起转动。图 11-27(b)所示为闭式离心离合器的工作原理图，其工作原理与上述相反。在正常运转条件下，由于压缩弹簧 3 的弹力，两个闸块 2 与鼓轮 1 的表面压紧，保持接合状态而一起转动；当转速超过某一数值后，离心力的力矩大于弹簧压力的力矩时，即可使闸块 2 绕支点 4 摆动而与鼓轮 1 脱离接触。

11.5.3 电磁粉末离合器

图 11-28 所示为电磁粉末离合器的工作原理图。金属外筒 1 为从动件，嵌有环形励磁线圈 3 的电磁铁 4 与主动轴连接，金属外筒 1 与电磁铁 4 之间留有少量间隙，一般为 1.5～2 mm，内装适量的铁和石墨的粉末 2(这种称为干式；如采用羰基化铁加油作为工作介质，则称为油式或湿式)。当励磁线圈 3 中无电流时，散沙似的粉末 2 不阻碍主、从动件之间的相对运动，离合器处于分离状态；当通入电流(通常为直流电)时，粉末 2 即在磁场的作用下被吸引而聚集，从而将主、从动件连接起来，离合器即接合。这种离合器在过载滑动时会产生高温，当温度超过电磁粉末的居里点时，磁性消失，离合器即分离，从而可以起到保护作用。对电磁粉末颗粒的大小有一定的要求，工作一定时间后电磁粉末磨损，需要进行更换。

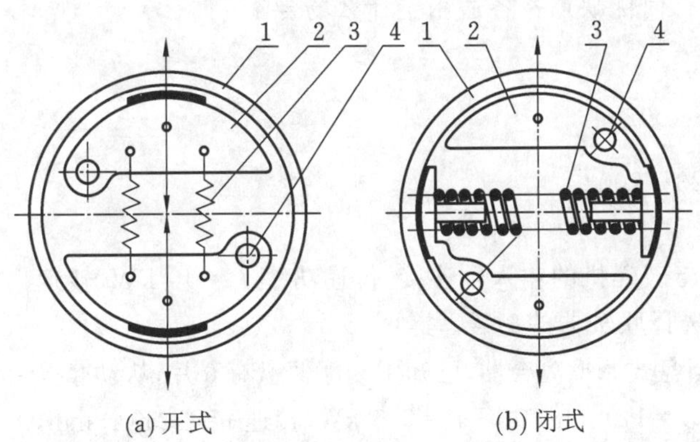

图 11-27 离心离合器的工作原理图

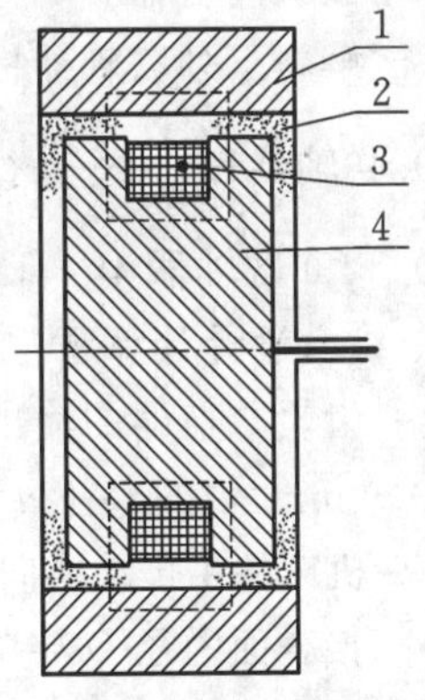

图 11-28 电磁粉末离合器的工作原理图

本章小结

(1) 联轴器和离合器都用于连接两轴，具有一定的缓冲和减振作用，可以传递运动和转矩。

拓展阅读

(2) 用联轴器连接轴时，只有在机器停止运转，经过拆卸后才能使两轴分离；离合器可以在机器运转或停车过程中随时使两轴接合或分离。

(3) 联轴器根据对各种相对位移有无补偿能力可分为刚性联轴器(无补偿能力)和挠性联轴器(有补偿能力)两大类。

(4) 刚性联轴器常见的有套筒联轴器和凸缘联轴器,挠性联轴器按是否具有弹性元件可分为无弹性元件的挠性联轴器和有弹性元件的挠性联轴器两个类别。

(5) 常见的无弹性元件的挠性联轴器有齿轮联轴器、十字滑块联轴器、滑块联轴器和万向联轴器等,常见的有弹性元件的挠性联轴器有弹性套柱销联轴器、弹性柱销联轴器、梅花形弹性联轴器、轮胎式联轴器等。

(6) 联轴器和离合器可首先依据机器的工作条件选定合适的类型,然后按照计算转矩、轴的转速和轴端直径从设计手册中选出所需的型号和尺寸。

(7) 操纵离合器通常分为牙嵌式离合器和摩擦式离合器。

(8) 安全联轴器和安全离合器作为一种安全装置,用来防止被连接件承受过大的载荷。

(9) 常见的特殊功用及特殊结构的联轴器和离合器有定向离合器、离心离合器和电磁粉末离合器等。

练习与提高

一、思考分析题

1. 刚性联轴器、无弹性元件的挠性联轴器和有弹性元件的挠性联轴器各有何优缺点?各适用于什么场合?

2. 万向联轴器适用于什么场合?为何常成对使用?在成对使用时如何布置才能使主、从动轴的角速度随时相等?

3. 在联轴器和离合器的设计计算中引入工作情况系数 K 是为了考虑哪些因素的影响?

4. 选择联轴器类型时,应当考虑哪几方面的因素?

5. 牙嵌式离合器和摩擦式离合器各有何优缺点?各适用于什么场合?

6. 试解释下列联轴器标记的含义:

(1) 联轴器$\frac{\mathrm{ZC}16\times30}{\mathrm{JB}_1 20\times38}$(GB/T 4323—2002);

(2) TL6 联轴器 40×112(GB/T 4323—2002)。

二、综合设计计算题

1. 一齿轮减速器的输出轴用联轴器与破碎机的输入轴连接,传递功率 $P=40$ kW,转速 $n=1400$ r/min,轴的直径 $d=40$ mm,试选择联轴器的型号。

2. 一机床的主传动换向机构采用多圆盘式摩擦离合器,已知主动摩擦盘有 6 片,从动摩擦盘有 5 片,接合面内径 $D_1=60$ mm,外径 $D_2=110$ mm,功率 $P=5.5$ kW,转速 $n=1250$ r/min,摩擦盘材料为淬火钢,每小时接合次数少于 90 次,试问操纵此离合器需多大的轴向力?该离合器是否适用?

第 12 章
螺纹连接

知识技能目标

熟记常见的螺纹类型、特点以及应用场合，熟记螺纹的主要参数，熟记螺纹连接的类型以及预紧和防松的目的，掌握单个螺栓连接的强度计算，掌握螺栓材料的选用方法以及许用应力的计算方法，知晓螺栓组结构设计原则。

在掌握螺栓连接相关知识的基础上，能够对给定工作条件件的单个螺栓连接进行正确选材、设计和校核，在实际安装过程中会合理预紧并且使用正确的防松措施。

项目子任务分解

减速器在连接中大量使用了螺纹连接，本章主要设计任务是确定减速器上的螺纹连接，掌握螺纹连接的原理、类型、结构、使用场合、使用方法以及强度计算。

轴承盖螺钉

检视孔盖螺钉

接合面螺栓

子任务实施建议

1. 任务分析

(1) 由图分析该螺纹连接属于哪种形式。

(2) 采用这种螺纹连接的螺栓最危险面在什么位置？

(3) 该螺纹连接属于普通螺纹连接还是铰制孔螺纹连接？

2. 实施过程

试确定图 12-1 所示的螺纹连接中各螺栓最危险面的尺寸；根据前面章节的任务实施结果，求出用于连接的螺栓最危险面的尺寸。

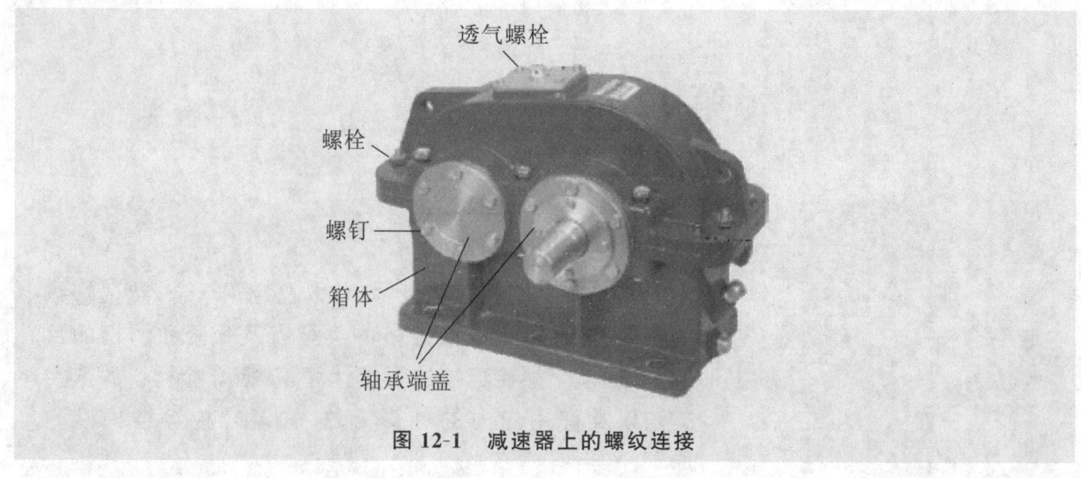

图 12-1 减速器上的螺纹连接

理论解读

12.1 概　述

常见的机械连接有两大类:一类是在机器工作时,被连接的各零(部)件之间可以有相对位置的变化,这种连接统称为机械动连接,如机械原理课程中的运动副;另一类是在机器工作时,被连接的各零(部)件之间的相对位置固定不变,不允许有相对运动,这类连接统称为机械静连接。机械静连接按拆卸情况的不同分为两种:一种是不可拆卸连接,如焊接、铆接、粘接等,这些连接在拆开时必须破坏或损伤连接中的零件才能拆开;另一种是可拆卸连接,如螺纹连接、键连接、销连接等,这些连接装拆方便,在拆开时不会损坏连接件中的任意零件。使用螺纹和螺纹连接件来实现的连接称为螺纹连接,这类连接结构简单,装拆方便,工作可靠,所以在生产实际中应用广泛。本章主要讨论螺纹连接。

12.2 螺纹连接的类型与结构

12.2.1 螺纹的类型与应用

根据螺纹分布的部位,螺纹分为外螺纹和内螺纹。在圆柱体外表面上形成的螺纹称为外螺纹,在圆柱孔内壁上形成的螺纹称为内螺纹,内、外螺纹旋合组成的运动副称为螺纹副或螺旋副。

根据螺旋线绕行方向,螺纹可分为右旋螺纹和左旋螺纹,最常用的是右旋螺纹。

根据螺纹母体形状,螺纹可分为圆柱螺纹和圆锥螺纹,圆锥螺纹主要用于管连接,圆柱螺纹用于一般连接和传动。

根据螺纹的尺寸,螺纹可分为米制螺纹和英制螺纹(螺距以每英寸牙数表示),我国除管螺纹保留英制螺纹外,其余都采用米制螺纹。

根据牙型，螺纹分为普通螺纹、管螺纹、梯形螺纹、矩形螺纹和锯齿形螺纹等，前两种螺纹主要用于连接，后三种螺纹主要用于传动，其中除矩形螺纹外，其余都已标准化。标准螺纹的基本尺寸可查阅有关标准，如 GB/T 193—2003 为普通螺纹的直径与螺距系列。

常用的连接螺纹的类型、特点和应用如表 12-1 所示。

表 12-1　常用的连接螺纹的类型、特点和应用

螺纹类型	牙型图	特点和应用
普通螺纹	60°	牙型为等边三角形，牙型角 $\alpha=60°$，内、外螺纹旋合后留有径向间隙；同一公称直径按螺距大小分为粗牙螺纹和细牙螺纹，细牙螺纹的牙型与粗牙螺纹的相似，但螺距小，升角小，自锁性较好，强度高；一般连接多用粗牙螺纹，细牙螺纹常用于薄壁零件或动载荷的连接中
非螺纹密封的管螺纹	55°	牙型为等腰三角形，牙型角 $\alpha=55°$，管螺纹为英制细牙螺纹，基准直径为管子的外螺纹大径，适用于管接头、旋塞、阀门及其他附件；若要求连接后具有密封性，可压紧被连接件螺纹副外的密封面，也可在密封面间添加密封物
用螺纹密封的管螺纹	55° P	牙型为等腰三角形，牙型角 $\alpha=55°$，螺纹分布在锥度为 1∶16（$\varphi=1°47'24''$）的圆锥管壁上，包括圆锥内螺纹与圆锥外螺纹和圆柱内螺纹与圆锥外螺纹两种连接形式；螺纹旋合后，利用本身的变形就可以保证连接的紧密性，不需要任何填料，密封简单；适用于管子、管接头、旋塞、阀门和其他螺纹连接的附件

12.2.2　螺纹的主要参数

现以圆柱螺纹为例说明螺纹的主要几何参数，如图 12-2 所示。

(1) 大径 d：螺纹的最大直径，是与外螺纹牙顶或内螺纹牙底相重合的假想圆柱的直径，称为公称直径。

(2) 小径 d_1：螺纹的最小直径，是与外螺纹牙底或内螺纹牙顶相重合的假想圆柱的直径，一般为外螺纹危险截面的直径。

(3) 中径 d_2：在轴向剖面内牙厚等于牙间距的假想圆柱的直径，是确定螺纹几何参数和配合性质的直径。

(4) 螺距 P：相邻两螺纹牙上对应点间的轴向距离。

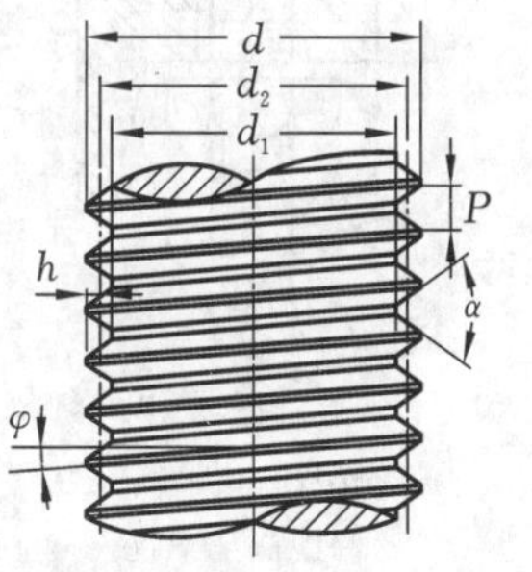

图 12-2　螺纹的主要几何参数

(5) 线数 n：螺旋线的数目，一般 $n\leqslant 4$。

(6) 导程 P_h：螺纹上任意一点沿同一条螺旋线转一周所移动的轴向距离；单线螺纹 $P_h=P$，多线螺纹 $P_h=nP$。

(7) 升角 φ：中径圆柱面上螺旋线的切线与垂直于螺纹轴线平面间的夹角，即

$$\varphi=\arctan\frac{P_h}{\pi d_2}=\arctan\frac{nP}{\pi d_2} \tag{12-1}$$

(8) 牙型角 α：轴向截面内螺纹牙型相邻两侧边间的夹角。

(9) 牙侧角 β:轴向截面内螺纹牙型侧边与轴线垂直平面间的夹角,其中对称牙型 $\beta=\alpha/2$。

(10) 工作高度 h:内、外螺纹旋合后的径向接触高度。

12.2.3 螺纹连接的基本类型及螺纹连接件

1. 螺纹连接的基本类型

螺纹连接的主要类型有螺栓连接、双头螺柱连接、螺钉连接及紧定螺钉连接四种。

1) 螺栓连接

螺栓连接分为普通螺栓连接和铰制孔用螺栓连接两种。用普通螺栓连接(见图 12-3(a))时,被连接件的通孔与螺栓杆间有一定的间隙,无论连接传递的载荷是何种形式,螺栓杆都受拉,由于这种连接的通孔所需的加工精度低,结构简单,装拆方便,故其应用广泛;用铰制孔用螺栓连接(见图 12-3(b))时,螺栓的光杆和被连接件的孔多采用基孔制过渡配合(H7/m6、H7/n6),这种连接的螺栓杆工作时受到剪切和挤压作用,主要用来承受横向载荷,用于载荷大、冲击严重、要求良好对中的场合。

2) 双头螺柱连接

双头螺柱连接如图 12-4(a)所示。当其中的一个被连接件较厚而不宜加工成通孔,且需要经常拆卸时,可用双头螺柱连接。

3) 螺钉连接

螺钉连接如图 12-4(b)所示,这种连接不需要使用螺母,其用途和双头螺柱连接的相似,多用于受力不大且不需要经常拆卸的场合。

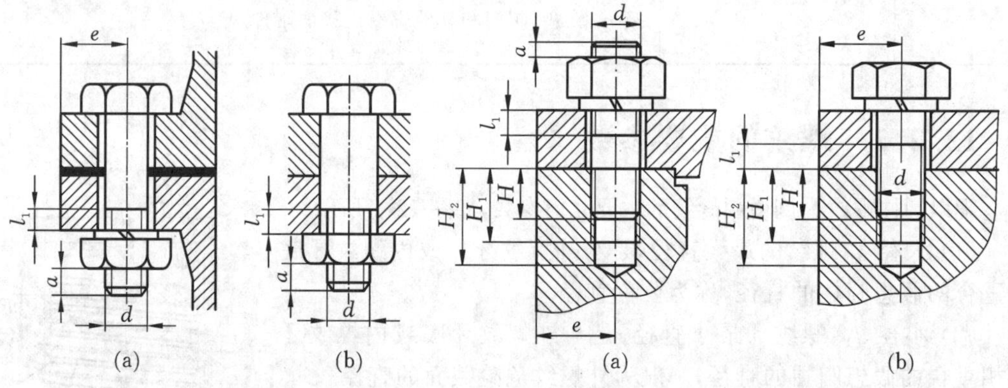

图 12-3 螺栓连接

螺纹余留长度 l_1 为:

静载荷:$l_1=(0.3\sim0.5)d$;

变载荷:$l_1=0.75d$;

冲击载荷或弯曲载荷:$l_1=d$;

铰制孔用螺栓:$l_1\approx0$;

螺纹伸出长度:$a=(0.2\sim0.3)d$;

螺纹轴线到边缘的距离:

$e=d+(3\sim6)$ mm;

通孔直径:$d_0\approx1.1d$。

图 12-4 螺柱螺钉连接

座端拧入深度 H,当螺孔材料为:

钢或青铜:$H\approx d$;

铸铁:$H=(1.25\sim1.5)d$;

铝合金:$H=(1.5\sim2.5)d$;

螺纹孔深度:$H_1=H+(2\sim2.5)P$;

钻孔深度:$H_2=H_1+(0.5\sim1)d$;

d,l_1,a,e 值同图 12-3。

4）紧定螺钉连接

紧定螺钉连接如图 12-5 所示，将紧定螺钉旋入一零件的螺纹孔中，并以其末端顶住另一零件的表面或嵌入相应的凹坑中，以固定两个零件的相对位置，并传递不大的力或转矩。

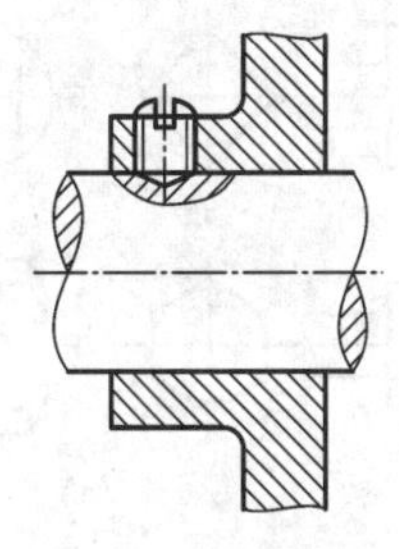

图 12-5　紧定螺钉连接

除上述四种基本的螺纹连接类型外，还有一些特殊结构的连接，例如：专门用于将机座或机架固定在地基上的地脚螺栓连接（见图 12-6）；装在机器或大型零部件的顶盖或外壳上，便于起吊用的吊环螺钉连接（见图 12-7）；用于工装设备中的 T 形槽螺栓连接（见图 12-8）等。

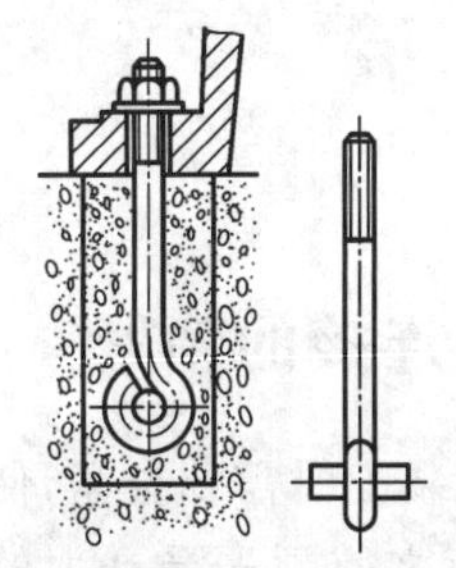

图 12-6　地脚螺栓连接

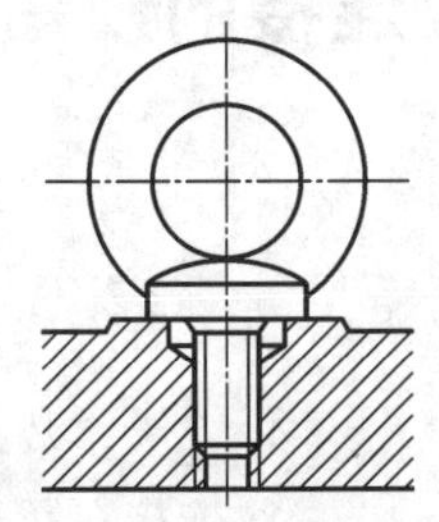

图 12-7　吊环螺钉连接

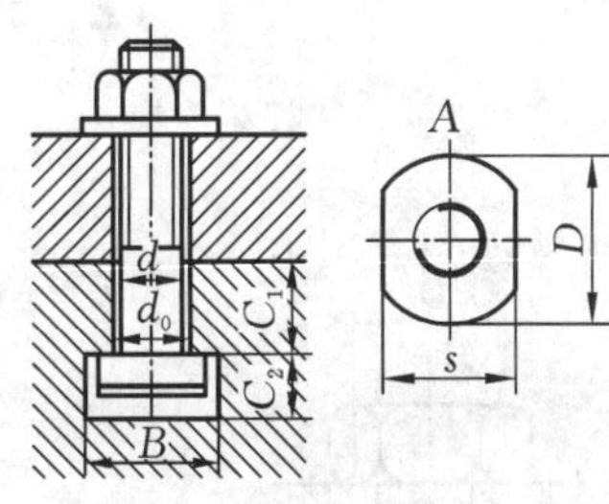

图 12-8　T 形槽螺栓连接

2. 螺纹连接件

由于使用的场合及要求各不相同，螺纹连接件的结构形式有多种，常用的有螺栓（见图 12-9）、双头螺柱（见图 12-10）、螺钉（见图 12-4（b））、螺母（见图 12-11）、垫圈（见图 12-12）等。螺栓的头部结构如图 12-13（a）所示，螺钉的头部结构如图 12-13（b）所示，螺钉的尾部结构如图 12-13（c）所示。螺纹连接件的结构形式也因使用场合的不同而具有多样性。螺纹连接件大多已标准化，设计时应结合实际，根据有关标准合理选用。根据 GB/T 3103.1—2002 的规定，螺纹连接件分为三个精度等级，其代号为 A、B、C 级。A 级精度最高，用于要求配合精确、防止振动等重要零件的连接；B 级精度多用于受载较大且经常装拆、调整或承受变载荷的连接；C 级精度多用于一般的螺纹连接。常用的标准螺纹连接件（螺栓、螺钉），通常选用 C 级精度。

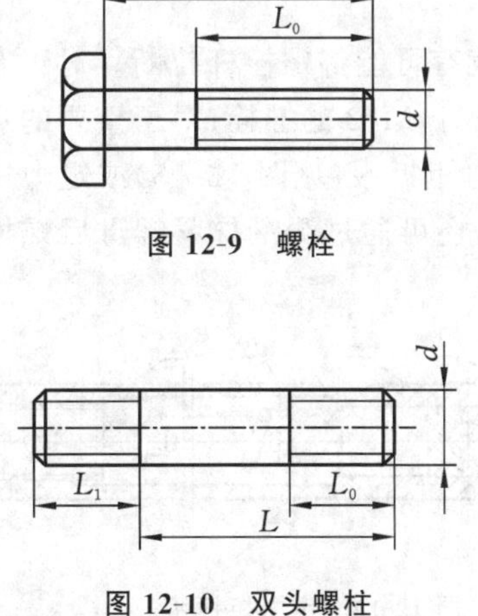

图 12-9　螺栓

图 12-10　双头螺柱

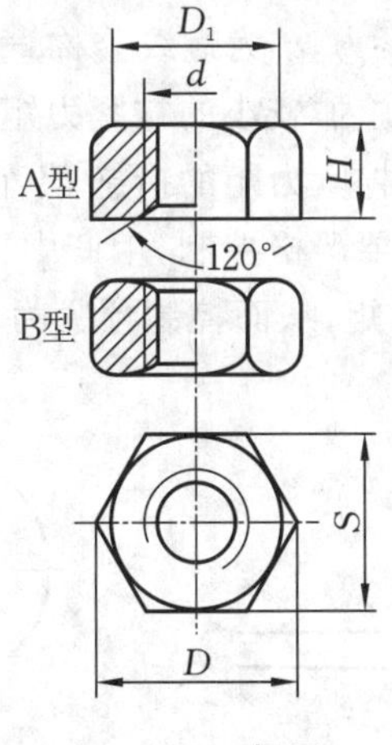

图 12-11　螺母

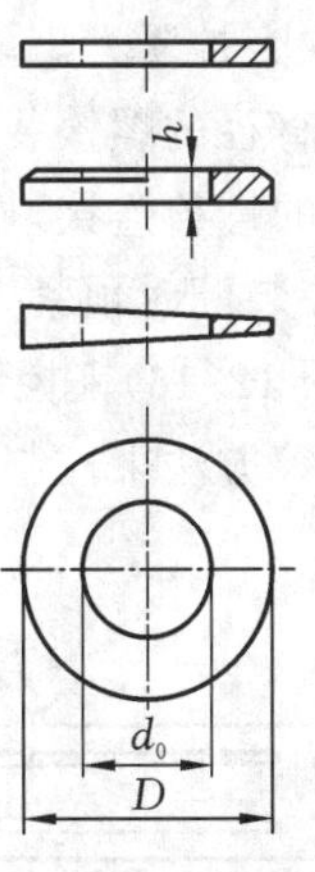

图 12-12　垫圈

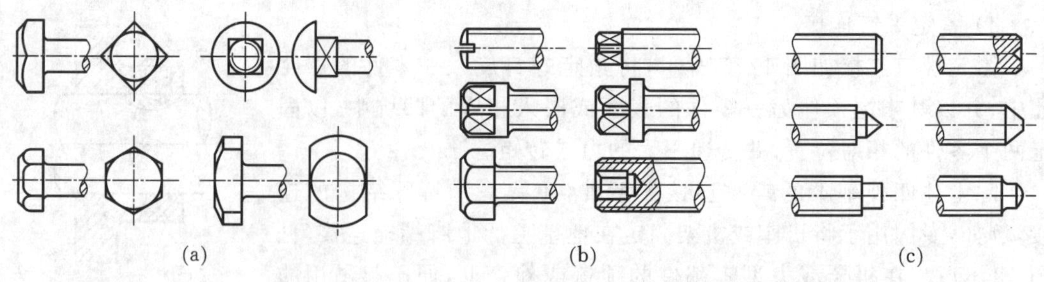

图 12-13　螺栓的头部结构、螺钉的头部和尾部结构

12.3　螺纹连接的预紧和防松

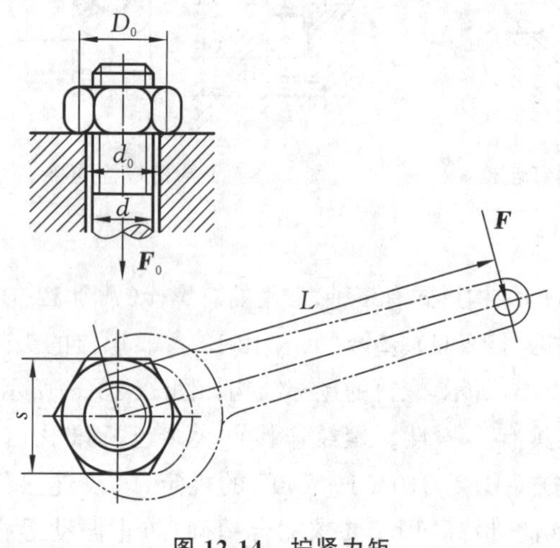

图 12-14　拧紧力矩

12.3.1　螺纹连接的预紧

大多数螺纹连接在装配时需要拧紧，使螺纹连接在承受工作载荷之前预先受到力的作用，此即为预紧，这个预加的作用力称为预紧力。预紧的目的是增强连接的刚度、紧密性及防松能力。预紧力的大小根据连接工作的需要而确定，装配时预紧力的大小是通过拧紧力矩来控制的。如图 12-14 所示，在拧紧螺母时，拧紧力矩 $\boldsymbol{T}$ 需要克服螺纹副的阻力矩 $\boldsymbol{T}_1$ 和螺母环形支承面上的摩擦力矩 $\boldsymbol{T}_2$，即 $T=T_1+T_2$。对于 M10～M64 的粗牙普通钢制螺栓，拧紧时采用标准扳手。在无润滑的情况下，可推导出拧紧力矩的近似计算公式为

$$T\approx 0.2F_0 d \tag{12-2}$$

式中，T 为拧紧力矩，F_0 为预紧力，d 为螺纹公称直径。

小直径的螺栓装配时，应施加较小的拧紧力矩，否则就有可能将螺栓杆拉断。对于有强度要求的螺栓连接，如无控制拧紧力矩的措施，不宜采用小于 M12 的螺栓；对于重要的螺栓连接，在装配时预紧力的大小要严格控制，生产中常用测力矩扳手（见图 12-15）或定力矩扳手（见图 12-16）来控制拧紧力矩，从而控制预紧力。此外，还可通过测量拧紧螺母后螺栓的伸长量等方法来控制预紧力。

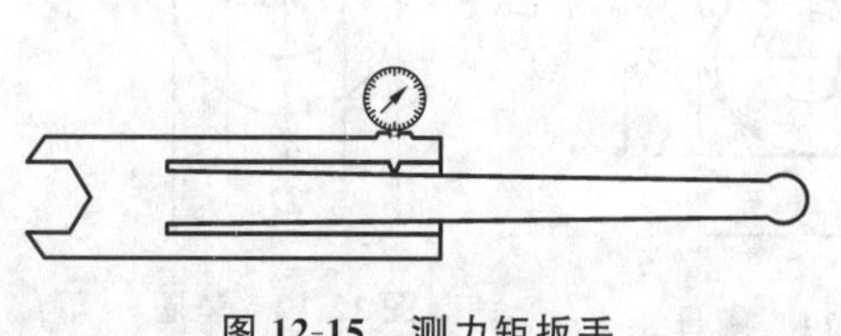

图 12-15　测力矩扳手

1　2　3　4

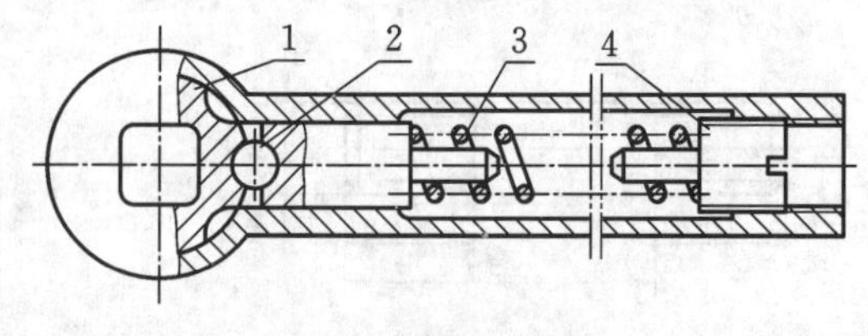

图 12-16　定力矩扳手

1—卡盘；2—圆柱销；3—弹簧；4—螺钉

12.3.2 螺纹连接的防松

螺纹连接一般都具有自锁性，即螺纹连接不会自行松脱，但在冲击、振动及变载荷的作用下，或温度变化较大时，螺纹副中的摩擦力可能减小或瞬时消失，从而使螺纹连接失去自锁能力，经多次重复后，会使螺纹连接松动。因此，在机械设计中必须考虑螺纹的防松问题。螺纹连接防松的根本问题在于防止螺纹副的相对转动。

螺纹连接的防松方法很多，按工作原理可分为摩擦防松、机械防松和永久防松三大类。

螺纹连接常用的防松方法如表 12-2 所示。

表 12-2 螺纹连接常用的防松方法

防松原理	防松装置或方法
摩擦防松 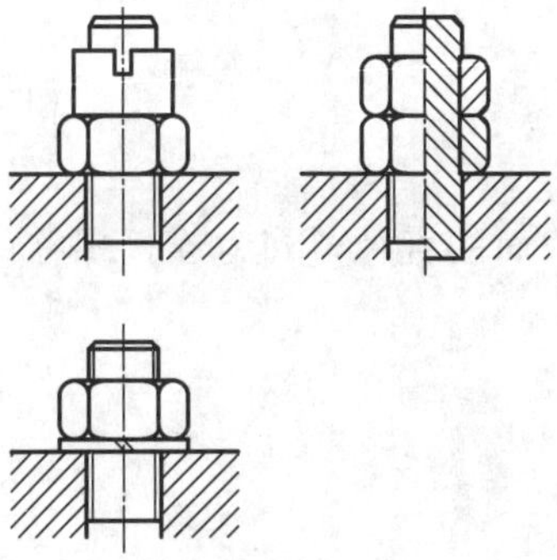	弹簧垫圈，弹簧垫圈材料为弹簧钢，装配后垫圈被压平，其反弹力能使螺纹间保持压紧力和摩擦力；对顶螺母，利用两螺母的对顶作用，使螺栓始终受到附加的拉力和附加的摩擦力作用；尼龙圈锁紧螺母，螺母中嵌有尼龙圈，拧上后尼龙圈内孔被胀大，箍紧螺栓；在螺母中部开径向螺孔，用紧定螺钉挤入尼龙块，压紧在螺纹上
机械防松 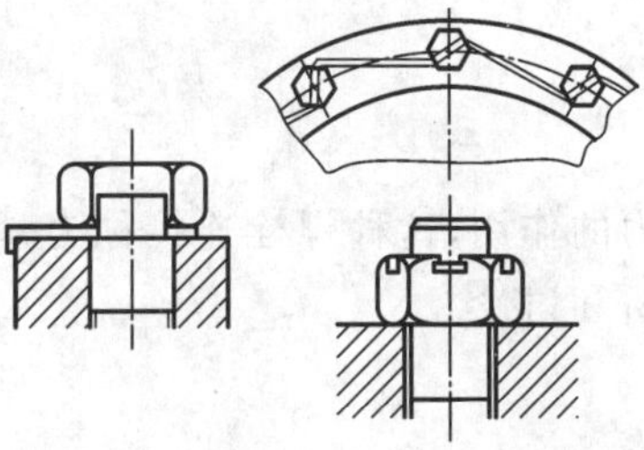	槽形螺母和开口销，槽形螺母拧紧后，用开口销穿过螺栓尾部的小孔和螺母的槽；也可以用普通螺母，将普通螺母拧紧后，再配钻开口销孔；圆螺母用带翅垫片止动，将垫片内翅嵌入螺栓(轴)的槽内，拧紧螺母后将垫片外翅之一折嵌于螺母的一个槽内，将垫片折边分别向螺母和被连接件的侧面折弯贴紧，即可将螺母锁住
永久防松 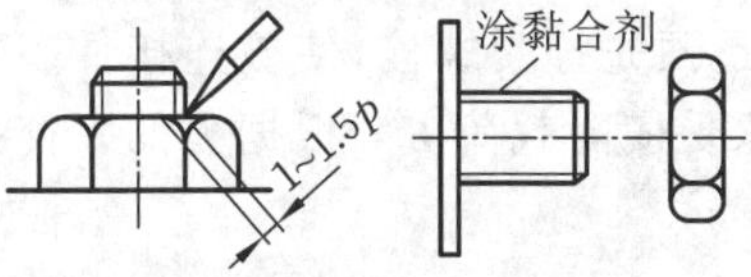 涂黏合剂 1~1.5p	冲点法防松、点黏合法防松，将黏合剂涂于螺纹旋合表面，拧紧螺母后黏合剂能自行固化

12.4 螺栓组连接受力分析和强度计算

普通螺栓连接的主要失效形式有螺栓杆断裂、螺纹牙压溃或剪断，以及因经常拆卸使螺纹牙间相互磨损而发生滑扣。据螺栓连接失效统计分析，普通螺栓连接在轴向变载荷作用下的失效形式多为螺栓杆部分的疲劳断裂，因此，普通螺栓连接的设计准则是保证螺栓杆有足够的拉伸强度；铰制孔用螺栓连接主要承受横向剪切力，其可能的失效形式是螺栓杆被剪断、螺栓杆或孔壁被压溃，其设计准则是保证连接有足够的挤压强度和抗剪强度。由于螺纹各部分的尺寸基本上是根据等强度原则确定的，所以螺栓连接的计算主要是确定螺纹小径 d_1，再根据 d_1 查标准选定螺纹的大径(公称直径)d 及螺距 P。

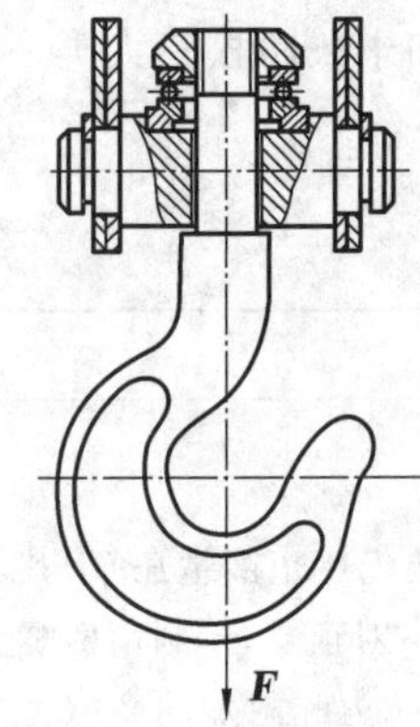

图 12-17　起重吊钩的松螺栓连接

12.4.1　松螺栓连接

螺栓连接装配时，螺母无须拧紧，因此工作载荷未作用以前，连接件并不受力，这种连接称为松螺栓连接。松螺栓连接一般只承受轴向拉力。图 12-17 所示为起重吊钩的松螺栓连接，装配时不拧紧，无载荷时螺栓不受力，工作时螺栓受轴向拉力的作用。起重吊钩的松螺栓连接的抗拉强度条件为

$$\sigma=\frac{F}{\frac{\pi}{4}d_1{}^2}\leqslant[\sigma] \tag{12-3}$$

式中，F 为轴向拉力，d_1 为螺栓危险截面的直径，$[\sigma]$为连接螺栓的许用拉应力。

设计公式为

$$d_1\geqslant\sqrt{\frac{4F}{\pi[\sigma]}} \tag{12-4}$$

如给出外载荷 F 值，即可由式(12-4)求出螺纹小径 d_1，再从机械设计手册中查出公称直径 d 及螺母、垫圈等的尺寸。

12.4.2　紧螺栓连接

在未受工作载荷前，螺栓及被连接件之间就受到预紧力的作用，这种螺栓连接称为紧螺栓连接。紧螺栓连接的受力情况较为复杂，需分别进行分析和讨论。

1. 受横向载荷的紧螺栓连接

1）普通螺栓连接

图 12-18 所示为普通螺栓连接，被连接件承受垂直于轴线的横向载荷 $\boldsymbol{F}_\Sigma$ 作用，因螺栓杆与螺栓孔间有间隙，故螺栓不承受横向载荷 $\boldsymbol{F}$ 作用，而是预先拧紧螺栓，使被连接件表面间产生压力 $\boldsymbol{F}_0$，从而使被连接件接合面间产生摩擦力来承受横向载荷 $\boldsymbol{F}$。根据力的平衡条件有

$$fF_0zi\geqslant K_sF_\Sigma \tag{12-5}$$

式中：F_Σ 为横向载荷；F_0 为每个螺栓的预紧力；f 为被连接件表面的摩擦系数，对于钢或铸铁的被连接件，f 可取 0.1～0.15；i 为接合面数；K_s 为可靠性系数，通常取 1.1～1.3。如给定 F_Σ 值，则可由式(12-6)求出预紧力 F_0，F_0 对于被连接件是压力，而对于螺栓则是拉力。因此，在螺栓的危险截面上产生拉伸应力，其计算公式为

$$F_0\geqslant\frac{K_sF_\Sigma}{fzi} \tag{12-6}$$

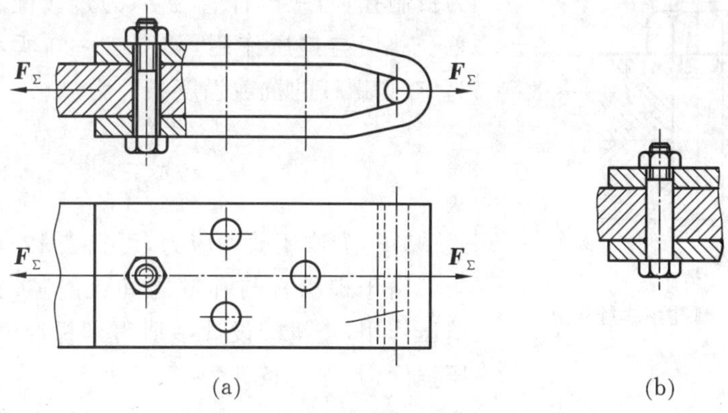

图 12-18 普通螺栓连接

在螺栓的危险截面上不仅有由 F_0 引起的拉伸应力 $\boldsymbol{\sigma}$，还受到在预紧螺栓时由螺纹力矩 $\boldsymbol{T}$ 产生的扭转切应力 $\boldsymbol{\tau}$ 的联合作用。对于常用的 M10～M64 普通钢制螺栓，按第四强度理论求出螺栓在预紧状态下的计算应力，即

$$\sigma_{ca}=\sqrt{\sigma^2+3\tau^2}=\sqrt{\sigma^2+3\ (0.5\sigma)^2}\approx 1.3\sigma \tag{12-7}$$

由此可见，紧螺栓连接在预紧时虽同时承受拉伸与扭转的复合作用，但在计算时可以只按拉伸强度来计算，不过要将所受的拉力增大 1.3 倍来考虑扭转剪切应力的影响。因此，紧螺栓连接螺纹部分的强度条件为

$$\sigma_{ca}=\frac{1.3F_0}{\frac{\pi}{4}d_1^2}\leqslant[\sigma] \tag{12-8}$$

设计公式为

$$d_1\geqslant\sqrt{\frac{4\times 1.3F_0}{\pi[\sigma]}} \tag{12-9}$$

式中，$[\sigma]$ 为紧螺栓连接的许用应力，其值可查表 12-4。

由式(12-6)可知，当 $i=1$，$f=0.15$，$K_s=1.2$ 时，$F_0>8F_\Sigma$，即预紧力至少为横向载荷的 8 倍，所以紧螺栓连接依靠摩擦力来承担横向载荷时尺寸较大。

通常情况下，当用普通螺栓来承担较大的横向载荷时，可用减载销、减载套筒或减载键来承担横向载荷，而螺栓仅起连接作用，如图 12-19 所示。

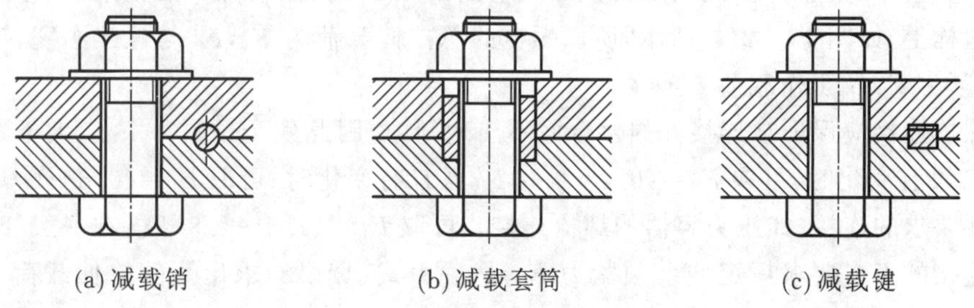

图 12-19 减载销、减载套筒和减载键

2）铰制孔用螺栓连接

承受横向载荷时，除了采用普通螺栓连接外，还可采用铰制孔用螺栓连接。此时螺栓孔

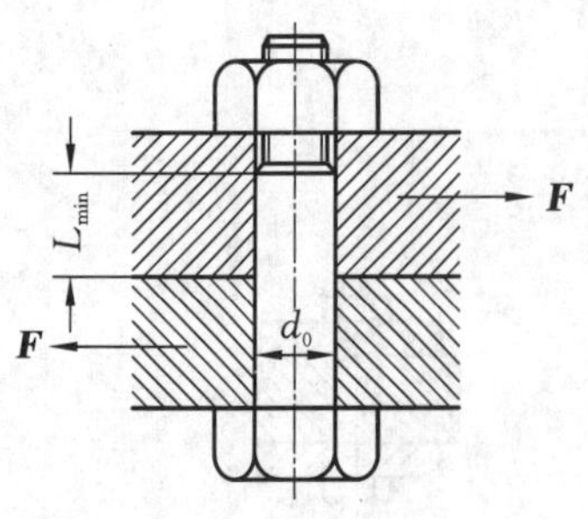

图 12-20　铰制孔用螺栓连接

为铰制孔，与螺栓杆直径 d_0 为过渡配合。螺栓杆直接承受剪切与挤压作用，如图 12-20 所示。如横向载荷为 $\boldsymbol{F}$，则螺杆的抗剪强度条件为

$$\tau=\frac{F}{\frac{\pi}{4}d_0^2}\leqslant[\tau] \tag{12-10}$$

式中，$[\tau]$为许用剪切应力，可查表 12-4。

由于螺栓杆与孔壁之间无间隙，其接触表面承受挤压作用，查机械设计手册得到标准值后，还应校核挤压强度，其强度条件为

$$\sigma_p=\frac{F}{d_0L_{min}}\leqslant[\sigma_p] \tag{12-11}$$

式中：$[\sigma_p]$为螺栓或孔壁材料的许用挤压应力，$[\sigma_p]$选两者中的较小值；L_{min}为螺栓杆与孔壁接触表面的最小长度，设计时应取 $L_{min}=1.25d$。铰制孔用螺栓连接由于螺栓杆直接承受横向载荷，因此在同样大小的横向载荷的作用下，比普通螺栓所需的直径小，从而具有省材料及质量轻等优点；但螺栓杆和螺栓孔都需要精加工，在制造及装配时不如普通螺栓连接方便。

2. 受轴向载荷的紧螺栓连接

在工程实际中，外载荷与螺栓轴线平行的情况很多。例如图 12-21 所示的汽缸盖螺栓连接，设流体压强为 $\boldsymbol{P}$，螺栓数为 z，缸体周围每个螺栓的轴向工作载荷为 $\boldsymbol{F}$，但在受轴向载荷的螺栓连接中，螺栓实际承受的总拉伸载荷 F_2 并不等于预紧力 F_0 和工作载荷 F 之和。

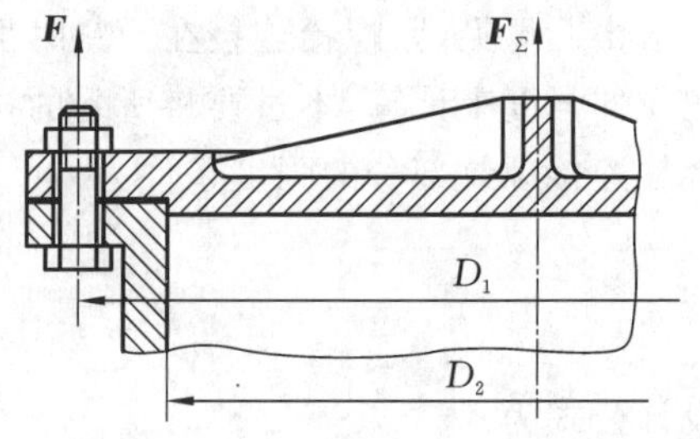

图 12-21　受轴向载荷的螺栓连接

图 12-22(a)所示是螺母刚与被连接件接触但还没拧紧时的情况，螺栓拧紧后，螺栓受到拉力 $\boldsymbol{F}_0$ 的作用而伸长了 λ_b，被连接件受到压缩力 $\boldsymbol{F}_0$ 的作用而缩短了 λ_m，如图 12-22(b)所示。在螺栓连接承受轴向工作载荷 $\boldsymbol{F}$ 时，螺栓的伸长量再增加 $\Delta\lambda$，此时螺栓的伸长量为 $\lambda_b+\Delta\lambda$，相应的拉力就是螺栓的总拉伸载荷 $\boldsymbol{F}_2$，即

$$F_2=F+F_1 \tag{12-12}$$

与此同时，被连接件则随着螺栓的伸长而回弹，其压缩量减小了，则实际压缩量为 $\lambda'_m=\lambda_m-\Delta\lambda$，而此时被连接件受到的压力就是残余预紧力 $\boldsymbol{F}_1$，工作载荷 $\boldsymbol{F}$ 和残余预紧力 $\boldsymbol{F}_1$ 一起作用在螺栓上，如图 12-22(c)所示，所以螺栓的总拉伸载荷为 $\boldsymbol{F}_2$，$\boldsymbol{F}_2$ 与螺栓刚度、被连接件刚度、预紧力 $\boldsymbol{F}_0$ 及工作载荷 $\boldsymbol{F}$ 有关。

紧螺栓连接应保证被连接件的接合面不出现间隙，因此残余预紧力 F_1 应大于零。当工作载荷 $\boldsymbol{F}$ 没有变化时，可取 $F_1=(0.2\sim0.6)F$；当 $\boldsymbol{F}$ 有变化时，可取 $F_1=(0.6\sim1.0)F$；对于有紧密性要求的连接(如压力容器的螺栓连接)，可取 $F_1=(1.5\sim1.8)F$。在一般计算中，可先根据连接的工作要求规定残余预紧力 F_1，然后由式(12-12)求出总的拉伸载荷 F_2，再按式(12-8)计算螺栓强度。

若工作载荷 F 在 $0\sim F$ 间周期性变化，则螺栓所受的总拉伸载荷 F_2 应在 $F_0\sim F_2$ 之间变化。受变载荷作用的螺栓的受力计算可粗略按总拉伸载荷 F_2 进行，其强度条件仍为式(12-8)，所不同的是许用应力应按表 12-4 在变载荷项内查取。

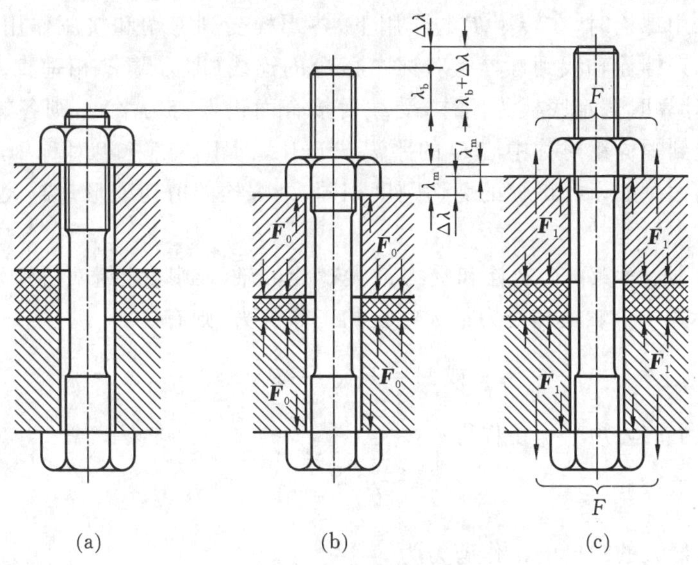

图 12-22　载荷变化示意图

3. 受转矩的螺栓组连接

如图 12-23 所示，转矩 $\boldsymbol{T}$ 作用在螺栓连接的接合面内，在转矩 $\boldsymbol{T}$ 的作用下，底板将绕通过螺栓组对称中心 O 并与接合面相垂直的轴线转动。为了防止底板转动，可以采用普通螺栓连接，也可采用铰制孔用螺栓连接，其传力方式和受横向载荷的螺栓组连接相同。

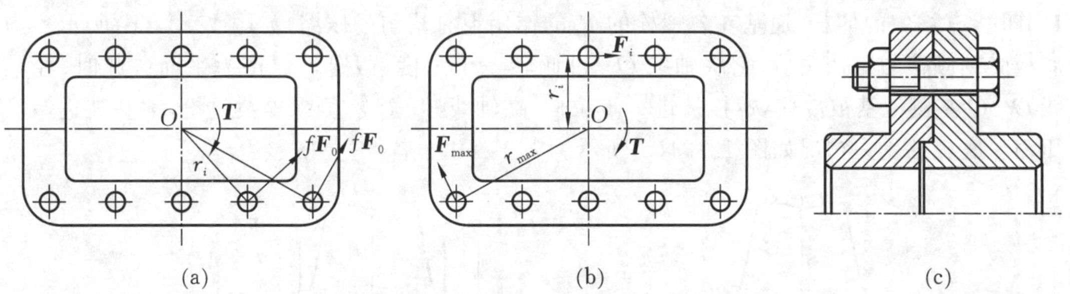

图 12-23　受转矩的螺栓组连接

采用普通螺栓连接时，靠连接预紧后在接合面间产生的摩擦力矩来抵抗转矩 $\boldsymbol{T}$。假设各螺栓的预紧程度相同，即各螺栓的预紧力均为 $\boldsymbol{F}_0$，则各螺栓连接处产生的摩擦力均相等，并假设此摩擦力集中作用在螺栓中心处。为阻止接合面发生相对转动，各摩擦力应与该螺栓的轴线到螺栓组对称中心 O 的连线(即力臂 r_i)相垂直。根据作用在底板上的力矩平衡及连接强度条件，应有

$$fF_0r_1+fF_0r_2+\cdots+fF_0r_z\geqslant K_nT \tag{12-13}$$

由上式可得各螺栓所需的预紧力为

$$F_0\geqslant\frac{K_nT}{f(r_1+r_2+\cdots+r_z)}=\frac{K_nT}{f\sum\limits_{i=1}^{z}r_i} \tag{12-14}$$

式中：f 为接合面的摩擦系数，见表 12-7；r_i 为第 i 个螺栓的轴线到螺栓组对称中心 O 的距离(mm)；z 为螺栓数目；K_n 为防滑系数。

采用铰制孔用螺栓时，在转矩 $\boldsymbol{T}$ 的作用下，各螺栓受到剪切和挤压作用，各螺栓所受的横向工作剪力和该螺栓轴线到螺栓组对称中心 O 的连线（即力臂 r）相垂直。为了求得各螺栓的工作剪力，计算时假定底板为刚体，受载后接合面仍保持为平面，则各螺栓的剪切变形量与该螺栓轴线到螺栓组对称中心 O 的距离成正比，即距离螺栓组对称中心 O 越远，螺栓的剪切变形量越大。如果各螺栓的剪切刚度相同，则螺栓的剪切变形量越大时，其所受的工作剪力也越大。

用 r_i、r_{max} 分别表示第 i 个螺栓和受力最大螺栓的轴线到螺栓组对称中心 O 的距离，用 F_i、F_{max} 分别表示第 i 个螺栓和受力最大螺栓的工作剪力，则有

$$\frac{F_{max}}{r_{max}}=\frac{F_i}{r_i} \text{或} F_i=F_{max}\frac{r_i}{r_{max}}, i=1,2,\cdots,z \tag{12-15}$$

根据作用在底板上的力矩平衡条件得

$$\sum_{i=1}^{z} F_i r_i = T \tag{12-16}$$

由此可求得受力最大的螺栓的工作剪力为

$$F_{max} = \frac{T r_{max}}{\sum_{i=1}^{z} r_i^2} \tag{12-17}$$

4. 受倾覆力矩的螺栓组连接

图 12-24(a)所示为一受倾覆力矩的底板螺栓组连接，倾覆力矩 $\boldsymbol{M}$ 作用在通过 $x—x$ 轴并垂直于连接接合面的对称平面内。底板承受倾覆力矩前，由于螺栓已拧紧，螺栓受预紧力 $\boldsymbol{F}_0$ 作用，有均匀的伸长，地基在各螺栓的 $\boldsymbol{F}_0$ 的作用下有均匀的压缩，如图 12-24(b)所示。当底板受到倾覆力矩作用后，它绕轴线 $O—O$ 倾转一个角度，假定仍保持为平面。此时，在轴线 $O—O$ 左侧地基被放松，螺栓被进一步拉伸；在轴线 $O—O$ 右侧螺栓被放松，地基被进一步压缩。底板的受力情况如图 12-24(c)所示。

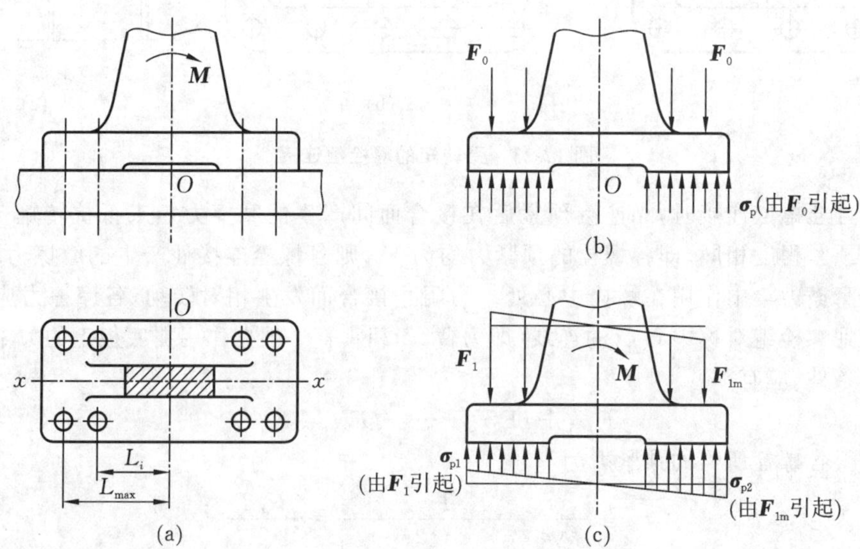

图 12-24　受倾覆力矩的螺栓组连接

上述过程可用单个螺栓-地基的受力变形图来表示。为简便起见，地基与底板的相互作用力以作用在各螺栓中心的集中力表示。如图 12-25 所示，斜线 O_bA 表示螺栓的受力变形线，斜线 O_mA 表示地基的受力变形线。在倾覆力矩 $\boldsymbol{M}$ 作用以前，螺栓和地基的工作点都处于 A 点，底板受到的合力为零。

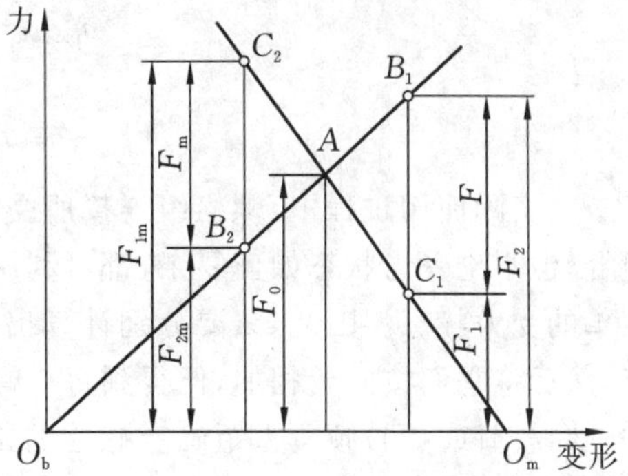

图 12-25 单个螺栓-地基的受力变形图

当底板上受到外加的倾覆力矩 $\boldsymbol{M}$ 后（相当于图 12-24(c)所示的情况），在轴线 $O—O$ 左侧，螺栓与地基的工作点分别移至点 B_1 与点 C_1，两者作用到底板上的合力的大小等于螺栓的工作载荷 F，方向向下；在轴线 $O—O$ 右侧，螺栓与地基的工作点分别移至点 B_2 与点 C_2，两者作用到底板上的合力等于载荷 $\boldsymbol{F}_m$，其大小等于工作载荷 F，但方向向上（注意右侧螺栓的工作载荷为零）。作用在轴线 $O—O$ 两侧底板上的两个总合力对轴线 $O—O$ 形成一个力矩，这个力矩应与外加的倾覆力矩 $\boldsymbol{M}$ 平衡，即

$$M=\sum_{i=1}^{z}F_iL_i \tag{12-18}$$

由于底板在工作载荷的作用下仍保持为平面，各螺栓的变形与其到轴线 $O—O$ 的距离成正比，又因各螺栓的刚度相同，所以螺栓和地基所受工作载荷与该螺栓至轴线 $O—O$ 的距离也成正比，即

$$\frac{F_{max}}{L_{max}}=\frac{F_i}{L_i} \text{ 或 } F_i=F_{max}\frac{L_i}{L_{max}}, i=1,2,\cdots,z \tag{12-19}$$

由此可求得螺栓所受的最大工作载荷为

$$F_{max}=\frac{ML_{max}}{\sum_{i=1}^{z}L_i^2} \tag{12-20}$$

式中，z 为总的螺栓个数，L_i 为各螺栓轴线到底板轴线 $O—O$ 的距离(mm)，L_{max} 为 L_i 中的最大值(mm)。

为了防止接合面受压最大处被压碎或受压最小处出现间隙，应使受载后地基接合面压应力的最大值不超过允许值，最小值不小于零，即

$$\sigma_{pmax}=\sigma_p+\Delta\sigma_{pmax}\leqslant[\sigma_p] \tag{12-21}$$

$$\sigma_{pmin}=\sigma_p-\Delta\sigma_{pmax}>0 \tag{12-22}$$

式中：$\sigma_p=\dfrac{zF_0}{A}$，表示地基接合面在受载前由于预紧力而产生的挤压应力，其中 A 为接合面的有效面积；$[\sigma_p]$为地基接合面的许用挤压应力，可查表 12-8；$\Delta\sigma_{pmax}$ 为由于加载而在地基接合面上产生的附加挤压应力的最大值，对于刚性大的地基，螺栓刚度相对来说比较小，可用下式近似计算 $\Delta\sigma_{pmax}$，即

$$\Delta\sigma_{pmax}\approx\frac{M}{W} \tag{12-23}$$

式中，W 为接合面的有效抗弯截面系数。于是有

$$\sigma_{\mathrm{pmax}} \approx \frac{zF_0}{A} + \frac{M}{W} \leqslant [\sigma_{\mathrm{p}}] \tag{12-24}$$

$$\sigma_{\mathrm{pmin}} \approx \frac{zF_0}{A} - \frac{M}{W} > 0 \tag{12-25}$$

在实际使用过程中，螺栓组连接所受的工作载荷常常是上述四种简单受力状态的不同组合，但不论受力状态如何复杂，都可利用静力分析方法将复杂的受力状态简化成上述四种简单的受力状态。因此，只要分别计算出螺栓组在这些简单受力状态下每个螺栓的工作载荷，然后将它们按向量相加，便得到每个螺栓的总的工作载荷。一般来说，对于普通螺栓，可按轴向载荷或(和)倾覆力矩确定螺栓的工作拉力，按横向载荷或(和)转矩确定连接所需要的预紧力，然后求出螺栓的总拉力；对于铰制孔用螺栓，则按横向载荷或(和)转矩确定螺栓的工作剪力。在确定受力最大的螺栓后，便可进行单个螺栓连接的强度计算。

12.4.3 螺栓的材料和许用应力

螺栓常用的材料有 Q215、Q235、10 钢、35 钢、45 钢等，重要的和特殊用途的螺纹连接件可采用力学性能较好的合金钢。国家标准规定，螺纹连接件按材料的力学性能分成不同等级，螺纹连接件的力学性能等级和推荐材料如表 12-3 所示。

表 12-3　螺纹连接件的力学性能等级和推荐材料(摘自 GB/T 3098.1—2010 和 GB/T 3098.2—2015)

螺栓、螺钉、双头螺柱	性能级别	4.6	4.8	5.6	5.8	6.8	8.8≤M16	8.8>M16	9.8	10.9	12.9
	抗拉强度 $\sigma_{\min}$/MPa	400	400	500	500	600	800	800	900	1000	1200
	屈服点 $\sigma_{\min}$/MPa	240	320	300	400	480	640	640	720	900	1080
	推荐材料	15 Q235	16 Q215	25 35	15 Q235	45	35	35	35 45	40Cr 15MnVB	30CrMnSi 15MnVB
相配螺母	性能级别	4 或 5	4 或 5	5	5	6	8 或 9	8 或 9	9	10	12
	推荐材料	10 Q215	10 Q215	10 Q215	10 Q215	10 Q215	35	35	35	40Cr 15MnVB	30CrMnSi 15MnVB

注：(1)9.8 级仅适用于螺纹大径 $d=16$ mm 的螺钉和螺柱。

(2)8.8 级及更高性能级别的屈服强度为 $\sigma_{0.2}$。

螺栓连接的许用应力和安全系数如表 12-4 所示，不控制预紧力时螺纹连接的安全系数如表 12-5 所示，压力容器的螺栓间距如表 12-6 所示，连接接合面的摩擦系数如表 12-7 所示，连接接合面材料的许用挤压应力如表 12-8 所示。

表 12-4 螺栓连接的许用应力和安全系数

<table>
<tr><th colspan="2">连接情况</th><th>受载情况</th><th>许用应力和安全系数</th></tr>
<tr><td colspan="2">松螺栓连接</td><td>轴向静载荷</td><td>$[\sigma]=\frac{\sigma_s}{S}$；
$S=1.2\sim1.7$（未淬火钢取最小值）</td></tr>
<tr><td rowspan="3">紧螺栓连接</td><td colspan="2">轴向载荷
横向载荷</td><td>$[\sigma]=\frac{\sigma_s}{S}$；
控制预紧力时，$S=1.2\sim1.5$；不控制预紧力时，S 查表 12-5</td></tr>
<tr><td rowspan="2">铰制孔用螺栓连接</td><td>横向静载荷</td><td>$[\tau]=\sigma_s/2.5$；
被连接件为钢时，$[\sigma_p]=\sigma_s/1.25$；
被连接件为铸铁时，$[\sigma_p]=\sigma_b/(2\sim2.5)$</td></tr>
<tr><td>横向变载荷</td><td>$[\tau]=\sigma_s/(3.5\sim5)$；$[\sigma_p]$按静载荷的$[\sigma_p]$值降低 20%～30%</td></tr>
</table>

表 12-5 不控制预紧力时螺纹连接的安全系数

材料	静载荷			变载荷	
	M6～M16	M16～M30	M30～M60	M6～M16	M16～M30
碳钢	4～3	3～2	2～1.3	10～6.5	6.5
合金钢	5～4	4～2.5	2.5	7.5～5	5

表 12-6 压力容器的螺栓间距

工作压力 p/MPa	t_0/mm	工作压力 p/MPa	t_0/mm
1.6	$<7d$	16～20	$<3.5d$
1.6～10	$<4.5d$	20～30	$<3d$
10～16	$<3\sim4d$	—	—

表 12-7 连接接合面的摩擦系数

被连接件	接合面的表面状态	摩擦系数 f
钢或铸铁零件	干燥的加工表面	0.10～0.16
	有油的加工表面	0.06～0.10
钢结构件	轧制表面，钢丝刷清理浮锈	0.30～0.35
	涂富锌漆	0.35～0.40
	喷砂处理	0.45～0.55
铸铁对砖料、混凝土或木材	干燥表面	0.40～0.45

表 12-8 连接接合面材料的许用挤压应力

材料	钢	铸铁	混凝土	砖（水泥浆缝）	木材
$[\sigma_p]$/MPa	$0.8\sigma_s$	$(0.4\sim0.5)\sigma_b$	2.0～3.0	1.5～2.0	2.0～4.0

12.4.4 计算实例

图 12-26 所示为气缸盖螺栓组连接。已知气缸内的工作压力 p 在 0～1.5 MPa 之间变

化，缸盖与缸体均为钢制，其结构尺寸如图所示。为保证气密性要求，试选择螺栓材料并确定螺栓数目和尺寸。

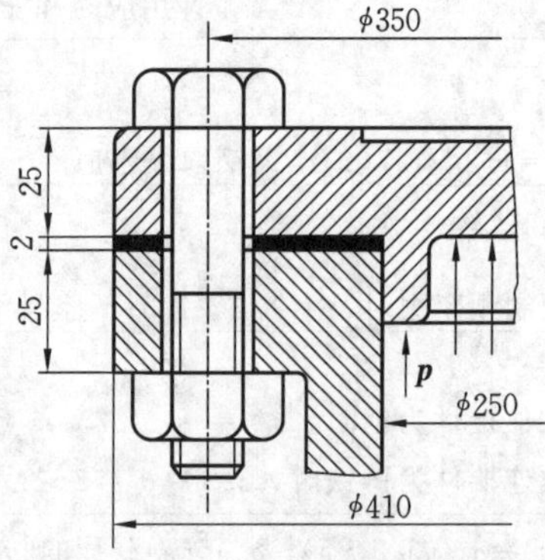

图 12-26　气缸盖螺栓组连接

设计步骤如下：

计算项目及说明	结　果
1. 确定螺栓数目 z 和直径 d 查表 12-6，由于 $p\leqslant 1.6$ MPa，所以 $t_0<7d$，取 $t_0=6d$。 试取 $z=12$，则 $$t_0=\frac{\pi D}{z}=\frac{\pi\times 350}{12}\text{ mm}=92\text{ mm}=6d$$ 于是有 $$d=\frac{t_0}{6}=\frac{92}{6}\text{ mm}=15.33\text{ mm}$$ 取 $d=16$ mm。	$z=12$ $d=16$ mm
2. 选择螺栓性能等级 选 8.8 级（因为压力容器比较重要），$\sigma_b=800$ MPa，$\sigma_s=640$ MPa。	$\sigma_s=640$ MPa
3. 计算螺栓上的载荷 最大总拉力为 $$F_\Sigma=\frac{\pi D_2^2}{4}p=\frac{\pi\times 250^2}{4}\times 1.5\text{ N}=7.363\times 10^4\text{ N}$$ 单个螺栓的工作载荷为 $$F=\frac{F_\Sigma}{z}=\frac{7.363\times 10^4}{12}\text{ N}=6.136\times 10^3\text{ N}$$ 取残余预紧力 $F_1=1.5F$，于是有 $F_2=F_1+F=2.5F=2.5\times 6.136\times 10^3\text{ N}=1.534\times 10^4\text{ N}$	$F=6.136\times 10^3$ N $F_2=1.534\times 10^4$ N
4. 计算许用应力 按不控制预紧力确定安全系数，查表 12-5，取 $S=4$，于是有 $$[\sigma]=\frac{\sigma_s}{S}=\frac{640}{4}\text{ MPa}=160\text{ MPa}$$	$S=4$ $[\sigma]=160$ MPa
5. 验算螺栓强度 查手册得 $d=16$ mm，$d_1=13.835$ mm，则	

计算项目及说明	结　果
$\sigma_{ca}=\dfrac{1.3F_2}{\dfrac{1}{4}\pi d_1^2}=\dfrac{4\times1.3\times1.534\times10^4}{\pi\times13.835^2}$ MPa=132.7 MPa<[σ]	σ_{ca}=132.7 MPa<[σ]
满足强度要求。	
6. 计算螺栓长	
螺栓长为	
l=[25+2+25+14.8+4.1+(4.5～6.5)] mm=(75.4～77.4) mm	
取 l=80 mm。	l=80 mm
根据国家标准 GB/T 5782—2016 可知，M16×80，8.8 级，z=12。	z=12

12.5 提高螺栓连接强度的措施

螺栓连接承受轴向变载荷时，其损坏形式多为螺栓杆部分的疲劳断裂，通常发生在应力集中较严重之处，即螺栓头部、螺纹收尾部和螺母支承平面所在的螺纹处，如图 12-27 所示。

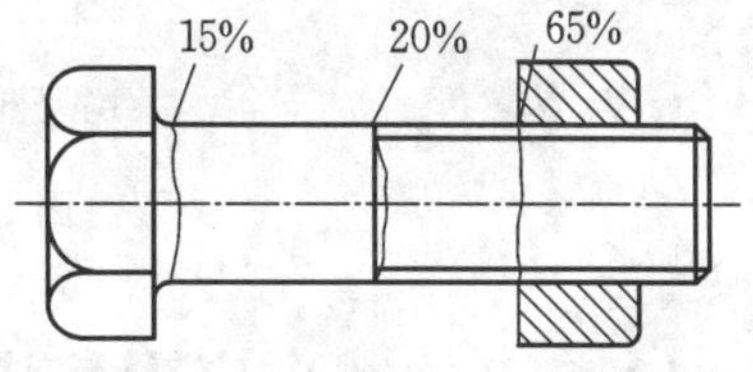

图 12-27　螺栓杆疲劳断裂位置

以下简要说明影响螺栓连接强度的因素和提高螺栓连接强度的措施。

12.5.1 减小螺栓总拉伸载荷 F_2 的变化范围

螺栓所受的轴向工作载荷 F 在 0～F 之间变化时，螺栓所承受的总载荷 F_2 也做相应的变化，减小螺栓刚度 C_b 或增大被连接件刚度 C_m 都可以减小 F_2 的变化幅度，这对防止螺栓的疲劳损坏是十分有利的。为了减小螺栓的刚度，可减小螺栓光杆部分的直径或采用空心螺杆，如图 12-28 所示，有时也可增加螺栓杆的长度。被连接件本身的刚度是较大的，但被连接件的接合面因需要密封而采用软垫片（见图 12-29）时将降低其刚度，若采用金属薄垫片或 O 形密封圈作为密封元件（见图 12-30），则仍可保持被连接件原来的刚度。

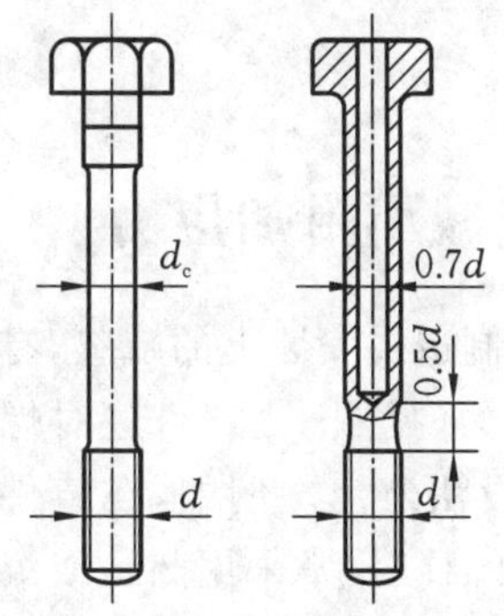

图 12-28　减小螺栓刚度的结构

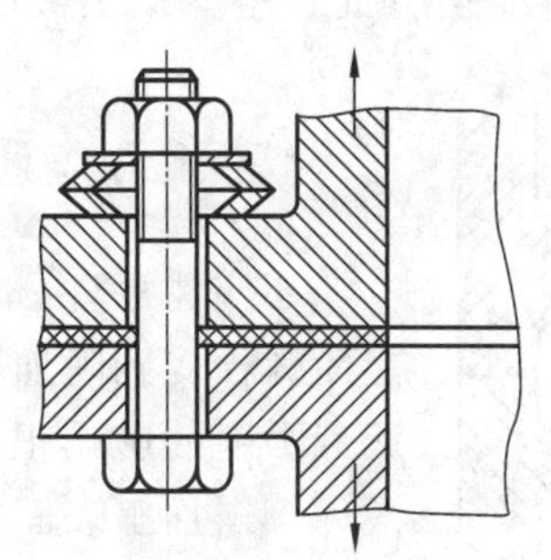
图 12-29　用软密封平垫片密封

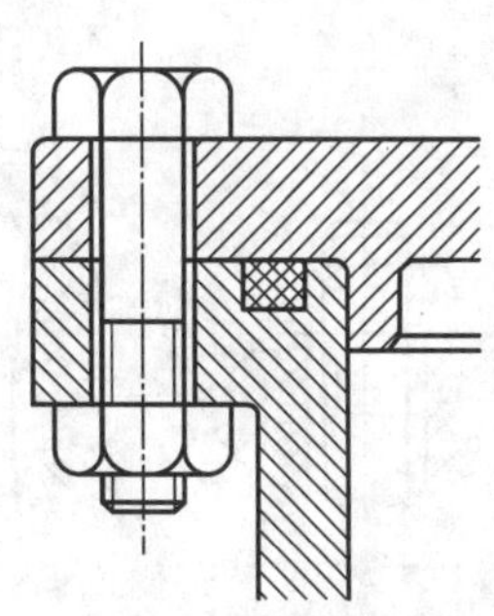
图 12-30　用 O 形密封圈密封

12.5.2 改善螺纹牙的载荷分布

采用普通螺母时，轴向载荷在螺纹各旋合圈间的分布是不均匀的，从螺母支承面算起，第一圈受载最大，以后各圈递减。理论分析和实验证明，旋合圈数越多，载荷分布不均匀的程度就越显著，到第八圈以后，螺纹几乎不受载荷作用，所以采用圈数多的厚螺母并不能提高连接强度。若采用图 12-31(a)所示的悬置(受拉)螺母，则螺母锥形悬置段与螺栓杆均为拉伸变形，有助于减小螺母与螺栓杆的螺距变化差，从而使载荷分布比较均匀。图 12-31(b)所示为环槽螺母，其作用和悬置螺母相似。图 12-31(c)所示为内斜螺母，图 12-31(d)所示为内斜螺母与环槽螺母。

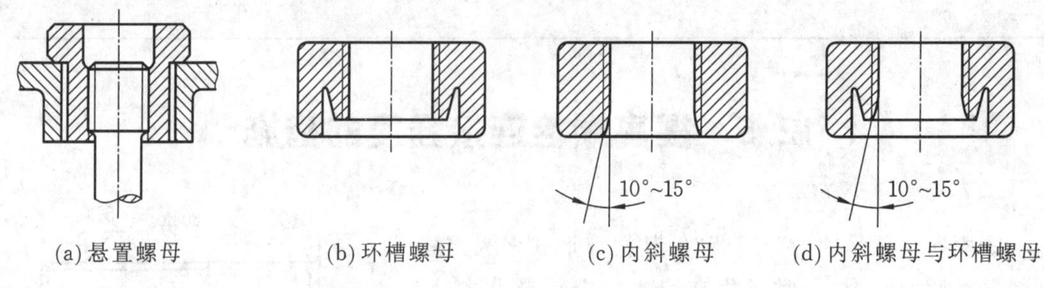

图 12-31 改善螺纹牙的载荷分布

12.5.3 减小应力集中

如图 12-32 所示，增大过渡处圆角(见图 12-32(a))、切制卸载槽(见图 12-32(b))、增设卸载过渡结构(见图 12-32(c))都是使螺栓截面变化均匀、减小应力集中的有效方法。

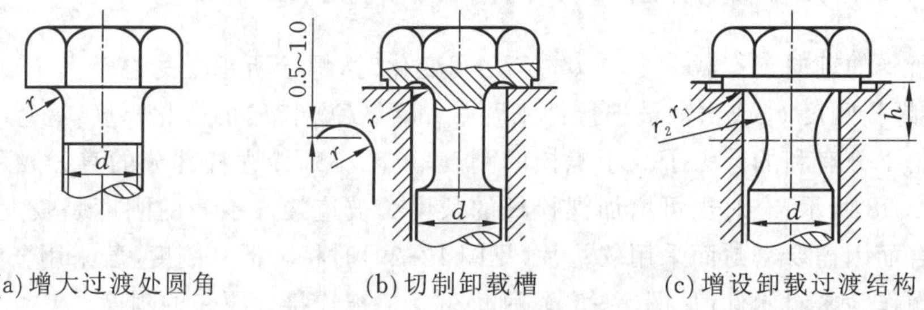

图 12-32 减小螺栓应力集中的方法

$r=0.2d$；$r_1\approx0.15d$；$r_2\approx1.0d$；$h=0.5d$

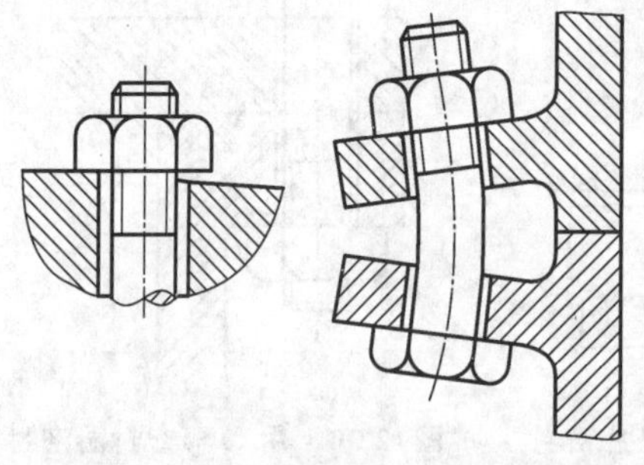

图 12-33 引起附加应力的原因

12.5.4 避免或减小附加应力

还应注意，由于设计、制造或安装上的疏忽，有可能使螺栓受到附加弯曲应力(见图 12-33)，这对螺栓疲劳强度的影响很大，应设法避免。例如，在铸件或锻件等未加工表面上安装螺栓时，常采用凸台或沉头座(见图 12-34(a))等结构，经切削加工后可获得平整的支承面；或者采用斜面垫圈(见图 12-34(b))或球面垫圈(见图 12-35(a));或者采用腰杆螺栓连接(见图 12-35(b))。

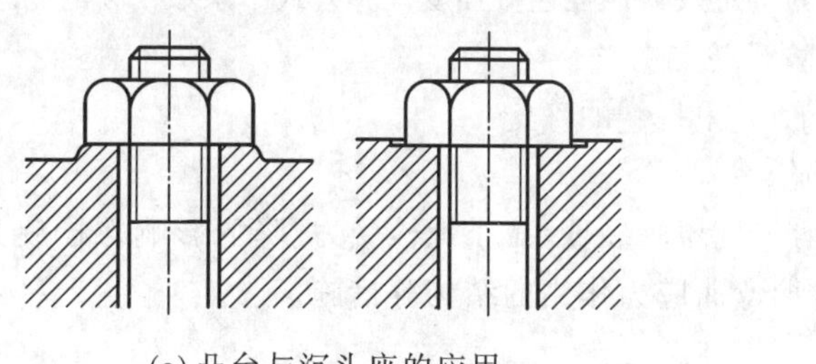

(a) 凸台与沉头座的应用

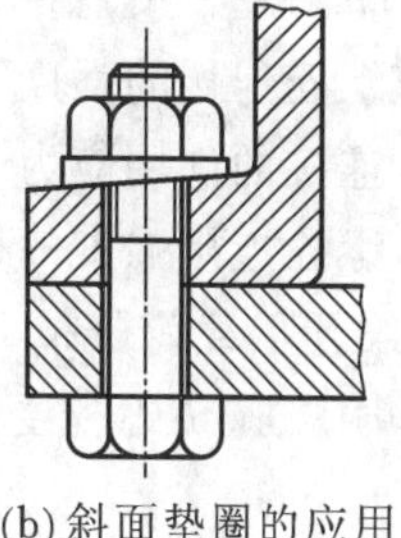

(b) 斜面垫圈的应用

图 12-34 避免附加应力的方法

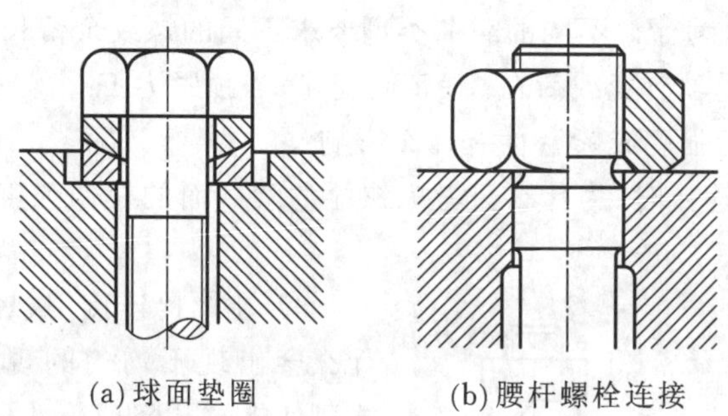

(a) 球面垫圈 (b) 腰杆螺栓连接

图 12-35 球面垫圈和腰杆螺栓连接

除上述方法外,还可在制造工艺上采用冷镦头部和碾压螺纹的螺栓,其疲劳强度比车制螺栓约高 30%。另外,液体碳氮共渗、渗氮等表面硬化处理也能提高螺栓的疲劳强度。

本章小结

1. 螺纹的基本知识

拓展阅读

螺纹的基本参数,常用螺纹的种类、特性(主要指牙根强度、效率与自锁性)及其应用。

2. 螺纹连接的基本知识

(1) 螺纹连接的基本类型、结构特点及应用场合。

(2) 螺纹连接件的类型、结构特点、应用场合、常用材料及强度级别。

(3) 螺纹连接的预紧与防松。

3. 螺栓组连接设计的基本内容、基本理论和基本方法

(1) 螺栓组连接的结构设计原则包括确定接合面的形状、连接结构类型及防松方法、螺栓数目及其在接合面上的布置、提高螺栓连接强度的措施等。

(2) 螺栓组连接的受力分析:

① 螺栓组连接受力分析的目的及其简化假设条件。

② 螺栓组连接的两种典型受力状态(轴向力、横向力)下的受力分析。

③ 螺栓组连接在复杂受力状态下的受力分析。

(3) 单个螺栓连接的强度计算理论与方法。

① 螺栓连接的主要失效形式和设计计算准则。

② 受拉螺栓连接的强度计算理论与方法，特别要记住受预紧力和轴向工作载荷的螺栓连接的受力-变形图、螺栓所受总拉力的确定及紧螺栓连接强度计算公式中系数 1.3 的物理意义。

③ 受剪螺栓连接的强度计算理论与方法。

④ 螺栓连接的许用应力$[\sigma]$、$[\tau]$和$[\sigma_p]$的确定。

4. 提高螺栓连接强度的措施

改善螺纹牙上载荷分布不均匀现象的装置，减小螺栓受力、降低影响螺栓疲劳强度的力幅度和应力集中、避免螺栓受附加弯曲应力作用的结构等措施。

练习与提高

一、思考分析题

1. 在螺栓连接中，为什么不同的载荷类型要求不同的螺纹余留长度？

2. 紧螺栓连接所受轴向变载荷在 0～F 间变化，当预紧力 F_0 一定时，螺栓或被连接件的刚度对螺栓连接的疲劳强度或紧密性有什么影响？

3. 计算普通螺栓连接时，为什么只考虑螺栓危险截面的拉伸强度，而不考虑螺栓头、螺母和螺纹牙的强度？

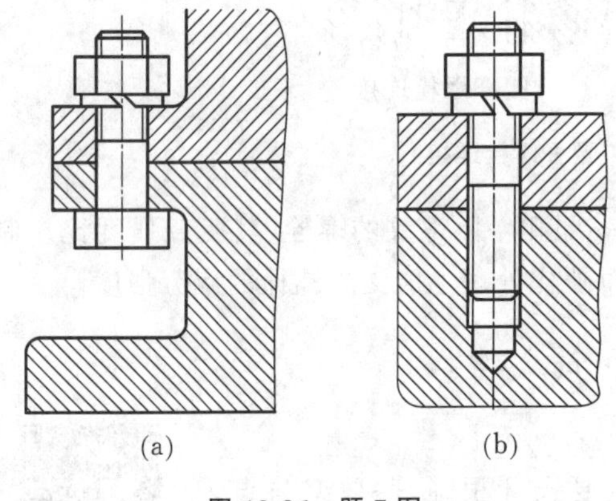

图 12-36　题 7 图

4. 在螺栓连接中，螺纹牙间载荷的分布为什么会出现不均匀的现象？常用哪些结构形式可使螺纹牙间载荷的分布趋于均匀？

5. 为什么重要的螺栓连接要控制螺栓的预紧力 F_0？控制预紧力的方法有哪几种？

6. 在什么情况下螺栓连接的安全系数大小与螺栓直径有关？试说明其原因。

7. 试找出图 12-36 所示的普通螺栓连接和双头螺柱连接中的结构设计错误，并画出正确的结构图。

8. 螺纹的主要参数有哪些？各参数间有怎样的关系？设计时如何选择？

9. 螺纹的线数与螺纹的自锁性、传动效率有怎样的关系？

10. 螺纹连接预紧的作用是什么？为什么重要的螺纹连接要控制预紧力？

11. 螺纹连接常用的防松方法有哪几类？试举例说明各类防松方法的特点与应用。

12. 螺栓常用的材料是什么？选用螺栓材料时主要应考虑哪些问题？

13. 螺栓组连接的结构设计主要包括哪些内容？应注意什么问题？

14. 受横向载荷的螺栓组连接在什么情况下宜采用铰制孔用螺栓？

15. 松螺栓连接和紧螺栓连接的区别是什么？在计算中如何考虑这些区别？

16. 对于常用的普通螺栓，预紧后螺栓受拉伸和扭转的复合应力，但是为什么在计算时只要把轴向拉力增大 30%就可以按纯拉伸计算螺栓的强度？

17. 对于受轴向载荷的紧螺栓连接，若考虑螺栓和被连接件刚度的影响，螺栓受到的总拉力是否等于预紧力 F_0和工作拉力 F 之和？为什么？

18. 常用的提高螺栓连接强度的措施有哪些？

19. 对于受变载荷作用的螺栓，可以采取哪些措施来减小螺栓的应力幅？

20. 螺栓中的附加应力是怎样产生的？为避免螺栓产生附加应力，应从结构或工艺上采取哪些措施？

21. 名义直径相同的细牙螺纹与粗牙螺纹，哪个的自锁性好？哪个的强度高？

22. 螺栓组连接的结构设计要求螺栓组对称布置于接合面形心，试简述这一要求的理由。

二、综合设计计算题

1. 一个受轴向工作载荷 $\boldsymbol{F}$ 的紧螺栓连接，螺栓的公称直径为 M16，小径 $d_1=13.835$ mm，安装时预紧力 $F_0=12\ 000$ N，螺栓材料的许用应力 $[\sigma]=150$ MPa。为同时保证螺栓的强度和残余预紧力 $F_1\geqslant 8000$ N，试求允许的最大工作拉力 $F_{\max}$。（相对刚度 $\dfrac{C_b}{C_b+C_m}=0.2$）

2. 图 12-37 所示为夹紧连接采用两个普通螺栓，已知连接柄端受力 $R=240$ N，连接柄长 $L=420$ mm，轴的直径 $d=65$ mm，夹紧接合面摩擦系数 $f=0.15$，可靠性系数 $K_s=1.2$，螺栓材料的许用应力 $[\sigma]=80$ MPa，试计算螺栓小径 d_1。

3. 一牵曳钩用两个 M10（$d_1=8.376$ mm）的普通螺栓固定于机体上，如图 12-38 所示，已知接合面间的摩擦系数 $f=0.15$，可靠性系数 $K_s=1.2$，螺栓材料强度级别为 6.6 级，安全系数 $S=3$，试计算该螺栓组连接允许的最大牵引力 $F_{\max}$。

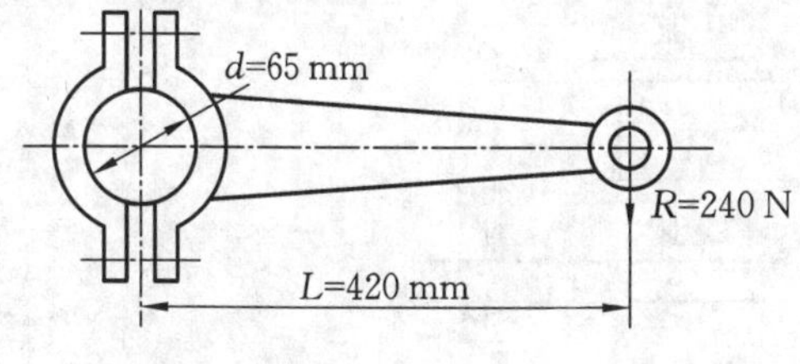

图 12-37　题 2 图

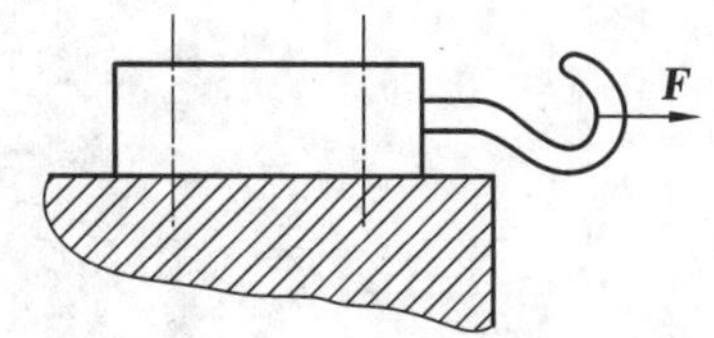

图 12-38　题 3 图

4. 图 12-39 所示为方形盖板用四个螺栓与箱体连接，盖板中心点 O 的吊环所受拉力 $Q=20\ 000$ N，尺寸如图所示，残余预紧力 $F_1=0.6F$，F 为螺栓所受的轴向工作载荷，试求：

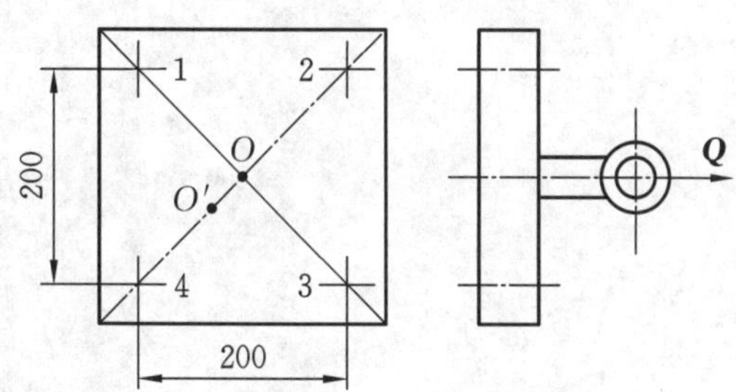

图 12-39　题 4 图

（1）螺栓所受的总拉力 F_2 及螺栓直径。（螺栓材料的许用拉伸应力 $[\sigma]=180$ MPa）

（2）如因制造误差，吊环由 O 点移动到 O' 点，且 $\overline{OO'}=5\sqrt{2}$ mm，求受力最大的螺栓所受的总拉力 F_2，并校核（1）中的螺栓强度。

（由 GB/T 196—2003 查得：M10：$d_1=8.376$ mm；M12：$d_1=10.106$ mm；M16：$d_1=13.835$ mm。）

第 13 章
键、花键、销及无键连接

13

知识技能目标

了解键连接的功能，了解各种常用键连接的结构形式和应用场合，掌握键的选择方法和键连接的失效形式、设计准则及强度计算，了解花键连接的类型、特点和应用，掌握花键连接的强度计算，了解销连接的类型、特点和应用场合，了解无键连接的类型、特点和应用场合。

项目子任务分解

结合第 2 章中的项目Ⅰ、Ⅱ，按照图 13-1、图 13-2、图 13-3 所示的传动简图，根据前面章节任务案例中的轴和齿轮的材料和结构尺寸以及传递的载荷等计算结果，设计键连接。

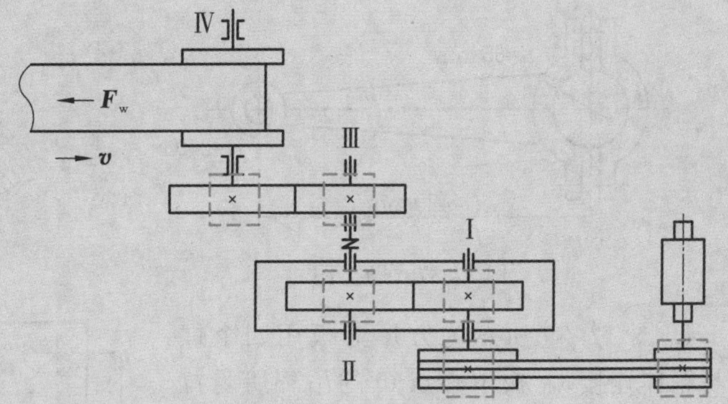

图 13-1　圆柱齿轮减速器传动设计简图

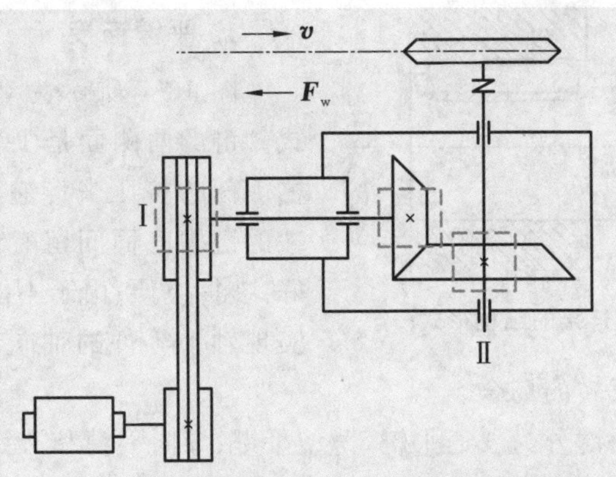

图 13-2 圆锥齿轮减速器传动设计简图

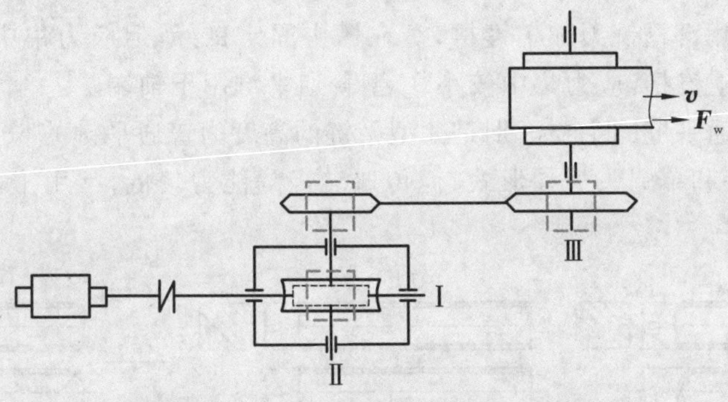

图 13-3 蜗轮蜗杆减速器传动设计简图

子任务实施建议

1. 任务分析

根据工作条件，选择键连接的类型和尺寸，针对键连接的主要失效形式，按照工作面上的挤压应力进行校核计算。

2. 实施过程

根据前面章节中的任务实施结果轴径 d、轮毂宽度 b 和转矩 T 进行键连接的设计，确定键连接的类型和尺寸。

理论解读

13.1 键 连 接

13.1.1 键连接的功能、类型、特点和应用

键是一种标准零件，键连接通常用来实现轴与轮毂之间的周向固定，以传递运动和转矩。其中，有些类型的键还能实现轴向固定和传递轴向力。键连接的主要类型有平键连接、半圆键连接、楔键连接和切向键连接。

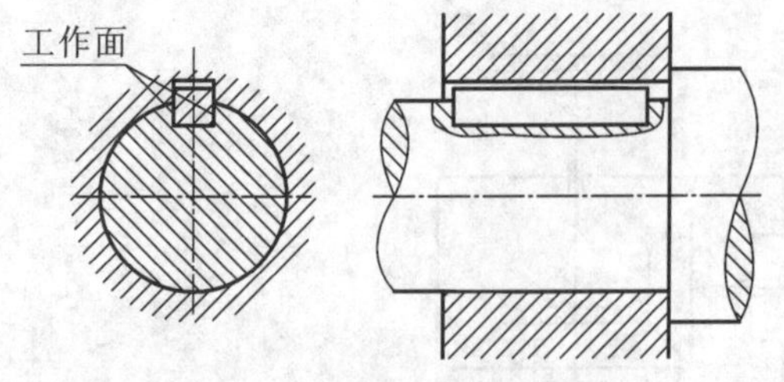

图 13-4 普通平键连接的结构形式

1. 平键连接

图 13-4 所示为普通平键连接的结构形式。键的两侧面是工作面，工作时，靠键同键槽侧面的挤压来传递转矩。键的上表面和轮毂的键槽底面间留有间隙。平键连接对中性好，装拆方便；由于不能承受轴向力，所以无法实现轴上零件的轴向固定；定位精度较高，用于高速轴或受冲击、正反转的场合。

根据用途的不同，平键分为普通平键、薄型平键、导向平键和滑键四种，其中普通平键和薄型平键用于静连接，导向平键和滑键用于动连接。

普通平键按结构可分为圆头（A 型）、平头（B 型）及单圆头（C 型）三种，如图 13-5 所示。

A 型普通平键用键槽铣刀加工键槽，键在槽中固定良好，但应力集中较大；B 型普通平键用盘铣刀加工轴上键槽，应力集中较小；C 型普通平键用于轴端。

薄型平键与普通平键的主要区别是薄型平键的高度为普通平键的 60%～70%。薄型平键也分为圆头、平头和单圆头三种形式，但传递转矩的能力较低，常用于薄壁结构和传递转矩较小的传动。

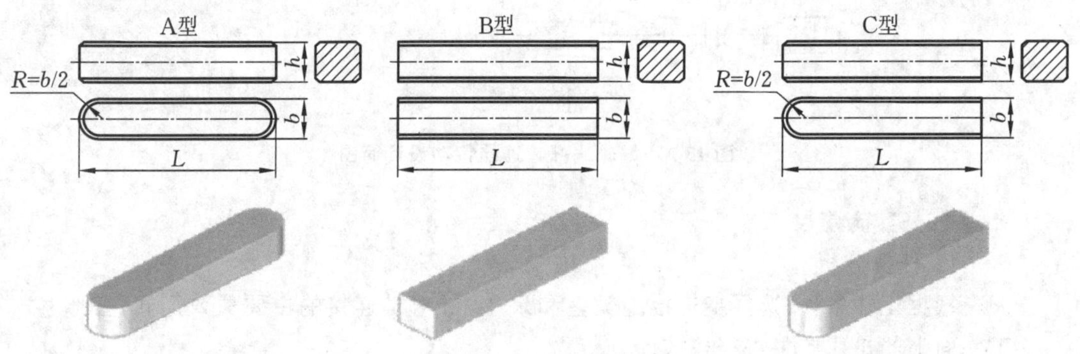

图 13-5 普通平键

当被连接的毂类零件在工作过程中必须在轴上作轴向移动时（如变速箱中的滑移齿轮），需采用导向平键或滑键，如图 13-6 所示。

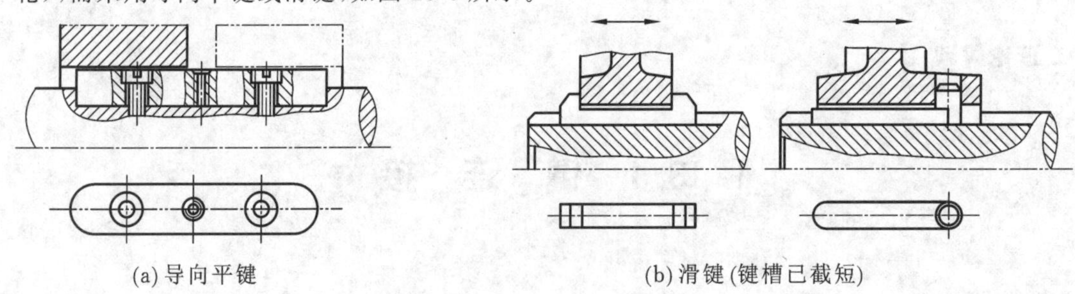

(a) 导向平键　　(b) 滑键（键槽已截短）

图 13-6 导向平键和滑键

导向平键用螺钉把键固定在轴上，中间的螺纹孔用于起出键，多用于轴上零件沿轴移动量不大的场合；滑键固定在轮毂上，用于轴上零件移动量较大的场合。

2. 半圆键连接

半圆键连接如图 13-7 所示。半圆键连接靠侧面传递转矩，键可在轴槽中沿槽底圆弧滑动，以适应轮毂中键槽的斜度。半圆键连接特别适用于锥形轴端与轮毂的连接，但要加长键时，必定使键槽加深而使轴强度削弱，一般只用于轻载的场合。

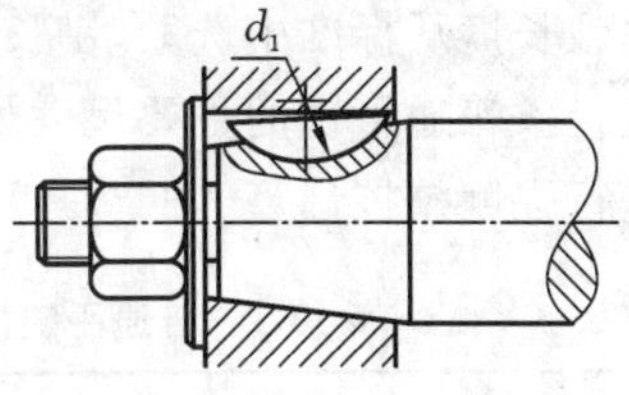

图 13-7　半圆键连接

3. 楔键连接

楔键连接如图 13-8 所示，键的上、下面为工作面，键的上表面和毂槽都有 1∶100 的斜度，装配时需打入、楔紧，键的上、下面与轴和轮毂相接触的是工作面，对轴上零件有轴向固定作用，由于楔紧力的作用，轴上零件会偏心，导致对中精度不高，转速也受到限制，因此楔键连接主要用于毂类零件以及定心精度要求不高和低转速的场合。楔键分为普通楔键和钩头楔键两种。普通楔键有圆头、平头和单圆头三种形式；钩头楔键的钩头供拆卸用，应注意加装保护罩。

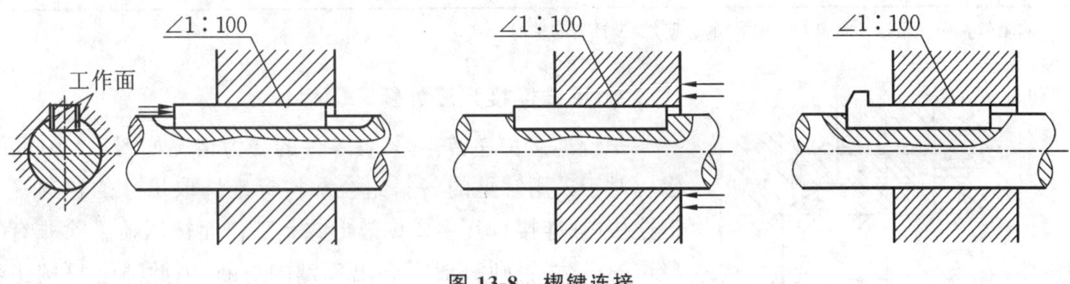

图 13-8　楔键连接

4. 切向键连接

切向键连接如图 13-9 所示，它由两个斜度为 1∶100 的楔键组成，能传递较大的转矩。一对切向键只能传递一个方向的转矩，传递双向转矩时，要用两对切向键，且互成 120°～130°。切向键连接主要用于载荷大、对中要求不高的场合，键槽对轴的削弱大，常用于直径大于 100 mm 的轴。

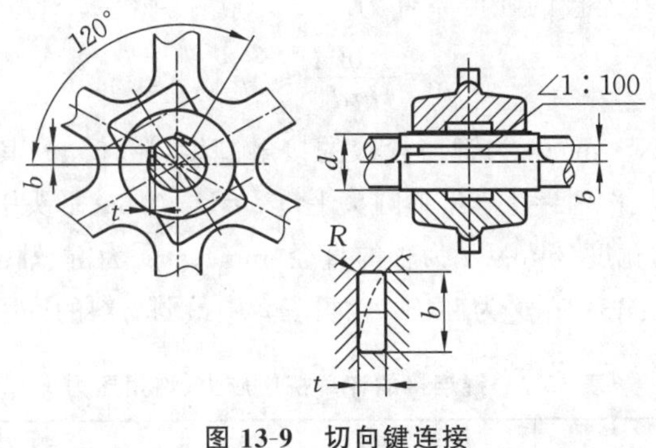

图 13-9　切向键连接

13.1.2　键的选择和平键连接强度计算

1. 键的选择

键的选择包括类型选择和尺寸选择两个方面。键的类型可根据使用要求、工作条件和连接的结构特点来选择；键的截面尺寸通常根据轴的直径和具体工作情况选取；键的长度按轮毂长度从标准中选取，键长略短于轮毂的长度，并且不宜超过(1.6～1.8)d，其中d为轴的直径。普通平键的主要尺寸如表13-1所示。重要的键连接在选出键的类型和尺寸后，还应进行强度校核计算。

表13-1　普通平键的主要尺寸(摘自GB/T 1095—2003和GB/T 1096—2003)　　单位:mm

轴的直径d	6～8	>8～10	>10～12	>12～17	>17～22	>22～30	>30～38	>38～44
键宽b×键高h	2×2	3×3	4×4	5×5	6×6	8×7	10×8	12×8
轴的直径d	>44～50	>50～58	>58～65	>65～75	>75～85	>85～95	>95～110	>110～130
键宽b×键高h	14×9	16×10	18×11	20×12	22×14	25×14	28×16	32×18
键的长度系列L	6,8,10,12,14,16,18,20,22,25,28,32,36,40,45,50,56,63,70,80,90,100,110,125,140,180,200,…							

注:轴的直径d沿用旧标准(1979年)的数据，供设计者初选时参考。

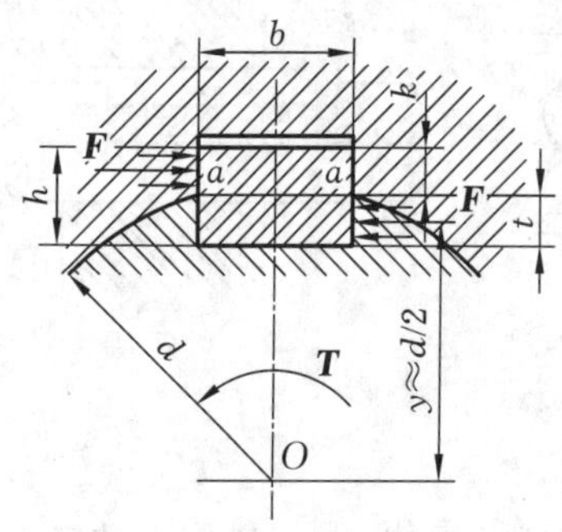

图13-10　平键连接各零件的受力情况

2. 平键连接强度计算

平键连接传递转矩时，各零件的受力情况如图13-10所示。对于采用常见的材料组合和按标准选取尺寸的普通平键连接(静连接)，其主要失效形式是工作面被压溃。除非有严重的过载，否则一般不会出现键的剪断，因此通常只按工作面上的挤压应力进行强度校核计算；对于导向平键连接和滑键连接(动连接)，其主要失效形式是工作面的过度磨损，因此通常按工作面上的压力进行条件性的强度校核计算。

普通平键连接的强度条件为

$$\sigma_p=\frac{2000T}{kld}\leqslant[\sigma_p] \tag{13-1}$$

导向平键连接和滑键连接的强度条件为

$$p=\frac{2000T}{kld}\leqslant[p] \tag{13-2}$$

式中:T为传递的转矩(N·m)；k为键与轮毂的接触高度，$k=0.4h$，其中h为键高(mm)；l为键的工作长度(mm)，圆头平键$l=L-b$，单圆头平键$l=L-0.5b$，平头平键$l=L$，其中L为键的公称长度(mm)，b为键的宽度(mm)；d为轴的直径(mm)；$[\sigma_p]$为键、轴、轮毂三者中最弱材料的许用挤压应力(MPa)，见表13-2；$[p]$为键、轴、轮毂三者中最弱材料的许用压力(MPa)，见表13-2。

表13-2　键连接的许用挤压应力、许用压力　　单位:MPa

许用挤压应力、许用压力	连接工作方式	被连接零件的材料	载荷性质		
			静载	轻微冲击	冲击
$[\sigma_p]$	静连接	钢	125～150	100～120	60～90
		铸铁	70～80	50～60	30～45
$[p]$	动连接	钢	50	40	30

注:如与键有相对滑动的被连接件表面经过表面硬化处理，则动连接的$[p]$可提高2～3倍。

在进行强度校核后，如果单键的强度不够，可采用双键，这时应考虑键的合理布置：两个平键最好相隔 180°，两个半圆键应沿轴心线布置在一条直线上，两个楔键间的夹角一般为 90°～120°，两个切向键间的夹角一般为 120°～130°。双键连接的强度按 1.5 个键计算。

13.2 花键连接

13.2.1 花键连接的类型、特点和应用

花键由外花键和内花键组成，如图 13-11 所示。花键连接为多齿工作，承载能力强，对中性、导向性好，齿根较浅，应力集中较小，轴与轮毂强度削弱小；其缺点是齿根仍有应力集中，有时需用专门的设备加工，成本较高。因此，花键连接适用于定心精度要求高、载荷大或经常滑移的连接。按齿形的不同，花键可分为矩形花键和渐开线花键两类，均已标准化。

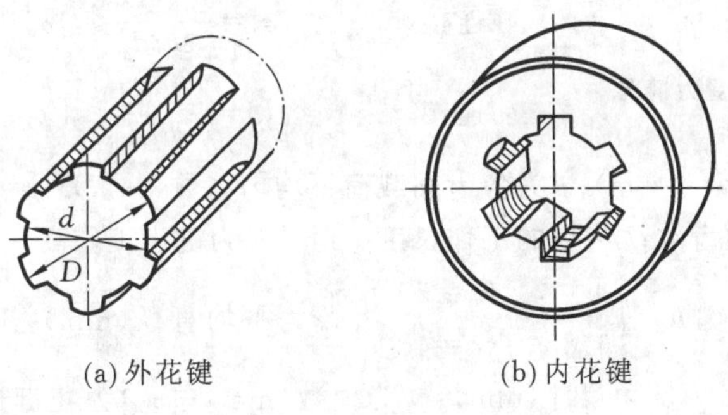

(a) 外花键　(b) 内花键

图 13-11　花键

1. 矩形花键

标准中规定矩形花键有两个系列：轻系列，用于载荷较轻的静连接；中系列，用于中等载荷。

图 13-12　矩形花键连接

矩形花键的定心方式为小径定心，即外花键和内花键的小径为配合面，其特点是定心精度高，定心稳定性好，能用磨削的方法获得较高的精度。矩形花键连接应用广泛，如图 13-12 所示。

2. 渐开线花键

渐开线花键的齿廓为渐开线，分度圆压力角有 30°和 45°两种，如图 13-13 所示。

渐开线花键受载时齿上有径向力，能起自动定心作用，使各齿受力均匀、强度高、寿命长，加工工艺与齿轮的相同，易获得较高的精度和互换性。压力角为 45°的渐开线花键，由于齿形钝而短，与压力角为 30°的渐开线花键相比，对连接件的削弱较小，但齿的工作面高度较矮，故承载能力较差，多用于载荷较轻、直径较小的静连接，特别适用于薄壁零件的轴毂连接。渐开线花键的定心方式为齿形定心，当齿受载时，齿上的径向力能起到自动定心的作用，有利于各齿均匀承载。

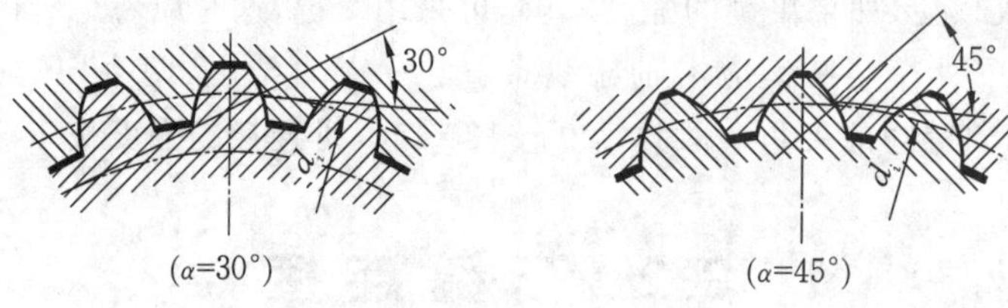

图 13-13　渐开线花键连接

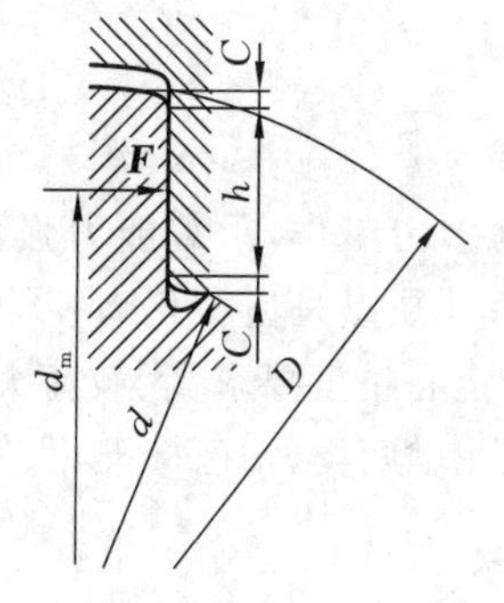

图 13-14　花键连接的受力情况

13.2.2　花键连接强度计算

花键连接的类型和尺寸通常根据被连接件的结构特点、使用要求和工作条件选择。为避免键齿工作表面压溃（静连接）或过度磨损（动连接），应进行必要的强度校核计算。花键连接的受力情况如图 13-14 所示。

静连接　$$\sigma_p=\frac{2000T}{\psi zhld_m}\leqslant[\sigma_p] \tag{13-3}$$

动连接　$$p=\frac{2000T}{\psi zhld_m}\leqslant[p] \tag{13-4}$$

式中：T 为传递的转矩（N·m）；ψ 为各齿间载荷不均匀系数，一般取 $\psi=0.7\sim0.8$，齿数多时取偏小值；z 为花键的齿数；l 为齿的工作长度（mm）；h 为键齿工作高度（mm），矩形花键 $h=\frac{D-d}{2}-2C$，渐开线花键 $h=\begin{cases}m & (\alpha=30°)\\0.8m & (\alpha=45°)\end{cases}$；$d_m$ 为平均直径（mm），矩形花键 $d_m=\frac{D+d}{2}$，渐开线花键 $d_m=D$；C 为倒角尺寸（mm）；m 为模数（mm）；$[\sigma_p]$ 为花键连接的许用挤压应力（MPa），见表 13-3；$[p]$ 为花键连接的许用压力（MPa），见表 13-3。

表 13-3　花键连接的许用挤压应力、许用压力　　单位：MPa

许用挤压应力、许用压力	连接工作方式	使用和制造情况	齿面未经热处理	齿面经热处理
$[\sigma_p]$	静连接	不良	35～50	40～70
		中等	60～100	100～140
		良好	80～120	120～200
$[p]$	空载下移动的动连接	不良	15～20	20～35
		中等	20～30	30～60
		良好	25～40	40～70
	在载荷作用下移动的动连接	不良	—	3～10
		中等	—	5～15
		良好	—	10～20

注：(1)使用和制造情况不良是指受变载荷作用、有双向冲击、振动频率高、振幅大、润滑不良（动连接）、材料硬度不高或精度不高等；

(2)同一情况下，$[\sigma_p]$ 或 $[p]$ 的较小值用于工作时间长和较重要的场合；

(3)花键材料的抗拉强度极限不低于 590 MPa。

13.3 销连接

销按用途可分为定位销、连接销和安全销。定位销(见图 13-15)用来固定零件之间的相对位置;连接销(见图 13-16)用于连接,可传递不大的载荷;安全销(见图 13-17)可作为安全装置中的过载剪断元件。

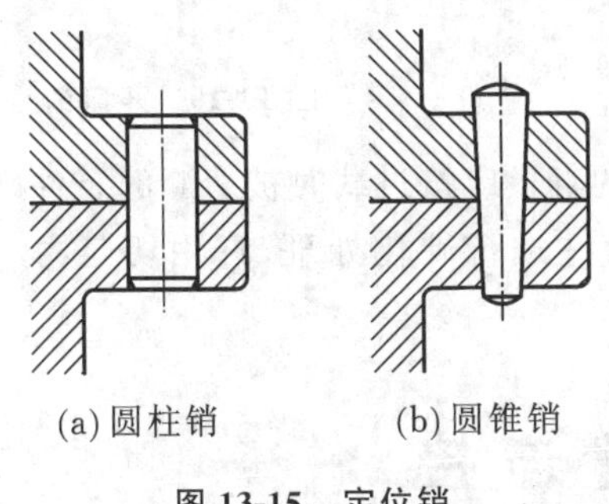

(a) 圆柱销　(b) 圆锥销

图 13-15　定位销

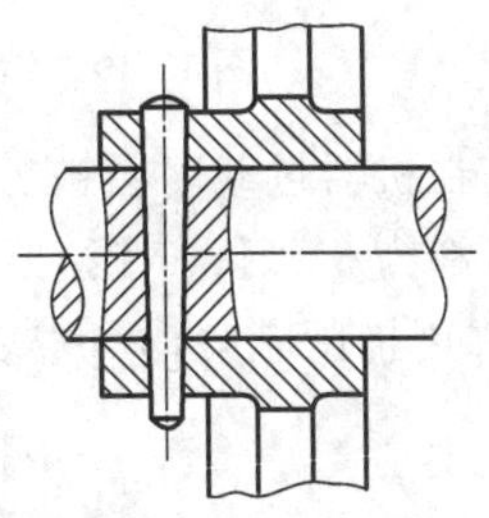

图 13-16　连接销

销按结构可分为圆柱销、圆锥销、槽销、销轴和开口销等,这些销均已标准化。

圆柱销(见图 13-15(a))主要用于定位,也可用于连接,直径偏差有 u6、m6、h8、h11 四种,可满足不同的使用要求。

圆锥销(见图 13-15(b))有 1∶50 的锥度,与有锥度的铰制孔相配,拆装方便,可多次拆装,定位精度比圆柱销的高,能自锁,一般两端伸出被连接件,以便拆装。

槽销上有碾压或模锻出的三条纵向沟槽,如图 13-18 所示。将槽销打入销孔后,由于材料的弹性,销挤紧在销孔中,不易松脱,因而能承受振动和变载荷。安装槽销的孔不需要铰制,加工方便,可多次装拆。

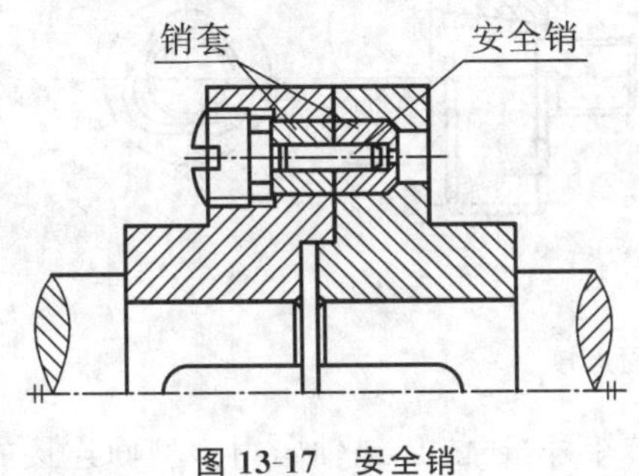

图 13-17　安全销

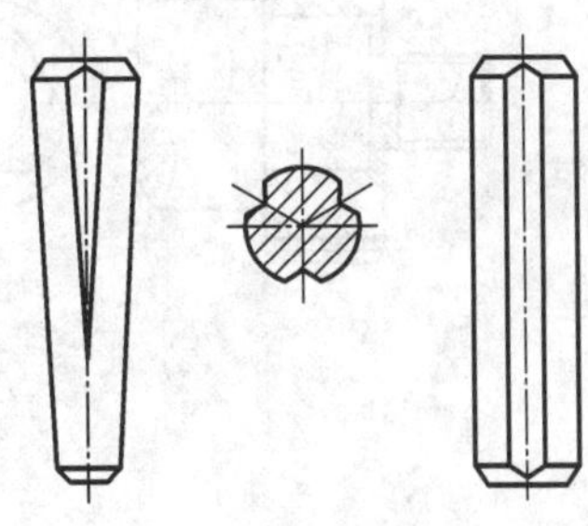

图 13-18　槽销

销轴(见图 13-19)用于铰接轴,通常用开口销锁定,工作可靠。

开口销(见图 13-20)用于锁定其他零件,如轴、槽形螺母等,是一种较可靠的锁紧方法,应用广泛。

定位销通常不受载荷或只受很小的载荷,故不做强度校核计算,其直径可按结构确定,一般使用两个,中、小尺寸的机械常用直径为 10～16 mm 的销钉。

连接销的类型可根据工作要求选定,其尺寸可根据连接的结构特点按经验或规范确定,必要时再按剪切和挤压强度条件进行校核计算。

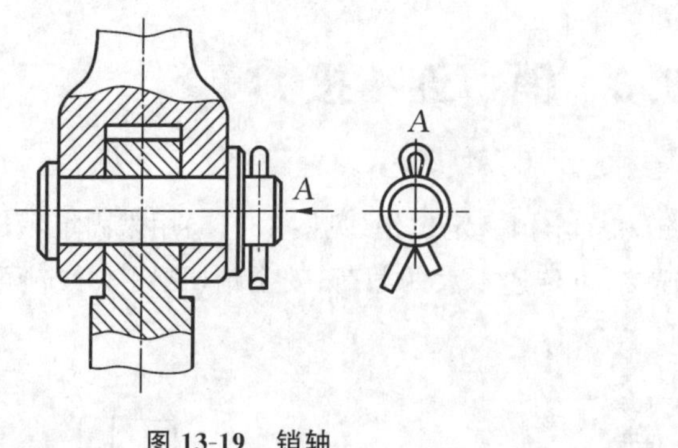

图 13-19　销轴

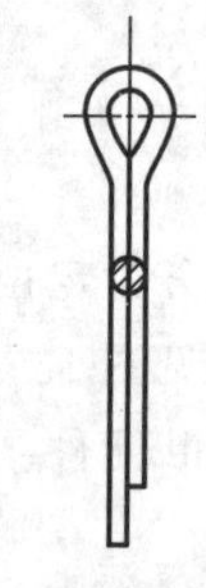

图 13-20　开口销

安全销在机器过载时会被剪断，因此安全销的直径应按过载时被剪断的条件确定。

销的材料为 35 钢、45 钢（开口销为低碳钢），并进行硬化处理，许用切应力 $[\tau]=80\sim100$ MPa，许用挤压应力 $[\sigma_p]$ 查表 13-2。

13.4　无键连接

凡是轴与毂的连接不用键或花键时，统称为无键连接。下面介绍型面连接和胀紧连接。

13.4.1　型面连接

型面连接如图 13-21 所示。把安装轮毂的那一段轴做成表面光滑的非圆形截面的柱体（见图 13-21(a)）或非圆形截面的锥体（见图 13-21(b)），并在轮毂上制成相应的孔，这种轴与毂孔相配合而构成的连接，称为型面连接。

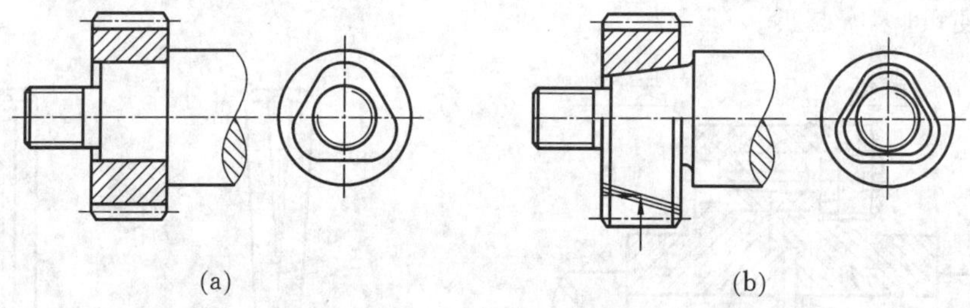

(a)　(b)

图 13-21　型面连接

柱形表面只能传递转矩，锥形表面除能传递转矩外，还能传递轴向力。型面连接的优点是装拆方便，能保持良好的对中性，被连接件上没有像键连接那样的应力集中；其缺点是被连接件上的挤压应力较大，加工较复杂，所以目前应用还不广泛。

13.4.2　胀紧连接

胀紧连接（见图 13-22）是在轴和轮毂孔之间放置一对或数对与内、外锥面贴合的胀紧连接套（简称胀套），在轴向力的作用下，内环缩小，外环胀大，与轴和轮毂紧密贴合，产生足够的摩擦力，以传递转矩、轴向力或两者的复合载荷。

胀紧连接的定心性好，装拆或调整轴与轮毂的相对位置方便，没有应力集中，承载能力强，可避免零件强度因键槽等原因而削弱，又有密封作用。

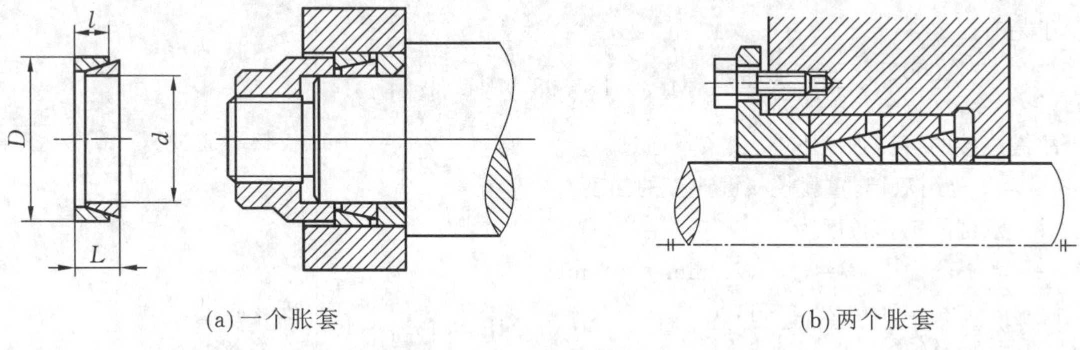

(a) 一个胀套　　(b) 两个胀套

图 13-22　胀紧连接

国家标准 GB/T 28701—2012 规定了 19 种型号（Z1～Z19 型）的胀套，这些胀套已标准化，选用时只需根据设计的轴和轮毂的尺寸以及传递载荷的大小查阅手册，选择合适的型号和尺寸，使传递的载荷在许用范围内。

13.4.3　设计实例

已知减速器中某斜齿圆柱齿轮安装在轴的两个支承点间，齿轮和轴的材料都是钢，用键构成静连接。齿轮的精度为 7 级，装齿轮处的轴径 $d=65$ mm，齿轮轮毂宽度 $b=95$ mm，需传递的转矩 $T=1400$ N·m，载荷有轻微冲击。试设计此键连接。

回忆一下，你的项目子任务中轴径、齿轮轮毂宽度、转矩等键连接设计计算的已知条件是什么？

设计步骤如下：

计算项目及说明	结　果
1. 选择键连接的类型	
一般 8 级以上精度的齿轮有定心精度要求，应选用平键连接。由于齿轮不在轴端，故选用圆头普通平键（A 型）。	A 型圆头普通平键连接
2. 选择键连接的尺寸	
参考轴的直径 $d=65$ mm，从表 13-1 中查得键的截面尺寸为：宽度 $b=18$ mm，高度 $h=11$ mm。根据轮毂宽度，参考键的长度系列，并且键长不超过 $(1.6\sim1.8)d=104\sim117$ mm，取键长 $L=90$ mm。	$b=18$ mm $h=11$ mm $L=90$ mm
3. 校核键连接的强度	
键、轴和轮毂的材料都是钢，由表 13-2 查得许用挤压应力 $[\sigma_p]=100\sim120$ MPa，取 $[\sigma_p]=110$ MPa。	
键的工作长度为 $l=L-b=(90-18)\text{ mm}=72\text{ mm}$	
键与轮毂的接触高度为	

计算项目及说明	结　果
$k=0.4h=4.4\ \text{mm}$ 于是有 $\sigma_p=\frac{2000T}{kld}=\frac{2000\times1400}{4.4\times72\times65}\ \text{MPa}=135.98\ \text{MPa}>[\sigma_p]$ 故键连接的挤压强度不够,校核不通过。	校核不通过
4. 改用双键,重新校核键连接的强度 双键的工作长度为 $l=1.5\times72\ \text{mm}=108\ \text{mm}$ $\sigma_p=\frac{2000T}{kld}=\frac{2000\times1400}{4.4\times108\times65}\ \text{MPa}=90.65\ \text{MPa}<[\sigma_p]$ 故键连接的挤压强度满足要求。	校核通过 键 18×11×90
5. 设计结论 根据国家标准 GB/T 1096—2003, 键的标记为键 18×11×90。	

一般A型键可不标出“A”， B型键或C型键需标记为“键B”或“键C”。
参照例题，用你的已知条件会计算了吗?
提问:
什么时候选择C型普通平键?

本章小结

(1) 键连接通常用来实现轴与轮毂之间的周向固定,以传递运动和转矩。

(2) 键连接的主要类型有平键连接、半圆键连接、楔键连接和切向键连接。

(3) 根据用途的不同,平键分为普通平键、薄型平键、导向平键和滑键四种,其中普通平键和薄型平键用于静连接,导向平键和滑键用于动连接。

(4) 普通平键按结构可分为圆头(A 型)、平头(B 型)及单圆头(C 型)三种。

(5) 键的类型可根据使用要求、工作条件和连接的结构特点来选择;键的截面尺寸通常根据轴的直径和具体工作情况选取;键的长度按轮毂长度从标准中选取,键长略短于轮毂的长度,并且不宜超过(1.6~1.8)d,其中 d 为轴的直径。

(6) 对于普通平键连接(静连接),其主要失效形式是工作面被压溃,因此通常只按工作面上的挤压应力进行强度校核计算;对于导向平键连接和滑键连接(动连接),其主要失效形式是工作面的过度磨损,因此通常按工作面上的压力进行条件性的强度校核计算。

(7) 按齿形的不同,花键可分为矩形花键和渐开线花键两类,均已标准化。

(8) 花键连接为多齿工作,承载能力强,对中性、导向性好,齿根较浅,应力集中较小,轴与轮毂强度削弱小;其缺点是齿根仍有应力集中,有时需用专门的设备加工,成本较高。因此,花键连接适用于定心精度要求高、载荷大或经常滑移的连接。

(9) 矩形花键的定心方式为小径定心,渐开线花键采用齿形定心。

(10) 销按用途可分为定位销、连接销和安全销,销按结构可分为圆柱销、圆锥销、槽销、销轴和开口销等,这些销均已标准化。

(11) 凡是轴与毂的连接不用键或花键时,统称为无键连接。常见的无键连接包括型面连接和胀紧连接。

练习与提高

一、思考分析题

1. 键连接有哪些主要类型？各有何特点？

2. 平键连接的工作原理是什么？主要失效形式有哪些？

3. 如何选取普通平键的尺寸 $b\times h\times L$？它的公称长度 L 与工作长度 l 之间有什么关系？

4. 圆头(A 型)、平头(B 型)及单圆头(C 型)普通平键各有何优缺点？它们分别用在什么场合？

5. 在材料和载荷性质相同的情况下，动连接的许用压力比静连接的许用挤压应力小，试说明原因。

6. 普通平键连接的强度条件是什么(用公式表示)？在进行普通平键连接强度计算时，若强度条件不能满足，可采取哪些措施？

7. 当使用单键连接不能满足连接的强度要求时，可采用双键连接。当使用两个平键连接时，一般两个平键在同一轴段上相隔 180°布置；当采用两个楔键连接时，两个楔键相隔 120°左右布置；当采用两个半圆键连接时，常将两个半圆键设置在轴的同一母线上。试说明原因。

8. 花键连接和平键连接相比有哪些优缺点？

9. 花键连接的主要失效形式是什么？如何进行强度计算？

10. 什么叫无键连接？它有何优缺点？

11. 什么叫型面连接？它有何特点？用在什么场合？

12. 销有哪几种？其结构特点是什么？各用在何种场合？

二、综合设计计算题

1. 如图 13-23 所示，减速器的低速轴与凸缘联轴器及圆柱齿轮之间分别用键连接。已知轴传递的转矩 $T=1000\ \mathrm{N\cdot m}$，齿轮材料为锻钢，凸缘联轴器的材料为 HT250，工作时有轻微冲击，连接处轴及轮毂的尺寸如图所示。试选择键的类型和尺寸，并校核其连接强度。

2. 如图 13-24 所示，在直径 $d=80$ mm 的轴端安装有一钢制直齿圆柱齿轮，轮毂长 $L=1.5d$，工作时有轻微冲击，试确定平键连接的尺寸，并计算其能够传递的最大转矩。

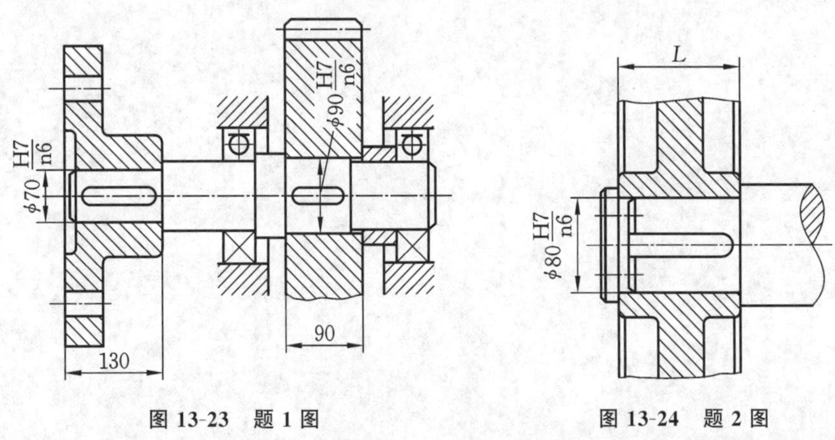

图 13-23 题 1 图　　图 13-24 题 2 图

3. 如图 13-25 所示，一齿轮减速器输出轴上的齿轮和轴采用平键连接。已知轴径 $d=$

60 mm，齿轮分度圆直径 $d_2=300$ mm，齿轮轮毂宽度 $B=85$ mm，齿轮上的圆周力 $F_t=3$ kN，轴和齿轮的材料均为45钢，载荷有轻微冲击。试选择键连接的尺寸，并列出键的标准代号，对键连接的强度进行验算。

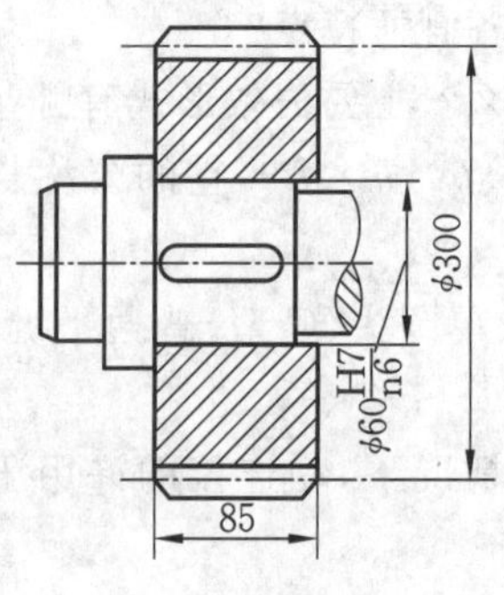

图 13-25　题 3 图

4. 如图13-26所示，一牙嵌式离合器在左、右两半分别用键与轴Ⅰ、Ⅱ相连接，在空载下，通过操纵可使右半离合器沿导向键在轴Ⅱ上作轴向移动。轴Ⅱ传递的转矩 $T=2000$ N·m，轴径 $d_{Ⅰ}=d_{Ⅱ}=80$ mm，右半离合器的轮毂长 $L=130$ mm，工作中有轻微冲击，离合器及轴均为钢制。试选择右半离合器的导向平键的尺寸，并校核该键连接的强度。

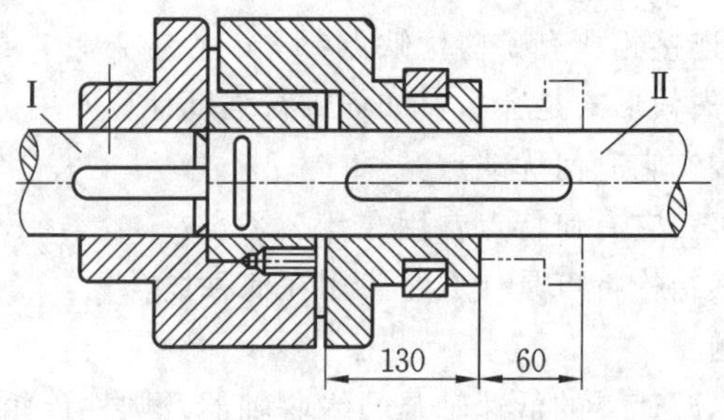

图 13-26　题 4 图

第 14 章
弹簧

14

知识技能目标

了解弹簧的功能、类型、结构、材料与制造，掌握弹簧的应力、变形及特性曲线，掌握圆柱形螺旋压缩（拉伸）弹簧的设计计算。

理论解读

14.1 概 述

14.1.1 弹簧的功能

弹簧是一种机械中广泛使用的弹性零件，它利用材料的弹性和结构特点，在工作中产生变形，把机械功或动能转变为变形能，或把变形能转变为机械功或动能。由于这种特性，弹簧主要可以应用在以下几个方面：

(1) 缓冲或减振，如汽车、火车车厢下的减振弹簧，以及各种缓冲器用的弹簧等。

(2) 控制机构的位置和运动，如内燃机中的阀门弹簧，制动器、离合器中的控制弹簧。

(3) 测力装置，如弹簧秤和测力器中的弹簧。

(4) 储存能量，如钟表、仪表和自动控制机构中的原动弹簧。

14.1.2 弹簧的类型

按照所承受载荷的不同，弹簧可以分为拉伸弹簧、压缩弹簧、扭转弹簧和弯曲弹簧等四种；按照弹簧形状的不同，弹簧又可分为螺旋弹簧、环形弹簧、碟形弹簧、平面涡卷弹簧(又称盘簧)和板簧等。表 14-1 列出了弹簧的基本类型。

表 14-1 弹簧的基本类型

按载荷分 / 按形状分	拉伸	压缩		扭转	弯曲
螺旋形	圆柱螺旋拉伸弹簧	圆柱螺旋压缩弹簧	圆锥螺旋压缩弹簧	圆柱螺旋扭转弹簧	
其他形		环形弹簧	碟形弹簧	平面涡卷弹簧	板簧

(1) 螺旋弹簧是用弹簧丝按螺旋线卷绕而成的,由于制造简便,故应用广泛。本章主要介绍圆柱螺旋压缩弹簧和圆柱螺旋拉伸弹簧的结构形式、基本参数和计算方法。

(2) 环形弹簧是由分别带有内、外锥形的钢制圆环交错叠合制成的,它比碟形弹簧更能缓冲吸振,常用作机动车、锻压设备和起重机中的重型缓冲装置。

(3) 碟形弹簧是将钢板冲压成盘状后叠合在一起而形成的弹簧。这种弹簧的刚性很大,能承受很大的冲击载荷,并具有较好的吸振能力,所以常用作缓冲弹簧。

(4) 平面涡卷弹簧由钢带盘绕而成,其轴向尺寸很小,常用作仪器、钟表的储能装置。

(5) 板簧由若干长度不等的条状钢板叠合在一起并用簧夹夹紧而成。这种弹簧变形大,由于各层钢板间的摩擦能吸收能量,故它的吸振能力强,常用作车辆减振弹簧。

14.2 圆柱螺旋弹簧的结构、制造、材料及许用应力

圆柱螺旋弹簧是一种常用的弹簧,其外廓呈圆柱形,弹簧丝以螺旋状绕卷而成,按螺旋线方向可分为左旋弹簧和右旋弹簧。圆柱螺旋弹簧结构简单,制造方便,应用最广,其特性线通常为直线,可作压缩弹簧、拉伸弹簧和扭转弹簧。当载荷大而径向尺寸又有限制时,可将两个直径不同的压缩弹簧套在一起使用,成为组合弹簧。

14.2.1 弹簧的结构

1. 圆柱螺旋压缩弹簧

如图 14-1 所示,弹簧的节距为 p,在自由状态下,各圈之间应有适当的间距 δ,以便弹簧受压时有产生相应变形的空间。为了使弹簧在压缩后仍能保持一定的弹性,设计时还应考虑在最大载荷作用下各圈之间仍需保留一定的间距 δ_1。δ_1 的大小一般推荐为

$$\delta_1=0.1d\geqslant 0.2\ \text{mm}$$

式中,d 为弹簧丝的直径(mm)。

弹簧的两个端面圈应与邻圈并紧(无间隙),只起支承作用,不参与变形,这种圈称为死圈。当弹簧的工作圈数 $n\leqslant 7$ 时,弹簧每端的死圈约为 0.75 圈;当 $n>7$ 时,弹簧每端的死圈为 1～1.75 圈。弹簧端部的结构有多种形式,最常用的有两个端面圈均与邻圈并紧且磨平的YⅠ型(见图 14-2(a))、加热卷绕时弹簧丝两端锻扁且与邻圈并紧(端面圈可磨平,也可不磨平)的 YⅡ 型(见图 14-2(b))和并紧但不磨平的YⅢ型(见图 14-2(c))三种。在重要的场合应采用 YⅠ 型,以保证两支承端面与弹簧的轴线垂直,从而使弹簧受压时不致歪斜。弹簧丝直径 $d\leqslant 0.5$ mm 时,弹簧的两支承端面可不必磨平;$d>0.5$ mm 的弹簧,两支承端面需磨平,磨平部分应不小于圆周长的 $\frac{3}{4}$,端头厚度一般

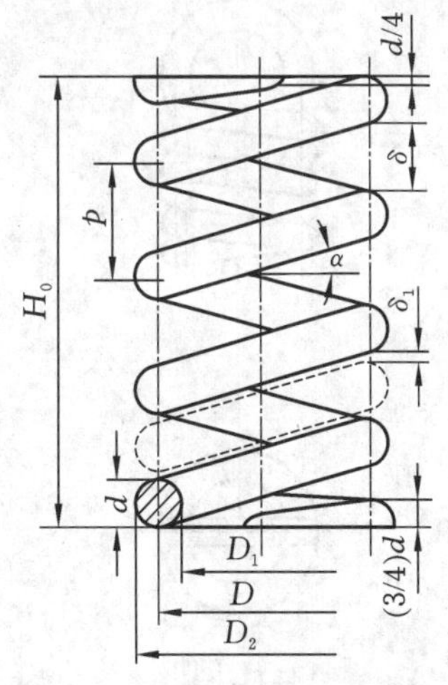

图 14-1 圆柱螺旋压缩弹簧

不小于$\frac{d}{8}$,端面的表面粗糙度 Ra 应低于 25 μm。

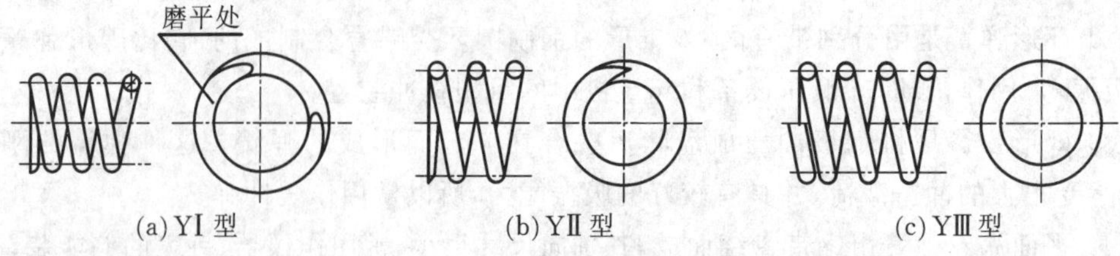

图 14-2　圆柱螺旋压缩弹簧的端部结构

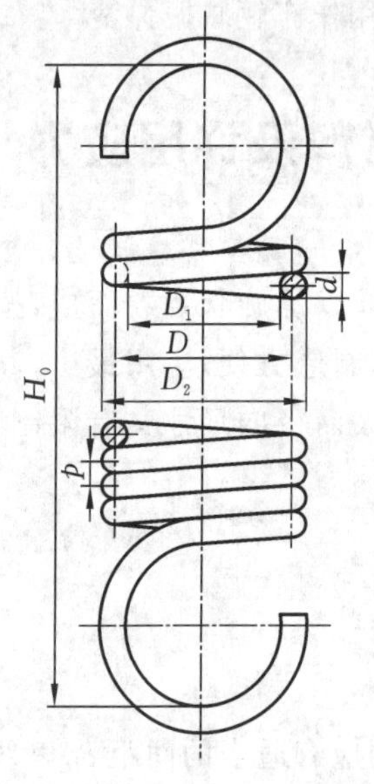

图 14-3　圆柱螺旋拉伸弹簧

2. 圆柱螺旋拉伸弹簧

如图 14-3 所示,圆柱螺旋拉伸弹簧空载时,各圈应相互并拢。另外,为了节省轴向工作空间,并保证弹簧在空载时各圈相互压紧,常在卷绕的过程中同时使弹簧丝绕其本身的轴线产生扭转。这样制成的弹簧,各圈相互间具有一定的压紧力,弹簧丝中也产生了一定的预应力,故称为有预应力的圆柱螺旋拉伸弹簧。这种弹簧在外加的拉力大于初拉力 F_0后,各圈才开始分离,故比无预应力的圆柱螺旋拉伸弹簧节省轴向工作空间。圆柱螺旋拉伸弹簧的端部制有挂钩,以便安装和加载。挂钩的形式如图 14-4 所示,其中:LⅠ型和 LⅡ型挂钩制造方便,应用很广,但因在挂钩过渡处产生很大的弯曲应力,故只宜用于弹簧丝直径 $d \leqslant 10$ mm 的弹簧中;LⅦ型、LⅧ型挂钩不与弹簧丝连成一体,适用于受力较大的场合。

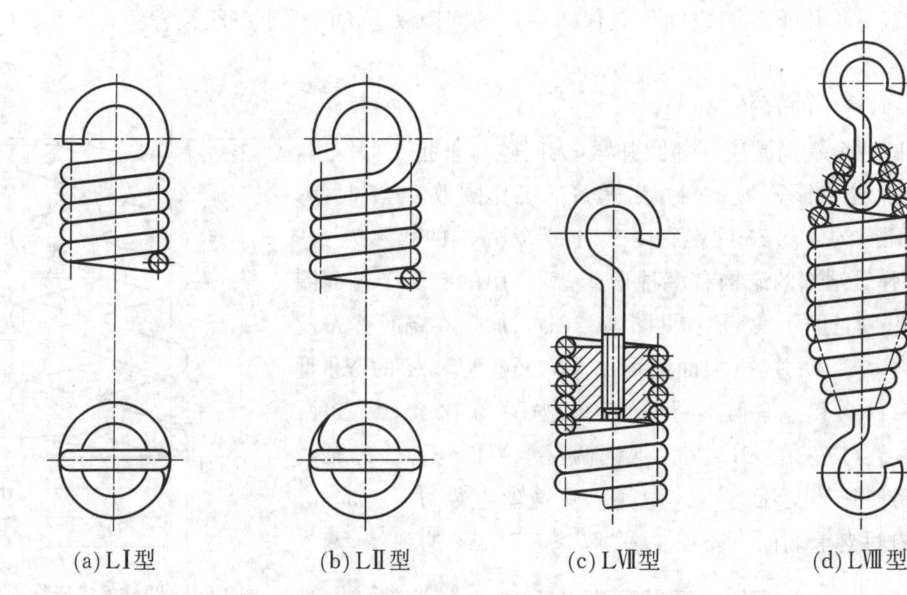

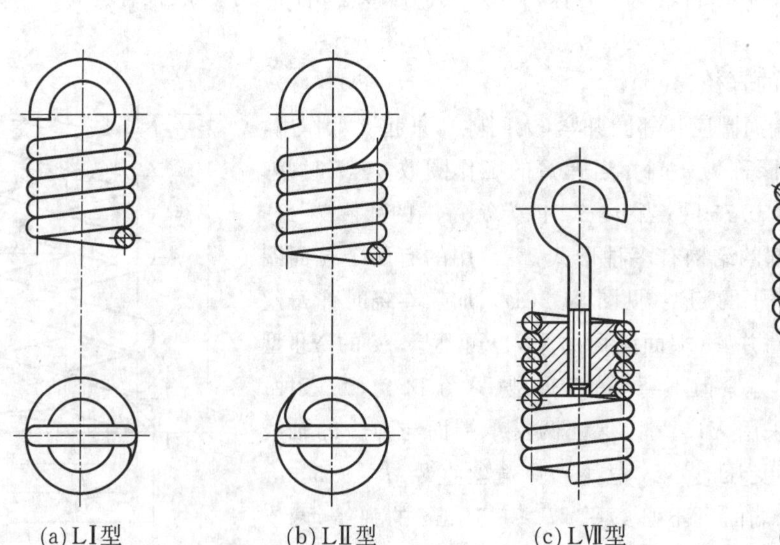

图 14-4　圆柱螺旋拉伸弹簧挂钩的形式

14.2.2 弹簧的制造

螺旋弹簧的制造过程包括卷绕、两端面加工(压簧)或挂钩制作(拉簧和扭簧)、热处理和工艺性试验等。

大批量生产时,弹簧的卷制是在自动机床上进行的;小批量生产时,常在普通车床上卷制或者手工卷制。弹簧的卷绕方法可分为冷卷和热卷两种。当弹簧丝的直径小于 10 mm 时,常用冷卷法。冷卷时,一般用冷拉的碳素弹簧钢丝在常温下卷绕,不再淬火,只经低温回火,以消除内应力。

热卷的弹簧卷成后须经过淬火和回火处理。弹簧在卷绕和热处理后要进行表面检验及工艺性试验,以鉴定弹簧的质量。

弹簧制成后,如再进行强压处理,可提高其承载能力。强压处理是将弹簧预先压缩到超过材料的屈服极限,并保持一定时间后卸载,使弹簧丝表面层产生与工作应力方向相反的残余应力,以便受载时可抵消一部分工作应力,从而提高弹簧的承载能力。经强压处理的弹簧,不宜在高温、变载荷及有腐蚀性介质的条件下应用,因为在上述情况下,强压处理产生的残余应力是不稳定的。受变载荷作用的压缩弹簧可采用喷丸处理,以延长其疲劳寿命。

14.2.3 弹簧的材料及许用应力

弹簧在机械中常承受具有冲击性的变载荷,所以弹簧材料应具有高的弹性极限、疲劳极限,一定的冲击韧性、塑性和良好的热处理性能等。常用的弹簧材料有优质碳素弹簧钢丝、合金弹簧钢和有色金属合金等。

碳素弹簧钢丝:含碳量为 0.6%~0.9%,如 65、70、85 等碳素弹簧钢丝。这类钢丝价廉易得,热处理后具有较高的强度、适宜的韧性和塑性,但当弹簧丝的直径大于 12 mm 时,不易淬透,故仅适用于小尺寸的弹簧。

合金弹簧钢:承受变载荷、冲击载荷,工作温度较高的弹簧需采用合金弹簧钢,常用的有硅锰钢和铬矾钢等。

有色金属合金:在潮湿、酸性或其他腐蚀性介质中工作的弹簧,宜采用有色金属合金,如硅青铜、铍青铜等。

此外,还有非金属材料,主要是橡胶、纤维增强塑料等。

通常,弹簧按载荷性质分为三类,各类弹簧的许用应力如表 14-2 所示。

Ⅰ类:受变载荷作用次数在 10^5 次以上或很重要的弹簧,如内燃机气门弹簧、电磁制动器弹簧。

Ⅱ类:受变载荷作用次数为 10^3~10^5 次及受冲击载荷的弹簧或受静载荷的重要弹簧,如调速器弹簧、安全阀弹簧、一般车辆弹簧。

Ⅲ类:受变载荷作用次数在 10^3 次以下的弹簧,即基本上受静载荷作用的弹簧,如摩擦式安全离合器弹簧等。

选择弹簧材料时,应充分考虑弹簧的工作条件(载荷的大小及性质、工作温度和周围介质的情况)、功用及经济性等因素,一般应优先采用碳素弹簧钢丝。碳素弹簧钢丝的抗拉强度极限如表 14-3 所示,65Mn 弹簧钢丝的抗拉强度如表 14-4 所示。

表 14-2　螺旋弹簧的常用材料和许用应力

材料及代号	许用切应力 $[\tau]$/MPa			许用弯曲应力 $[\sigma_b]$/MPa		弹性模量 E/MPa	切变模量 G/MPa	推荐使用温度/℃	特性及用途
	Ⅰ类	Ⅱ类	Ⅲ类	Ⅱ类	Ⅲ类				
碳素弹簧钢丝 SL,SM,DM,SH,DH 型	$0.3\sigma_b$	$0.4\sigma_b$	$0.5\sigma_b$	$0.5\sigma_b$	$0.625\sigma_b$	0.5 mm≤d≤4 mm 207 500～205 000 d>4 mm 200 000	0.5 mm≤d≤4 mm 83 000～80 000 d>4 mm 80 000	－40～130	强度高,加工性能好,适用于小尺寸的弹簧
65Mn									用于小尺寸的重要弹簧
60Si2Mn 60Si2MnA	480	640	800	800	1000	200 000	80 000	－40～200	弹性好,回火稳定性好,易脱碳,用于承受大载荷的弹簧
50CrVA	450	600	750	750	940			－40～210	疲劳性能好,淬透性、回火稳定性好
不锈钢丝 1Cr18Ni9 1Cr18Ni9Ti	330	440	550	550	690	197 000	73 000	－200～300	耐腐蚀,耐高温,有良好的工艺性,适用于小弹簧

注:(1)表中许用切应力为压缩弹簧的许用值,拉伸弹簧的许用切应力为压缩弹簧的 80%。

(2)经强压处理的弹簧,其许用应力可增大 25%。

表 14-3　碳素弹簧钢丝的抗拉强度极限(摘自 GB/T 4357—2009)

钢丝公称直径/mm	碳素弹簧钢丝的抗拉强度极限/MPa				
	SL 型	SM 型	DM 型	SH 型	DH 型
0.90		2010～2260		2270～2510	
1.00	1720～1970	1980～2220		2230～2470	
1.05	1710～1950	1960～2210		2220～2450	
1.10	1690～1940	1950～2190		2200～2430	
1.20	1670～1910	1920～2160		2170～2400	
1.40	1620～1860	1870～2100		2110～2340	
1.60	1590～1820	1830～2050		2060～2290	
1.80	1550～1780	1790～2010		2020～2240	
2.00	1520～1750	1760～1970		1980～2200	
2.10	1510～1730	1740～1960		1970～2180	

续表

钢丝公称直径/mm	碳素弹簧钢丝的抗拉强度极限/MPa				
	SL 型	SM 型	DM 型	SH 型	DH 型
2.40	1470～1690	1700～1910		1920～2130	
2.50	1460～1680	1690～1890		1900～2110	
2.60	1450～1660	1670～1880		1890～2100	
2.80	1420～1640	1650～1850		1860～2070	
3.00	1410～1620	1630～1830		1840～2040	
3.20	1390～1600	1610～1810		1820～2020	
3.40	1370～1580	1590～1780		1790～1990	
3.60	1350～1560	1570～1780		1790～1990	
4.00	1320～1520	1530～1730		1740～1930	
4.50	1290～1490	1500～1680		1690～1880	
5.00	1260～1450	1460～1650		1660～1830	
5.30	1240～1430	1440～1630		1640～1820	
5.60	1230～1420	1430～1610		1620～1800	
6.00	1210～1390	1400～1580		1590～1770	
6.30	1190～1380	1390～1560		1570～1750	
6.50	1180～1370	1380～1550		1560～1740	
7.00	1160～1340	1350～1530		1540～1710	
7.50	1140～1320	1330～1500		1510～1680	
8.00	1120～1300	1310～1480		1490～1660	
9.00	1090～1260	1270～1440		1450～1610	
10.0	1060～1230	1240～1400		1410～1570	

表 14-4　65Mn 弹簧钢丝的抗拉强度

钢丝直径 d/mm	1～1.2	1.4～1.6	1.8～2	2.2～2.5	2.8～3.4
$[\sigma_b]$/MPa	1800	1750	1700	1650	1600

14.3　圆柱螺旋弹簧的工作情况分析

14.3.1　弹簧的特征曲线

1. 弹簧特性线和刚度

弹簧应具有经久不变的弹性，且不允许产生永久变形。因此在设计弹簧时，务必使其工作应力在弹性极限范围内。弹簧特性线描述了弹簧所受载荷与变形量之间的关系。弹簧的载荷变化量与变形变化量之比称为弹簧的刚度，以 k 表示。

对于拉伸、压缩弹簧

$$k=\frac{\mathrm{d}F}{\mathrm{d}\lambda} \tag{14-1}$$

对于扭转弹簧

$$k_{\varphi}=\frac{\mathrm{d}T}{\mathrm{d}\varphi} \tag{14-2}$$

式中，F 和 T 表示变形所对应的载荷，λ 和 φ 分别表示拉伸、压缩弹簧和扭转弹簧的变形量。

弹簧特性线为直线，其刚度为常数，该弹簧称为定刚度弹簧，如图 14-5 中的 A 线；当弹簧特性线为折线或曲线时，弹簧的刚度是变化的，该弹簧称为变刚度弹簧，如图 14-5 中的 B 线、C 线。

2. 变形能

加载过程中弹簧所吸收的能量称为变形能，用 U 表示。

对于拉伸、压缩弹簧

$$U=\int_0^{\lambda}F(\lambda)\,\mathrm{d}\lambda \tag{14-3}$$

对于扭转弹簧

$$U=\int_0^{\varphi}T(\varphi)\,\mathrm{d}\varphi \tag{14-4}$$

加载特性线与卸载特性线所包围的面积代表消耗的能量 U_0，如图 14-6 所示。U_0 越大，说明弹簧的吸振能力越强。U_0 与 U 的比值称为阻尼系数。

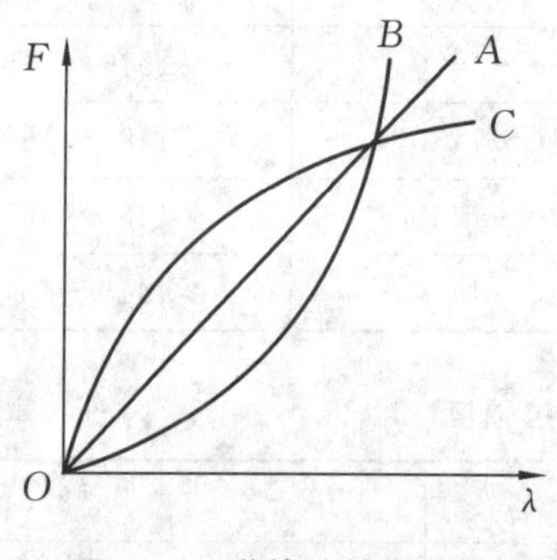

图 14-5　弹簧特性曲线图

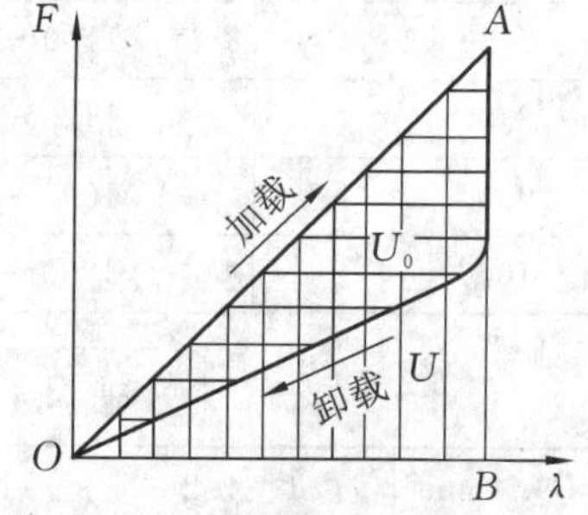

图 14-6　弹簧变形图

3. 圆柱螺旋弹簧特性曲线

等节距的圆柱螺旋弹簧的特性曲线在其弹性变形范围内为一直线。图 14-7 所示为一圆柱螺旋压缩弹簧受力变形及其与特性曲线的对应关系图，图中 H_0 为弹簧自由高度，H_1、H_2 分别为最小工作载荷 $F_{\min}$ 和最大工作载荷 $F_{\max}$ 所对应的变形后高度，弹簧对应的变形量分别为 $\lambda_{\min}$ 和 $\lambda_{\max}$。$\lambda_{\max}$ 和 $\lambda_{\min}$ 之差或 H_2 与 H_1 之差，称为弹簧的工作行程 h。

弹簧的最小载荷 $F_{\min}$ 可使弹簧可靠地稳定在安装位置，该载荷也称为安装载荷。按照弹簧的功用，$F_{\min}$ 通常取为 $(0.1\sim0.5)F_{\max}$。

$F_{\lim}$ 为弹簧的极限载荷，此时弹簧丝内的应力将达到弹簧材料的弹性极限，相应的弹簧高度为 H_3，压缩变形量为 $\lambda_{\lim}$。

弹簧的最大载荷 F_{max} 由机构的工作条件决定，但不应达到它的极限载荷，通常要求 $F_{max} \leqslant 0.8F_{lim}$。在保持弹簧线性特性的条件下，弹簧的工作变形量应取为 $(0.2 \sim 0.8)\lambda_{lim}$。

圆柱螺旋弹簧特性线的斜率即弹簧的刚度为

$$k=\frac{F_{min}}{\lambda_{min}}=\frac{F_{max}}{\lambda_{max}}=\cdots=\text{常数}$$

加载过程中，弹簧所储存的变形能 U 为图 14-7 所示的阴影面积。

图 14-8 所示为圆柱螺旋拉伸弹簧的特性曲线，其基本参数的含义与圆柱螺旋压缩弹簧的特性曲线的基本参数的含义一致，其中图(b)为无预应力的圆柱螺旋拉伸弹簧的特性曲线，图(c)为有预应力的圆柱螺旋拉伸弹簧的特性曲线。对于有预应力的圆柱螺旋拉伸弹簧，其最小工作载荷 $F_{min}>F_0$，其中 F_0 为使有预应力的圆柱螺旋拉伸弹簧开始变形时所需的初拉力，预变形量为 x。所以，在相同的 $\boldsymbol{F}$ 的作用下，有预应力的圆柱螺旋拉伸弹簧产生的变形量要比无预应力的圆柱螺旋拉伸弹簧产生的变形量小。

弹簧的特性曲线应绘在弹簧的工作图中，作为检验和试验时的依据之一。此外，在设计弹簧时，利用特性曲线分析受载与变形的关系也较为方便。

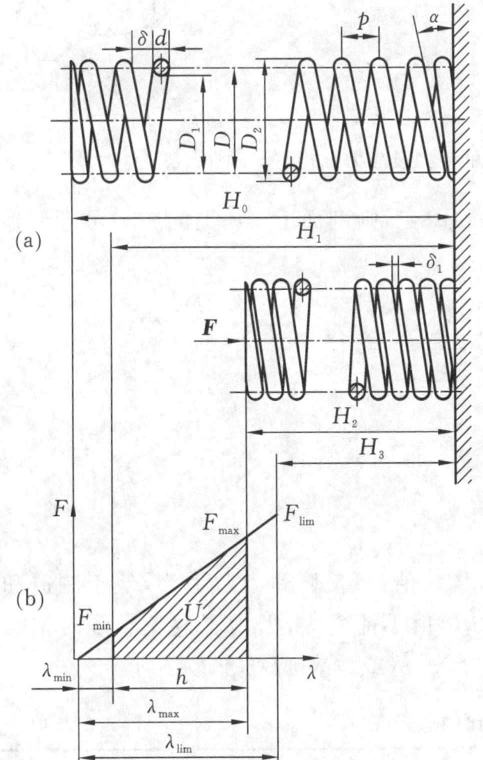

图 14-7 圆柱螺旋压缩弹簧受力变形及其与特性曲线的对应关系图

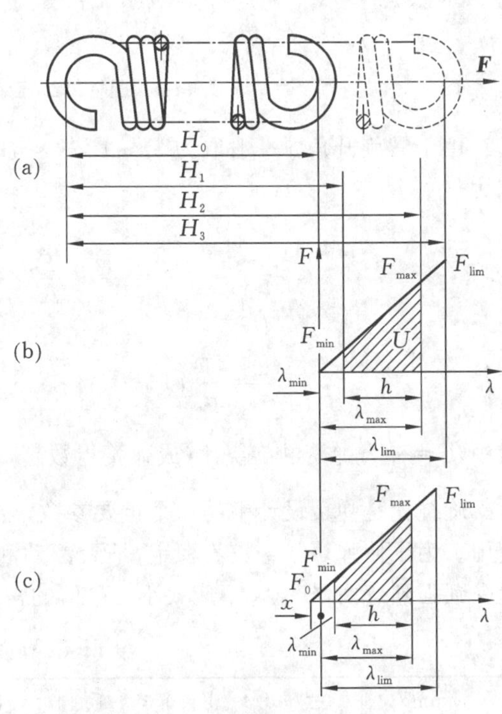

图 14-8 圆柱螺旋拉伸弹簧的特性曲线

14.3.2 圆柱螺旋拉伸(压缩)弹簧受载时的应力与变形

圆柱螺旋弹簧丝的截面多为圆形截面，也有矩形截面的情况。下面的分析主要是针对圆形截面弹簧丝的圆柱螺旋弹簧进行的。

圆柱螺旋弹簧受压或受拉时，弹簧丝的受力情况是完全一样的。现就图14-9所示的圆形截面弹簧丝的圆柱螺旋压缩弹簧承受轴向载荷 $\boldsymbol{F}$ 的情况进行分析。弹簧圈的任意一段可以看成弯曲变形的梁，根据受力平衡条件，在通过弹簧轴线的截面中，弹簧丝剖面 $A—A$ 上受到切向力 $\boldsymbol{F}$（等于所受载荷）和转矩 $T=F\dfrac{D}{2}$ 的联合作用。

因此，在弹簧丝的法向剖面 $B—B$ 上则作用有横向力 $F\cos\alpha$、轴向力 $F\sin\alpha$、弯矩 $M=T\sin\alpha$、扭矩 $T'=T\cos\alpha$。

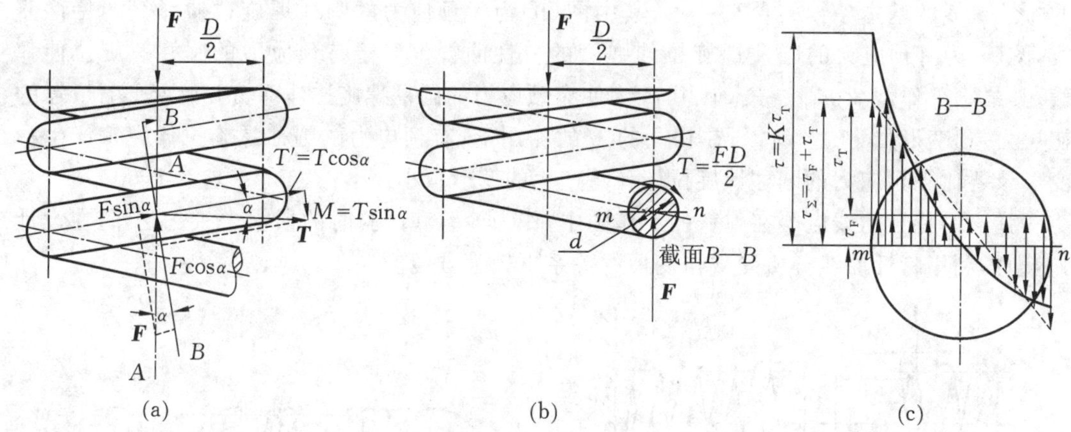

图14-9　圆柱螺旋压缩弹簧的受力及应力分析

由于螺旋升角 α 一般取为5°～9°，故 $\sin\alpha\approx0$，$\cos\alpha\approx1$，则剖面 $B—B$ 上的应力可近似地取为

$$\tau_{\Sigma}=\tau_{T}+\tau_{F}=\frac{T}{W_{T}}+\frac{F}{A}=\frac{F\dfrac{D}{2}}{\dfrac{\pi d^{3}}{16}}+\frac{F}{\dfrac{\pi d^{2}}{4}}=\frac{4F}{\pi d^{2}}\left(1+\frac{2D}{d}\right) \tag{14-5}$$

$$=\frac{4F}{\pi d^{2}}(1+2C)$$

式中，$C=\dfrac{D}{d}$ 为弹簧的旋绕比（或弹簧指数）。

旋绕比是弹簧设计中的一个重要参数，合理选取 C 值，可使弹簧参数适当，便于制造和使用。为了使弹簧本身较为稳定，不致颤动和过软，C 值不能太大；但为了避免卷绕时弹簧丝受到强烈弯曲，C 值又不应太小。C 值的常用值为5～8，或按表14-5选取。

表14-5　弹簧旋绕比的选择

d/mm	0.2～0.4	0.45～1	1.1～2.2	2.5～6	7～16	18～42
$C=D/d$	7～14	5～12	5～10	4～9	4～8	4～6

由于弹簧丝的升角和曲率对弹簧丝中应力的影响，弹簧丝截面中的应力分布如图14-9(c)中的粗实线所示。由图可知，最大应力产生在弹簧丝截面内侧点 m 处。现引入一个补偿系数 K（或曲度系数），则弹簧丝内侧的最大应力及强度条件可表示为

$$\tau=K\tau_{T}=K\frac{8CF}{\pi d^{2}}\leqslant[\tau]$$

$$d \geqslant \sqrt{\frac{8KCF}{\pi[\tau]}} \tag{14-6}$$

式中，K 为补偿系数，对于圆形截面弹簧丝，K 可按下式计算，即

$$K \approx \frac{4C-1}{4C-4} + \frac{0.615}{C} \tag{14-7}$$

圆柱螺旋压缩（拉伸）弹簧受载后的轴向变形量 λ 可根据材料力学关于圆柱螺旋弹簧变形量的公式求得，即

$$\lambda = \frac{8FD^3 n}{Gd^4} = \frac{8FC^3 n}{Gd} \tag{14-8}$$

式中：n 为弹簧的有效圈数（即弹簧的工作圈数）；G 为弹簧材料的切变模量，对于碳素弹簧钢丝，当 $0.5\ \text{mm} < d < 4\ \text{mm}$ 时，$G = 78\,500 \sim 81\,400\ \text{MPa}$，当 $d > 4\ \text{mm}$（或为硅锰合金弹簧钢丝）时，$G = 78\,500\ \text{MPa}$。

对于圆柱螺旋压缩弹簧和无预应力的圆柱螺旋拉伸弹簧，如以 F_{max} 代替 F，则最大轴向变形量为

$$\lambda_{max} = \frac{8F_{max}C^3 n}{Gd} \tag{14-9}$$

使弹簧产生单位变形所需的载荷 k 称为弹簧刚度，即

$$k = \frac{F}{\lambda} = \frac{Gd}{8C^3 n} = \frac{Gd^4}{8D^3 n} \tag{14-10}$$

弹簧刚度是表征弹簧性能的主要参数之一，它表示使弹簧产生单位变形时所需的力，弹簧刚度越大，需要的力越大，则弹簧的弹力就越大。但影响弹簧刚度的因素很多，由式(14-10)可知，k 与 C 的三次方成反比，即 C 值对 k 值的影响很大。所以，合理地选择 C 值就能控制弹簧的弹力。另外，k 值还与 G、d、n 有关。在调整弹簧刚度 k 时，应综合考虑这些因素的影响。

14.3.3 圆柱螺旋压缩弹簧的稳定性

对于圆柱螺旋压缩弹簧，当其长度较长时，弹簧受力后容易失去稳定性，如图 14-10(a)所示，这在工作中是不允许的。为了便于制造及避免失稳现象，建议一般圆柱螺旋压缩弹簧的长细比 $b = H_0/D$ 按下列情况选取：

(1) 当两端固定时，取 $b < 5.3$；

(2) 当一端固定，另一端自由转动时，取 $b < 3.7$；

(3) 当两端自由转动时，取 $b < 2.6$。

当 b 大于上述数值时，要进行稳定性计算，并应满足

$$F_c = C_u k H_0 > F_{max} \tag{14-11}$$

式中：F_c 为稳定时的临界载荷(N)；C_u 为不稳定系数，从图 14-11 中查得；F_{max} 为弹簧的最大工作载荷(N)。

如果 $F_{max} > F_c$，要重新选取参数，改变 b 值，提高 F_c 值，以保证弹簧的稳定性。若条件受限而不能改变参数，则应加装导杆（见图 14-10(b)）或导套（见图 14-10(c)）等结构。导杆（或导套）与弹簧内径（或外径）之间应有间隙（直径差），其大小按表 14-6 选取。

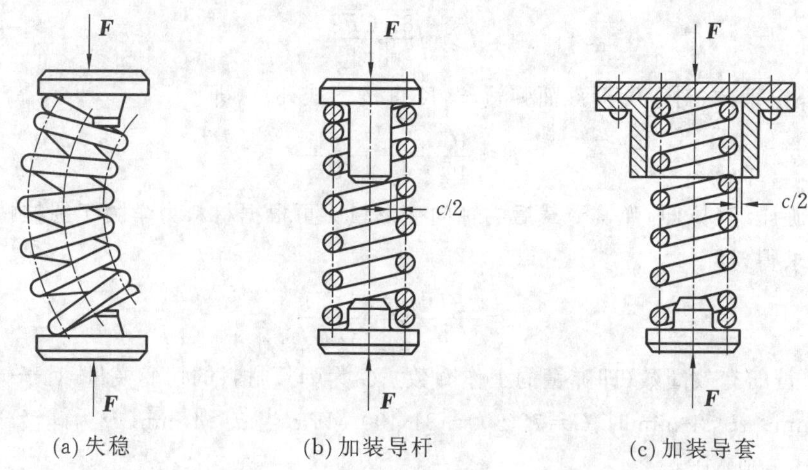

(a) 失稳　(b) 加装导杆　(c) 加装导套

图 14-10　圆柱螺旋压缩弹簧的失稳及对策

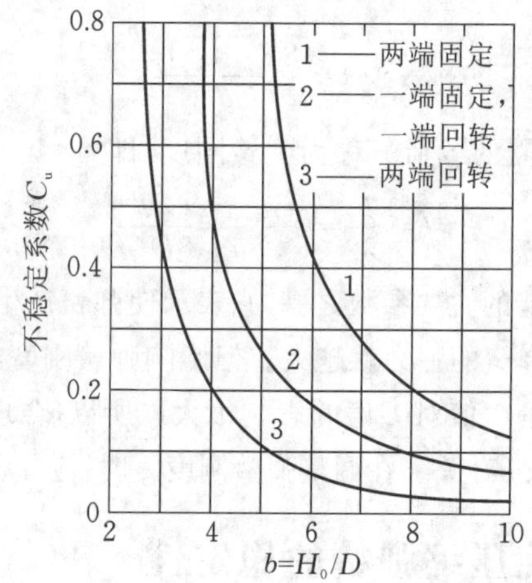

图 14-11　不稳定系数线图

表 14-6　导杆（或导套）与弹簧内径（或外径）间的间隙

中径 D/mm	≤5	>5～10	>10～18	>18～30	>30～50	>50～80	>80～120	>120～150
间隙 c/mm	0.6	1	2	3	4	5	6	7

14.4　圆柱螺旋拉伸（压缩）弹簧的设计计算

14.4.1　几何参数计算

普通圆柱螺旋弹簧的主要几何尺寸参数有外径 D_2、中径 D、内径 D_1、节距 p、螺旋升角 α 及弹簧丝直径 d，如图 14-12 所示。

弹簧的旋向有右旋或左旋，但无特殊要求时，一般都用右旋。

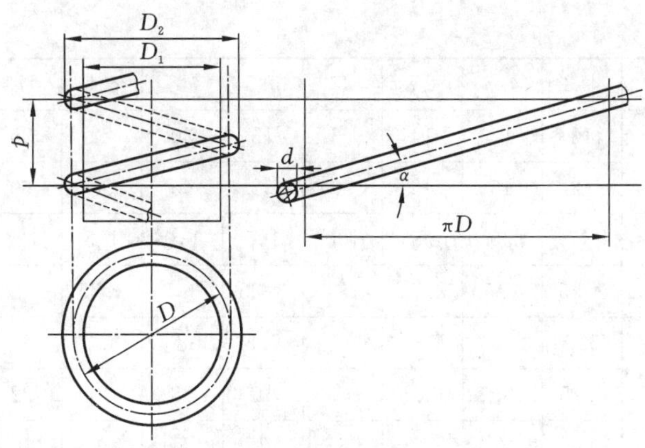

图 14-12 普通圆柱螺旋弹簧的主要几何尺寸参数

普通圆柱螺旋压缩及拉伸弹簧的结构尺寸计算公式如表 14-7 所示。计算出的弹簧丝直径 d 及弹簧中径 D 等按表 14-8 的数值圆整。

表 14-7 普通圆柱螺旋压缩及拉伸弹簧的结构尺寸计算公式

名称与代号	压缩弹簧	拉伸弹簧
弹簧丝直径 d/mm	由强度计算公式确定	
弹簧中径 D/mm	$D=Cd$	
弹簧内径 D_1/mm	$D_1=D-d$	
弹簧外径 D_2/mm	$D_2=D+d$	
旋绕比 C	$C=D/d$，C 值的常用值为 5～8	
螺旋升角 α/(°)	$\alpha=\arctan\dfrac{p}{\pi D}$，对于压缩弹簧，一般推荐 $\alpha=5°\sim9°$	
有效圈数 n/圈	由变形条件计算确定，一般大于 2	
总圈数 n_1/圈	$n_1=n+2(0.75\sim1.75)$	$n_1=n$
节距 p/mm	$p=(0.28\sim0.5)D_2$	$p=d$
自由状态间距 δ/mm	$\delta=p-d$	$\delta=0$
压缩弹簧长细比	—	—
自由高度或长度 H_0/mm	两端并紧磨平时，$H_0\approx np+(1.5\sim2)d$ 两端并紧不磨平时，$H_0\approx np+(3\sim3.5)d$	$H_0=nd+$钩环轴向尺寸
展开长度 L/mm	$L=\dfrac{\pi d n_1}{\cos\alpha}$	$L\approx\pi Dn+$钩环展开长度

表 14-8 普通圆柱螺旋弹簧尺寸系列（摘自 GB/T 1358—2009）

弹簧丝直径 d/mm	第一系列	0.25	0.3	0.35	0.4	0.45	0.5	0.6	0.7	0.8	0.9	1	1.2
		1.6	2	2.5	3	3.5	4	4.5	5	6	8	10	12
		15	16	20	25	30	35	40	45	50	60	70	80
	第二系列	0.22	0.28	0.32	0.55	0.65	1.4	1.8	2.2	2.8	3.2	5.5	6.5
		7	9	11	14	18	22	28	32	38	42	55	65

续表

弹簧中径 D/mm		4	4.2	4.5	4.8	5	5.5	6	6.5	7	7.5	8	8.5
		9	10	12	14	16	18	20	22	25	28	30	32
		38	42	45	48	50	52	55	58	60	65	70	75
		80	85	90	95	100	105	110	115	120	125	130	135
有效圈数 n/圈	压缩弹簧	2	2.25	2.5	2.75	3	3.25	3.5	3.75	4	4.25	4.5	4.75
		5	5.5	6	6.5	7	7.5	8	8.5	9	9.5	10	10.5
		11.5	12.5	13.5	14.5	15	16	18	20	22	25	28	30
	拉伸弹簧	2	3	4	5	6	7	8	9	10	11	12	13
		14	15	16	17	18	19	20	22	25	28	30	35
		40	45	50	55	60	65	70	80	90	100		
自由高度 H_0/mm	压缩弹簧	10	11	12	13	14	15	16	17	18	19	20	22
		24	26	28	30	32	35	38	40	42	45	48	50
		52	55	58	60	65	70	75	80	85	90	95	100
		105	110	115	120	130	140	150	160	170	180	190	200

14.4.2 圆柱螺旋拉伸(压缩)弹簧的设计计算流程

弹簧设计的任务是确定弹簧丝直径 d、工作圈数 n 以及其他几何尺寸，使弹簧能满足强度、刚度及稳定性的要求，此外还应使一些设计指标(如体积、质量、振动稳定性等)达到最好。

一般先根据工作条件、要求等，试选弹簧材料、旋绕比 C_0。由于 σ_b 与 d 有关，所以往往还要事先假定弹簧丝的直径 d。接下来计算 d、n 的值及相应的其他几何尺寸，如果所得结果与设计条件不符合，以上过程要重复进行，直到求得满足所有条件的解。实际问题中，可行方案不是唯一的，往往需要从多个可行方案中求得较优解。

具体设计计算步骤为：

(1) 根据强度条件计算弹簧的主要参数，即弹簧丝直径 d 与弹簧中径 D；

(2) 通过弹簧刚度计算确定弹簧有效圈数 n；

(3) 利用弹簧的几何尺寸关系计算其余结构参数；

(4) 对压缩弹簧进行稳定性计算；

(5) 对于承受交变载荷的重要弹簧，还应校核弹簧的疲劳强度；

(6) 绘制弹簧的工作图。

14.5 设计实例

试设计一控制阀门用圆柱螺旋压缩弹簧($N=10^3\sim10^6$)。已知弹簧的最大安装空间 $H=85$ mm，弹簧工作时的最小载荷 $F_{min}=250$ N，最大载荷 $F_{max}=600$ N，弹簧的工作行程 $h=10$ mm，载荷有冲击，要求弹簧的最大外径尺寸小于 50 mm，端部并紧磨平。

设计步骤如下：

计算项目及说明	结　果
1. 选择弹簧材料和许用应力	
根据弹簧的使用条件确定载荷性质为Ⅱ类，选取弹簧材料为碳素弹簧钢丝 SL，初步选择弹簧钢丝直径 $d_t=6$ mm，由表 14-3 查得，$\sigma_b=1220$ MPa，由表 14-2 得	$d_t=6$ mm
$[\tau]=0.4\sigma_b=0.4\times1220\text{ MPa}=488\text{ MPa}$	$[\tau]=488$ MPa
2. 计算弹簧丝直径 d	
根据题意从表 14-8 中试选弹簧中径 $D_t=40$ mm，则弹簧的旋绕比为	$D_t=40$ mm
$C=\dfrac{D}{d}=\dfrac{40}{6}\approx6.67$	$C=6.67$
符合表 14-5 的推荐值。	
由式(14-7)计算补偿系数，即	
$K\approx\dfrac{4C-1}{4C-4}+\dfrac{0.615}{C}=\dfrac{4\times6.67-1}{4\times6.67-4}+\dfrac{0.615}{6.67}=1.22$	$K=1.22$
由式(14-6)计算弹簧丝直径，即	
$d\geqslant\sqrt{\dfrac{8KCF_{max}}{\pi[\tau]}}=\sqrt{\dfrac{8\times1.22\times6.67\times600}{\pi\times488}}\text{ mm}=5.05\text{ mm}$	
根据表 14-8 所列的第一系列弹簧丝直径，可选 $d=6$ mm，与初选值一致，故确定弹簧丝直径 $d=6$ mm，中径 $D=40$ mm。	$d=6$ mm $D=40$ mm
3. 计算弹簧刚度	
$k=\dfrac{F}{\lambda}=\dfrac{F_{max}-F_{min}}{h}=\dfrac{600-250}{10}\text{ N/mm}=35\text{ N/mm}$	
工作载荷下的最大变形量为	
$\lambda_{max}=\dfrac{F_{max}}{k}=\dfrac{600}{35}\text{ mm}=17.14\text{ mm}$	
工作载荷下的最小变形量为	
$\lambda_{min}=\dfrac{F_{min}}{k}=\dfrac{250}{35}\text{ mm}=7.14\text{ mm}$	
4. 计算弹簧有效圈数	
将 $G=8\times10^4$ MPa，$F=F_{max}$，$\lambda=\lambda_{max}$ 代入式(14-8)，可得	
$n=\dfrac{G\lambda_{max}d^4}{8F_{max}D^3}=\dfrac{8\times10^4\times17.14\times6^4}{8\times600\times40^3}$ 圈 $=5.78$ 圈	
按表 14-8 取 $n=6$ 圈，则弹簧总圈数为	$n=6$ 圈
$n_1=n+2(0.75\sim1.75)=(6+2)$ 圈 $=8$ 圈	$n_1=8$ 圈
5. 计算弹簧变形量	
由于弹簧圈数经过圆整，弹簧刚度发生了变化，由式(14-10)得	
$k=\dfrac{F}{\lambda}=\dfrac{Gd}{8C^3n}=\dfrac{8\times10^4\times6}{8\times6.67^3\times6}\text{ N/mm}=33.7\text{ N/mm}$	$k=33.7$ N/mm

计算项目及说明	结　果
$\lambda_{max}=\frac{F_{max}}{k}=\frac{600}{33.7}\ mm=17.80\ mm$ $\lambda_{min}=\frac{F_{min}}{k}=\frac{250}{33.7}\ mm=7.42\ mm$	$\lambda_{max}=17.80\ mm$ $\lambda_{min}=7.42\ mm$
弹簧的极限载荷为 $F_{lim}=F_{max}/0.8=600/0.8\ N=750\ N$ 则 $\lambda_{lim}=\frac{F_{lim}}{k}=\frac{750}{33.7}\ mm=22.26\ mm$	$F_{lim}=750\ N$ $\lambda_{lim}=22.26\ mm$
6. 计算弹簧的结构尺寸 外径为 $D_2=D+d=(40+6)\ mm=46\ mm$ 内径为 $D_1=D-d=(40-6)\ mm=34\ mm$	$D_2=46\ mm$ $D_1=34\ mm$
节距为 $p=(0.2\sim0.5)D=(0.2\sim0.5)\times40\ mm=(8\sim20)\ mm$ 取 $p=12$ mm。	$p=12\ mm$
自由高度为 $H_0\approx np+(1.5\sim2)d=[6\times12+(1.5\sim2)\times6]\ mm=(81\sim84)\ mm$ 由表 14-8 圆整为 $H_0=80\ mm<85\ mm$，符合安装空间要求。	$H_0=80\ mm$
螺旋升角为 $\alpha=\arctan\frac{p}{\pi D}=\arctan\frac{12}{\pi\times40}=5.45°$ 符合 $\alpha=5°\sim9°$的规定要求。	$\alpha=5.45°$
弹簧丝展开长度为 $L=\frac{\pi dn_1}{\cos\alpha}=\frac{\pi\times6\times8}{\cos5.45}\ mm=151.48\ mm$	$L=151.48\ mm$
7. 验算弹簧稳定性 长细比为 $b=\frac{H_0}{D}=\frac{80}{40}=2<2.6$ 因此弹簧不会失稳。 8. 绘制弹簧特性曲线及工作图 略。	

(1) 圆柱螺旋压缩弹簧的设计思路和步骤了解清楚了吗？
(2) 如果是圆柱螺旋拉伸弹簧，有哪些设计参数和本实例不一样？

本章小结

(1) 介绍了弹簧的功能、类型、结构形式、制造方法、材料及许用应力。

(2) 对圆柱螺旋弹簧的工作情况进行了分析，包括圆柱螺旋弹簧的特性曲线、圆柱螺旋拉伸(压缩)弹簧受载时的应力与变形、圆柱螺旋压缩弹簧的稳定性等。

(3) 结合材料力学的有关内容，对常用的圆柱螺旋拉伸(压缩)弹簧进行设计，并较详细地说明了其几何尺寸的计算。

练习与提高

一、思考分析题

1. 常用的弹簧类型有哪些？各用在什么场合？

2. 对制造弹簧的材料有哪些主要要求？常用的材料有哪些？

3. 如果工作载荷为定值，可采用哪些方法来增大弹簧变形量？

4. 弹簧旋绕比 C 的含义是什么？设计弹簧时为何通常取 $C=5\sim8$？

5. 什么是弹簧的特性曲线？它与弹簧刚度有什么关系？

6. 影响弹簧稳定性的结构因素是什么？如何改善弹簧的稳定性？

7. 圆柱螺旋拉伸(压缩)弹簧的弹簧丝最先损坏的一般是内侧还是外侧？为什么？

8. 设计弹簧如遇刚度不足，改变哪些参数可得到刚度较大的弹簧？

二、综合设计计算题

1. 试设计一液压阀中的圆柱螺旋压缩弹簧，已知弹簧的最大工作载荷 $F_{max}=300$ N，最小工作载荷 $F_{min}=200$ N，工作行程为 12 mm，要求弹簧外径不超过 25 mm，载荷类型为Ⅱ类，一般用途，弹簧两端固定支承。

2. 设计一普通圆柱螺旋拉伸弹簧，已知该弹簧在一般载荷条件下工作，要求中径 $D\approx18$ mm，外径$D_2\leqslant22$ mm。当弹簧拉伸变形量$\lambda_1=7.5$ mm 时，拉力 $F_1=180$ N；当弹簧拉伸变形量$\lambda_2=17$ mm 时，拉力 $F_2=340$ N。

第 15 章
机座和箱体

15

知识技能目标

了解机座和箱体的基本类型，以及它们在机器中的作用、设计时应满足的基本要求和注意点。

项目子任务分解

箱体是减速器的一个组成部分，本章的主要设计任务是确定减速器箱体、箱盖的结构。

子任务实施建议

1. 箱体的结构设计要求

箱体主要用来支承和固定轴系零部件，并保证传动件正确啮合、平稳运转、良好润滑、可靠密封，设计时应综合考虑强度、刚度、密封性、制造和装配工艺性等多方面的因素。

2. 计算箱体的结构尺寸及选择连接件的规格

由于箱体的结构形状比较复杂，其各部分的尺寸多借助于经验公式来确定。如果在绘制箱体结构之前计算出箱体的结构尺寸、选好连接件的规格，就可以在后续的设计中直接采用这些数据，有利于提高设计效率。

理论解读

15.1 概 述

机座和箱体是设备的基础部件，是机器中底座、机体、床身、壳体、箱体以及基础平台等零件的统称。

作为基础部件，机器的所有部件最终都安装在机座上或在其导轨面上运动。因此，机座在机器中既起支承作用，承受其他部件的质量和工作载荷，又作为整个机器的基准，保证零部件之间的相对位置关系。机座和箱体通常在很大程度上影响着机器的工作精度及抗振性能，当其兼作运动部件的滑道（导轨）时，还影响着机器的运动精度和耐磨性等。

另外，作为基础零部件，机座和箱体支承包容着机器中的其他零部件，相对来说，其质量和尺寸都要更大一些，通常占一台机器总质量的很大比例（例如在机床中占总质量的 70%～90%）。

因此，正确选择机座和箱体等零部件的材料以及正确设计其结构形式和尺寸，是减小机器质量、节约金属材料、提高工作精度、增强机器刚度及耐磨性的重要途径。现仅就机座和箱体的一般类型、材料、制造方法、结构特点及基本设计准则做简要介绍。

15.2 机座和箱体的一般类型、材料选择及制造方法

15.2.1 机座和箱体的一般类型

机座（包括机架、基板等）和箱体（包括机壳、机匣等）类型繁多，分类方法不一。就一般构造形式而言，机座和箱体可划分为机座类（见图 15-1）、机架类（见图 15-2）、基板类（见图 15-3）和箱壳类（见图 15-4）；若按结构分类，机座和箱体可分为整体式和装配式；若按制造方法分类，机座和箱体又可分为铸造式、焊接式和拼焊式。

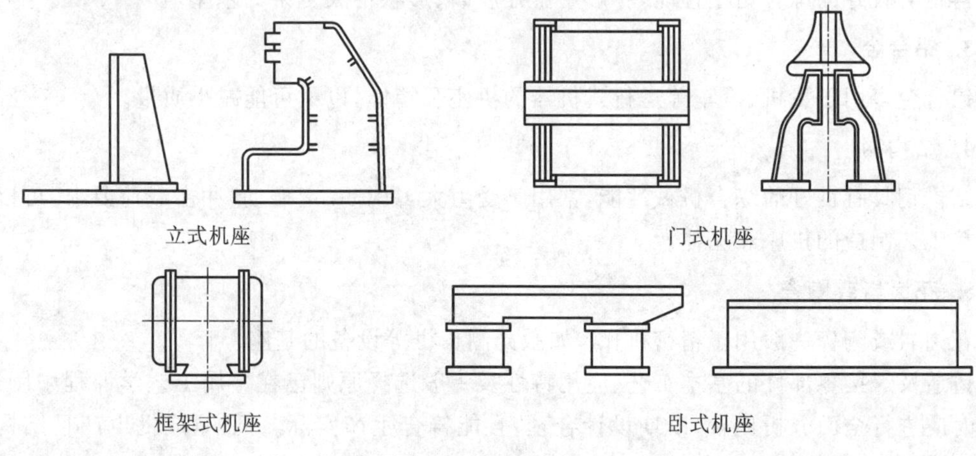

图 15-1 机座类

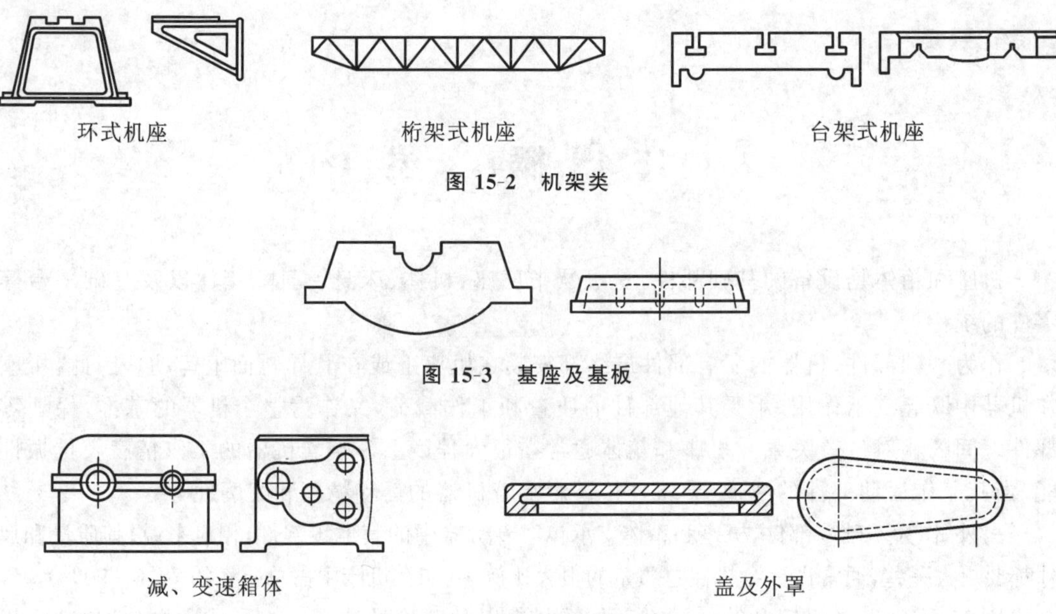

图 15-2　机架类

图 15-3　基座及基板

图 15-4　箱壳类

15.2.2　机座和箱体的材料选择及制造方法

机座和箱体一般具有较大的尺寸和质量，材料用量大，同时又是机器中的安装基准、工作基准和运动基准，因此机座和箱体的材料选择必须在满足工作能力的前提下兼顾经济性要求。

机座和箱体常用的材料有：

1. 铸铁

铸铁是机座和箱体使用最多的一种材料，多用于固定式机器中，尤其是固定式重型机器等机座和箱体结构复杂、刚度要求高的场合。

2. 铸钢

铸钢有较好的综合力学性能，一般用于强度高、形状不太复杂的基座。

3. 铝合金

铝合金多用于飞机、汽车等运行式机器的机座和箱体，以尽可能减小质量。

4. 结构钢

结构钢具有良好的综合机械性能，常用于受力大，具有一定振动、冲击载荷要求，可以采用焊接工艺制造的机座和箱体。

5. 花岗岩或陶瓷

花岗岩或陶瓷一般用于精密机械，如激光测长机等设备的基座。

铸造及焊接零部件的基本工艺、应用特性及一般选择原则已在金属工艺学课程中阐述，设计时应进行全面分析比较，以期设计合理，且能符合生产实际。例如，成批生产且结构复杂的零件以铸造为宜，单件小批量生产且生产期限较短的零件则以焊接为宜，但对于具体的机座或箱体，仍应分析其主要决定因素。比如：成批生产的中小型机床及内燃机等的机座，结构复杂是其主要问题，应以铸造为宜；但成批生产的汽车底盘及运行式起重机的机座等，却以质量小和运行灵活为主，应以焊接为宜；又如质量及尺寸都不大的单件机座或箱体，以制造简便和经济为主，应采用焊接；而单件大型机座或箱体当单采用铸造或焊接皆不经济或不可能时，应采用拼焊结构等。

15.3 机座和箱体设计概要

15.3.1 机座和箱体设计要求

机座和箱体的设计一般应该满足以下几个要求：

1. 精度要求

应合理选择和确定机座的加工精度，能保证机座上或箱体内外零部件的相互位置关系准确。

2. 工作要求

机座和箱体的设计，首先要满足刚度要求，其次要满足强度、抗振性和吸振性、稳定性等方面的要求；当同时用作滑道时，滑道部分还应具有足够的耐磨性。

3. 工艺性要求

机座和箱体的体积大，结构复杂，加工工序多，因此必须考虑毛坯制造、机械加工、热处理、装配、安装固定、搬运等工序的工艺问题。

4. 运输性要求

机座和箱体的体积大，质量大，因此设计时应考虑设备在运输过程中的起吊、装运、陆路运输、桥梁承重、涵洞宽度等的限制，尽量不要出现超大尺寸、超大质量的设计。

除此之外，还有人机工程、经济性等方面的要求。

15.3.2 机座和箱体设计概要

机座和箱体的结构形状和尺寸大小，取决于安装在其内部或外部的零件和部件的形状和尺寸，以及其相互配置、受力与运动情况等，设计时应使所装的零件和部件便于装拆与操作。

机座和箱体的一些结构尺寸，如壁厚、凸缘宽度、肋板厚度等，对机座和箱体的工作能力、材料消耗、质量和成本均有重大的影响。但是由于这些部位形状的不规则性和应力分布的复杂性，以前大多是按照经验公式、经验数据或比照现用的类似机件进行类比设计，而略去了强度和刚度等方面的精确分析与校核，这虽对那些不太重要的场合是可行的，但带有一定的盲目性。因而，对于重要的机座和箱体，采用上述设计方法是不够可靠的，或者资料不够成熟，还需用模型或实物进行实测试验，以便按照测定的数据进一步修改结构及尺寸，从而弥补经验设计的不足。随着科学技术和计算机辅助设计技术的发展，现在已有条件采用精确的数值计算方法（如有限元法）来确定前述一些结构的形状和尺寸。

设计机座和箱体时，为了机器装配、调整、操纵、检修及维护等的方便，应在适当的位置设有大小适宜的孔洞。金属切削机床的机座还应具有便于迅速清除切屑或边角料的结构。各种机座均应有方便、可靠地与地基连接的装置。

箱体上必须镗磨的孔数及各孔位置的相关影响应尽量减少，位于同轴线上的各孔的直径最好相同或顺序递减，在不太重要的场合按照经验设计确定减速器箱体的具体尺寸。

对于机座和箱体的刚度设计，采用合理的截面形状和合理的肋板布置可以显著提高机座和箱体的刚度，关于这部分内容将在15.4节详细加以说明。另外，还可尽量减少与其他机件的连接面数，使连接面垂直于作用力，使相连接的各机件之间牢固地连接并靠紧，尽量减小机座和箱体的内应力以及选用弹性模量较大的材料等，以增强机座和箱体的刚度。

当机座和箱体的质量很大时，应设有便于起吊的装置，如吊装孔、吊钩或吊环等。当需用绳索捆绑时，必须保证捆吊时具有足够的刚度，并考虑在放置平稳后绳索易于解下或抽出。

另外还需指出的是，机器工作时总会产生振动及噪声，对周围的人员、设备、产品质量及自然环境带来损害与污染，因而隔振也是设计机座与箱体时应该考虑的问题，特别是当机器转速或往复运动速度较高以及冲击严重时，必须通过阻尼或缓冲等手段使振动波在传递过程中迅速衰减到允许的范围（可根据不同的车间设计规范取定）内。最常见的隔振措施是在机座与地基间加装由金属弹簧或橡胶等弹性元件制成的隔振器，它们可根据计算结果从专业工厂的产品中选用，必要时也可委托厂家定做。

15.4 机座和箱体的截面形状及肋板布置

15.4.1 机座和箱体的截面形状

绝大多数的机座和箱体的受力情况都很复杂，会产生拉伸（或压缩）、弯曲、扭转等变形。当机座和箱体弯曲或扭转时，机座和箱体的截面形状对其强度和刚度有着很大的影响。如能正确设计机座和箱体的截面形状，在既不增大截面面积，又不增大（甚至减小）零件质量（材料消耗量）的条件下，增大截面系数及截面的惯性矩，就能提高机座和箱体的强度和刚度。表15-1中列出了机座和箱体常用的几种截面形状（面积接近相等），通过比较它们的相对强度和相对刚度可知：虽然空心矩形截面的弯曲强度不及工字形截面的弯曲强度，扭转强度不及圆形截面的扭转强度，但它的扭转刚度却大得多，而且采用空心矩形截面的机座和箱体的内、外壁上较易装设其他机件。因而，对于机座和箱体来说，空心矩形截面是结构性能较好的截面形状，实际中绝大多数的机座和箱体都采用这种截面形状就是这个缘故。

表 15-1 机座和箱体常用的几种截面形状的对比

截面	弯曲				扭转			
形状	面积/cm^2	许用弯矩/(N·m)	相对强度	相对刚度	许用扭矩/(N·m)	相对强度	单位长度许用扭矩/(N·m)	相对刚度
29×100	29.0	$4.83[\sigma_b]$	1.0	1.0	$0.27[\tau_\tau]$	1.0	$6.6G[\varphi_0]$	1.0
ϕ100, 10	28.3	$5.82[\sigma_b]$	1.2	1.15	$11.6[\tau_\tau]$	43	$58G[\varphi_0]$	8.8
100×75, 10, 10	29.5	$6.63[\sigma_b]$	1.4	1.6	$10.4[\tau_\tau]$	38.5	$207G[\varphi_0]$	31.4
100×100, 10, 10	29.5	$9.0[\sigma_b]$	1.8	2.0	$1.2[\tau_\tau]$	4.5	$12.6G[\varphi_0]$	1.9

注：$[\sigma_b]$为许用弯曲应力，$[\tau_\tau]$为许用扭转切应力，G为切变模量，$[\varphi_0]$为单位长度许用扭转角。

15.4.2 机座和箱体的肋板布置

一般来说，增加壁厚固然可以增大机座和箱体的强度和刚度，但不如加设肋板来得有利，因为加设肋板时，既可增大强度和刚度，又可较增大壁厚时减小质量。对于铸件，由于不需增加壁厚，就可减少铸造的缺陷；对于焊件，壁薄时更易保证焊接的品质。

因此，加设肋板不仅是较为有利的，而且常常是必要的。肋板布置正确与否对加设肋板的效果有着很大的影响。如果肋板布置不当，不仅不能增大机座和箱体的强度和刚度，而且会浪费工料及增加制造难度。

表 15-2 所示为几种肋板布置情况的对比，从表中可以看出：除了第 5、6 号斜肋板布置形式外，其他几种斜肋板布置形式使弯曲刚度增加得很少，尤其是第 3、4 号斜肋板布置形式，其相对弯曲刚度 C_b 的增加值小于相对质量 R 的增加值，由此可知肋板的布置以第 5、6 号所示的斜肋板布置形式较佳。但当采用斜肋板会造成工艺上的困难时，亦可妥善安排若干直肋板。例如，为了便于焊制，桥式起重机箱形主梁的肋板即为直肋板。此外，肋板的结构形状也是需要考虑的重要影响因素，并应随具体的应用场合及不同的工艺要求（如铸、铆、焊、胶等）而设计成不同的结构形状。

表 15-2　几种肋板布置情况的对比

编号	形　状	相对弯曲刚度 C_b	相对扭转刚度 C_r	相对质量 R	C_b/R	C_r/R
1		1.00	1.00	1.00	1.00	1.00
2		1.10	1.63	1.10	1.00	1.48
3		1.08	2.04	1.14	0.95	1.79
4		1.17	2.16	1.38	0.85	1.57
5		1.78	3.69	1.49	1.19	2.48
6		1.55	2.94	1.26	1.23	2.33

另外，肋板的尺寸应合理确定，且与箱体壁厚、开孔尺寸等相适应。如肋板的高度一般应不超过壁厚的 3～4 倍，超过后对提高刚度无明显效果。

15.5　减速器箱体设计

减速器箱体按其结构形状的不同分为剖分式箱体和整体式箱体，按制造方法的不同分为铸造箱体和焊接箱体。减速器箱体多采用剖分式结构。

剖分式箱体由箱座与箱盖两个部分组成，用螺栓连接起来构成一个整体。剖分面与减速器内传动件的轴心线平面重合，有利于轴系零部件的安装和拆卸。立式大型减速器可采用若干个剖分面。图 15-5 所示为减速器剖分式箱体，剖分接合面必须有一定的宽度，并且要求仔细加工。为了保证箱体的刚度，在轴承座处设有加强肋，箱体底座要有一定的宽度和厚度，以保证安装稳定性与刚度。

近年来，减速器箱体出现了一些外形简单、整齐的造型，以方形小圆角过渡代替传统的大圆角曲面过渡，上、下箱体连接处的外凸缘结构改为内凸缘结构，加强肋和轴承座均设计在箱体内部等。整体式箱体质量轻，零件少，机体的加工量也少，但轴系装配比较复杂。

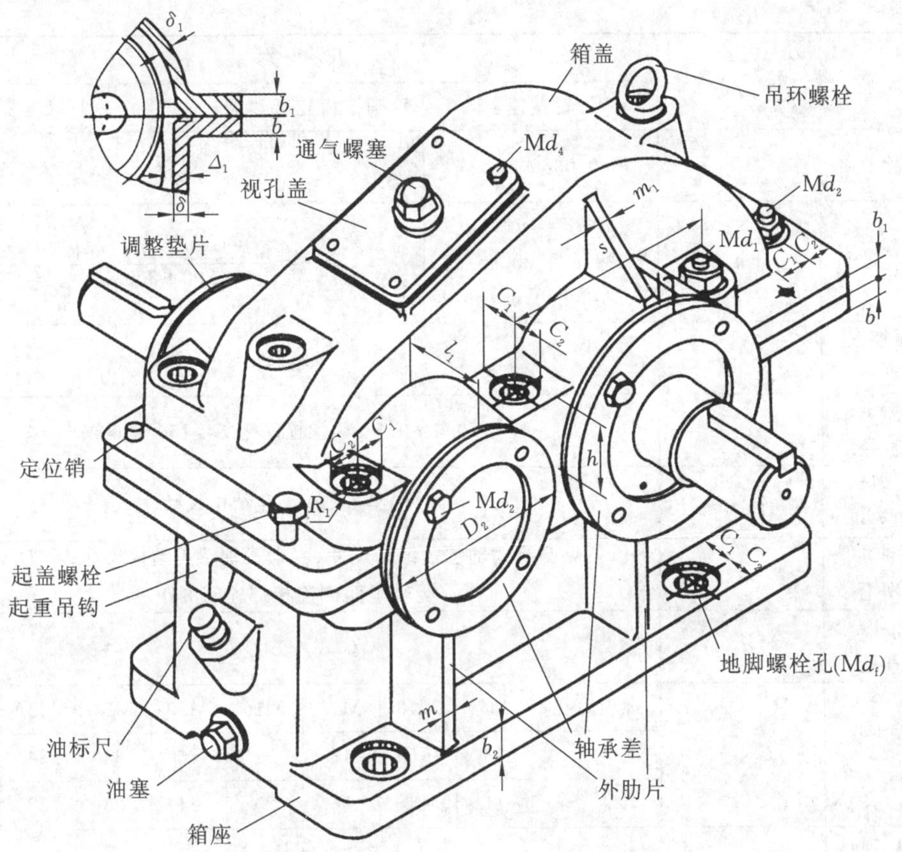

图 15-5 减速器剖分式箱体

减速器箱体一般用 HT200 铸造。铸铁具有良好的铸造性能和切削加工性能，且成本低。当承受重载时，可采用铸钢减速器箱体。铸铁减速器箱体多用于批量生产，其各部分的结构尺寸如表 15-3 所示。对于小批量或单件生产的尺寸较大的减速器，可采用焊接式箱体。一般焊接式箱体比铸造箱体轻 1/4～1/2，且生产周期短，但用钢板焊接时容易产生热变形，故要求较高的焊接技术，焊接成形后还需进行退火处理。

表 15-3 铸铁减速器箱体的结构尺寸

<table>
<tr><th rowspan="2">名　称</th><th rowspan="2">符　号</th><th colspan="3">尺寸关系</th></tr>
<tr><th>齿轮减速器</th><th>圆锥齿轮减速器</th><th>蜗杆减速器</th></tr>
<tr><td>箱座壁厚</td><td>δ</td><td colspan="2" rowspan="2">$\delta=0.025a+\Delta\geqslant 8$
$\delta_1=0.02a+\Delta\geqslant 8$
式中：$\Delta=1$(单级)，$\Delta=3$(双级[①])；
a 为低速级中心距，对于圆锥齿轮减速器，有
$a^{②}=\frac{d_{m1}+d_{m2}}{2}$</td><td>$0.04a+3\geqslant 8$</td></tr>
<tr><td>箱盖壁厚</td><td>δ_1</td><td>上置式：$\delta_1=\delta$
下置式：$\delta_1=0.85\delta\geqslant 8$</td></tr>
<tr><td>箱体凸缘厚度</td><td>b、b_1、b_2</td><td colspan="3">箱座 $b=1.5\delta$，箱盖 $b_1=1.5\delta_1$，箱底座 $b_2=2.5\delta$</td></tr>
<tr><td>加强肋厚</td><td>m、m_1</td><td colspan="3">箱座 $m=0.85\delta$，箱盖 $m_1=0.85\delta_1$</td></tr>
</table>

续表

<table>
<tr><th rowspan="2">名　　称</th><th rowspan="2">符　　号</th><th colspan="3">尺寸关系</th></tr>
<tr><th>齿轮减速器</th><th>圆锥齿轮减速器</th><th>蜗杆减速器</th></tr>
<tr><td>地脚螺栓直径</td><td>d_f</td><td>$0.036a+12$</td><td>$0.018(d_{m1}+d_{m2}+1)$
$\geqslant 12$</td><td>$0.036a+12$</td></tr>
<tr><td>地脚螺栓数目</td><td>n</td><td>$a\leqslant 250, n=4$;
$250<a\leqslant 500, n=6$;
$a>500, n=8$</td><td colspan="2">$n=\frac{\text{箱底座凸缘周长一半}}{200\sim 300}\geqslant 4$</td></tr>
<tr><td>轴承座连接螺栓直径</td><td>d_1</td><td colspan="3">$0.75d_f$</td></tr>
<tr><td>箱盖、箱座连接螺栓直径</td><td>d_2</td><td colspan="3">$(0.5\sim 0.6)d_f$，螺栓间距 $L\leqslant 150\sim 200$</td></tr>
<tr><td>轴承盖螺栓直径和数目</td><td>d_3、n</td><td colspan="3">见凸缘式轴承盖结构尺寸</td></tr>
<tr><td>轴承盖（轴承座端面）外径</td><td>D_2</td><td colspan="3">见凸缘式轴承盖结构尺寸、嵌入式轴承盖结构尺寸；$s\approx D_2$，
s 为轴承两侧连接螺栓间的距离</td></tr>
<tr><td>观察孔盖螺钉直径</td><td>d_4</td><td colspan="3">$(0.3\sim 0.4)d_f$</td></tr>
<tr><td>d_f、d_1、d_2 至箱体外壁距离，d_f、d_2 至凸缘边缘的距离</td><td>C_1、C_2</td><td colspan="3"><table>
<tr><td>螺栓直径</td><td>M8</td><td>M10</td><td>M12</td><td>M16</td><td>M20</td><td>M24</td><td>M27</td><td>M30</td></tr>
<tr><td>$C_{1\min}$</td><td>13</td><td>16</td><td>18</td><td>22</td><td>26</td><td>34</td><td>34</td><td>40</td></tr>
<tr><td>$C_{2\min}$</td><td>11</td><td>14</td><td>16</td><td>20</td><td>24</td><td>28</td><td>32</td><td>34</td></tr>
</table></td></tr>
<tr><td>轴承凸台高度和半径</td><td>h、R_1</td><td colspan="3">h 由结构决定，$R_1=C_2$</td></tr>
<tr><td>箱体外壁至轴承座端面距离</td><td>l_1</td><td colspan="3">$C_1+C_2+(5\sim 10)$ mm</td></tr>
</table>

注：①对于圆锥-圆柱齿轮减速器，按双级考虑。

②a 按低速级圆柱齿轮传动中心距取值，d_{m1}、d_{m2} 为圆锥齿轮的平均直径。

本章小结

（1）机座和箱体的类型：机座类、机架类、基板类和箱壳类。

（2）机座和箱体的材料：铸铁、铸钢、铝合金、结构钢等。

（3）机座和箱体的设计要求：精度要求、工作要求、工艺性、运输性。

拓展阅读

练习与提高

1. 机座和箱体主要有哪些类型？各适用于哪些场合？

2. 机座和箱体为什么要设置肋板？肋板的作用是什么？如何布置？

参考文献

[1] 濮良贵,纪名刚.机械设计[M].8版.北京:高等教育出版社,2006.
[2] 程志红.机械设计[M].南京:东南大学出版社,2006.
[3] 张翠华,杨文敏,杨胜培,等.机械设计[M].西安:西北工业大学出版社,2015.
[4] 宗望远,顾林.机械设计[M].武汉:华中科技大学出版社,2015.
[5] 杨家军,张卫国.机械设计基础[M].武汉:华中科技大学出版社,2002.
[6] 张洪丽,王建胜,薛云娜.现代机械设计基础[M].北京:科学出版社,2015.
[7] 成大先.机械设计手册[M].5版.北京:化学工业出版社,2008.
[8] 吴宗泽,高志,罗圣国,等.机械设计课程设计手册[M].4版.北京:高等教育出版社,2012.
[9] 吴宗泽.机械结构设计准则与实例[M].北京:机械工业出版社,2006.
[10] 孙桓,陈作模,葛文杰.机械原理[M].8版.北京:高等教育出版社,2013.
[11] 郑文纬,吴克坚.机械原理[M].7版.北京:高等教育出版社,2016.
[12] 杨可桢,程光蕴,李仲生,等.机械设计基础[M].6版.北京:高等教育出版社,2013.
[13] 李育锡.机械设计课程设计[M].2版.北京:高等教育出版社,2018.
[14] 冯立艳,李建功,陆玉.机械设计课程设计[M].5版.北京:机械工业出版社,2016.
[15] 芦书荣,张翠华,徐学忠,等.机械设计课程设计[M].成都:西南交通大学出版社,2014.
[16] 濮良贵,纪名刚.机械设计学习指南[M].4版.北京:高等教育出版社,2001.
[17] [美]Neil Sclater.机械设计实用机构与装置图册[M].5版.邹平,译.北京:机械工业出版社,2014.
[18] [德]D.穆斯,H.维特,M.贝克,等.机械设计[M].16版.孔建益,译.北京:机械工业出版社,2012.
[19] 张春林,李志香,赵自强.机械创新设计[M].3版.北京:机械工业出版社,2016.
[20] 冯仁余,张丽杰.机械设计典型应用图例[M].北京:化学工业出版社,2016.
[21] 闻邦椿.机械设计手册[M].5版.北京:机械工业出版社,2010.
[22] 张玉庭.机械零件选材及热处理设计手册[M].北京:机械工业出版社,2014.